"十二五"国家重点图书出版规划项目
电子与信息工程系列

VHDL DESIGN AND APPLICATION
VHDL设计与应用

吴少川 马琳 编著

哈尔滨工业大学出版社
HARBIN INSTITUTE OF TECHNOLOGY PRESS

内容简介

本书系统地介绍了 VHDL 语言及 EDA 技术,对 VHDL 语言的基础知识、编程技巧和使用方法进行了详细讲解。同时,结合 EDA 优秀开发设计平台 Quartus Ⅱ,讲解了 FPGA 开发的基本流程和方法,使读者能够准确快速地掌握 EDA 技术,并为后续高级 EDA 技术的学习和开发打下坚实基础。

本书共分为 12 章,包括 EDA 技术概述,可编程逻辑器件原理,VHDL 结构及要素,VHDL 基础,VHDL 语句,有限状态机,Quartus Ⅱ 文本设计及仿真方法,Quartus Ⅱ 原理图设计及测试方法,ModelSim 仿真,DSP Builder 设计方法,SOPC 设计,优化和时序分析。其中,前 6 章主要介绍 VHDL 语言基础,后 6 章主要介绍 VHDL 语言在 Quartus Ⅱ 等开发平台上的应用。

本书适合作为电子与通信工程专业高年级本科生和硕士研究生的专业教材,也适用于控制、计算机和微电子等相关专业及工程技术人员作为参考。

图书在版编目(CIP)数据

VHDL 设计与应用/吴少川,马琳编著. —哈尔滨:
哈尔滨工业大学出版社,2015.8
ISBN 978 - 7 - 5603 - 5510 - 8

Ⅰ.①V… Ⅱ.①吴…②马… Ⅲ.①VHDL 语言-程序设计-高等学校-教材 Ⅳ.①TP312

中国版本图书馆 CIP 数据核字(2015)第 166555 号

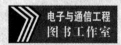

责任编辑	李长波
封面设计	刘洪涛
出版发行	哈尔滨工业大学出版社
社　　址	哈尔滨市南岗区复华四道街 10 号　邮编 150006
传　　真	0451 - 86414749
网　　址	http://hitpress.hit.edu.cn
印　　刷	哈尔滨市工大节能印刷厂
开　　本	787mm×1092mm　1/16　印张 25.5　字数 615 千字
版　　次	2015 年 8 月第 1 版　2015 年 8 月第 1 次印刷
书　　号	ISBN 978 - 7 - 5603 - 5510 - 8
定　　价	44.00 元

(如因印装质量问题影响阅读,我社负责调换)

"十二五"国家重点图书
电子与信息工程系列

编审委员会

顾　　问　张乃通
主　　任　顾学迈
副 主 任　张　晔
秘 书 长　赵雅琴
编　　委　（按姓氏笔画排序）
　　　　　王　钢　邓维波　任广辉　沙学军
　　　　　张钧萍　吴芝路　吴　群　谷延锋
　　　　　孟维晓　赵洪林　赵雅琴　姜义成
　　　　　郭　庆　宿富林　谢俊好　冀振元

序

FOREWORD

教材建设一直是高校教学建设和教学改革的主要内容之一。针对目前高校电子与信息工程教材存在的基础课教材偏重数学理论,而数学模型和物理模型脱节,专业课教材对最新知识增长点和研究成果跟踪较少等问题,及创新型人才的培养目标和各学科、专业课程建设全面需求,哈尔滨工业大学出版社与哈尔滨工业大学电子与信息工程学院的各位老师策划出版了电子与信息工程系列精品教材。

该系列教材是以"寓军于民,军民并举"为需求前提,以信息与通信工程学科发展为背景,以电子线路和信号处理知识为平台,以培养基础理论扎实、实践动手能力强的创新型人才为主线,将基础理论、电信技术实际发展趋势、相关科研开发的实际经验密切结合,注重理论联系实际,将学科前沿技术渗透其中,反映电子信息领域最新知识增长点和研究成果,因材施教,重点加强学生的理论基础水平及分析问题、解决问题的能力。

本系列教材具有以下特色:

(1)强调平台化完整的知识体系。该系列教材涵盖电子与信息工程专业技术理论基础课程,对现有课程及教学体系不断优化,形成以电子线路、信号处理、电波传播为平台课程,与专业应用课程的四个知识脉络有机结合,构成了一个通识教育和专业教育的完整教学课程体系。

(2)物理模型和数学模型有机结合。该系列教材侧重在经典理论与技术的基础上,将实际工程实践中的物理系统模型和算法理论模型紧密结合,加强物理概念和物理模型的建立、分析、应用,在此基础上总结牵引出相应的数学模型,以加强学生对算法理论的理解,提高实践应用能力。

(3)宽口径培养需求与专业特色兼备。结合多年来有关科研项目的科研经验及丰硕成果,以及紧缺专业教学中的丰富经验,在专业课教材编写过程中,在兼顾电子与信息工程毕业生宽口径培养需求的基础上,突出军民兼用特色,在满足一般重点院校相关专业理论技术需求的基础上,也满足军民并举特色的要求。

电子与信息工程系列教材是哈尔滨工业大学多年来从事教学科研工作的各位教授、专家们集体智慧的结晶,也是他们长期教学经验、工作成果的总结与展示。同时该系列教材的出版也得到了兄弟院校的支持,提出了许多建设性的意见。

我相信:这套教材的出版,对于推动电子与信息工程领域的教学改革、提高人才培养质量必将起到重要推动作用。

哈尔滨工业大学教授　张乃通
中国工程院院士

2010 年 11 月于哈工大

前　言

PREFACE

　　本书是电子与通信工程系的专业教材，也适用于控制、计算机和微电子等相关专业。随着现代数字系统设计的发展，可编程器件在集成容量、功耗、速度及逻辑设计的灵活性等方面均有了飞跃的进步，尤其FPGA备受现代数字系统设计工程师欢迎，并成为最新一代系统设计平台。基于FPGA平台的各种通信系统的研发已经成为国防、航天和商业领域应用最广泛的开发手段。目前除传统的FPGA设备厂商外，包括KeySight和NI等大型通信设备制造商都已经提供了诸如U5303A和USRP RIO等基于FPGA的开放式开发平台，从而使设计者和研发人员可以快速地进行通信系统样机的研发和演示验证平台搭建。

　　FPGA的开发有多种方法，但是最基础并且代码效率最高的仍旧是基于硬件描述语言的设计方法。本书选择VHDL作为硬件描述语言来进行FPGA开发的介绍是因为VHDL是业内公认逻辑最严谨并且更适合进行底层逻辑开发的硬件描述语言。除此之外，本书也会介绍一些高级开发技巧，例如基于MATLAB Simulink环境的DSP Builder开发方法和基于C语言的SOPC设计方法。从而使读者能够由浅入深地对FPGA的整个开发技巧进行较为全面的了解。

　　本书在撰写过程中，提供了翔实的代码案例以及相关工具软件的使用细节。通过图文并茂的方式，使本书不但可以作为相关专业的教材，也可以作为感兴趣读者的自学工具书。本书尽量避免涉及较为复杂的专业知识，而更多的是介绍基于VHDL语言的FPGA开发技巧，从而使读者能够更容易地进行学习。

　　本书的第1~6章由马琳撰写，第7~12章由吴少川撰写。其中，第1章主要概述EDA技术，重点介绍EDA技术的内涵及发展历程，EDA技术的核心，VHDL特点及其开发流程和EDA工程设计流程。第2章主要介绍可编程逻辑器件原理，重点介绍PLD发展历史、分类以及CPLD和FPGA的原理。第3章介绍VHDL结构及要素，重点介绍VHDL基本单元及其构成，端口信号赋值、库、程序包、配置、时序电路描述和VHDL子程序。第4章介绍VHDL基础，包括VHDL文字规则、VHDL数据对象、VHDL操作符、VHDL数据类型和基本仿真方法。第5章介绍VHDL语句，包括顺序语句、并行语句和属性描述语句。第6章介绍有限状态机，包括状态机基础、状态机设计、有限状态机的状态编码、非法状态的处理和序列检测器设计。第7章主要介绍Altera公司FPGA开发工具Quartus Ⅱ文本设计及仿真方法，重点介绍 Quartus Ⅱ 软件、本书所采用的开发板、Quartus Ⅱ 文本输入设计方法、Quartus Ⅱ 功能和时序仿真。第 8 章介绍 Quartus Ⅱ 原理图设计及测试方法,重点介绍直接数字合成器 DDS 设计、相移键控 BPSK 调制器设计、设计的 JTAG 下载和 AS 编程以及 Quartus Ⅱ 内嵌逻辑分析仪测试方法。第 9 章介绍 ModelSim 仿真,重点介绍如何在 ModelSim 中添加 Altera 器件库、ModelSim 功能仿真和时序仿真方法。第 10 章介绍 DSP Builder 设计方法,重点介绍 DSP Builder、幅度调制 AM、基于 DSP Builder 的 DDS、DSP Builder 的层次化设计、ModelSim 功能仿真、ModelSim 时序仿真、SignalTap Ⅱ 波形测试和频移键控调制 FSK。第 11 章介绍 SOPC 设计,重点介绍 Nios Ⅱ、SOPC 系统搭建、Nios Ⅱ IDE 开发、程序下载、测试 JTAG UART 的方法以及程序烧写的方法。第 12 章介绍优化和时序分析,重点介绍时序优化的意义、面积和时序优化、资源利用优化、时序优化技术以及功率优化。

在此,作者要特别感谢沸腾科技的唐东升为本书提供了第 9 章和第 11 章的工程代码,并对本书的撰写提供了技术支持。此外,作者还要感谢哈尔滨工业大学提供的各种软硬件资源,从而保证了本书能够顺利完成。

由于 FPGA 近几年的发展十分迅猛,开发手段和开发工具层出不穷,所以本书在撰写的过程中遇到巨大的挑战,很难涵盖所有的技术领域。此外,由于作者水平有限,书中难免存在疏漏与不足之处,恳请各位读者和专业人士进行批评指正,从而在再版时进行改进。

作 者

2015 年 4 月于哈尔滨工业大学

目 录

CONTENTS

第1章 EDA 技术概述 1
   1.1 EDA 技术的内涵及发展历程 1
   1.2 EDA 技术的核心 3
   1.3 VHDL 特点及优势 6

第2章 可编程逻辑器件原理 8
   2.1 PLD 概述 8
   2.2 低密度 PLD 11
   2.3 主流 CPLD 和 FPGA 公司及其器件 19
   2.4 基于 Quartus Ⅱ 开发的 Altera 公司产品简介 42

第3章 VHDL 结构及要素 47
   3.1 VHDL 基本单元及其构成 47
   3.2 端口信号赋值 61
   3.3 库、程序包、配置 67
   3.4 时序电路描述 75
   3.5 VHDL 子程序 86

第4章 VHDL 基础 96
   4.1 VHDL 文字规则 96
   4.2 VHDL 数据对象 100
   4.3 VHDL 操作符 103
   4.4 VHDL 数据类型 112
   4.5 基本仿真 127

第5章 VHDL 语句 138
   5.1 顺序语句 138
   5.2 并行语句 165
   5.3 属性描述语句 190

第 6 章 有限状态机 ... 203
6.1 状态机基础 ... 203
6.2 状态机的设计 ... 207
6.3 有限状态机的状态编码 ... 213
6.4 非法状态的处理 ... 222
6.5 序列检测器设计 ... 224

第 7 章 Quartus Ⅱ 文本设计及仿真方法 ... 228
7.1 Quartus Ⅱ 简介 ... 228
7.2 开发板简介 ... 229
7.3 Quartus Ⅱ 文本输入设计方法 ... 230
7.4 Quartus Ⅱ 功能和时序仿真 ... 241

第 8 章 Quartus Ⅱ 原理图设计及测试方法 ... 248
8.1 直接数字合成器设计 ... 248
8.2 频移键控(FSK)调制器设计 ... 265
8.3 相移键控(BPSK)调制器设计 ... 267
8.4 设计的 JTAG 下载和 AS 编程 ... 269
8.5 Quartus Ⅱ 内嵌逻辑分析仪测试方法 ... 271

第 9 章 ModelSim 仿真 ... 279
9.1 在 ModelSim 中添加 Altera 器件库 ... 279
9.2 ModelSim 基本使用方法 ... 281
9.3 ModelSim 功能仿真 ... 284
9.4 ModelSim 时序仿真 ... 291

第 10 章 DSP Builder 设计方法 ... 295
10.1 MATLAB 简介 ... 295
10.2 DSP Builder 简介 ... 296
10.3 幅度调制 ... 297
10.4 基于 DSP Builder 的 DDS ... 303
10.5 DSP Builder 的层次化设计 ... 306
10.6 ModelSim 功能仿真 ... 309
10.7 ModelSim 时序仿真 ... 312
10.8 SignalTap Ⅱ 波形测试 ... 316
10.9 频移键控调制 ... 316

第11章 SOPC 设计 ·· 324
11.1 Nios Ⅱ 概况 ·· 324
11.2 SOPC 系统搭建 ·· 327
11.3 Nios Ⅱ IDE 开发 ·· 339
11.4 程序下载 ·· 344
11.5 测试 JTAG UART 的功能 ·· 345
11.6 程序烧写 ·· 346

第12章 优化和时序分析 ·· 348
12.1 时序优化的意义 ··· 348
12.2 面积和时序优化 ··· 350
12.3 资源利用优化 ·· 357
12.4 时序优化技术 ·· 369
12.5 功率优化 ·· 378

参考文献 ·· 394

第 1 章

EDA 技术概述

1.1 EDA 技术的内涵及发展历程

1.1.1 EDA 技术的含义

电子设计自动化(Electronic Design Automation,EDA)技术是在电子 CAD 技术基础上发展起来的计算机软件系统,是指以计算机为工作平台,融合了应用电子技术、计算机技术、信息处理及智能化技术的最新成果,进行电子产品的自动设计。随着 EDA 技术发展与应用,现今在各个不同领域 EDA 的概念或范畴十分广泛,包括在机械、电子、通信、航空航天、化工、矿产、生物、医学、军事等各个领域,都有 EDA 的应用。目前 EDA 技术已在各大公司、企事业单位和科研教学部门广泛使用。例如在飞机制造过程中,从设计、性能测试及特性分析直到飞行模拟,都可能涉及 EDA 技术。

从狭义的角度来看,EDA 技术就是以大规模可编程逻辑器件(Programmable Logic Devices,PLD)为载体,以硬件描述语言(Hard Descriptive Language,HDL)为系统逻辑描述的表达方式,以计算机、大规模可编程逻辑器件的开发软件及实验开发系统为设计工具,通过有关的开发软件,自动完成用软件的方式设计电子系统到硬件系统的逻辑编译、逻辑化简、逻辑分割、逻辑综合及优化、逻辑布局布线、逻辑仿真,直至对于特定目标芯片的适配编译、逻辑映射、编程下载等工作,最终形成集成电子系统或专用集成芯片的一门新技术。广义的 EDA 技术,除了包含上述狭义 EDA 技术以及不同领域对于 EDA 技术的界定之外,还包括计算机辅助分析技术(CAA)、IES/ASIC 自动设计技术及印刷电路板计算机辅助设计(PCB-CAD)。广义 EDA 技术中利用 EDA 工具,电子设计师可以从概念、算法、协议等开始设计电子系统,大量工作可以通过计算机完成,并可以将电子产品从电路设计、性能分析到设计出 IC 版图或 PCB 版图的整个过程在计算机上自动处理完成。本书作者认为,广义的 EDA 技术的含义更接近于现今 CAD 技术的快速发展与广泛应用的计算机辅助设计的现状。

利用 EDA 技术进行电子系统的设计,具有以下几个特点:
① 用软件的方式设计硬件。
② 用软件方式设计的系统到硬件系统的转换是由有关的开发软件自动完成的。
③ 设计过程中可用有关软件进行各种仿真。
④ 系统可现场编程,在线升级。

⑤整个系统可集成在一个芯片上,体积小、功耗低、可靠性高。因此,EDA 技术是现代电子设计的发展趋势。

1.1.2 EDA 技术发展历程

20 世纪后半期,随着集成电路和计算机的不断发展,电子技术面临严峻的挑战。由于电子技术的发展周期不断缩短,专用集成电路(Application Specific Integrated Circuits,ASIC)设计面临着难度不断提高与设计周期不断缩短的矛盾。为了解决这个问题,人们必须采用新的设计方法并使用高层次的设计工具。在此情况下,EDA 技术应运而生,并得到了迅猛发展。EDA 技术涉及面广,内容丰富,从教学和实用的角度看,主要有大规模可编程逻辑器件、硬件描述语言、软件开发工具、实验开发系统 4 个方面内容。总体来说,可以概括为以下几点:大规模可编程逻辑器件是利用 EDA 技术进行电子系统设计的载体,硬件描述语言是利用 EDA 技术进行电子系统设计的主要表达手段,软件开发工具是利用 EDA 技术进行电子系统设计的智能化、自动化设计工具,实验开发系统是利用 EDA 技术进行电子系统设计的下载工具及硬件验证工具。

EDA 技术伴随着计算机、集成电路、电子系统设计的发展,经历了 3 个发展阶段。20 世纪 70 年代,CAD 技术开始发展;20 世纪 80 年代,CAE 技术开始应用;20 世纪 90 年代后期,出现了以硬件描述语言、系统级仿真和综合技术为特征的 EDA 技术。这时的 EDA 工具不仅具有电子系统设计的能力,而且能提供独立于工艺和厂家的系统级设计能力,具有高级抽象的设计构思手段。

(1) 第 1 阶段:20 世纪 70 年代的 CAD 技术阶段。

早期的电子系统硬件设计采用的是分立元件。随着集成电路的出现和应用,硬件设计进入到发展的初级阶段。初级阶段的硬件设计大量选用中小规模标准集成电路,人们将这些器件焊接在电路板上,做成初级电子系统,对电子系统的调试是在组装好的电路板上进行的。

由于设计师对图形符号使用数量有限,传统的手工布图方法已经无法满足产品复杂性的要求,更不能满足工作效率的要求。这时,人们开始将产品设计过程中高度重复性的繁杂劳动,如布图布线工作,用二维图形编辑与分析的 CAD 工具替代,以美国 Accel 公司开发的 Tango 布线软件为典型代表。20 世纪 70 年代,是 EDA 技术发展的初期,由于 PCB 布图布线工具受到计算机工作平台的限制,其支持的设计工作有限且性能比较差。

(2) 第 2 阶段:20 世纪 80 年代的 CAE 技术阶段。

为了满足千差万别的系统用户提出的设计要求,最好的方法就是由用户自己设计芯片,让他们把想设计的电路直接设计在自己的专用芯片上。微电子技术的发展,特别是可编程逻辑器件的发展,使得微电子厂家可以为用户提供各种规模的可编程逻辑器件,使设计者通过设计芯片实现电子系统功能。EDA 工具的发展,又为设计师提供了全线 EDA 工具。这个阶段发展起来的 EDA 工具,目的是在设计前期将设计师从事的许多高层次设计由工具来完成。如可以将用户要求转换为设计技术规范,有效地处理可用的设计资源与理想的设计目标之间的矛盾,按具体的硬件、软件和算法分解设计等。由于电子技术和 EDA 工具的发展,设计师可以在短时间内使用 EDA 工具,通过一些简单标准化的设计过程,利用微电子厂家提供的设计库来完成数万门 ASIC 和集成系统的设计与验证。

与 CAD 相比，CAE 增加了电路功能设计和结构设计，并且通过电气连接网表将两者结合在一起，以实现工程设计。其主要功能包括原理图输入、逻辑仿真、电路分析、自动布局布线以及 PCB 分析。但是，大部分从原理图出发的 EDA 工具仍然不能适应复杂电子系统设计的要求，而且具体化的元件图形制约着优化设计。这一阶段的主要特征是以逻辑模拟、定时分析、故障仿真、自动布局布线为核心，重点解决电路设计的功能检测等问题，使设计能在产品制作之前预知产品的功能与性能。

（3）第 3 阶段：20 世纪 90 年代的 EDA 技术阶段。

20 世纪 90 年代，设计师逐步从使用硬件转向设计硬件，从单个电子产品开发转向系统级电子产品开发，即片上系统（System on a Chip,SOC）集成。因此，包括系统行为级描述与结构综合，系统仿真与测试验证，系统划分与指标分配，系统决策与文件生成等一整套的电子系统设计自动化工具。这时的 EDA 工具是以系统级设计为核心，系统划分与指标分配，系统决策与文件生成，而且能提供独立于工艺和厂家的系统级设计能力，EDA 工具不仅具有电子系统的设计能力，方框图、状态图和流程图的编辑能力，还具有高级抽象的设计构思手段。例如，提供具有适合层次描述和混合信号描述的硬件描述语言，同时含有各种工艺的标准元件库。只有具备上述功能的 EDA 工具，才可能使得电子系统工程师在不熟悉各种半导体工艺的情况下，完成电子系统的设计。

这一阶段的主要特征是以高级描述语言、系统级仿真和综合技术为特点，采用"自顶向下"的设计理念，将设计前期的许多高层次设计由 EDA 工具来完成。支持硬件描述语言的 EDA 工具的出现，使复杂数字系统设计自动化成为可能，只要用硬件描述语言将数字系统的行为描述正确，就可以进行该数字系统的芯片设计与制造。

未来的 EDA 技术将向广度和深度两个方向发展，EDA 技术将会超越电子设计的范畴进入其他领域，随着基于 EDA 的 SOC 设计技术的发展，软硬核功能库的建立，以及基于 VHDL 所谓自顶向下设计理念的确立，未来的电子系统的设计与规划将不再是电子工程师们的专利。21 世纪将是 EDA 技术快速发展的时期，并且 EDA 技术也必将是对 21 世纪产生重大影响的技术之一。

1.2 EDA 技术的核心

EDA 技术的核心主要包括大规模可编程逻辑器件、硬件描述语言、IP 核技术、软件开发工具 4 个方面的内容。其中，大规模可编程逻辑器件是利用 EDA 技术进行电子系统设计的载体，硬件描述语言是利用 EDA 技术进行电子系统设计的主要表达手段，而 IP 技术是 PLD 与 HDL 的共同发展产生的一种高效、低成本的开发方式；软件开发工具是利用 EDA 技术进行电子系统设计的智能化的自动化设计工具。为了使读者对 EDA 技术有一个总体印象，下面对 EDA 技术的主要内容进行概要介绍。

1.2.1 ASIC 及可编程逻辑器件

现代电子产品的复杂度日益加深，一个电子系统可能由数万个中小规模集成电路构成，这就带来了体积大、功耗大、可靠性差的问题。解决这一问题的有效方法就是采用专用集成电路 ASIC 芯片进行设计。ASIC 按照设计方法的不同可分为全定制 ASIC、半定制 ASIC 和可编程 ASIC。

设计全定制 ASIC 芯片时,设计师要定义芯片上所有晶体管的几何图形和工艺规则,最后将设计结果交由 IC 厂家掩膜制造完成。这样的芯片可以获得最优的性能,但开发周期长,费用高,只适合大批量产品开发。

半定制 ASIC 芯片的版图设计方法与全定制的有所不同,分为门阵列设计法和标准单元设计法。这两种方法都是约束性的设计方法,其主要目的就是简化设计,以牺牲芯片性能为代价以缩短开发时间。

可编程 ASIC 也称为 PLD。当设计人员完成 PLD 版图设计后,在实验室内就可以烧制出自己的芯片,而无须 IC 厂家的参与。自 20 世纪 70 年代以来,PLD 经历了 PAL、GAL、CPLD、FPGA 几个发展阶段,其中 CPLD/FPGA 属高密度可编程逻辑器件,它将掩膜 ASIC 集成度高的优点和可编程逻辑器件设计生产方便的特点结合在一起,大大缩短了开发周期,加速了上市时间,特别适合产品的样品开发和小批量生产。而当市场扩大时,它也可以很容易地转由掩膜 ASIC 实现,因此开发风险也大为降低。

逻辑器件可分为固定逻辑器件和可编程逻辑器件两大类。如其名,固定逻辑器件中的电路是永久性的,它们完成一种或一组功能。一旦制造完成,就无法改变。另一方面,可编程逻辑器件 PLD 是能够为客户提供范围广泛的多种逻辑能力、特性、速度和电压特性的标准成品部件,而且此类器件可在任何时间改变,从而完成许多种不同的功能。

对于固定逻辑器件,根据器件复杂性的不同,从设计、原型到最终生产所需要的时间可从数月至一年多不等。而且,如果器件工作不合适,或者如果应用要求发生了变化,那么就必须开发全新的设计。设计和验证固定逻辑的前期工作需要大量的一次性工程费用(Non-Recurring Engineering,NRE)。NRE 表示在固定逻辑器件最终从芯片制造厂制造出来以前客户需要投入的所有成本,这些成本包括工程资源、昂贵的软件设计工具、用来制造芯片不同金属层的昂贵光刻掩膜组,以及初始原型器件的生产成本。这些 NRE 成本可能从数十万美元至数百万美元。

对于可编程逻辑器件,设计人员可利用价格低廉的软件工具快速开发、仿真和测试其设计。然后,可快速将设计编程到器件中,并立即在实际运行的电路中对设计进行测试。原型中使用的 PLD 器件与正式生产最终设备(如网络路由器、ADSL 调制解调器、DVD 播放器或汽车导航系统)时所使用的 PLD 完全相同。这样就没有了 NRE 成本,最终的设计也比采用定制固定逻辑器件时完成得更快。

采用 PLD 的另一个关键优点是在设计阶段中客户可根据需要修改电路,直到对设计工作感到满意为止。这是因为 PLD 基于可重写的存储器技术。需要改变设计时,只需要简单地对器件进行重新编程。一旦设计完成,客户可立即投入生产,只需要利用最终软件设计文件简单地编程所需要数量的 PLD 即可。

可编程逻辑器件的两种主要类型是现场可编程门阵列(FPGA)器件和复杂可编程逻辑(PLD)器件。在这两类可编程逻辑器件中,FPGA 提供了最高的逻辑密度、最丰富的特性和最高的性能。现在最新的 FPGA 器件,如 Xilinx Virtex 系列中的部分器件,可提供 800 万系统门(相对逻辑密度)。这些先进的器件还提供诸如内建的硬连线处理器(如 IBM Power PC)、大容量存储器、时钟管理系统等特性,并支持多种最新的超快速器件至器件(device-to-device)信号技术。FPGA 被应用于范围广泛的应用中,从数据处理和存储,以及到仪器仪表、电信和数字信号处理等。与此相比，PLD 提供的逻辑资源少得多，最高约一万门。但是，PLD 提供了非常好的可预测性，因此对于关键的控制应用非常理想，而且如 Xilinx Cool Runner 系列 PLD 器件需要的功耗极低。

1.2.2 硬件描述语言

HDL 是电子系统硬件行为描述、结构描述、数据流描述的语言。目前利用硬件描述语言可以进行数字电子系统的设计。随着研究的深入，利用硬件描述语言进行模拟电子系统设计或混合电子系统设计，也正在探索中。

硬件描述语言的种类很多，有的从 PASCAL 发展而来，也有一些从 C 语言发展而来。有些 HDL 成为 IEEE 标准，但大部分是本企业标准。在 HDL 形成发展之前，已有了许多程序设计语言，例如，汇编、C、PASCAL、FORTRAN、PROLOG 等。这些语言运行在不同硬件平台、不同的操作环境中，它们适合于描述过程和算法，不适合做硬件描述。在利用 EDA 工具进行电子设计时，逻辑图、分立电子元件作为整个越来越复杂的电子系统的设计已不适应。任何一种 EDA 工具，都需要一种硬件描述语言作为 EDA 工具的工作语言。

常用的硬件描述语言有 VHDL 和 Verilog。VHDL 作为 IEEE 的工业标准硬件描述语言，在电子工程领域已成为事实上的通用硬件描述语言。Verilog 支持的 EDA 工具较多，适用于寄存器传输级（Register-Transfer Level，RTL）和门电路级的描述，其综合过程较 VHDL 稍简单，但其在高级描述方面不如 VHDL。

1.2.3 IP 核

IP 核（Intellectual Property core）是一段具有特定电路功能的硬件描述语言程序，该程序与集成电路工艺无关，可以移植到不同的半导体工艺中去生产集成电路芯片。利用 IP 核设计电子系统，引用方便，修改基本元件的功能容易。具有复杂功能和商业价值的 IP 核一般具有知识产权，尽管 IP 核的市场活动还不规范，但是仍有许多集成电路设计公司从事 IP 核的设计、开发和营销工作。IP 核可以在不同的硬件描述级实现，由此产生了 3 类 IP 核：软 IP 核、硬 IP 核和固 IP 核。这种分类主要依据产品交付的方式，而这 3 种 IP 核实现方法也各具特色。

软 IP 核是用 VHDL 等硬件描述语言描述的功能块，但是并不涉及用什么具体电路元件实现这些功能。软 IP 核通常是以硬件描述语言 HDL 源文件的形式出现，应用开发过程与普通的 HDL 设计也十分相似，只是所需的开发软硬件环境比较昂贵。软 IP 核的设计周期短，设计投入少。由于不涉及物理实现，为后续设计留有很大的发挥空间，增大了 IP 核的灵活性和适应性。其主要缺点是在一定程度上使后续工序无法适应整体设计，从而需要一定程度的软 IP 核修正，在性能上也不可能获得全面的优化。由于软 IP 核是以源代码的形式提供，尽管源代码可以采用加密方法，但其知识产权保护问题不容忽视。

硬 IP 核提供了设计阶段最终阶段产品：掩膜。硬 IP 核是以经过完全的布局布线的网表形式提供，这种硬 IP 核既具有可预见性，同时还可以针对特定工艺或购买商进行功耗和尺寸上的优化。尽管硬 IP 核因为缺乏灵活性而可移植性差，但由于无须提供寄存器传输级 RTL 文件，因而更易于实现 IP 核保护。

固 IP 核则是软 IP 核和硬 IP 核的折中。大多数应用于 FPGA 的 IP 核均为软 IP 核，软

IP核有助于用户调节参数并增强可复用性。软IP核通常以加密形式提供,这样实际的RTL对用户是不可见的,但布局和布线灵活。在这些加密的软IP核中,如果对内核进行了参数化,那么用户就可通过头文件或图形用户接口方便地对参数进行操作。对于那些对时序要求严格的内核(如PCI接口内核),可对特定信号进行预布线或分配特定的布线资源,以满足时序要求。这些内核均可归类为固IP核。由于内核是预先设计的代码模块,因此有可能影响包含该内核的整体设计。由于内核的建立、保持时间和握手信号都可能是固定的,因此在设计其他电路时都必须考虑与该内核进行正确的接口。如果内核具有固定布局或部分固定的布局,那么这还将影响其他电路的布局。

IP核将一些在数字电路中常用但比较复杂的功能块,如FIR滤波器、SDRAM控制器、PCI接口等设计成可修改参数的模块。IP核的重用是设计人员赢得迅速上市时间的主要策略。随着CPLD/FPGA的规模越来越大,设计越来越复杂(IC的复杂度以每年55%的速率递增,而设计能力每年仅提高21%),设计者的主要任务是在规定的时间周期内完成复杂的设计。调用IP核能避免重复劳动,大大减轻工程师的负担,因此使用IP核是一个发展趋势。

1.3 VHDL特点及优势

1.3.1 VHDL概述

VHDL的英文全名是Very-High-Speed Integrated Circuit Hardware Description Language,翻译成中文就是超高速集成电路硬件描述语言,它的应用主要是在数字电路的设计中,诞生于1982年。1987年底,VHDL被IEEE和美国国防部确认为标准硬件描述语言。它最初是由美国国防部开发出来供美国军队用来提高设计的可靠性和缩减开发周期的一种使用范围较小的设计语言。自IEEE公布了VHDL的标准版本,IEEE-1076版本(简称87版)之后,各EDA公司相继推出了自己的VHDL设计环境,或宣布自己的设计工具可以和VHDL接口。此后VHDL在电子设计领域得到了广泛的接受,并逐步取代了原有的非标准的硬件描述语言。1993年,IEEE对VHDL进行了修订,从更高的抽象层次和系统描述能力上扩展VHDL的内容,公布了新版本的VHDL,即IEEE标准的1076-1993版本(简称93版)。现在,VHDL和Verilog作为IEEE的工业标准硬件描述语言,又得到众多EDA公司的支持,在电子工程领域已成为事实上的通用硬件描述语言。目前,它在中国的应用多数是用在FPGA,CPLD和EPLD的设计中;在另一些有更高需求的应用中,它也被用来设计ASIC。

1.3.2 VHDL特点

VHDL与其他硬件描述语言相比,具有以下一些特点:

(1)功能强大、设计灵活。VHDL具有功能强大的语言结构,可以用简洁明确的源代码来描述复杂的逻辑控制。它具有多层次的设计描述功能,层层细化,最后可直接生成电路级描述。VHDL支持同步电路、异步电路和随机电路的设计,这是其他硬件描述语言所不能比拟的。VHDL还支持各种设计方法,既支持自底向上的设计又支持自顶向下的设计,既支持模块化设计又支持层次化设计。

(2)支持广泛、易于修改。由于VHDL已经成为IEEE标准所规范的硬件描述语言,大多数EDA工具几乎都支持VHDL,这为VHDL的进一步推广和广泛应用奠定了基础。在硬件电路设计过程中,主要的设计文件是用VHDL编写的源代码,因为VHDL的易读和结构化,所以易于修改设计。

(3)强大的系统硬件描述能力。VHDL具有多层次的设计描述功能,既可以描述系统级电路,又可以描述门级电路。而描述既可以采用行为描述、寄存器传输级描述或结构描述,也可以采用三者混合的混合级描述。另外,VHDL支持惯性延迟和传输延迟,还可以准确地建立硬件电路模型。VHDL支持预定义的和自定义的数据类型,给硬件描述带来较大的自由度,使设计人员能够方便地创建高层次的系统模型。

(4)独立于器件的设计,与工艺无关。设计人员用VHDL进行设计时,不需要首先考虑选择完成设计的器件,就可以集中精力进行设计的优化。当设计描述完成后,可以用多种不同的器件结构来实现其功能。

(5)移植能力强。VHDL是一种标准化的硬件描述语言,同一个设计描述可以被不同的工具所支持,使得设计描述的移植成为可能。

(6)易于共享和复用。VHDL采用基于库(Library)的设计方法,可以建立各种可再次利用的模块。这些模块可以预先设计或使用以前设计中的存档模块。将这些模块存放到库中,就可以在以后的设计中进行复用,可以使设计成果在设计人员之间进行交流和共享,减少硬件电路设计。

1.3.3 VHDL优势

VHDL的优势在于:

(1)与其他的硬件描述语言相比,VHDL具有更强的行为描述能力,从而决定了它成为系统设计领域最佳的硬件描述语言。强大的行为描述能力是避开具体的器件结构,从逻辑行为上描述和设计大规模电子系统的重要保证。

(2)VHDL丰富的仿真语句和库函数,使得在任何大系统的设计早期就能查验设计系统的功能可行性,随时可以对设计进行仿真模拟。

(3)VHDL语句的行为描述能力和程序结构决定了它具有支持大规模设计的分解和已有设计的再利用功能。符合市场大规模系统高效需求,高速地完成必须由多人甚至多个代发组共同并行工作才能实现的工程。

(4)对于用VHDL完成的一个确定的设计,可以利用EDA工具进行逻辑综合和优化,并自动地把VHDL描述设计变成门级网表。

(5)VHDL对设计的描述具有相对独立性,设计者可以不懂硬件的结构,也不必关心最终设计实现的目标器件是什么,而进行独立的设计。

第 2 章

可编程逻辑器件原理

本章将主要介绍可编程逻辑器件的发展历史,并结合 PLD 的分类来介绍常见的 CPLD 及 FPGA。通过对低密度 PLD 的编程原理分析,逐步介绍 PROM,PLA,PAL 及 GAL 的组成及工作原理。

2.1 PLD 概述

2.1.1 PLD 发展历史

可编程逻辑器件(Programmable Logic Device,PLD)是作为一种通用集成电路产生的,它的逻辑功能按照用户对器件编程来确定,是集成电路技术发展的产物。很早以前,电子工程师们就曾设想设计一种逻辑可再编程的器件,但由于集成电路规模的限制,难以实现。20 世纪 70 年代,集成电路技术迅猛发展,随着集成电路规模的增大,MSI,LSI 出现,可编程逻辑器件才得以诞生和迅速发展。

1. 第 1 阶段:PLD 诞生及简单 PLD 发展阶段

20 世纪 70 年代,熔丝编程的可编程只读存储器(Programmable Read Only Memory,PROM)和可编程逻辑阵列(Programmable Logic Array,PLA)的出现,标志着 PLD 的诞生。可编程逻辑器件最早是根据数字电子系统组成基本单元门电路可编程来实现的,任何组合电路都可用与门和或门组成,时序电路可用组合电路加上存储单元来实现。早期 PLD 就是用可编程的与阵列和(或)可编程的或阵列组成的。

PROM 是采用固定的与阵列和可编程的或阵列组成的 PLD,由于输入变量的增加会引起存储容量的急剧上升,只能用于简单组合电路的编程。PLA 是由可编程的与阵列和可编程的或阵列组成的,克服了 PROM 随着输入变量的增加规模迅速增加的问题,利用率高,但由于与阵列和或阵列都可编程,软件算法复杂,编程后器件运行速度慢,只能在小规模逻辑电路上应用。现在这两种器件在 EDA 上已不再采用,但 PROM 作为存储器,PLA 作为全定制 ASIC 设计技术,还在应用。

20 世纪 70 年代末,AMD 公司对 PLA 进行了改进,推出了可编程阵列逻辑(Programmable Array Logic,PAL)器件,PAL 与 PLA 相似,也由与阵列和或阵列组成,但在编程接点上与 PAL 不同,而与 PROM 相似,或阵列是固定的,只有与阵列可编程。或阵列固定、与阵列可编程结构,简化了编程算法,运行速度也提高了,适用于中小规模可编程电路。但 PAL 为适应不同应用的需要,输出 I/O 结构也要跟着变化。由于输出 I/O 结构很多,而一种输出 I/O 结构方式就有一种 PAL 器件,因此给生产、使用带来不便。且 PAL 器件一般采用熔丝工艺生产,一次可编程、修改电路需要更换整个 PAL 器件,成本太高。这样,PAL 逐步被后来的 GAL 取代。

以上可编程器件都是乘积项可编程结构,都只解决了组合逻辑电路的可编程问题,对于时序电路,需要另外加上锁存器、触发器来构成,如 PAL 加上输出寄存器,就可实现时序电路可编程。

2. 第 2 阶段:乘积项可编程结构 PLD 发展与成熟阶段

20 世纪 80 年代初,Lattice(莱迪思)公司开始研究一种新的乘积项可编程结构 PLD。1985 年,推出了一种在 PAL 基础上改进的通用阵列逻辑(Generic Array Logic,GAL)器件。GAL 器件首次在 PLD 上采用电可擦除只读存储器工艺,能够电擦除重复编程,使得修改电路不需更换硬件,可以灵活方便地应用,乃至更新换代。

在编程结构上,GAL 沿用了 PAL 或阵列固定、与阵列可编程结构,而对 PAL 的输出 I/O 结构进行了改进,增加了输出逻辑宏单元(Output Logic Macro Cell,OLMC)。OLMC 设有多种组态,使得每个 I/O 引脚可配置成专用双向组合输出,解决了 PAL 器件一种输出 I/O 结构方式就有一种器件的问题,具有通用性。而且,GAL 器件是在 PAL 器件基础上设计的,与许多 PAL 器件是兼容的,一种 GAL 器件可以替换多种 PAL 器件,因此,GAL 器件得到了广泛应用。目前,GAL 器件主要应用在中小规模可编程电路,而且,GAL 器件也加上了系统在线可编程 ISP 功能,称 ispGAL 器件。

20 世纪 80 年代中期,Altera 公司推出了 EPLD(Erasable PLD)器件,EPLD 器件比 GAL 器件有更高的集成度,采用可擦除只读存储器(Erasable Programable Read Only Memory,EPROM)工艺或电可擦除只读存储器(Electrically EPROM,E^2PROM)工艺,可用紫外线或电擦除,适用于较大规模的可编程电路,也获得了广泛应用。

3. 第 3 阶段:复杂可编程器件发展与成熟阶段

20 世纪 80 年代中期,Xilinx 公司提出了现场可编程(Field Programmability)的概念,并生产出世界上第一片 FPGA 器件,FPGA 是现场可编程门阵列(Field Programmable Gate Array)的英文缩写,现在已经成了大规模可编程逻辑器件中一大类器件的总称。FPGA 器件一般采用 SRAM 工艺,编程结构为可编程的查找表(Look-UpTable,LUT)结构。FPGA 器件的特点是电路规模大,配置灵活,但 SRAM 需掉电保护,或开机后重新配置。

20 世纪 80 年代末,Lattice 公司提出了 ISP 的概念,并推出了一系列具有 ISP 功能的 CPLD 器件,将 PLD 的发展推向了一个新的发展时期。CPLD 是复杂可编程逻辑器件(Complex Programmable Logic Device)的英文缩写,Lattice 公司推出 CPLD 器件开创了 PLD 发展的新纪元,也是复杂可编程逻辑器件的快速推广与应用。CPLD 器件采用 E^2PROM 工艺,编程结构在 GAL 器件基础上进行了扩展和改进,使得 PLD 更加灵活,应用更加广泛。

复杂可编程逻辑器件现在有 FPGA 和 CPLD 两种主要结构,进入 20 世纪 90 年代后,两种结构都得到了飞速发展,尤其是 FPGA 器件现在已超过 CPLD,走入成熟期,因其规模大,拓展了 PLD 的应用领域。目前,器件的可编程逻辑门数已达上千万门以上,可以内嵌许多种复杂的功能模块,如 CPU 核、DSP 核、PLL(锁相环)等,可以实现单片可编程系统(System On Programmable Chip,SOPC)。

拓展了的系统在线可编程性(ispXP),是 Lattice 公司集中了 E^2PROM 和 SRAM 工艺的最佳特性而推出的一种新的可编程技术。ispXP 集成了 E^2PROM 的非易失单元和 SRAM 的工艺技术,从而在单个芯片上同时实现了瞬时上电和无限可重构性。ispXP 器件上分布的 E^2PROM 阵列储存着器件的组态信息。在器件上电时,这些信息以并行的方式被传递到用于控制器件工作的 SRAM 位。新的 ispXFPGATMFPGA 系列与 ispXPLDTMCPLD 系列均采用了 ispXP 技术。

2.1.2 PLD 的分类

按照结构体系划分,PLD 主要可分为简单 PLD,CPLD 和 FPGA。其中,简单 PLD 又包括 PAL 和 GAL 等,其分类示意图如图 2.1 所示。

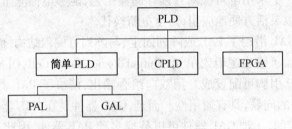

图 2.1 PLD 分类示意图

EPLD 是可擦除的可编程逻辑器件,是 Erasable Programmable Logic Device 的缩写。有的资料把可擦除的 PLD 都统称为 EPLD,但更一般的是指继 PAL,GAL 之后推出的一代集成度远高于 PAL,GAL,但相对 CPLD 和 FPGA 较低的可擦除的可编程逻辑器件。时至今日,生产的绝大多数可编程逻辑器件都是可擦除的了。

PROM,EPROM 和 E^2PROM,这些存储器也可当作一种可编程器件。它们的与阵列(即地址译码器)是固定的,并且将所有输入变量的最小项全部译出了;而它们的或阵列(即存储阵列)是可编程的。但是实现逻辑函数时,往往只用到一部分最小项,如果用存储器来实现的话芯片的利用率不高。

2.1.3 常用 CPLD 及 FPGA 标识含义

CPLD/FPGA 生产厂家多,系列、品种更多,各生产厂家命名、分类不一,给 CPLD/FPGA 的应用带来了一定的困难,但其标识也是有一定的规律的。

下面对常用 CPLD/FPGA 标识进行说明。

1. CPLD/FPGA 标识概说

CPLD/FPGA 产品上的标识大概可分为以下几类:

(1)用于说明生产厂家的。如:Altera,Lattice,Xilinx 都是公司名称。

(2)注册商标。如 MAX 是 Altera 公司 CPLD 产品 MAX 系列注册的商标。

(3)产品型号。如 EPM7128SLC84-15 是 Altera 公司的一种 CPLD(EPLD)的型号。

(4)产品序列号。说明产品生产过程中的编号,是产品身份的标志,相当于人的身份证。

(5)产地与其他说明。由于跨国公司跨国经营,世界日益全球化,有些产品还有产地说

第2章 可编程逻辑器件原理

明,如:made in China(中国制造)。

2. CPLD/FPGA 产品型号标识组成

CPLD/FPGA 产品型号标识通常由以下几部分组成。

(1)产品系列代码。如 Altera 公司的 FLEX 器件系列代码为 EPF。

(2)品种代码。如 Altera 公司的 FLEX10K,10K 即是其品种代码。

(3)特征代码。也即集成度,CPLD 产品一般以逻辑宏单元数描述,而 FPGA 一般以有效逻辑门来描述。如 Altera 公司的 EPF10K10 中后一个 10,代表典型产品集成度是 10K。要注意有效门与可用门不同。

(4)封装代码。如 Altera 公司的 EPM7128SLC84 中的 LC,表示采用塑料方形扁平(Plastic Leaded Chip Carrier,PLCC)封装。PLD 封装除 PLCC 外,还有球形网状阵列(Ball Grid Array,BGA)、C/JLCC(Ceramic/J-leaded Chip Carrier)、C/M/P/TQFP(Ceramic/Metal/Plastic/Thin Quad Flat Package)、PDIP/DIP(Plastic Double In line Package)及 PGA(Ceramic Pin Grid Array)等封装。但封装多以缩写来描述,各公司稍有差别,如 PLCC,ATERA 公司用 LC 描述,Xilinx 公司用 PC 描述,Lattice 公司用 J 来描述。

(5)参数说明。如 Altera 公司的 EPM7128SLC84 中的 LC84-15,84 代表有 84 个引脚,15 代表速度等级为 15 ns。但有的产品直接用系统频率来表示速度,如 ispLSI1016-60,60 代表最大频率 60 MHz。

(6)改进型描述。一般产品设计都在后续进行改进设计,改进设计型号一般在原型号后用字母表示,如 A,B,C 等按先后顺序编号;而有些不是按 A,B,C 先后顺序编号的,则有特定的含义,如 D 表示低成本型(Down)、E 表示增强型(Enhanced)、L 表示低功耗型(Low)、H 表示高引脚型(High)、X 表示扩展型(eXtended)等。

(7)适用的环境等级描述。一般在型号最后以字母描述,C(Commercial)表示商用级(0~85 ℃),I(Industrial)表示工业级(-40~100 ℃),M(Material)表示军工级(-55~125 ℃)。

例如,Altera 公司的 EP2C20F484C6 芯片,EP 表示工艺,2C 表示 Cyclone Ⅱ(S 代表 Stratix,A 代表 Arria),20 表示有 2 万个逻辑门,F484 表示采用 FBGA 的 484 管脚封装,C 表示芯片为商业级,6 表示时延的大小,单位为毫秒,数字越小速度越快。

2.2 低密度 PLD

2.2.1 电路符号表示

在介绍 PLD 之前,非常有必要了解一些常用的逻辑电路及常用的描述 PLD 内部结构的专用电路符号。表 2.1 所示为常用的逻辑门符号与现在国标的逻辑门符号的一个对比。在常用的 EDA 软件中,原理图一般采用图中的"常用符号"来表示。图 2.2 所示为 PLD 中常用的逻辑门符号。

表 2.1 常用的逻辑门符号与现在国标的逻辑门符号的对照

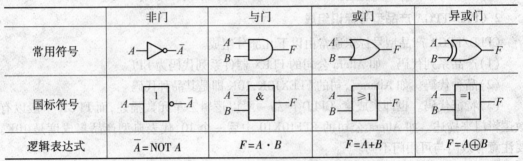

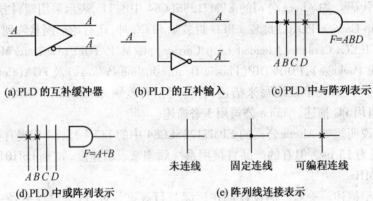

图 2.2 PLD 中常用的逻辑门符号

2.2.2 PROM

PROM 指的是可编程只读存储器，ROM 除了用作只读存储器低点，还可作为 PLD 使用。一个 ROM 器件主要由地址译码部分、ROM 单元阵列和输出缓冲部分构成。图 2.3 是从可编程逻辑器件的角度来分析 PROM 的基本结构。

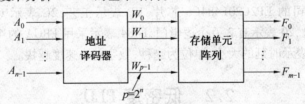

图 2.3 PROM 的基本结构

PROM 中的地址译码器是完成 PROM 存储阵列的行的选择，其逻辑函数是

$$W_0 = \bar{A}_{n-1} \cdots \bar{A}_1 \bar{A}_0$$
$$W_1 = \bar{A}_{n-1} \cdots \bar{A}_1 A_0$$
$$\vdots$$
$$W_{2^n-1} = A_{n-1} \cdots A_1 A_0$$

从上述的表达式可以看出，其中地址译码器可以看成是与阵列，即可以表示成图 2.4 所示的结构，其逻辑函数表达式为

$$F_0 = M_{p-1,0} W_{p-1} + \cdots + M_{1,0} W_1 + M_{0,0} W_0$$

$$F_1 = M_{p-1,1}W_{p-1} + \cdots + M_{1,1}W_1 + M_{0,1}W_0$$
$$\vdots$$
$$F_{m-1} = M_{p-1,m-1}W_{p-1} + \cdots + M_{1,m-1}W_1 + M_{0,m-1}W_0$$

其中 $p = 2^n$，而 $M_{p-1,m-1}$ 是存储单元阵列第 $n-1$ 列 $p-1$ 行单元的值。

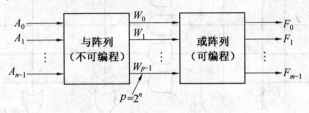

图 2.4 PROM 的逻辑阵列结构

从基本阵列(与、或、非门)出发，PROM 的阵列还可以表示成图 2.5 所示的结构(以 $4 \times$ 2PROM 为例)，其逻辑表达式为

$$S = A_0 \oplus A_1$$
$$C = A_0 \cdot A_1$$

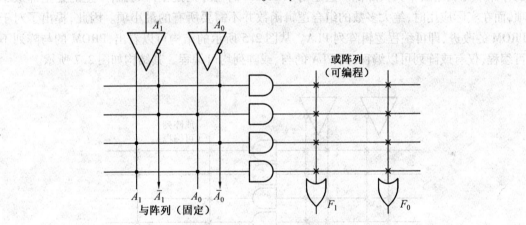

图 2.5 PROM 表示的 PLD 的结构

采用 PROM 形式的另一应用是半加器，其结构如图 2.6 所示，逻辑表达式为

$$F_0 = A_0\overline{A_1} + \overline{A_0}A_1$$
$$F_1 = A_1 A_0$$

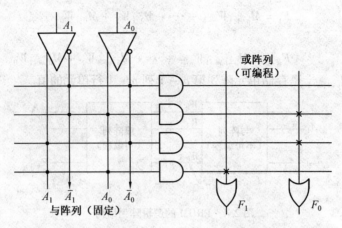

图 2.6 用 PROM 构成的半加器逻辑阵列

2.2.3 PLA

采用 PROM 实现逻辑时,其最大的缺点在于随着组合逻辑函数的输入变量增多,PROM 的存储单元利用效率大大降低。这是由于 PROM 的与阵列是全译码器,产生的是全部最小项,而在实际应用时,绝大多数的组合逻辑函数并不需要所有的最小项。因此,提出了对于 PROM 的改进,即可编程逻辑阵列 PLA。从图 2.5 所示的结构可以看出,PROM 的与阵列不可编程,仅有或阵列可以编程,而 PLA 的与、或阵列均可编程。其结构如图 2.7 所示。

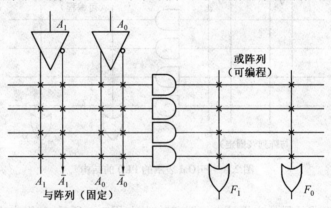

图 2.7 PLA 阵列示意图

图 2.8 比较了 PLA 和 PROM 的异同,从图中可以看出,PLA 可以节约大量的输入输出线。而在 PLA 的规模增大时,相比于 PROM,PLA 的优势更为明显。PLA 不需要包含输入变量每个可能的最小项,仅需要包含的是在逻辑功能中实际要求的那些最小项。PROM 随着输入变量增加,规模迅速增加的问题在 PLA 中大大缓解。

尽管 PLA 的利用效率高,可是需要有逻辑函数的与或最简表达式,对于多输出需要提取、利用公共的与项,涉及的算法比较复杂,尤其是多输入变量和多输出的逻辑函数,处理上更是困难。此外,PLA 的两个阵列均可编程,不可避免地使编程后器件的运行速度下降了。因此,PLA 的使用受到了抑制,只在小规模逻辑上应用,现在很多现成的 PLA 芯片都已经被淘汰了。但由于其面积利用率高,因而在 ASIC 定制设计中获得了新的应用。

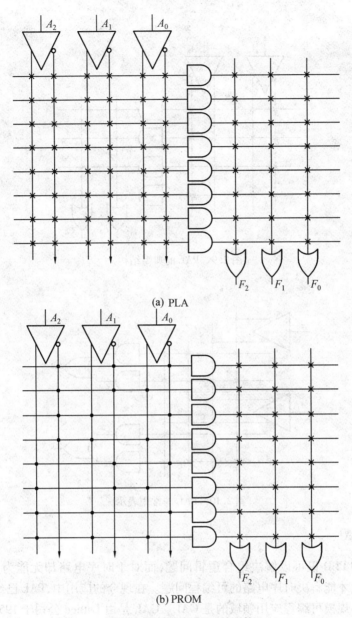

(a) PLA

(b) PROM

图 2.8　PLA 与 PROM 的比较

2.2.4　PAL

从上述分析可以看出，虽然 PLA 的利用率高，但是在多输出函数下，要得出与或最简表达式是十分困难的。因此，研究人员又设计了一种新的可编程器件，即可编程阵列逻辑 PAL。其特点是，与阵列可以编程，而或阵列不可编程，其典型结构如图 2.9 所示。而由于其或阵列是固定的，通常表示为图 2.10。

从 PAL 的结构上来看，与阵列可编程，或阵列固定，可以避免 PLA 存在的问题。从 PAL 的结构可知，各个逻辑函数输出化简，不必考虑公共的各项。对于多个乘积项，PAL 通过输出反馈和互连的方式来解决。图 2.11 所示为 PAL16V8 的结构图，从该图中可以看 PAL 中的输出反馈。

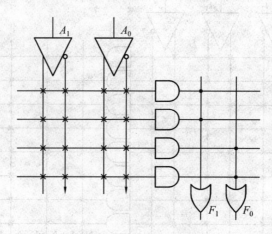

图 2.9　PAL 的典型结构

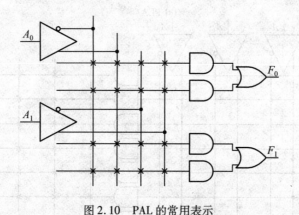

图 2.10　PAL 的常用表示

2.2.5　GAL

以上提出的 PLD 仅可以解决组合逻辑问题,而对于时序电路却无能为力。而只有当 PAL 加寄存器后才能解决时序电路的可编程问题。在现今的应用中,PAL 已经被淘汰,取而代之应用于中小规模可编程应用领域的是 GAL。GAL 是由 Lattice 公司于 1958 年在 PAL 的基础上设计出来的,其全称为通用阵列逻辑器件,首次在 PLD 上采用了 E^2PROM。GAL 具有电可重复编程的特点,解决了熔丝型可编程器件的一次可编程问题。GAL 在与或结构上沿用了 PAL 的与阵列可编程、或阵列固定的结构。如图 2.12 所示为 GAL16V8 的结构。

第 2 章 可编程逻辑器件原理

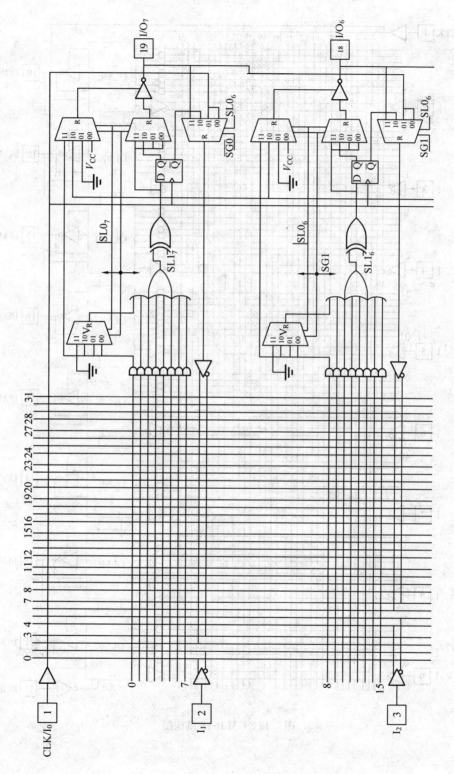

图 2.11 PAL16V8 的结构构图

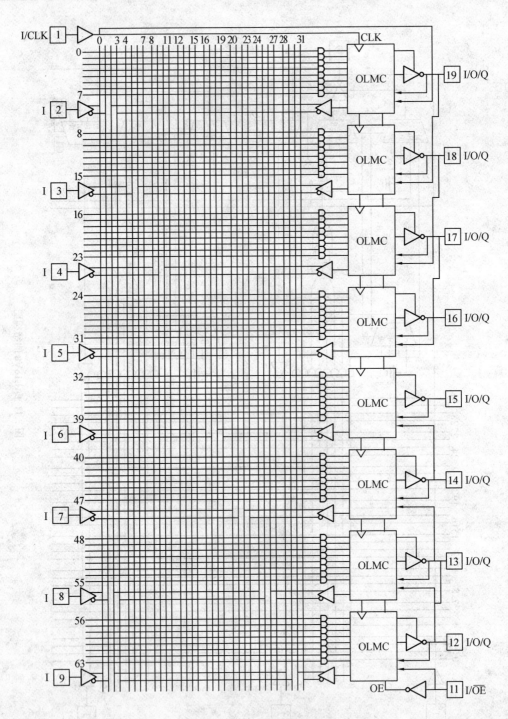

图 2.12 GAL16V8 结构图

GAL 有多种工作模式,包括寄存器工作模式、组合输出结构、复合输出结构、简单模式输出结构,其具体结构分别如图2.13～2.16所示。

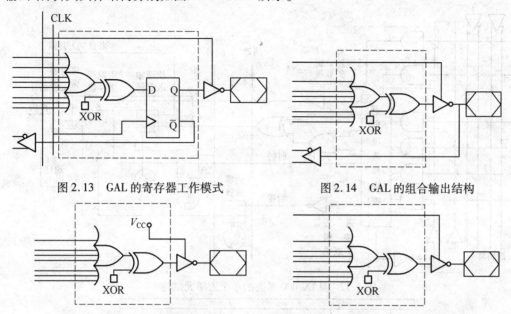

图2.13 GAL 的寄存器工作模式　　图2.14 GAL 的组合输出结构

图2.15 GAL 的复合型输出结构　　图2.16 GAL 的简单模式输出结构

由于 GAL 是在 PAL 的基础上设计的,与许多种 PAL 器件保持了兼容性。GAL 能直接替换许多种 PAL 器件,方便应用于厂商升级现有产品,因此,GAL 器件仍被广泛应用。

2.3 主流 CPLD 和 FPGA 公司及其器件

随着可编程逻辑器件应用的日益广泛,许多 IC 制造厂家涉足 PLD/FPGA 领域。目前世界上有十几家生产 CPLD/FPGA 的公司,最大的三家是 Altera,Xilinx 和 Lattice,其中 Altera 和 Xilinx 占有了60%以上的市场份额。下面介绍常见厂家的常用 CPLD/FPGA。

2.3.1 CPLD 的结构及工作原理

CPLD 的全称是复杂可编程逻辑器件(Complex Programmable Logic Device)。早期的 CPLD 是从 GAL 的结构扩展而来,并针对 GAL 的缺点进行了改进,如 Lattice 的 ispLSI1032 等器件。在典型的 CPLD 中,Altera 的 MAX7000 系列器件具有代表性,下面以此为例介绍 CPLD 的结构及工作原理。

MAX7000 系列器件包含32～256个宏单元,其单个宏单元的结构如图2.17所示。每16个宏单元组成一个逻辑阵列块。由图中可以看出,每个宏单元是由与阵列及或阵列加上一个可编程寄存器,每个宏单元共享扩展乘积项,它们可向每个宏单元提供多达32个乘积项。MAX7000 结构中包含5个重要部分。

1. 逻辑阵列块

一个逻辑阵列块(Logic Array Block,LAB)由16个宏单元组成,该系列器件主要是由多个逻辑阵列组成的阵列以及它们之间的连续构成。多个 LAB 通过可编程连线阵(Program-

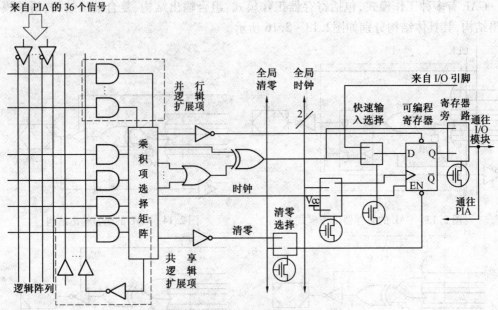

图 2.17　MAX7000 系列的单个宏单元结构

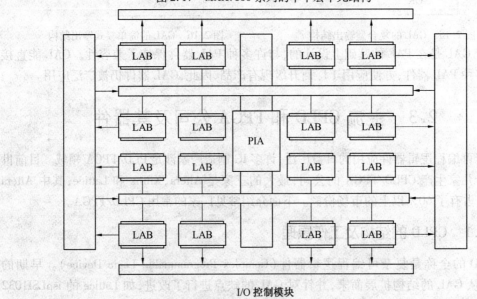

图 2.18　MAX7000 结构

mable Interconnect Array,PIA)和全局总线连接在一起,其结构如图 2.18 所示。每个 LAB 的输入信号来自 3 个部分:作为通用逻辑输入的 PIA 的 36 个信号、来自全局控制信号、从 I/O 引脚到寄存器的直接输入通道。

2. 宏单元

宏单元包括逻辑阵列、乘积项选择矩阵和可编程寄存器。这 3 个部分可以被单独地配置为时序组合逻辑工作方式。其中逻辑阵列实现组合逻辑,可以给每个宏单元提供 5 个乘积项。而乘积项选择矩阵分配这些乘积项作为到或门和异或门的主要逻辑输入,以实现组合逻辑函数。每个可编程寄存器可以按 3 种时钟输入模式工作:全局时钟信号、全局时钟信号并且在时钟高电平使能、一个乘积项实现的阵列时钟。每个寄存器也支持异步清零和异步置位功能。

3. 扩展乘积项

尽管大部分逻辑函数能够用每个宏单元的 5 个乘积项实现，但更复杂的逻辑函数需要附加乘积项，可以利用其他宏单元所需的逻辑意象派。在 MAX7000 系列中，还可以利用其结构具有的共享和并联扩展乘积项，其结构和馈送方式如图 2.19 和图 2.20 所示。

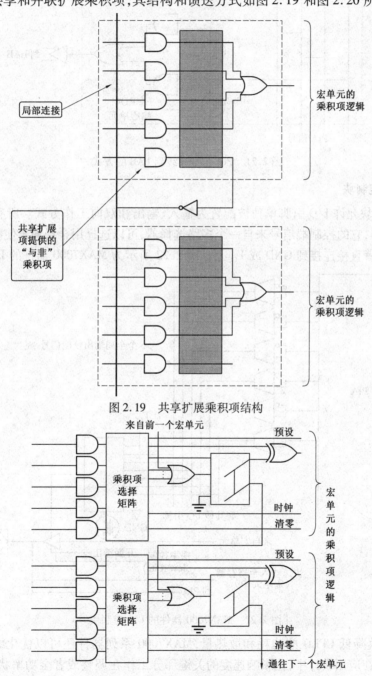

图 2.19　共享扩展乘积项结构

图 2.20　并联扩展乘积项馈送方式

4. 可编程连线阵列

不同的 LAB 通过在可编程连线阵列上布线,以相互连接构成所需的逻辑。这个全局总线是一种可编程的通道,可以把器件中任何信号连接到其目的地。所有 MAX7000 器件的专用输入、I/O 引脚及宏单元输出都连接到 PIA,而 PIA 可把这些信号送到整个器件内的各个地方,只有每个 LAB 需要的信号才布置从 PIA 到该 LAB 的连线,其布线方式如图 2.21 所示。

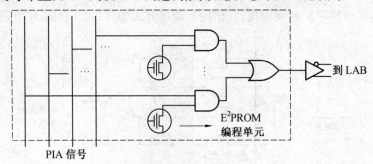

图 2.21　PIA 信号布线到 LAB 的方式

5. I/O 控制块

I/O 控制块允许 I/O 引脚单独被配置为输入、输出和双向工作方式。所有引脚都有一个三态缓冲器,它的控制端信号来自一个多路选择器,可以选择用全局输出使能信号之一来进行控制,或者直接连接到 GND 或 V_{CC} 上。图 2.22 所示为 MAX7000 器件的 I/O 控制块。

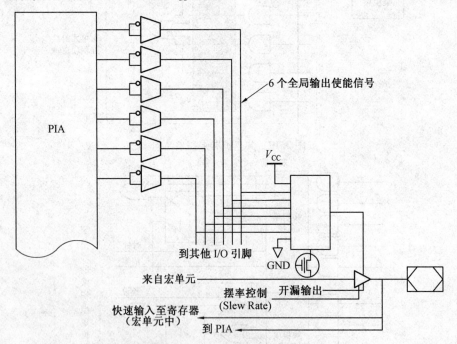

图 2.22　MAX7000 器件的 I/O 控制块

为了有效降低 CPLD 的功耗和散热量,MAX7000 系列器件还可以优化编程速度及功率,从而使得在应用设计中,让影响速度的关键部分工作在调整或者全功率状态,而其余部分工作在低速、小功耗状态。

2.3.2 FPGA 的结构及工作原理

FPGA 由 6 部分组成,分别为可编程输入/输出单元、基本可编程逻辑单元、嵌入式块 RAM、布线资源、底层嵌入功能单元和内嵌专用硬 IP 核,其基本结构如图 2.23 所示。以下分别介绍各个单元。

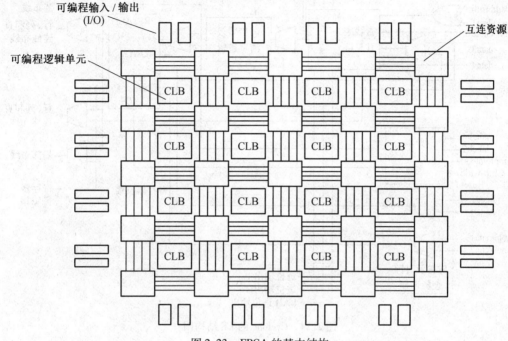

图 2.23 FPGA 的基本结构

(1)可编程输入/输出单元。目前大多数 FPGA 的输入/输出单元被设计为可编程模式,即通过软件的灵活配置,可适应不同的电器标准与输入/输出物理特性;可以调整匹配阻抗特性,上下拉电阻;可以调整输出驱动电流的大小等。

(2)基本可编程逻辑单元。逻辑单元(Logic Element,LE)在 FPGA 器件内部,用于完成用户逻辑的最小单元。FPGA 的基本可编程逻辑单元是由查找表(Look Up Table,LUT)和寄存器(Register)组成的。图2.24是 Cyclone 的 LE 结构图。

LUT 完成纯组合逻辑功能,寄存器可以配置为带同步/异步复位和置位、时钟使能的触发器,也可以配置成为锁存器。FPGA 一般依赖寄存器完成同步时序逻辑设计。一般来说,比较经典的基本可编程单元的配置是一个寄存器加一个 LUT。但不同厂商的寄存器和 LUT 的内部结构有一定的差异,而且寄存器和 LUT 的组合模式也不同。图 2.25 和图 2.26 是 FPGA 典型的 LUT 外部和内部结构。

学习底层配置单元的 LUT 和寄存器比率的一个重要意义在于器件选型和规模估算。由于 FPGA 内部除了基本可编程逻辑单元外,还有嵌入式的 RAM,PLL 或 DLL,专用的硬 IP 核等,这些模块也能等效出一定规模的系统门,所以简单科学的方法是用器件的 LUT 和寄存器比率衡量。

(3)嵌入式块 RAM。目前大多数 FPGA 都有内嵌的块 RAM。嵌入式块 RAM 可以配置为单端口 RAM、双端口 RAM、伪双端口 RAM,CAM,FIFO 等存储结构。CAM 即为内容地址

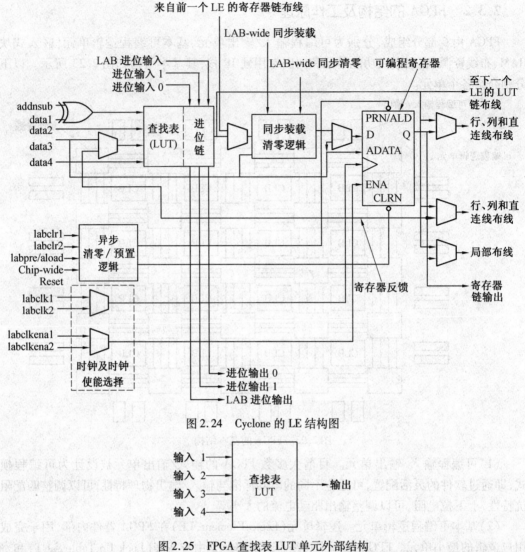

图 2.24 Cyclone 的 LE 结构图

图 2.25 FPGA 查找表 LUT 单元外部结构

存储器。写入 CAM 的数据会和其内部存储的每一个数据进行比较,并返回与端口数据相同的所有内部数据的地址。简单来说,RAM 是一种写地址、读数据的存储单元,CAM 与 RAM 恰恰相反。除了块 RAM 外,Xilinx 和 Lattice 的 FPGA 还可以灵活地将 LUT 配置成 RAM,ROM,FIFO 等存储结构。

(4)布线资源。布线资源连通 FPGA 内部所有单元,连线的长度和工艺决定信号在连线上的驱动能力和传输速度。布线资源有以下几种:

①全局性的专用布线资源。完成器件内部的全局时钟和全局复位/置位的布线。

②长线资源。完成器件 Bank 间的一些高速信号和一些第二全局时钟信号的布线。

③短线资源。用来完成基本逻辑单元间的逻辑互连与布线。

④其他。在逻辑单元内部还有着各种布线资源和专用时钟、复位等控制信号线。

由于在设计过程中,往往由布局布线器自动根据输入的逻辑网表的拓扑结构和约束条件选择可用的布线资源连通所用的底层单元模块,所以常常忽略布线资源。其实布线资源

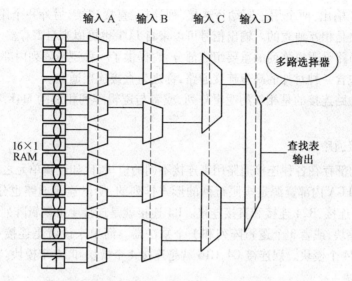

图 2.26　FPGA 查找表 LUT 单元内部结构

的优化与使用和实现结果有直接关系。

(5) 底层嵌入功能单元。底层嵌入功能单元是指通用程度较高的嵌入式功能模块,例如,锁相环(Phase Locked Loop,PLL)、延时锁定环(Delay Locked Loop,DLL)、数字信号处理器(Digital Signal Processing,DSP)和 CPU 等。

(6) 内嵌专用硬 IP 核。与底层嵌入单元是有区别的,这里指的硬 IP 核主要是那些通用性相对较弱的,不是所有 FPGA 器件都包含硬 IP 核。

以下以 Cyclone Ⅱ 为例,详细介绍相应的组成及功能。

1. 逻辑单元与逻辑阵列

Cyclone Ⅱ 系列的 FPGA 逻辑单元有两种工作模式:普通模式和算数模式。普通模式适用于一般的逻辑运算。算数模式适用于实现加法器、计数器、累加器和比较器等。逻辑阵列的主体是 16 个逻辑单元,另外还有一些逻辑阵列内部的控制信号以及互连通路。互连通路和直接连接通路也是逻辑阵列中的部分。一个逻辑单元主要由以下部件组成:一个四输入的查询表 LUT,一个可编程的寄存器,一条进位链,一条寄存器级联链。

LUT 用于完成用户需要的逻辑功能,Cyclone Ⅱ 系列的 LUT 是 4 输入 1 输出的,可以完成任意 4 输入 1 输出的组合逻辑。

可编程寄存器可以配置成 D 触发器、T 触发器、JK 触发器、SR 触发器。每个寄存器包含 4 个输入信号,即数据输入、时钟输入、时钟使能、复位输入。

进位链是并行加法器中传递进位信号的逻辑线路,提供逻辑单元之间非常快(小于 0.2 ns)的超前进位功能。进位信号通过进位链从低序号逻辑单元向高序号逻辑单元进位,同时进位到 LUT 和进位链的下一级。

寄存器级联链可以在最小的延时情况下实现多输入逻辑,通过相邻 LUT 并行计算逻辑功能的各个部分,再用级联链将这些中间值串接起来,级联链可使用"与"逻辑或"或"逻辑来连接相邻的逻辑单元输出,每增加一个逻辑单元,逻辑的有效输入宽度增加 4 个,而延时增加约 0.7 ns。多于 8 位的级联链可以通过将多个 LAB 连接到一起来自动实现。一个逻辑单元包含3个输出,两个用于驱动行连接、列连接、直接连接,另外一个用于驱动本地互连。这3个输出是相互独立的。输出信号可以来自LUT也可以来自寄存器。

本地互连通路是逻辑阵列的重要组成部分,它提供了一种逻辑阵列内部的连接方式,逻辑阵列内部还包含一种对外的高速连接通路,称之为直接连接通路。

直接连接通路连接的是相邻的逻辑阵列,或者与逻辑阵列相邻的M4K存储器块、乘法器、锁相环等。

2. 内部连接通路

在FPGA内部存在各种连接通路用来连接不同的模块,比如逻辑单元之间、逻辑单元与存储器之间。FPGA内部资源是按照行列的形式排列的,所以连接通路也分为行列的。行连接又分为R4连接、R24连接和直接连接。R4连接就是连接4个逻辑阵列,或者3个逻辑阵列和1个存储块,或者3个逻辑阵列和1个乘法器。简单来说就是连接4个模块。R24连接就是连接24个模块。列连接C4,C16就是连接4个模块和16个模块。

3. 时钟资源

Cyclone Ⅱ系列FPGA时钟资源主要包括全局时钟树和锁相环两部分。全局时钟树又称全局时钟网络,负责把时钟分配到器件内部的各个单元,控制器件内部所有资源。锁相环则可以完成分频、倍频、移项等相关时钟的基本操作。

全局时钟树是一种时钟网络结构,可以为FPGA内部的所有资源提供时钟信号,这些资源包括内部的寄存器、内部的存储器、输入输出管脚寄存器等。Cyclone Ⅱ系列的FPGA中每条全局时钟树都对应一个时钟控制模块,时钟控制模块的作用是从多个时钟源中选择一个连接到全局时钟树,进而提供给片内的各种资源。这些时钟源包括锁相环的输出、专用时钟引脚的输入、两用时钟引脚的输入或者内部逻辑。

专用时钟引脚是为时钟输入专门设计的引脚,在有可能的情况下应该尽量将时钟信号连接到专用管脚上。例如,EP2C5有8个专用时钟引脚(CLK),4个位于芯片左侧,4个位于芯片右侧。两用时钟引脚通常用于介入时钟或者异步控制信号,EP2C5有8个两用时钟引脚,芯片每一侧两个。Cyclone Ⅱ系列FPGA允许对两用时钟引脚的输入延时进行设置,使设计者更好地控制时序。至于Cyclone Ⅱ系列FPGA对全局时钟树的使用方式和限制,在此也不一一罗列。需要注意的是,时钟的连接也会受到这样或者那样的限制,如果在实际电路的过程中出现了问题,自然也会在编译过程中提示出来,所以切记不要将所有警告都忽略掉,因为这些警告可能是程序设计中的漏洞,当某种状态浮现的时候会导致程序运行的不稳定。

锁相环最主要的目的是产生一个和外部输入始终保持同步的时钟信号,包括频率同步和相位同步。总体来说,锁相环的特性和功能有:分频倍频、相移、设置占空比、片内外时钟输出、时钟切换、锁定指示、反馈模式、控制信号。锁相环在FPGA中除了分频、倍频操作外,还经常用于内部时钟和外部时钟保持沿同步,提供需要的外部时钟输出等。EP2C5包含两个锁相环(PLL1和PLL2)。锁相环支持单端时钟输入和差分时钟输入。当采用单端时钟输入时,CLK0~3作为时钟源提供给锁相环,当采用差分时钟输入时,CLK0、CLK1提供给PLL1,CLK2和CLK3提供给PLL2。只有专用的时钟输入引脚的时钟信号才能驱动锁相环。

锁相环的相频鉴别器(Phase Frequency Detector,PFD)是用作比较反馈时钟信号同参考时钟信号的相位关系,然后给出控制信号用于调节压控振荡器产生的时钟频率。锁相环结构里还有2个预分频器和3个后分频器(又称后比例计数器)。锁定检测部分用于检测当前锁相环的状态,当参考时钟和反馈回来的时钟子信号同步时,锁相环进入锁定状态。

反馈是锁相环最核心部分,Cyclone Ⅱ系列FPGA的锁相环有3种反馈模式:

(1)普通模式。将全局时钟树的时钟信号反馈给相频鉴别器,从而保证内部寄存器的输入时钟与外部输入时钟保持相位同步。

(2)零延时模式。锁相环将专用的外部输出时钟引脚的输出时钟反馈给相频鉴别器,从而保证输出时钟引脚上的时钟信号和输入引脚上的时钟是沿对齐的。

(3)无补偿模式。锁相环既不会对全局时钟树做补偿,也不对外部时钟输出引脚做补偿。这样做的好处是可以简化反馈电路,改善时钟性能。

4. 内部存储器

Cyclone Ⅱ系列FPGA的内部存储器是以M4K存储器块的形式存在的,每一个存储器块的大小为4 608 bit。M4K块包括输入/输出寄存器。使用内部存储模块时,控制好这些端口的数据流就能够使用好这部分资源。当然存储器的使用离不开时序的控制,如果没有得到预期结果,极有可能是时序控制部分出了问题。

Cyclone Ⅱ系列FPGA中的M4K存储器可以被配置成以下模式:

(1)单口模式。存储器不能同时进行读写操作。

(2)简单双口模式。支持同时对存储器进行读写操作,读端口和写端口可以位宽不同,如果对同一地址进行读写,则输出端数据为该地址更新前的数据。

(3)完全双口模式。两个端口可以任意组合,同时为写端口,同时为读端口,或者一个为写端口一个为读端口。完全双口模式存在潜在威胁,如果两端口同时向一个地址写入数据,会导致该地址中的数据出现不可预知的状况。

(4)移位寄存器模式。可以是一位或多位数据移位,利用时钟下降沿写入数据,时钟上升沿读出数据,配置好该模式后自动完成。

(5)只读存储器模式。存储器的内容通过存储器初始化文件(.mif)指定。

(6)FIFO模式。用于数据缓冲、多路数据对齐、变换时钟域等。

5. 乘法器

在数字信号处理运算中,主要包括滤波、快速傅里叶变换、离散余弦变换等。写运算常常会涉及大量的乘法运算,所以在FPGA中设计了嵌入的乘法器,专门用在这方面的信号处理。如果使用逻辑单元来搭建乘法器,会消耗不少逻辑单元,并且会抑制运算速度的提高。嵌入的乘法器包含有可选的输入/输出寄存器。寄存器的使用会提高电路性能但是会产生延时。乘法模块还包括两个控制信号,分别来控制乘数和被乘数是否有符号。另外,一个乘法器还可以拆开成两个并行的乘法器,例如EP2C5有1个18 bit×18 bit的乘法器,可以作为两个9 bit×9 bit的乘法器使用,但是需要注意的是,符号控制信号就一对,所以要求两个乘法器在相同位置的数据输入必须同时为符号数或者无符号数。

6. 输入/输出引脚

为了便于管理和适应多种电器标准,FPGA的IOB被划分为若干个组(BANK),每一BANK都有单独的供电电源,所以在使用时可以根据要求,为不同的组提供不同的电压,从而实现在不同输入/输出(I/O)组内使用不同的输入/输出标准。在 I/O 引脚和 FPGA 内部逻辑单元之间存在 I/O 单元,每个 I/O 单元包含 1 个输出缓冲和 3 个寄存器。3 个寄存器分别用于锁存输入数据、输出数据和输出数据使能信号。

一个 I/O 组可以同时支持单端标准和差分标准,只要其需要的 VCCIO 相同。若干个 I/O 单元构成一个 I/O 模块位于芯片的外围。I/O 模块可以提供两组输出信号,io_datain0 和 io_datain1。I/O 模块的输入信号由两部分构成:一部分由行引脚时钟或列引脚时钟提供,另一部分由逻辑阵列提供。

一个 I/O 单元有 8 个输入信号,这些信号从逻辑阵列以及行引脚时钟传送来的信号中产生。输入/输出单元中的 3 个寄存器被分为两组,数据输入寄存器为一组,数据输出寄存器和输出使能寄存器为另一组,有各自的时钟和时钟使能信号。

I/O 单元中的输出缓冲支持调节引脚的驱动电流,可设置输出缓冲的电压转换速度。输出缓冲可设置为开漏输出模式。I/O 单元包含总线保持电路,包含一个可选的上拉电阻。

Cyclone Ⅱ 系列 FPGA 还有片内终端串接电阻,可以用来匹配传输线的特性阻抗。终端电阻的使用可以防止传输线上的信号反射,保持信号的完整性。在使用片内的终端串接电阻时,不能设置 I/O 引脚的驱动电流。

2.3.3 Lattice 公司的 CPLD 和 FPGA 器件

Lattice(莱迪思)公司始建于 1983 年,专业从事设计、开发和销售高性能的可编程逻辑器件和相关软件,是最早推出 PLD 的公司之一,GAL 器件是其成功推出并得到广泛应用的 PLD 产品。Lattice 公司 1999 年收购 Vantis(原 AMD 子公司),2001 年收购 Lucent 微电子的 FPGA 部门,是世界第三大可编程逻辑器件供应商。

20 世纪 80 年代末,Lattice 公司提出了系统在线可编程(ISP)的概念,并首次推出了 CPLD 器件。其后,将 ISP 与其拥有的先进的 E^2CMOS 技术相结合,推出了一系列具有 ISP 功能的 CPLD 器件,使 CPLD 器件的应用领域又有了巨大的扩展。所谓 ISP 技术,就是不用从系统上取下 PLD 芯片,就可进行编程的技术。ISP 技术大大缩短了新产品研制周期,降低了开发风险和成本,因而推出后得到了广泛应用,几乎成了 CPLD 的标准。

Lattice 公司将 CPLD 和 FPGA 的目标应用分为 3 类,低成本应用、对价格敏感的高性能应用以及需要极高性能的应用。第 1 类应用包括等离子或 LCD TV、VoIP、机顶盒、图像渲染、音频处理和控制逻辑;第 2 类应用包括企业联网、GPON、企业存储、无线基站、协议转换、网络交换、图像滤波和存储器桥接;第 3 类应用包括光纤联网、SDH 线路卡、下一代 40G 光通道卡、局域网交换机、DDR3 存储器测试仪、高端服务器、背板高速接口、数据包成帧和分拆、高速存储器控制和高速信号处理。

Lattice 公司目前主要有 6 个产品系列:CPLD、ispXPLD(isp Xpanded Programmable Logic Devices)、ispXPGA、ORCA FPSC、IspPAC 和 ispGDX2。Lattice 公司的所有产品都具备 ISP 功能,即所有芯片均可满足在线配置或重配置。

1. Lattice 公司的 CPLD 器件简介

Lattice 公司的 CPLD 器件主要有 ispLSI 系列和 ispMACH 系列。下面主要介绍常用的 ispLSI/MACH 系列。

ispLSI 系列是 Lattice 公司于 20 世纪 90 年代以来推出的,集成度在 1 000 ~ 60 000 门,

引脚到引脚之间延时最小为 3 ns,工作速度可达 300 MHz。它支持 ISP 和 JTAG 边界扫描测试功能,适宜于在通信设备、计算机、DSP 系统和仪器仪表中应用。ispLSI/MACH 速度更快,可达 400 MHz。ispLSI 系列主要有 6 个系列,分别适用于不同场合,前 3 个系列是基本型,后 3 个系列是 1996 年后推出的新产品。

(1)ispLSI1000 系列。ispLSI1000 系列又包括 ispLSI1000/1000E/EA 等品种,属于通用器件,集成度在 2 000～8 000 门,引脚到引脚之间的延时不大于 7.5 ns,集成度较低,速度较慢,但价格便宜,如 ispLSI1032E 是目前市面上最便宜的 CPLD 器件之一,因而在一般的数字系统中使用多,如在网卡、高速编程器、游戏机、测试仪器仪表中均有应用。ispLSI1000 是基本型,ispLSI1000E 是 ispLSI1000 的增强型。

(2)ispLSI2000 系列。ispLSI2000 系列又包括 ispLSI2000/2000A/2000E/2000V/2000VL/2000VE 等品种,属于高速型器件,集成度与 ispLSI1000 系列大体相当,引脚到引脚之间延时最小 3 ns,适用于在速度要求高、需要较多 I/O 引脚的电路中使用,如移动通信、高速路由器等。

(3)ispLSI3000 系列。ispLSI3000 系列是第一个上万门的 ispLSI 系列产品,采用双通用逻辑块 GLB,集成度可达 20 000 门,可单片集成系统逻辑、DSP 功能及编码压缩电路,适用于集成度要求较高的场合。该系列工作电压为 5 V,引脚输入/输出电压为 5 V。

(4)ispLSI5000 系列。ispLSI5000 系列又包括 ispLSI5000V/5000VA 等品种,其整体结构与 ispLSI3000 系列相类似,但 GLB 和宏单元结构有了大的差异,属于多 I/O 口宽乘积项型器件,集成度在 10 000～25 000 门,引脚到引脚之间的延时大约为 5 ns,集成度较高,工作速度可达 200 MHz,适用于在宽总线(32 位或 64 位)的数字系统中使用,如快速计数器、状态机和地址译码器等。ispLSI5000V 系列工作电压为 3.3 V,但其引脚能够兼容 5 V、3.3 V、2.5 V 等多种电压标准。

(5)ispLSI6000 系列。ispLSI6000 系列的 GLB 与 ispLSI3000 系列相同,但整体结构中包含了 FIFO 或 RAM 功能,是 FIFO 或 RAM 存储模块与可编程逻辑相结合的产物,集成度可达 25 000 门。

(6)ispLSI8000 系列。ispLSI8000 系列又包括 ispLSI8000/8000V 等品种,是在 ispLSI5000V 系列的基础上,更新整体结构而来的,属于高密度型器件,集成度可达 60 000 门,引脚到引脚之间的延时大约为 5 ns,集成度最高,工作速度可达 200 MHz,适用于较复杂的数字系统中。如外围控制器、运算协处理器等。

(7)ispMACH4000 系列。ispMACH4000 系列又包括 ispLSI4000/4000B/4000C/4000V/4000Z 等品种,主要是供电电压不同,ispMACH4000V、ispMACH4000B 和 ispMACH4000C 器件系列供电电压分别为 3.3 V、2.5 V 和 1.8 V。

Lattice 公司还基于 ispMACH4000 的器件结构开发出了业界最低静态功耗的 CPLD 系列——ispMACH4000Z。ispMACH4000 系列产品提供 SuperFAST(400 MHz,超快)的 CPLD 解决方案。ispMACH4000V 和 ispMACH4000Z 均支持车用温度范围-40～130 ℃。ispMACH4000 系列支持 3.3～1.8 V 之间的 I/O 标准,既有业界领先的速度性能,又能提供最低的动态功耗。ispMACH 4000V/B/C 系列器件的宏单元个数从 32 到 512 不等,ispMACH 4000Z 的宏单元数为 32～256。ispMACH 系列提供 44～256 引脚/球,具有多种密度 I/O 组合的 TQFP、fpBGA 和 caBGA 封装。

（8）ispLSI5000VE/ispMACH5000 系列。ispLSI5000VE 是后来设计的新产品，Lattice 公司推荐用于替代 ispLSI3000/5000V/5000VA。ispLSI5000VE 整体结构与 ispLSI3000 系列相类似，但 GLB 和宏单元结构有了大的差异，属于多 I/O 口宽乘积项型器件，引脚到引脚之间延时大约 5 ns，集成度最大 1 024 个宏单元，工作速度可达 180 MHz，适用于在宽总线（32 位或 64 位）的数字系统中使用，如快速计数器、状态机和地址译码器等。ispMACH5000B 系列速度更快，可达 275 MHz，集成度最大 512 个宏单元。ispLSI5000VE/ispMACH5000 系列器件的可编程结构为各种复杂的逻辑应用系统提供了业界领先的系统性能。器件的每个逻辑块拥有 68 个输入，可以在单级逻辑上轻松实现包括 64 位应用系统的复杂逻辑功能，而用传统的 CPLD 器件却需要两层或更多的逻辑层才能实现相同的功能，因为它们的逻辑块输入只相当于 ispLSI5000VE/ispMACH5000 器件的一半。所以，对于需要 36 个以上输入的"宽"逻辑功能，ispLSI5000VE/ispMACH5000 的性能表现比传统的 CPLD 器件结构高出 60%。

（9）ispXPLDTM5000MX 系列。ispXPLD5000MX 系列包括 ispXPLDTM5000MB/5000MC/5000MV 等品种。ispXPLDTM 5000MX 系列代表了 Lattice 公司全新的 XPLD 器件系列。这类器件采用了新的构建模块——多功能块（Multi-Function Block，MFB）。这些 MFB 可以根据用户的应用需要，被分别配置成 SuperWIDETM 超宽（136 个输入）逻辑、单口或双口存储器、先入先出堆栈或 CAM。

ispXPLD5000MX 器件将 PLD 出色的灵活性与 sysIOTM 接口结合起来，能够支持 LVDS，HSTL 和 SSTL 等最先进的接口标准，以及比较熟悉的 LVCMOS 标准。sysCLOCKTM PLL 电路简化了时钟管理。ispXPLD5000MX 器件采用了拓展的在系统编程技术，也就是 ispXP 技术，因而具有非易失性和无限可重构性。编程可以通过 IEEE1532 业界标准接口进行，配置可以通过 Lattice 的 sysCONFIGTM 微处理器接口进行。该系列器件有 3.3 V，2.5 V 和 1.8 V 供电电压的产品可供选择（对应 MV，MB 和 MC 系列），最大规模 1 024 个宏单元，最快 300 MHz。ispLSI/MACH 器件都采用 EECMOS 和 E^2PROM 工艺结构，能够重复编程万次以上，内部带有升压电路，可在 5 V，3.3 V 逻辑电平下编程，编程电压和逻辑电压可保持一致，给使用带来很大方便。具有保密功能，可防止非法拷贝。具有短路保护功能，能够防止内部电路自锁和 SCR 自锁。

该系列推出后，受到了极大的欢迎，曾经代表了 CPLD 的最高水平，但现在 Lattice 公司推出了新一代的扩展系统在线可编程技术（ispX），在新设计中推荐采用 ispMACH 系列产品和 ispLSI5000VE，全力打造 ispXPLD 器件，并推出采用扩展系统在线可编程技术的 ispXPGA 系列 FPGA 器件，改变了只生产 CPLD 的状况。

2. Lattice 公司的 FPGA 器件简介

Lattice 公司目前主要有 4 个系列的 FPGA：

（1）FPGA Lattice ECP：针对低端市场低成本。

（2）FPGA Lattice SC/M：针对高端市场的系统级高性能。

（3）FPGA Lattice XP 和 MachXO：带嵌入式闪存的非易失性。

（4）PLD ispClock 和 Power Manager Ⅱ：混合信号。

Lattice ECP 低成本 FPGA 系列重新定义了低成本 FPGA，集成了以前只有高成本、高性能 FPGA 才有特点和性能，使其在更低的成本下拥有更多最佳的 FPGA 特性。例如，Lattice ECP2 具有高达 1.1 M 位的 RAM 块、533 Mbit/s DDR/DDR2 控制接口、128 位 AES 加密,支持双重引导、高达 36×36 宽度的 sysDSP 块、750 Mbit/s 速率的 SPI4.2 以及 840 Mbit/s 的普通接口;Lattice ECP2M 具有高达 5.3 M 位的 RAM 块、16 个 3.125 Gbit/s 的高速 SER-DES、每个信道的功耗低至 100 mW,支持 PCIe、CPRI、SRIO、SATA、1GbE 和 FC 等多个其他标准。Lattice ECP2 和 Lattice ECP2M 的主要区别是后者带有 SRAM 存储器,Lattice SC 和 Lattice SCM 的主要区别也一样。Lattice ECP2 的目标市场是第一类低成本应用,它主要与 Cyclone 和 Spartan 进行竞争。Lattice ECP2M 的目标市场是第二类应用,它主要与 Stratix 和 Virtex 进行竞争。Lattice SC/M 的目标市场是第三类应用,它主要与 Stratix-GX 和 Virtex-FXT 进行竞争。Lattice XP 带有闪存,因此它特别适用于对瞬时上电、安全性和现场逻辑升级能力有特殊要求的应用。MachXO 系列产品将 CPLD 和 FPGA 的特性组合在一起,特别适用于诸如总线桥接、总线接口和控制等应用。而传统上,这些应用大都采用 CPLD 或者低容量的 FPGA 来实现。表 2.2~2.5 对比了 Lattice ECP 系列产品性能。

表 2.2　Lattice ECP 和 EC(包含 S-系列)FPGA 系列产品性能

器件	sysDSP /块	18×18 乘法器	LUT /K	分布式 RAM/M	EBR SRAM /K	EBR SRAM /块	最大用户 I/O	PLL
EC1	—	—	1.5	6	18	2	112	2
EC3	—	—	3.1	12	55	6	160	2
ECP6/EC6	4	16	6.1	25	92	10	224	2
ECP10/EC10	5	20	10.2	41	277	30	288	4
ECP15/EC15	6	24	15.4	61	350	38	352	4
ECP20/EC20	7	28	19.7	79	424	46	400	4
ECP33/EC33	8	32	32.8	131	535	58	496	4

表 2.3　Lattice ECP2(包含 S-系列)FPGA 系列产品性能

器件	sysDSP /块	18×18 乘法器	LUT /K	分布式 RAM/M	EBR SRAM /K	EBR SRAM /块	最大用户 I/O	PLL/DLL
LFECP2-6	3	12	6	12	55	3	190	2/2
LFECP2-12	6	24	12	24	221	12	297	2/2
LFECP2-20	7	28	21	42	277	15	402	2/2
LFECP2-35	8	32	32	65	332	18	450	2/2
LFECP2-50	18	72	48	96	387	21	500	4/2
LFECP2-70	22	88	68	136	1032	56	583	6/2

表 2.4　Lattice ECP2M(包含 S-系列)FPGA 系列产品性能

器件	SERDES /块	18×18 乘法器	LUT /K	分布式 RAM/K	EBR SRAM /K	EBR SRAM /块	最大用户 I/O	PLL/DLL
ECP2M-20	4	24	19	41	1217	66	304	8/2
ECP2M-35	4	32	34	71	2101	114	410	8/2
ECP2M-50	8	88	48	101	4147	225	410	8/2
ECP2M-70	16	96	67	145	4534	246	436	8/2
ECP2M-100	16	168	85	202	5308	288	616	8/2

表 2.5 Lattice ECP3 FPGA 系列产品性能

器件	SERDES /块	18×18 乘法器	LUT /K	分布式 RAM/K	EBR SRAM /K	EBR SRAM /块	最大用户 I/O	PLL/DLL
ECP3-17	4	24	17	36	552	30	222	4/2
ECP3-35	4	68	33	68	1 327	72	310	4/2
ECP3-70	12	128	67	145	4 420	240	490	10/2
ECP3-95	12	128	92	188	4 420	240	490	10/2
ECP3-150	16	320	149	303	6 850	372	586	10/2

Lattice SC/M 根据当今基于连接的高速系统的要求而设计,是针对当今高性能通信应用的系统级解决方案,它具有 15～115 K 四输入 LUT,139～942 I/O,700 MHz 全局时钟,1 GHz 边沿时钟,4～32 个 600～3.8 Gbit/s SERDES,SPI 5,SONET,XAUI,1～7.8 Mb 嵌入式 RAM 块(500 MHz),额外的 240～1.8 Mb 分布式 RAM。每个 Lattice SC/M 器件具有 8 个 PLL,工作频率高达 1 GHz。针对低成本、系统级的集成,Lattice SCM 系列还提供了低功耗、低成本的结构化 ASIC 块(即工程预制的 IP 核 MACO),目前可提供的工程预制 IP 核包括 PCIe,SPI4.2,GbE 和 DDR。表 2.6 对比了 Lattice SC 系列产品性能。

表 2.6 Lattice SC FPGA 系列产品性能

器件	SERDES /块	ASIC	LUT /K	分布式 RAM/M	EBR SRAM /M	EBR SRAM /块	最大用户 I/O	PLL/DLL
LFSC15	8	4	15.2	0.24	1.03	56	300	8/12
LFSC25	16	6	25.4	0.41	1.92	104	484	8/12
LFSC40	16	10	40.4	0.65	3.98	216	562	8/12
LFSC80	32	10	80.1	1.28	5.68	308	904	8/12
LFSC115	32	12	115.2	1.84	7.80	424	942	8/12

Lattice XP 将 Lattice EC 结构和低成本的 130 nm Flash FPGA 技术合成在单个芯片上,瞬时上电(配置时间小于 1 ms),非易失存储器(片上的 Flash,无外部引导 PROM),高安全性(无外部配置位流),并且可无限重复配置(SRAM FPGA 结构)。Lattice XP 最大的性能特点是可满足许多重要应用的无缝系统更新要求。一个应用要提供无缝系统更新能力必须满足 4 个要求。首先,它必须能够通过一个嵌入式的微处理器来在系统更新逻辑。其次,总体配置时间必须相对较短。再次,在更新过程中,必须能够控制器件的 I/O。最后,在配置完成之后、I/O 控制交还用户之前,必须对器件状态进行初始化。Lattice XP 具有目前业内唯一能够满足无缝现场逻辑升级要求的双重 SRAM 和 Flash 配置空间结构。这种双重的配置空间可以将 FPGA 无法处理输入的时间降低到小于 2 ms,比其他解决方案小了一个数量级。此外,边界扫描及编程电路的独特性能使得器件能够在 FPGA 或 PLD 恢复正常工作之前,被初始化到一个恰当的状态。现场逻辑升级可以让设计者修复缺陷,对标准的改变做出反应,升级设备以及增加额外服务,它使得系统开发人员拥有空前的灵活性,也因此越来越多地成为众多应用的必备性能。与此同时,对系统可靠运行时间的要求提高到"5 个 9"(99.999%)的应用也在不断增加,Lattice XP 和 MachXO 的 TransFR 是目前业界唯一的一种能在不中断系统运行的情况下更新逻辑的解决方案。表 2.7 对比了 Lattice XP 系列产品性能。

表 2.7 Lattice XP FPGA 系列产品性能

器件	LUT/K	分布式 RAM/K	EBR 块 SRAM/K	EBR SRAM 块数目	最大用户 I/O	PLL
LFXP3	3.1	12	54	6	136	2
LFXP6	5.8	23	90	10	188	2
LFXP10	9.7	39	216	24	244	4
LFXP15	15.4	61	288	32	300	4
LFXP20	19.7	79	414	46	340	4

Lattice XP2 将 Lattice ECP2 的基本结构与一种低成本的 90 nm 的闪存 FPGA 工艺组合在一个被称为 flexiFLASH 的结构中。flexiFLASH 方式提供了许多便利,诸如,瞬时上电、小的芯片面积、采用 FlashBAK 嵌入式存储器块的片上存储器、串行 TAG 存储器、设计安全性等。Lattice XP2 器件还支持采用 TransFR 的现场升级、128 位的 AES 加密以及双引导技术。表 2.8 对比了 Lattice XP2 系列产品性能。

表 2.8 Lattice XP2 FPGA 系列产品性能

器件	sysDSP /块	18×18 乘法器	LUT /K	分布式 RAM/K	EBR SRAM /K	EBR SRAM /块	最大用户 I/O	PLL
XP2-5	3	12	5	10	166	9	172	2
XP2-8	4	16	8	18	221	12	201	2
XP2-17	5	20	17	35	276	15	358	4
XP2-30	7	28	29	56	387	21	472	4
XP2-40	8	32	40	83	885	48	540	4

Lattice MachXO 系列为传统上使用 CPLD 的应用提供了一种非易失、低成本、低密度、瞬时上电的高性能的逻辑解决方案。该系列具有高引脚/逻辑比,非常适用于粘合逻辑、总线桥接、总线接口、上电控制和控制逻辑。表 2.9 对比了 Lattice MachXO 系列产品性能。

表 2.9 Lattice MachXO FPGA 系列产品性能

器件	PLL	LUT	EBR SRAM 块	EBR 块 SRAM/K	分布式 RAM/K	最大用户 I/O
LCMXO256	0	256	0	0	2.0	78
LCMXO640	0	640	0	0	6.1	159
LCMXO1200	1	1200	1	9	6.4	211
LCMXO2280	2	2280	3	27	7.7	271

Lattice 公司的可编程混合信号器件 Power Manager Ⅱ 和 IspClock 分别将电源管理和时钟管理器件与 CPLD 集成在一起,它们的设计应用目标是尽可能地消除 PCB 板上的分立器件和降低系统设计风险。Power Manager Ⅱ 集成了智能电源定序和精密故障监控技术,具有采用数字闭环技术实现的电源电压裕量控制及调整功能,而且所有这些都实现在一个单片低成本芯片中。ispPAC 电源管理器件 Power Manager Ⅱ 综合了 Lattice 公司创新的 ispPAC 和 CPLD 工艺,其可编程的模拟输入能为多个供电节点(最多达 12 个)提供精确的同步监控,与此同时耐用的片内 CPLD 又能最有效地产生控制信号,用于电源定序和监控信号的产生。IspClock 系列器件提供了一个创新的复杂时钟网络解决方案,它的主要设计目标就是尽可能地简化当前的多时钟树网络设计,以尽可能地不使用各种零延时缓冲器、扇出缓冲器、终端电阻器、延时线以及弯曲的时钟走线布局。IspClock 器件能够被编程而产生多个时钟频率,对每个输出进行时钟走线长度差异的补偿,精确地匹配走线阻抗并且用不同的信号

要求来驱动时钟网络,而且所有这些都是在满足严格的相偏和抖动标准的情况下。

2.3.4 Altera 公司的 CPLD 和 FPGA 器件

Altera(阿尔特拉)公司是著名的 PLD 生产厂家,它既不是 FPGA 的首创者,也不是 CPLD 的开拓者,但在这两个领域都有非常强的实力,多年来一直占据行业领先地位。Altera 公司秉承了创新的传统,是世界上"可编程芯片系统"(SOPC)解决方案倡导者。Altera 结合带有软件工具的可编程逻辑技术、知识产权和技术服务,在世界范围内为 14 000 多个客户提供高质量的可编程解决方案。Altera 的新产品系列将可编程逻辑的内在优势的灵活性和更高级性能以及集成化结合在一起,专为满足当今大范围的系统需求而开发设计。

1. Altera 公司的 CPLD 简介

Altera 公司的 CPLD 器件系列主要有 FLASHlogic 系列、Classic 系列、MAX(Multiple Array Matrix)、MAX Ⅱ系列。下面主要介绍常用的 MAX 和 MAX Ⅱ系列。

(1)MAX CPLD 系列。Altera 领先于市场的 MAX 系列 CPLD 是世界一流的低成本器件,几乎可以实现所有的数字控制和某些模拟控制功能。作为非易失单芯片解决方案,MAX CPLD 能很容易集成到用户的系统中。采用这些器件后,可以解决电路板级问题,例如处理器输入输出引脚不够用,灯光、音响和移动模拟输入输出管理,组件之间采用电瓶转换信号或者总线等问题;还能够以低成本转换成不兼容的接口。MAX CPLD 可以使设计人员主要精力集中在更复杂的设计难题上。MAX CPLD 系列的主要特征包括低成本、零功耗、超小型封装、瞬时接通和非易失、系统在线可编程(ISP)、免费的 Quartus Ⅱ网络版软件支持和免费的 Modelsim Altera 网络版软件支持。

MAX 系列包括 MAX3000/5000/7000/9000 等品种,集成度在几百门至数万门之间,采用 EPROM 和 E^2PROM 工艺,所有 MAX7000/9000 系列器件都支持 ISP 和 JTAG 边界扫描测试功能。MAX7000 宏单元数可达 256 个(12 000 门),价格便宜,使用方便。E、S 系列工作电压为 5 V,A、AE 系列工作电压为 3.3 V 混合电压,B 系列为 2.5 V 混合电压。MAX9000 系列是 MAX7000 的有效宏单元和 FLEX8000 的高性能、可预测快速通道互连相结合的产物,具有 6 000~12 000 个可用门(12 000~24 000 个有效门)。MAX 系列的最大特点是采用 E^2PROM 工艺,编程电压与逻辑电压一致,编程界面与 FPGA 统一,简单方便,在低端应用领域有优势。

对于大批量应用,Altera 3.3V MAX 3000A 器件是成本最低的,而 5.0 V、3.3 V 和 2.5 V MAX7000 系列为多种应用提供世界一流高性能方案。非易失、基于 E^2PROM、MAX 3000A 和 MAX7000 系列具有瞬时接通能力,密度分布在 32~512 个宏单元之间。这些器件支持 ISP,可直接在现场重新配置。

①MAX5000 系列。MAX5000 系列是 Altera 的第一代 MAX 器件,它广泛用于需要高级组合逻辑,而其成本又较低的场合。这类器件的集成度为 600~3 750 可用门,有 28~100 个引脚。基于 EPROM 的 MAX5000 器件的编程信息不易丢失,同时是可紫外光擦除的。由于该系列已经很成熟,加之 Altera 公司对其不断的改进和采用更先进的工艺,使得 MAX5000 器件每个宏单元的价格可与大批量生产的 ASIC 和门阵列相近。

②MAX7000 系列。MAX7000 系列是工业界中速度最快的高度集成的可编程器件系列。MAX7000 系列的集成度为 600~5 000 个可用门,有 32~256 个宏单元和 32~155 个用

户 I/O 引脚。这些基于 E^2PROM 的器件能够提供组合传输延迟快至 5.0 ns,16 位计数器的频率为 178 MHz。此外,它们的输入寄存器的建立时间非常短,能提供多个系统时钟且有可编程的速度、功率控制。MAX70000E 器件具有最高集成度,是 MAX7000 系列的增强型。MAX7000S 器件也具有 MAX7000E 器件的增强型特性,是通过工业标准 4 引脚 JTAG 接口实现在线可编程的。

③MAX9000 系列。MAX9000 系列把 MAX7000 的有效宏单元结构与高性能 FLEX 器件的可预测 FastTrack 互连结合在一体,能够适合于多系统级功能的集成。它采用的是 E^2PROM 技术。MAX9000 器件的集成度为 6 000~12 000 可用门,320~560 个宏单元多达 216 个用户 I/O 引脚。MAX9000 器件是利用 PLD 的高性能和 ISP 的灵活性进行门阵列设计的理想选择,是通过工业标准 4 引脚 JTAG 接口实现在线可编程的。

(2)MAX Ⅱ CPLD 系列。MAX Ⅱ 器件基于突破性体系结构,结合了 FPGA 和 CPLD 的优点。它充分利用了四输入 LUT 体系结构的性能和密度优势,并且融合了性价比很高的非易失特性。作为同类最佳的产品,其创新的体系结构为 CPLD 设立了成本、功耗、性能和密度新标准。

利用 MAX Ⅱ CPLD,设计人员可以大量控制逻辑集成在单个器件中,从而降低了系统的成本。这一瞬时启动的非易失器件系列主要针对通用控制逻辑应用,提供了 3 种型号:MAX Ⅱ,MAX Ⅱ G 和 MAX Ⅱ Z CPLD。零功耗 MAX Ⅱ Z CPLD 是该系列中最新的器件。

无论是在通信、消费电子、计算还是工业领域,MAX Ⅱ CPLD 都是进行控制路径应用最好的选择,这些应用都受成本和功耗预算的约束。MAX Ⅱ 器件提供更低的架构、更低的功耗以及更高的密度,使之成为复杂控制应用的最理想的解决方案,包括那些以前不可能采用 CPLD 的应用。MAX Ⅱ Z 器件是便携式和其他功耗、体积和价格受限等应用的理想选择,和相同封装的传统宏单元 CPLD 相比,其超小型封装中容纳了更多的逻辑和输入输出资源。其 CPLD 产品的对比见表2.10~2.13。

表2.10 Altera-MAX Ⅱ 系列产品性能

型号	VCCINT/V	逻辑单元	UFM Size/bit	等效宏单元典型值	t_{PD1}/ns	MAX I/O	ISP
EPM240	3.3/2.5	240	8 192	192	4.7	80	√
EPM240G	1.8	240	8 192	192	4.7	80	√
EPM570	3.3/2.5	570	8 192	440	5.4	160	√
EPM570G	1.8	570	8 192	440	5.4	160	√
EPM1270	3.3/2.5	1 270	8 192	980	6.2	212	√
EPM2210	3.3/2.5	2 210	8 192	1 700	7.0	272	√

表2.11 Altera-MAX 3000A 系列产品性能

型号	工作电压/V	门数	宏单元	逻辑阵列模块	MAX I/O	ISP
EPM3032A	3.3	600	32	2	34	√
EPM3064A	3.3	1 250	64	4	34 / 66	√
EPM3128A	3.3	2 500	128	8	80 / 96 / 98	√
EPM3256A	3.3	5 000	256	16	116 / 158 / 161	√
EPM3512A	3.3	10 000	512	32	172 / 208	√

表 2.12 Altera MAX7000 系列产品性能

型号	工作电压/V	门数	宏单元	逻辑阵列模块	MAX I/O	ISP
EPM7032S	5	600	32	2	36	√
EPM7064S	5	1 250	64	4	68	√
EPM7128S	5	2 500	128	8	100	√
EPM7160S	5	3 200	160	10	104	√
EPM7192S	5	3 750	192	12	124	√
EPM7256S	5	5 000	256	16	164	√

表 2.13 Altera MAX7000A 系列产品性能

型号	工作电压/V	门数	宏单元	逻辑阵列模块	MAX I/O	ISP
EPM7032AE	3.3	600	32	2	36	√
EPM7064AE	3.3	1 250	64	4	68	√
EPM7128AE	3.3	2 500	128	8	100	√
EPM7256AE	3.3	5 000	256	16	164	√
EPM7512AE	3.3	10 000	512	32	212	√

2. Altera 公司的 FPGA

Altera 的主流 FPGA 分为两大类,一类侧重低成本应用,容量中等,性能可以满足一般的逻辑设计要求,如 Cyclone Ⅳ,Cyclone Ⅴ;还有一种侧重于高性能应用,容量大,性能可以满足各类高端应用,如 Startix Ⅴ,Stratix 10 等。用户可以根据自己实际应用要求进行选择,在性能可以满足的情况下,优先选择低成本器件。

Cyclone Ⅳ 系列属于 Altera 中等规模 FPGA,2009 年推出,60 nm 工艺,1.0 V 或 1.2 V 内核供电,与 Stratix 结构类似,是一种低成本 FPGA 系列,是目前主流产品,其配置芯片也改用全新的产品,性能见表 2.14。

表 2.14 Altera Cyclone Ⅳ 系列产品性能

产品型号	逻辑单元 LE	嵌入式容量 /kbit	嵌入式 18×18 乘法器	锁相环	全局时钟网	用户 I/O 组	最大可用 I/O 管脚
EP4CE6	6 272	270	15	2	10	8	179
EP4CE10	10 320	414	23	2	10	8	179
EP4CE15	15 408	504	56	4	20	8	343
EP4CE22	22 320	594	66	4	20	8	153
EP4CE30	28 848	594	66	4	20	8	532
EP4CE40	39 600	1 134	116	4	20	8	532
EP4CE55	55 856	2 340	154	4	20	8	374
EP4CE75	75 408	2 745	200	4	20	8	426
EP4CE115	114 480	3 888	266	4	20	8	528

Cyclone Ⅴ 是 Cyclone Ⅳ 的下一代产品,2011 年推出,28 nm 工艺,1.2 V 内核供电,属于低成本 FPGA,性能和 Cyclone Ⅳ 相当,提供了硬件乘法器单元,性能见表 2.15。其中,该表主要对比了 5CEFA*F31C7N 系列产品(包括 A2,A4,A5,A7,A9)。

Stratix Ⅴ 是 Altera 大规模高端 FPGA,2010 年中期推出,28 nm 工艺,1.2 V 内核供电。集成硬件乘加器,芯片内部结构比 Altera 以前的产品有很大变化。该芯片适合高端应用。表 2.16 对比了一些 Stratix Ⅴ GX 产品性能。

表 2.15 Altera Cyclone V 系列产品性能

产品代号		A2	A4	A5	A7	A9
逻辑单元		25	49	77	149.5	301
寄存器		37 736	73 920	116 320	225 920	454 240
存储器	M10K	1 760	3 080	4 460	6 860	12 200
	MLAB	196	303	424	836	1 717
精度可调 DSP 模块		25	66	150	156	342
嵌入式 18×18 乘法器		50	132	300	312	684
锁相环(PLL)		4	4	6	7	8
GPIO		224	224	240	480	480
硬核存储控制器		1	1	2	2	2

表 2.16 Altera Stratix V GX 系列产品性能

特性	5SGXA3	5SGXA4	5SGXA5	5SGXA7	5SGXA9	5SGXAB	5SGXB5	5SGXB6
逻辑单元	340	420	490	622	840	952	490	597
寄存器	513	634	740	939	1 268	1 437	740	902
14.1 Gbit/s 收发器	12,24,36	24,36	24,36,48	24,36,48	36,48	36,48	66	66
硬 IP 块	1,2	1,2	1,2,4	1,2,4	1,2,4	1,2,4	1,4	1,4
分数 PLL	20	24	28	28	28	28	24	24
M20K 存储块	957	1 900	2 304	2 560	2 640	2 640	2 100	2 660

Stratix 10 是 Stratix V 的下一代产品,2013 年中期推出,14 nm 三栅极工艺,1.2 V 内核供电,大容量高性能 FPGA,性能超越 Stratix V,是未来几年中 Altera 在高端 FPGA 市场中的主力产品。Stratix 10 产品型号对比见表 2.17。

表 2.17 Altera Stratix 10 系列产品

1.5 V	说明
Stratix 10 GT FPGA	适用于需要超高带宽和性能的高要求应用,收发器支持数据速率高达 56 Gbit/s
Stratix 10 GX FPGA	为 100 G/400 G 系统等高性能和宽带应用而开发,收发器支持 32 Gbit/s 芯片模块、芯片至芯片和工作在 28 Gbit/s 的背板
Stratix 10 SX SoC	集成硬核处理器系统,为提高宽带应用的每瓦处理器性能而开发

2.3.5 Xilinx 公司的 CPLD 和 FPGA 器件

Xilinx 公司凭借 3 500 项专利和 60 项行业第一,取得了一系列历史性成就,包括推出业界首款 FPGA 器件和开启无工厂代工模式(Fabless)等。

1. Xilinx 公司的 CPLD 简介

Xilinx 公司的 CPLD 器件系列主要有 XC7200 系列、XC7300 系列和 XC9500 系列。下面主要介绍常用的 XC9500 系列以及 CoolRunner Ⅱ系列 CPLD 器件。

(1) XC9500 系列。XC9500 系列有 XC9500/9500XL/9500XV 等品种,主要是芯核电压不同,分别为 5 V/3.3 V/2.5 V。XC9500 系列采用快闪(Fast Flash)存储技术,能够重复编程万次以上,比 ultraMOS 工艺速度更快,功耗更低,引脚到引脚之间的延时最小 4 ns,宏单元数可达288个(6 400门),系统时钟为200 MHz,支持PCI总线规范,支持ISP和JTAG边界扫描测试功能。该系列器件的最大特点是引脚作为输入可以接受3.3 V/2.5 V/1.8 V/1.5 V等多种电压标准,作为输出可配置成3.3 V/2.5 V/1.8 V等多种电压标准,工作电压低,适应范围广,功耗低,编程内容可保持20年。Xilinx公司的CPLD器件被广泛地应用在通信系统、网络、计算机系统及控制系统等电子系统中。

XC9500系列产品采用第二代支持ISP的引脚锁定结构,它拥有一个54 bit输入函数块,使用户可以在进行多种改变的同时保持输出引脚固定。这个特点给设计带来了灵活性,如时钟完全受控。既可以对每个宏单元做输出使能反转,也可对个别的乘积项时钟做使能反转。XC9500系列CPLD器件的延迟时间最快达3.5 ns,宏单元数达288个,可用门数达6 400个,系统时钟可达到200 MHz。XC9500系列器件采用快闪存储技术,与E^2CMOS工艺相比,功耗明显降低。XC9500系列产品均符合PCI总线规范,含JTAG测试接口电路,具有可测试性,具有系统在线可编程ISP能力。表2.18~2.20分别列出了XC9500系列、XC9500XL系列和XC9500XV系列器件的基本特征。

表2.18 Xilinx XC9500系列器件的基本特征

系列器件	XC9536	XC9572	XC95108	XC95144	XC95216	XC95288
宏单元	36	72	108	144	216	288
可用门数	800	1 600	2 400	3 200	4 800	6 400
寄存器	36	72	108	144	216	288
t_{PD}/ns	5	7.5	7.5	7.5	10	15
t_{SU}/ns	3.5	4.5	4.5	4.5	6.0	8.0
t_{CO}/ns	4.0	4.5	4.5	4.5	6.0	8.0
t_{CNT}/MHz	100	125	125	125	111.1	92.2
t_{SYS}/MHz	100	83.3	83.3	83.3	66.7	56.6

表2.19 Xilinx XC9500XL系列器件的基本特征

系列器件	XC9536XL	XC9572XL	XC95144XL	XC95288XL
宏单元	36	72	144	288
可用门数	800	1 600	3 200	6 400
寄存器	36	72	144	288
t_{PD}/ns	5	5	5	6
t_{SU}/ns	3.7	3.7	3.7	4.0
t_{CO}/ns	3.5	3.5	3.5	3.8
t_{SYS}/MHz	178	178	178	208

表 2.20　Xilinx XC9500XV 系列器件的基本特征

系列器件	XC9536XV	XC9572XV	XC95144XV	XC95288XV
宏单元	36	72	144	288
可用门数	800	1 600	3 200	6 400
寄存器	36	72	144	288
t_{PD}/ns	5	5	5	6
t_{SU}/ns	3.5	3.5	3.5	4
t_{CO}/ns	3.5	3.5	3.5	3.8
f_{SYS}/MHz	222	222	222	208
输出扩展	1	1	2	4

表 2.21~2.23 则分别列出了 XC9500,XC9500XL 和 XC9500XV 器件的封装和 I/O 引脚数。其中 f_{sys} 表示一般目标系统设计中生成多重功能块所需的内部操作频率。

表 2.21　Xilinx XC9500 CPLD 的封装及 I/O 引脚数

系列器件	XC9536	XC9572	XC95108	XC95144	XC95216	XC95288
44 脚 VQFP	34					
44 脚 PLCC	34	34				
48 脚 CSP	34					
84 脚 PLCC		69	69			
100 脚 TQFP		72	81	81		
100 脚 PQFP		72	81	81		
160 脚 PQFP			108	133	133	
208 脚 HQFP					166	168
352 脚 BGA					166	192

表 2.22　Xilinx XC9500XL CPLD 的封装及 I/O 引脚数

系列器件	XC9536XV	XC9572XV	XC95144XV	XC95288XV
44 脚 PLCC	34	34		
64 脚 VQFP		52		
100 脚 TQFP		72	81	
144 脚 TQFP			117	117
208 脚 TQFP		72		
48 脚 CSP	36	38		
144 脚 CSP			117	
256 脚 BGA				192

表 2.23　Xilinx XC9500XV CPLD 的封装及 I/O 引脚数(不包括 4 个专用 JTAG 引脚)

系列器件	XC9536XL	XC9572XL	XC95144XL	XC95288XL
44 脚 PLCC	34	34		
64 脚 VQFP	36	52		
100 脚 TQFP		72	81	
144 脚 TQFP			117	117
208 脚 TQFP				168
48 脚 CSP	36	38		
144 脚 CSP			117	
256 脚 BGA				192

XC9500XL 和 XC9500XV 器件为低电压、低功耗的 CPLD 器件,使用 XC9500XV 器件可以比 XC9500 器件节省 75% 的功率,同时成本也大大降低。低电压不仅具有最佳的系统性能,同时确保灵活性和布通率,可以很方便地设计出工作频率近 200 MHz 的快速同步 DRAM 控制器以及与微处理器配合更紧密的接口。与 XC9500 相比,XC9500XL 和 XC9500XV 除具有速度优势外,性能也增强了许多。它增加了用于动态噪声控制的输入滞后功能,还增加了一条支持改进的互连测试的 JTAGQ 钳位指令。

(2) CoolRunner Ⅱ 系列。Xilinx CoolRunner 系列 CPLD 器件分 CoolRunner Ⅱ 系列和 CoolRunner XPLA 3 系列器件。1999 年 8 月,Xilinx 收购了 Philips 的 CoolRunner 生产线并开始提供加强型可编程逻辑阵列(eXtenden Programmable Logic Array,XPLA)系列器件,XPLA 系列器件包括加强型器件、XPLA2 器件和 XPLA3 器件,其显著特点是高速度和低功耗,特别适合应用于手持、移动等功耗要求较低的设备,如 PDA、笔记本电脑、移动电话等,见表 2.24。

表 2.24 Xilinx XPLA 系列器件基本特性

	器件类型	宏单元	t_{PD}/ns	系统时钟/MHz	I/O 引脚数
加强型 XPLA	XCR3032A(3 V) XCR5032A(5 V)	32	6.0	111	32(PLCC44,VQFP44)
	XCR3064A(3 V) XCR5064A(5 V)	64	7.5	105	32(PLCC44,VQFP44), 64(BGA56,VQFP100)
	XCR3128A(3 V) XCR5128A(5 V)	128	7.5	95	80(VQFP100),96(TQFP128)
XPLA2	XCR3320A(3 V)	320	7.5	100	112(TQFP160),192(BGA256)
	XCR3960A(3 V)	960	7.5	100	384(BGA492)
XPLA3	XCR3032XL	32	5	200	32(VQFO44,CSP48)
	XCR3064XL	64	6	167	32(VQFP44), 44(CSP56),64(VQFP100)
	XCR3128XL	128	6	167	80(VQFP100), 104(CSP144,VQFP144)
	XCR3256XL	256	7.5	133	104(TQFP144), 160(208PQFT,280CSP)
	XCR3384XL	384	7.5	133	216(CSP280)

Xilinx CoolRunner Ⅱ CPLD 器件提供高运算速度,易于与 XC9500/XL/XV 系列 CPLD 联合使用。在单一 CPLD 里,消耗极低的功率可实现 XPLA3 系列多功能性。这一点意味着通过系统内可编程功能使得原来同一部分可被用作数据高速通信、计算系统以及使得便携式产品达到其领先技术水平。功率的低功耗和运算的高速度结合于同一器件中,使得运用更容易、花费更有效。已经获得 Xilinx 专利的 FZP(Fast Zero Power)结构提供固有的低功率性能,而不需要任何专门的设计措施。Clocking 技术和其他的能量节省特性延伸了用户的功率预算。目前,ISE4.1 I,WebFITTER 和 ISE Webpack 均支持这一设计特性。表 2.25 给出了 CoolRunner Ⅱ CPLD 系列器件的宏单元数和关键时间参数。表 2.26 则详细描述了 CoolRunner ⅡCPLD 系列器件的高级特性。而表 2.27 为 CoolRunner ⅡCPLD 包及提供相应的 I/O 数。

表 2.25 CoolRunner Ⅱ CPLD 系列器件参数

系列器件	XC2C32	XC2C64	XC2C128	XC2C256	XC2C384	XC2C512
宏单元	32	64	128	256	384	512
最大 I/O	33	64	100	184	240	270
t_{PD}/ns	3.5	4.0	4.5	5.0	5.5	6.0
t_{SU}/ns	1.7	2.0	2.1	2.2	2.3	2.4
t_{CO}/ns	2.8	3.0	3.4	3.8	4.2	4.6
t_{SYS}/MHz	333	270	263	238	217	217

表 2.26 CoolRunner Ⅱ CPLD 系列器件高级特性

系列器件	XC2C32	XC2C64	XC2C128	XC2C256	XC2C384	XC2C512
IEEE 1532	√	√	√	√	√	√
I/O 扩展	1	1	2	2	4	4
时钟分频			√	√	√	√
时钟倍频	√	√	√	√	√	√
数据门			√	√	√	√
LVTTL	√	√	√	√	√	√
LVCMOS33,25,18 和 1.5VI/O	√	√	√	√	√	√
SSTL2-1			√	√	√	√
SSTL3-1			√	√	√	√
HSTL-1			√	√	√	√
配置地	√	√	√	√	√	√
四重数据安全	√	√	√	√	√	√
开漏输出	√	√	√	√	√	√
热插拔	√	√	√	√	√	√

表 2.27 CoolRunner Ⅱ CPLD 包及相应的 I/O 数

系列器件	XC2C32	XC2C64	XC2C128	XC2C256	XC2C384	XC2C512
PC44	33	33				
VQ44	33	33				
CP56	33	45				
VQ100		64	80	80		
CP132			100	106		
TQ144			100	118	118	
PQ208				173	173	173
FT256				184	212	212
FG324					240	270

2. Xilinx 公司的 FPGA 简介

Xilinx 公司是最早推出 FPGA 器件的公司,1985 年首次推出 FPGA 器件,现有 45 nm 工艺的 Spartan-6,28 nm 工艺的 Virtex-7、Kintex-7 及 Artix-7,20 nm 工艺的 Virtex UltraScale 和 Kintex UltraScale,以及 16 nm 工艺的 Virtex UltraScale+和 Kintex UltraScale+等系列 FPGA 产品。下面主要介绍常用的 Virtex UltraScale+系列和 Kintex UltraScale+系列。两者都建立在 UltraScale 架构的 ASIC-class 优势基础之上,专门针对 Vivado Design Suite 进行了协同优

化,可充分发挥 UltraFAST 设计方法优势。

(1) Virtex UltraScale+器件系列 FPGA。Virtex UltraScale+器件不仅提供 3X 的系统性能功耗比,而且还提供了支持广泛应用的系统集成度和带宽,可充分满足 1 Tb/s 有线通信、高性能计算以及雷达应用波形处理等需求。Virtex UltraScale+系列可在性能、带宽以及更低时延方面提升,可充分满足要求大规模数据流以及数据包处理的系统需求。其主要优势如下:

①可编程的系统集成。超过 400 Mb 的 UltraRAM 片上存储器集成,集成型 100 G 以太网 MAC 以及 RS-FEC 和 150 G Interlaken 内核,适用于 PCI Express Gen 3×16 与 Gen 4×8 的集成块。

②提升的系统性能。高利用率使速度提升 4 个等级,高达 128~133 G 的收发器可实现 7 Tb 的串行带宽,中间挡速率等级芯片可支持 2 666 Mb/s DDR4。

③BOM 成本削减。1 Tb MuxSAR 转发器卡减少比例为 5∶1,适用于片上存储器集成的 UltraRAM,VCXO 与 fPLL(分频锁相环)的集成,可降低时钟组件成本。

④总功耗削减。与 Virtex 7 系列 FPGA 相比,功耗锐降 60%,电压缩放选项支持高性能与低功耗、紧密型逻辑单元封装,减小动态功耗。

⑤加速设计生产力。从 20 nm 平面到 16 nm FinFET 的无缝引脚迁移、与 Vivado 设计套件协同优化,加快设计收敛,适用于智能 IP 集成的 SmartConnect 技术。

(2) Kintex UltraScale+器件系列 FPGA。Kintex UltraScale+器件提供了 ASIC 级系统级性能、时钟管理和功耗管理功能,并提升了单位功耗性价比。这些器件为中高容量应用提供最大吞吐量和最低延迟,从而扩展了中端应用,这些应用包括多天线无线局域网、NX100G 网络和其他 DSP 密集型应用。其主要优势如下:

①可编程的系统集成。高达 915 K 的逻辑单元(1.1 M 高效 LE),UltraRAM 支持片上存储器集成,适用于 PCI Express Gen 3×16 与 Gen 4×8 的集成块。

②提升的系统性能。8.2 TeraMAC DSP 计算性能,3 倍系统性能功耗比,16 G 与 28 G 背板——支持各种收发器,中间挡速率等级芯片可支持 2 666 Mb/s DDR4。

③BOM 成本消减。最慢速度级中的 12.5 Gb/s 收发器 VCXO 与 fPLL(分频锁相环)的集成可降低时钟组件成本。

④总功耗消减。与 Kintex 7 系列 FPGA 相比,功耗锐降 60%,电压缩放选项支持高性能与低功耗、紧密型逻辑单元封装,减小动态功耗。

2.4 基于 Quartus Ⅱ 开发的 Altera 公司产品简介

2.4.1 Quartus Ⅱ 简介

Quartus Ⅱ 是 Altera 公司的综合性 PLD/FPGA 开发软件,支持原理图、VHDL、VerilogHDL 以及 AHDL(Altera Hardware Description Language)等多种设计输入形式,内嵌自有的综合器以及仿真器,可以完成从设计输入到硬件配置的完整 PLD 设计流程。Quartus Ⅱ 可以在 Windows,Linux 以及 Unix 上使用,除了可以使用 Tcl 脚本完成设计流程外,提供了完善的用户图形界面设计方式,具有运行速度快、界面统一、功能集中、易学易用等特点。

Quartus Ⅱ 支持 Altera 的 IP 核,包含了 LPM/MegaFunction 宏功能模块库,使用户可以充

分利用成熟的模块,简化了设计的复杂性、加快了设计速度。对第三方 EDA 工具的良好支持也使用户可以在设计流程的各个阶段使用熟悉的第三方 EDA 工具。

此外,Quartus Ⅱ通过和 DSP Builder 工具与 Matlab/Simulink 相结合,可以方便地实现各种 DSP 应用系统;支持 Altera 的片上可编程系统(SOPC)开发,集系统级设计、嵌入式软件开发、可编程逻辑设计于一体,是一种综合性的开发平台。

Maxplus Ⅱ作为 Altera 的上一代 PLD 设计软件,由于其出色的易用性而得到了广泛的应用。目前 Altera 已经停止了对 Maxplus Ⅱ的更新支持,Quartus Ⅱ与之相比不仅仅是支持器件类型的丰富和图形界面的改变。Altera 在 Quartus Ⅱ中包含了许多诸如 SignalTap Ⅱ,Chip Editor 和 RTL Viewer 的设计辅助工具,集成了 SOPC 和 HardCopy 设计流程,并且继承了 Maxplus Ⅱ友好的图形界面及简便的使用方法。

2.4.2 第三方 EDA 软件简介

1. Nios Ⅱ

在 20 世纪 90 年代末,PLD 的复杂度已经能够在单个可编程器件内实现整个系统。完整的单芯片系统(SOC)概念是指在一个芯片中实现用户定义的系统,它通常暗指包括片内存储器和外设的微处理器。最初宣称真正的 SOC 或可编程单芯片系统(SOPC)能够提供基于 PLD 的处理器。在 2000 年,Altera 发布了 Nios 处理器,这是 Altera Excalibur 嵌入式处理器计划中第一个产品,它成为业界第一款为可编程逻辑优化的可配置处理器。

Altera 清楚地意识到,如果把可编程逻辑的固有优势集成到嵌入式处理器的开发流程中,就会拥有非常成功的产品。基于 PLD 的处理器恰恰具有应用所需的特性。一旦定义了处理器之后,设计者就具备了体系结构,可放心使用。因为 PLD 和嵌入式处理器随即生效,可以马上开始设计软件原型。CPU 周边的专用硬件逻辑可以慢慢地集成进去,在每个阶段软件都能够进行测试,解决遇到的问题。另外,软件组可以对结构方面提出一些建议,改善代码效率和/或处理器性能,这些软件/硬件权衡可以在硬件设计过程中间完成。

Altera 很早就认为创建基于 Nios 处理器的系统和处理器本身一样很重要。随着新生产品逐渐成熟,Altera 必须让嵌入设计者信服地接受新的处理器和新的设计流程。最无法确定的是嵌入设计者是否接受新的指令集。随着 C 成为嵌入式设计的事实标准,这一问题也迎刃而解。Altera 和 Cygnus(现归 RedHat 所有)密切合作定义指令集体系,这样 Cygnus 可以很容易地导入和优化它们的 GNUPro Toolkit,这是绝大部分设计者非常熟悉的标准 GNU 环境。现成的微控制器提供了定义明确的外设组,由制造商集成处理器和外设。可配置处理器让设计者自行创建总线体系,定义存储器映射和分配中断优先级,非常自由地完成更多的工作。Altera 相信 SOPC 的优势会吸引嵌入式设计者,但是条件是其他的需求最小,风险很低。

Nios Ⅱ集成开发环境(IDE)是 Nios Ⅱ系列嵌入式处理器的基本软件开发工具。所有软件开发任务都可以在 Nios Ⅱ IDE 下完成,包括编辑、编译和调试程序。Nios Ⅱ IDE 提供了一个统一的开发平台,用于所有 Nios Ⅱ处理器系统。仅仅通过一台 PC 机、一片 Altera 的 FPGA 以及一根 JTAG 下载电缆,软件开发人员就能够向 Nios Ⅱ处理器系统写入程序以及与 Nios Ⅱ处理器系统进行通信。Nios Ⅱ IDE 基于开放式的、可扩展 Eclipse IDE project 工程以及 Eclipse C/C++开发工具(CDT)工程。Nios Ⅱ IDE 为软件开发提供以下 4 个主要的功能。

(1) 工程管理器。Nios Ⅱ IDE 提供多个工程管理任务,加快嵌入式应用程序的开发进度。新工程向导——Nios Ⅱ IDE 推出了一个新工程向导,用于自动建立 C/C++应用程序工程和系统库工程。采用新工程向导,能够轻松地在 Nios Ⅱ IDE 中创建新工程。软件工程模板——除了工程创建向导,Nios Ⅱ IDE 还以工程模板的形式提供了软件代码实例,帮助软件工程师尽可能快速地推出可运行的系统。

(2) 编辑器和编译器。Altera Nios Ⅱ IDE 提供了一个全功能的源代码编辑器和 C/C++编译器文本编辑器——Nios Ⅱ IDE 文本编辑器,它是一个成熟的全功能源文件编辑器。这些功能包括:语法高亮显示、C/C++、代码辅助/代码协助完成、全面的搜索工具、文件管理、广泛的在线帮助主题和教程、引入辅助、快速定位自动纠错、内置调试功能。

C/C++编译器——Nios Ⅱ IDE 为 GCC 编译器提供了一个图形化用户界面,Nios Ⅱ IDE 编译环境使设计 Altera 的 Nios Ⅱ 处理器软件更容易,它提供了一个易用的按钮式流程,同时允许开发人员手动设置高级编译选项。

Nios Ⅱ IDE 编译环境自动地生成一个基于用户特定系统配置(SOPC Builder 生成的 PTF 文件)的 makefile。Nios Ⅱ IDE 中编译/链接设置的任何改变都会自动映射到这个自动生成的 makefile 中。这些设置可包括生成存储器初始化文件(MIF)的选项、闪存内容、仿真器初始化文件(DAT/HEX)以及 profile 总结文件的相关选项。

(3) 调试器。Nios Ⅱ IDE 包含一个强大的、在 GNU 调试器基础之上的软件调试器。该调试器提供了许多基本调试功能,以及一些在低成本处理器开发套件中不会经常用到的高级调试功能。Nios Ⅱ IDE 调试器的基本调试功能:运行控制、调用堆栈查看、软件断点、反汇编代码查看、调试信息查看、指令集仿真器。除了上述基本调试功能之外,Nios Ⅱ IDE 调试器还支持以下高级调试功能:硬件断点调试 ROM 或闪存中的代码、数据触发、指令跟踪。

(4) 闪存编程器。使用 Nios Ⅱ 处理器的设计都在单板上采用了闪存,可以用来存储 FPGA 配置数据和/或 Nios Ⅱ 编程数据。Nios Ⅱ IDE 提供了一个方便的闪存编程方法。任何连接到 FPGA 的兼容通用闪存接口(CFI)的闪存器件都可以通过 Nios Ⅱ IDE 闪存编程器来烧结。除 CFI 闪存之外,Nios Ⅱ IDE 闪存编程器能够对连接到 FPGA 的任何 Altera 串行配置器件进行编程。

2. ModelSim

Mentor Graphics ModelSim SE 6.5 是业界最优秀的 HDL 语言仿真器,它提供最友好的调试环境,是唯一的单内核支持 VHDL 和 Verilog 混合仿真的仿真器;是做 FPGA/ASIC 设计的 RTL 级和门级电路仿真的首选,它采用直接优化的编译技术、Tcl/Tk 技术和单一内核仿真技术,编译仿真速度快,编译的代码与平台无关,便于保护 IP 核,个性化的图形界面和用户接口,为用户加快调错提供强有力的手段;全面支持 VHDL 和 Verilog 语言的 IEEE 标准,支持 C/C++功能调用和调试具有快速的仿真性能和最先进的调试能力,全面支持 UNIX(包括 64 位)、Linux 和 Windows 平台。

ModelSim 的主要特点包括:RTL 和门级优化,本地编译结构,编译仿真速度快;单内核 VHDL 和 Verilog 混合仿真;源代码模版和助手;项目管理;集成了性能分析、波形比较、代码覆盖等功能;数据流 ChaseX;Signal Spy;C 和 Tcl/Tk 接口,C 调试。

3. Synplify Pro

Synplify Pro 8.1 半导体设计及验证软件供应商 Synplicity 公司对其可编程逻辑器件(PLD)综合软件 Synplify Pro 8.1 进行了改进。Synplify Pro 软件支持 Verilog-2001 标准以及新器件和新操作系统(OS)。最新版本的 Synplify Pro 软件提高了若干项 QoR(最终结果质量),以及增效定时引擎及自动寄存器重新定时功能的增强,能够提高设计人员的产出率,并且性能更佳。

业界领先的基于 FPGA 的 ASIC 原型验证综合工具,通过提供诸如团队设计、自动 re-timing、快速的编译以及额外的特性来优化设计结果。除了具有 BEST 引擎外,Synplify Pro 又加入了 DST(Direct Synthesis Technology)、SCOPE(Synthesis Constraint Optimization Environment)、STAMP 和多点优化等技术来满足设计者的需求。Synplify Pro 提供了和布局布线工具之间的 native-link 接口来完成 Push-Button 的流程,使用户只需要单击就可以完成所有的综合和布局布线的工作。基于 Synplicity 公司的 BEST 引擎,Synplify Pro 可以轻松综合数百万门的设计而不需要分割。

Synplify Pro 详细功能描述:提供优于传统综合技术的快速的全局编译和综合优化,针对算术模块和数据路径的高性能和高面积利用率的优化;提供对设计约束的全面控制,智能化人机界面,提高设计效率,结合具体器件结构,提供最佳性能;提供自动的 RAM 例化过程,提供自动时钟控制和同步/异步清零寄存器结构,自动识别 FSM 和选择编码方式以达到最佳性能,提供针对 FSM 的快速的调试和观察工具,自动进行流水处理,以提高电路性能;在不改变原代码的情况下,提供内部线网到外部测试管脚的能力,在源代码、RTL 视图和 Log 文件之间的交互标识能力;集成化、图形化的分析和调试关键路径的环境;支持黑盒子的时序以及管脚信息,支持同时实现多个应用,通过设计划分支持 Xilinx 模块化设计;自动对组合逻辑进行寄存器平衡以提高性能,支持智能化的增量综合。

4. Synplicity Amplify

Synplicity Amplify 是第一款为 FPGA 设计的物理综合产品。Amplify Physical Optimizer 产品补充了流行的 Synplify FPGA 综合产品,可通过在综合过程中充分利用物理设计信息来提高性能和生产力。Amplify Physical Optimizer 是为那些需要从 Xilinx Virtex 系列和 Spartan Ⅲ系列器件中获得尽可能最高性能的开发人员创建的。Amplify 产品已经被全球 100 多家企业采用。Amplify 工具结合了寄存器级(RTL)的图形物理约束以及创新的可同时完成布局和逻辑优化的物理综合算法。其输出不仅是一个逻辑设计的物理布局,而且是一个新的物理优化的网表。另外,Amplify 产品还包括了全部的 Optimization Physical Synthesis(TOPS)技术。TOPS 技术进一步提升了性能,同时还通过高度准确的时序估算降低了设计反复次数。

5. Mentor Graphics

Leonardo Spectrum 是 Mentor Graphics 发展的合成工具,它能协助 Atmel 客户在一个合成环境中使用 VHDL 或 Verilog 语言完成 FPGA 设计,让他们针对工业控制、通信、宽频、无线与多媒体等应用市场,更轻易地建立和管理 FPSLIC 设计。Leonardo Spectrum 的操作非常简单,又支持各种复杂设计方式,设计人员可精密控制他们的 FPGA 设计,并获得最佳设计结果,满足他们的所有设计需求。

Leonardo Spectrum 是 Mentor Graphics 的子公司 Exemplar Logic 的专业 VHDL/Verilog

HDL 综合软件,简单易用,可控性较强,可以在 Leonardo Spectrum 中综合优化并产生 EDIF 文件,作为 Quartus Ⅱ 的编译输入。该软件有 3 种逻辑综合方式:Synthesis Wizard(综合向导)方式、Quick Setup(快速完成)方式、Advanced FlowTabs(详细流程)方式。3 种方式完成的功能基本相同。Synthesis Wizard 方式最简单;Advanced FlowTabs 方式则最全面,该方式有 6 个选项单,分别完成器件选择、设计文件输入、约束条件指定、优化选择、输出网表文件设置及选择调用布局布线工具功能。

第 3 章　VHDL 结构及要素

本章将通过几个数字逻辑中经典且简单例子的详细讲解及软件仿真(如二选一多路选择器、计数器、半加器、全加器等),从而引出用 VHDL 进行数字逻辑电路设计的相关知识,使读者对 VHDL 有初步的了解。在此基础上本章还将对 VHDL 的基本单元如实体、结构体等进行说明和归纳,进而使读者迅速从整体上把握 VHDL 程序的总体构架和设计特点。

3.1　VHDL 基本单元及其构成

VHDL 程序的基本单元是实体,实体即能够独立完成某一功能的数字逻辑电路,它可以是一个简单的门电路,也可以是一个复杂的数字系统如微处理器。它既能作为一个电路功能模块而独立存在和独立运行,也可以被其他数字系统所调用,从而作为该系统的子部分而存在。但是无论其功能复杂程度如何,VHDL 程序的结构基本相同,一般由库(LIBRARY)、程序包(PACKAGE)、实体(ENTITY)、结构体(ARCHITECTURE)及配置(CONFIGURATION)这些基本单元构成。其中,实体和结构体是必需的,这两部分即可构成一个实现基本功能的 VHDL 程序。下面首先通过一个简单的例子说明如何用 VHDL 语言来实现对数字逻辑电路的说明。

二选一多路选择器是一个典型的组合数字电路,该元件逻辑图如图 3.1 所示,s1 和 s2 分别是两个数据输入端的端口名,ENB 为通道选择控制信号输入端的端口名,D 为输出端的端口名。对应的逻辑电路(可认为是该元件的内部结构)如图 3.2 所示。例 3.1 是二选一多路选择器的 VHDL 实现程序。

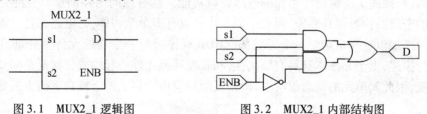

图 3.1　MUX2_1 逻辑图　　　　图 3.2　MUX2_1 内部结构图

【例 3.1】　二选一多路选择器程序描述
```
--=====================================
-- * * 二选一多路选择器 * *
--文件名:mux2_1.vhd
--=====================================
```

```
LIBRARY IEEE;                          --IEEE 库使用说明语句
USE IEEE.STD_LOGIC_1164.ALL;
ENTITY mux2_1 IS                       --实体说明
PORT(s1,s2,enb: IN BIT;
     d: OUT BIT);
END ENTITY mux2_1;

ARCHITECTURE one OF mux2_1 IS          --结构体说明
BEGIN
PROCESS(s1,s2,enb)
BEGIN
    IF enb='0' THEN d<=s1;             --enb=0,选择 s1
    ELSE
        d<=s2;                         --enb=1,选择 s2
    END IF;
END PROCESS;
END ARCHITECTURE one;
```

由例 3.1 可以看到,一个基本的 VHDL 程序实际上是由两部分构成的,即实体说明和结构体说明:

(1)设计实体用关键字 ENTITY 来标识引导,用 END ENTITY + 实体名(如本例中的"END ENTITY mux2_1")来结尾。VHDL 的实体描述了电路器件的外部情况及各信号端口的基本性质,如信号流动方向、流动在其上的数据类型等。

(2)结构体用关键词 ARCHITECTURE 引导,用 END ARCHITECTURE 结尾,结构体负责描述电路器件的内部逻辑功能和电路结构。在本例中,结构体 one 实现了实体 mux2_1 的功能。

需要注意的是,一个程序只能有一个实体,但是可以有多个结构体。实体的电路意义相当于一个器件,实体的说明主要描述了器件的外部接口。结构体的电路意义相当于电路的内部结构,它描述了逻辑器件单元的内部逻辑功能。具有相同的外部接口且能完成同一逻辑功能的电路结构可以有多种,因此一个实体可以有多个结构体,在电路综合时根据需要用配置语句来加以选择指定。一个完整的 VHDL 程序是对一个功能元件从外部到内部两方面来进行描述,由于元件本身具有层次性,和其他功能元件一起构成更加复杂的功能元件或数字系统,因此其单元的概念很清晰,可以灵活地应用于自上而下或自下而上的数字系统设计中。

图 3.3 是利用 Quarters Ⅱ 得到的仿真曲线。从该曲线可以看出,当 enb 置为高电平时,d 与 s2 一致;enb 置为低电平时,d 与 s1 相同。图 3.4 是例 3.1 的 RTL 视图。

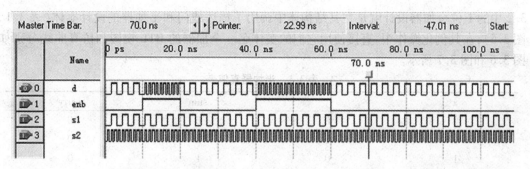

图 3.3　MUX2_1 仿真图

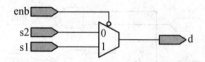

图 3.4　MUX2_1 的 RTL 视图

3.1.1　实体(ENTITY)

实体的功能是对这个设计与外部电路进行接口描述。实体是设计的表层设计单元,实体说明部分规定了设计单元的输入输出接口信号或引脚,它是实体对外的一个通信界面。就一个实体而言,外界所看到的仅仅是它的界面上的各种接口。实体可以拥有一个或多个结构体,用于描述此实体的逻辑结构和逻辑功能。对于外界来说,这一部分是不可见的。

不同逻辑功能的实体可以拥有相同的实体描述,这是因为实体类似于原理图中的一个部件符号,而其具体的逻辑功能是由实体中结构体的描述确定的。实体是 VHDL 的基本设计单元,它可以对一个门电路、一个芯片、一块电路板乃至整个系统进行接口描述。

1. 实体语句结构

以下是实体说明单元的常用语句结构:

ENTITY 实体名 IS
　　[GENERIC(类属表);]
　　[PORT(端口表);]
END ENTITY 实体名;

实体说明单元必须按照上述这一结构来书写,即实体应以语句"ENTITY 实体名 IS"开始,以语句"END ENTITY 实体名;"结束。其中,实体名由设计者自己确定。程序中间方括号内的语句描述,在特定的情况下并非是必需的。例如构建一个 VHDL 仿真测试基准等情况中可以省去方括号中的语句。对于 VHDL 的编译器和综合器来说,程序文字的大小写是不加区分的,但为了便于阅读和分辨,建议将 VHDL 的标识符或基本语句关键词以大写方式表示,而由设计者添加的内容可以用小写方式来表示,如实体的结尾可写为"END ENTITY my_entity",其中的"my_entity"即为设计者命名的实体名。

2. 实体名

一个设计实体无论多大和多复杂,在实体中定义的实体名即为这个设计实体的名称。在例化(已有元件的调用和连接)中,即可以用此名对相应的设计实体进行调用。下面的例

3.2 中的 1 位全加器设计就是在其结构体中调用了描述或门和半加器的设计实体(表 3.1,图 3.5),在其例化操作中,直接使用它们的实体名。全加器的 RTL 视图和仿真曲线分别如图 3.6 和图 3.7 所示。

表 3.1　半加器真值表

x	y	sum	carry
0	0	0	0
0	1	1	0
1	0	1	0
1	1	0	1

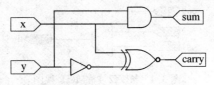

图 3.5　半加器逻辑结构图

【例 3.2】　全加器程序描述(含半加器)

```
-- ====================================
-- **半加器**
--文件名:half_adder.vhd
-- ====================================
LIBRARY IEEE;                    --IEEE 库使用说明语句
USE IEEE.STD_LOGIC_1164.ALL;

ENTITY half_adder IS
  PORT(
    x,y,enb: IN STD_LOGIC;
    carry,sum: OUT STD_LOGIC);
END ENTITY half_adder;

ARCHITECTURE ha1 OF half_adder IS
  SIGNAL temp:STD_LOGIC_VECTOR(1 DOWNTO 0);
BEGIN
  temp <= x & y;                 --temp(1)<=x,temp(0)<=y
  PROCESS(temp)
  BEGIN
    CASE temp IS                 --根据半加器真值表分类
    WHEN "00" =>
        sum <='0';
        carry<='0';
    WHEN "01" =>
```

```
            sum <='1';
            carry<='0';
        WHEN "10" =>
            sum <='1';
            carry<='0';
        WHEN "11" =>
            sum <='0';
            carry<='1';
        WHEN OTHERS => NULL;
      END CASE;
   END PROCESS;
END ARCHITECTURE ha1;


-- ====================================
-- * * 全加器 * *
--文件名:full_adder.vhd
-- ====================================
LIBRARY IEEE;                              --IEEE 库使用说明语句
USE IEEE.STD_LOGIC_1164.ALL;

ENTITY full_adder IS
   PORT(x,y,carry_in: IN STD_LOGIC;
        sum,carry_out: OUT STD_LOGIC);
END ENTITY full_adder;

ARCHITECTURE fa1 OF full_adder IS
COMPONENT half_adder                       --声明调用半加器
   PORT(x,y:IN STD_LOGIC;
        sum,carry:OUT STD_LOGIC);
END COMPONENT;
SIGNAL u1sum,u1carry,u2carry:STD_LOGIC;     --内部连线信号
BEGIN
   u1:half_adder PORT MAP(x,y,u1sum,u1carry);        --例化语句
   u2:half_adder PORT MAP(u1sum,carry_in,sum,u2carry);
   carry_out <= u2carry OR u1carry;
END ARCHITECTURE fa1;
```

此例中调用的元件名"half_adder"即为例 3.2 中半加器的实体名。

有的 EDA 软件对 VHDL 文件的取名有特殊要求,如 MAX+PLUS Ⅱ 要求文件名必须与实体名一致,如"h_adder.vhd"。一般来说,将 VHDL 程序的文件名取为此程序的实体名是一

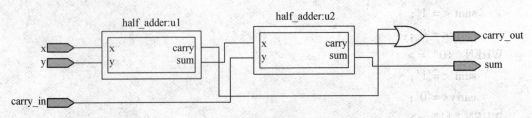

图 3.6 全加器 RTL 视图

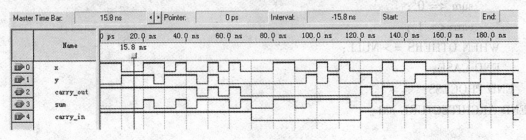

图 3.7 全加器仿真曲线

种比较好的编程习惯。

3. 类属(GENERIC)说明语句

GENERIC 参量是一种端口界面常数,常以一种说明的形式放在实体或块结构体前的说明部分。类属为所说明的环境提供了一种静态信息通道。类属与常数不同,常数只能从设计实体的内部得到赋值,且不能再改变,而类属的值可以由设计实体外部提供。因此,设计者可以从外面通过类属参量的重新设定而容易地改变一个设计实体或一个元件的内部电路结构和规模。

类属说明的一般书写格式如下:
GENERIC(常数名 数据类型[: 设定值]
{常数名 数据类型[: 设定值]});
[ ]表示可选;{ }表示集合

类属参量以关键词 GENERIC 引导一个类属参量表,在表中提供时间参数或总线宽度等静态信息。类属表说明用于设计实体和其外部环境通信的参数,传递静态的信息。类属在所定义的环境中的地位与常数十分接近,但却能从环境(如设计实体)外部动态地接受赋值,其行为又有点类似于端口 PORT。因此常如以上的实体定义语句那样,将类属说明放在其中,且放在端口说明语句的前面。

在一个实体中定义的、来自外部赋入类属的值,可以在实体内部或与之相应的结构体中读取。对于同一个设计实体,可以通过 GENERIC 参数类属的说明,为它创建多个行为不同的逻辑结构。比较常见的情况是,利用类属来动态规定一个实体的端口大小,或设计实体的物理特性,或结构体中的总线宽度,或设计实体中底层中同种元件的例化数量等。

一般在结构体中,类属的应用与常数是一样的。例如,当用实体例化一个设计实体的器件时,可以用类属表中的参数项定制这个器件,如可以将一个实体的传输延迟、上升和下降延时等参数加到类属参数表中,然后根据这些参数进行定制,这对于系统仿真控制是十分方便的。其中的常数名是由设计者确定的类属常数名,数据类型通常取 INTEGER 或 TIME 等类型,设定值即为常数名所代表的数值。但需注意,VHDL 综合器仅支持数据类型为整数的类属值。

3.1.2 结构体(ARCHITECTURE)

结构体用来描述设计实体的内部结构和外部设计实体端口间的逻辑关系。作为设计实体的另一基本组成部分,一般放在实体说明的后面,从功能上描述了设计实体,即实体的不可视部分。结构体是实体的具体实现,因此一个实体可以有多个结构体,即采用不同的实现方案和结构去实现某个功能,各个结构体的地位是同等的。

结构体的一般性语言格式为:

ARCHITECTURE 结构体名 OF 实体名 IS　--结构体
　　[说明语句;]
　　BEGIN
　　　　[功能描述语句;]
END ARCHITECTURE 结构体名;

结构体名由设计者自定义,但多个结构体名必须可区分。结构体以"ARCHITECTURE 结构体名 OF 实体名 IS"开始,以"END ARCHITECTURE 结构体名;"结束该结构体,关键词 OF 后面的实体名必须是结构体所描述的对应实体名。

如例3.2全加器程序所示,位于"ARCHITECTURE 结构体名 OF 实体名 IS"和"BEGIN"之间的结构体说明语句并不是必需的,而是根据实际需要来决定是否省略。结构体的说明语句用于对结构体内部使用的信号、常数、数据类型、函数、过程和元件等进行定义说明。结构体的功能描述语句位于"BEGIN"之后,结构体结束之前,具体描述了结构体的行为及其链接关系,它包含块语句、进程语句、子程序调用语句以及元件例化语句,这些将在后续章节详细介绍。

VHDL 的结构体描述了整个设计实体的逻辑功能。在结构体中可以采用不同的语句类型和描述方式来表达,总体来说,这些不同的描述方式(建模方法)可以归纳为行为描述、数据流描述和结构描述。

1. 行为描述

行为描述是高层次描述方式,它只描述输入与输出之间的逻辑转换关系,而不直接指明或涉及实现这些行为的硬件结构,包括硬件特性、连线方式、逻辑行为方式。主要用于系统数学模型的仿真或系统工作原理的仿真。行为描述不需过问硬件的具体实现,即只描述"做什么"而不用描述"怎么做"。由于这个优越性,行为描述的方式在 VHDL 中得到广泛使用。然而,其大量采用的算数运算、关系运算、惯性延时、传输延时等描述方式是难于或不能进行逻辑综合的。

2. 数据流描述

数据流描述也称为寄存器描述方式,它采用类似于布尔方程的并行信号赋值语句进行描述。该方式既可以描述时序电路,也可以描述组合电路,是完全能够进行逻辑综合的描述方式。由于这种描述主要反映数据经过一定逻辑运算后在输入输出间的传递,因此可以清楚地看到数据流出的方向、路径和结果。

数据流的描述风格是建立在用并行信号赋值语句描述基础上的。当语句中任一输入信号的值发生改变时,赋值语句就被激活,随着这种语句对电路行为的描述,大量有关这种结构的信息也从这种逻辑描述中"流出",所以认为数据从一个设计中流出,从输入到输出的称为数据流风格,它能比较直观地表述底层逻辑行为。

3. 结构描述

结构描述是指描述该设计单元的硬件结构,即该硬件是如何构成的。它主要使用元件例化语句及配置语句来描述元件的类型及元件互连关系。结构描述就是表示元件之间的互连,这种描述允许互连元件的层次式安置,像网表一样。结构描述建模一般分为元件说明、元件例化、元件配置3个步骤。

下面通过一个例子来对比以上3种描述风格。

【例3.3】 两位比较器程序

```
LIBRARY IEEE;
USE IEEE.STD_LOGIC_1164.ALL;
ENTITY compare2 IS
  PORT(a, b: IN STD_LOGIC_VECTOR(1 DOWNTO 0);
       is_equal: OUT STD_LOGIC);
END ENTITY compare2;

-- ========================================
--    *结构体行为描述:用顺序语句来实现*
-- ========================================
ARCHITECTURE bv_sequencial OF compare2 IS
BEGIN
  PROCESS(a,b)
  BEGIN
    IF a=b THEN
        is_equal<='1';
    ELSE
        is_equal<='0';
    END IF;
  END PROCESS;
END ARCHITECTURE bv_sequencial;
-- ========================================
--    *结构体行为描述:用并行语句来实现*
-- ========================================
ARCHITECTURE bv_parallel OF compare2 IS
BEGIN
  is_equal<='1' WHEN a=b ELSE '0';
END ARCHITECTURE bv_parallel;

-- ========================================
```

```
-- *结构体数据流描述:用布尔方程来实现*
-- ==========================================
ARCHITECTURE equation OF compare2 IS
BEGIN
  is_equal<=(a(0) XOR b(0)) NOR(a(1) XOR b(1));
END ARCHITECTURE equation;

-- ==========================================
-- *结构体结构描述:用元件例化*
-- ==========================================
ARCHITECTURE constructal OF compare2 IS
  COMPONENT nor2
    PORT(a,b:IN STD_LOGIC;
         c:OUT STD_LOGIC);
  END COMPONENT;
  COMPONENT xor2
    PORT(a,b: IN STD_LOGIC;
         c: OUT STD_LOGIC);
  END COMPONENT;
  SIGNAL x: STD_LOGIC_VECTOR(1 DOWNTO 0);
BEGIN
     U1:xor2 PORT MAP(a(0),b(0),x(0));
     U2:xor2 PORT MAP(a(1),b(1),x(1));
     U3:nor2 PORT MAP(a(0),b(1),is_equal);
END ARCHITECTURE constructal;
```

上面的程序描述了一个判断两个两位数是否相等的程序,分别使用行为描述、数据流描述、结构描述3种方法实现,当输入 a,b 相等时,则输出信号 is_equal 为高电平1,否则输出低电平0,程序对应的 RTL 视图及仿真波形分别如图3.8和图3.9所示。

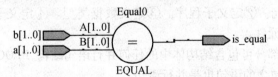

图3.8 两位比较器 RTL 视图

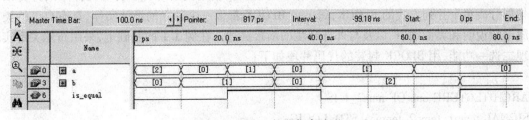

图3.9 两位比较器仿真波形

3.1.3 块语句(BLOCK)

块结构的基本思想是分治,即当设计一个大的系统时,把该系统划分为子系统或模块,从而这个总系统成为一个由多个子系统连接而成的顶层封装,而每一个子系统可以是某一具体功能实现的小型系统。如果子系统仍然过于庞大,可以将它变成更低层次的系统模块的连接嵌套。显然,按照这种方式划分结构体仅是形式上的,而非功能上的改变。事实上,将结构体以模块方式划分的方法有多种,元件例化语句就是一种将结构体的并行描述分成多个层次的方法,其区别只是后者涉及多个实体和结构体,且综合后硬件结构的逻辑层次有所增加。

和其他高级语言编程一样,总是希望程序模块功能独立、小巧,以便于编程和查错调试,在 VHDL 中常用 BLOCK 语句对 VHDL 语句的编程、查错、仿真和再使用都会带来很大的便利,块语句又分为普通块语句和卫式(Guarded)块语句,它们可以把许多并行语句包装在一起。

1. 普通块语句

块语句的语言格式如下:

块名: BLOCK
　[块说明语句;]
　……
　BEGIN
　　……
　　并行语句;
　　……
END BLOCK 块名;

一个块语句结构在关键词 BLOCK 的前面必须设置一个块名,并在结尾语句 END BLOCK 右侧也写上此块名。当只有一个块语句时,此处的块名不是必需的。

块说明语句有点类似于实体的定义部分,它可包含由关键词 PORT,GENERIC,PORTMAP 和 GENERIC MAP 引导的接口说明等语句,对 BLOCK 的接口设置以及与外界信号的连接状况加以说明。这类似于原理图间的图示接口说明。块的说明部分可以定义的项目主要有:①定义 USE 语句。②定义子程序。③定义数据类型。④定义子类型。⑤定义常数。⑥定义信号。⑦定义元件。

块中的并行语句部分可包含结构体中的任何并行语句结构,BLOCK 语句本身属并行语句,BLOCK 语句中所包含的语句也是并行语句。

块语句的应用可使结构体层次鲜明,结构明确。利用块语句可以将结构体中的并行语句划分成多个并列方式的 BLOCK,每一个 BLOCK 都像一个独立的设计实体,具有自己的类属参数说明和界面端口,以及与外部环境的衔接描述。在例 3.1 的基础上,采用布尔关系实现二选一功能,用 BLOCK 封装的代码片段如下:

……
ARCHITECTURE one OF mux2_1 IS
SIGNAL temp1,temp2,temp3: STD_LOGIC;

BEGIN
    my_block：BLOCK
    BEGIN   -- 使用布尔关系实现
        temp1 <= s1 AND enb;
        temp2 <= s2 AND (NOT enb);
        temp3 <= temp1 OR temp2;
        d <= temp3 AFTER 5 ns;   -- 延时 5 ns
    ENDBLOCK my_block;
END ARCHITECTURE one;

上面的程序利用BLOCK语句把二选一选择器的程序封装在一个块中。该块可以和其他块一起并行执行,而块内的语句也是并行的,实际的端口d输出要比输入延迟5 ns,这符合逻辑门的固有传输延时。需要注意的是,如果结构体中只有一个块,那么块名是可以省略的,但当多个块同时存在时,则不可以省略,且块名必须互不相同。

2. 卫式块语句

基本块语句仅仅是把结构体划分成几个独立的程序模块,在系统仿真时BLOCK语句将被无条件地执行。但是在实际电路中常常会遇到这种情况,电路系统需要在某一个条件成立时,块语句才可以执行,而条件不成立时,块语句将不被执行,这种功能的块语句就是卫式块语句。在电路模块仿真时,它可以对块的执行进行控制。

卫式块语句结构的书写规范和普通的块语句格式基本相同:

块名：BLOCK (布尔表达式)   -- 布尔表达式为执行条件
    [块说明语句;]
    ……
    BEGIN
        ……
        并行语句；
        ……
END BLOCK 块名;

3.1.4 进程(PROCESS)

进程的概念产生于软件语言,但在VHDL中,进程则是最具特色的语句,它的运行方式与软件语言中的进程也完全不同,这是需要特别注意的。

进程语句结构包含了一个代表着设计实体中部分逻辑行为的、独立的顺序语句描述的进程。与并行语句同时执行的方式不同,顺序语句可以根据设计者的要求,利用顺序可控的语句,完成逐条执行的功能顺序语句,这与C或PASCAL等软件编程语言中语句功能是相类似的,即语句运行的顺序同程序语句书写的顺序相一致。一个结构体中可以有多个并行运行的进程结构,而每一个进程的内部结构却是由一系列顺序语句来构成的。

需要注意的是,在VHDL中所谓顺序仅仅是指语句按序执行上的顺序性,但这并不意味着进程语句结构所对应的硬件逻辑行为也具有相同的顺序性。进程结构中的顺序语句,及其所谓的顺序执行过程只是相对于计算机中的软件行为仿真的模拟过程而言的,这个过程与硬件结构中实现的对应的逻辑行为是不相同的。进程结构中既可以有时序逻辑的描述,也可以有组合逻辑的描述,它们都可以用顺序语句来表达。然而硬件中的组合逻辑具有最典型的并行逻辑功能,而硬件中的时序逻辑也并非都是以顺序方式工作的。

1. 进程语句格式

进程语句的表达格式如下:

[进程名:] PROCESS [(敏感信号列表)]
    [进程说明语句;]
    BEGIN
        顺序描述语句;
END PROCESS [进程标号];

从进程语言格式看来,每一个进程语句结构可以赋予一个进程名,但这个名称不是必需的。进程说明语句定义了该进程所需的局部数据环境。顺序描述语句部分是一段顺序执行的语句,用来描述该进程的行为。当进程中由敏感信号列表列出的某个敏感信号值发生改变时,进程中的内容都必须立即完成某一功能行为。这个行为由进程语句中的顺序语句定义,行为的结果可以赋给信号,并通过信号被其他的进程或块读取或赋值。当进程中定义的任一敏感信号发生更新时,由顺序语句定义的行为就要重复执行一次,当进程中最后一个语句执行完成后,执行过程将返回到进程的第一个语句,以等待下一次敏感信号变化,如此循环往复。但当遇到 WAIT 语句时,执行过程将被有条件地终止,即所谓的挂起(Suspension)状态。

一个结构体中可以含有多个进程,每一进程结构对于其敏感信号列表中定义的任一敏感参量的变化可以在任何时刻被激活,或者称为启动。而在结构体中所有被激活的进程都是并行运行的,这就是为什么进程结构本身是并行语句的道理。

进程语句必须以语句"END PROCESS[进程名];"结尾,对于目前常用的综合器来说,其中进程名不是必需的。

2. 进程的组成

根据上面的描述可以看到,进程语句结构由 3 个部分组成,即进程说明语句、顺序描述语句部分和敏感信号列表。然而,在顺序描述语句中有时会用到等待这样的命令,一个更一般的进程语句格式为:

[进程名:] PROCESS [(敏感信号列表)]
    [进程说明语句;]
    BEGIN
        顺序描述语句;
        ……
        WAIT ON [敏感信号列表];
        WAIT UNTIL [条件表达式];
        WAIT FOR [时间表达式];
        ……
END PROCESS [进程标号];

进程行为语句的关键字有 PROCESS,BEGIN,WAIT ON,WAIT UNTIL,WAIT FOR 和 END PROCESS,其中 PROCESS,BEGIN 和 END PROCESS 关键字不能省略,其余关键字可根据程序特定需要决定去留。

敏感信号列表可以有一个或多个信号,每当其中一个或多个信号值改变时,程序进入进程,执行进程中的语句。敏感信号列表部分也可以省略,但进程语句要由其他形式的敏感信号来激励。敏感信号的其他形式如 WAIT UNTIL 和 WAIT FOR,当满足 WAIT UNTIL 和 WAIT FOR 后面的条件表达式或时间表达式时,就可以激活该进程。有关 WAIT 语句在进程中的使用方法,将在后续章节详细介绍。

进程说明语句定义了该进程所需要的局部数据环境,它包括子程序说明、属性说明和变量说明等。为了更好地说明进程的使用方法,在这里先给出变量说明的一个例子。变量说明的一般形式为:

VARIABLE [定义变量表]:[类型说明:=初始值];

变量可以在一个进程或子程序的说明区中被说明,下例进程说明区中说明了变量 count,并为 count 赋值。

PROCESS
    VARIABLE count:INTEGER:=0;
BEGIN
    count:=count+1;
    WAIT FOR 1000ns;
END PROCESS;

这个进程行为语句涉及两个新问题,第一是在说明区说明了变量 count 为整数,而且初始值为 0。第二是最后一句"WAIT FOR 1000ns;",它是等待激活的语句。这个程序在 PROCESS 后无敏感信号,这样进程也许被无限期地挂起,但用了"WAIT FOR 1000ns;"语句,使进程行为语句可以被激活。

整个程序分析是这样的:当进程被激活后,要使 count 加 1,然后被挂起,等到 1000 ns 以后再次激活进程语句,执行 count 加 1。

进程的顺序描述语句部分可分为赋值语句、进程启动语句、子程序调用语句、顺序描述语句和进程跳出语句等,它们包括:

(1)信号赋值语句:即在进程中将计算或处理的结果向信号 SIGNAL 赋值。

(2)变量赋值语句:即在进程中以变量 VARIABLE 的形式存储计算的中间值。

(3)进程启动语句:当 PROCESS 的敏感信号参数表中没有列出任何敏感量时,进程的启动只能通过进程启动语句 WAIT 语句。这时可以利用 WAIT 语句监视信号的变化情况,以便决定是否启动进程。WAIT 语句可以看成是一种隐式的敏感信号表。

(4)子程序调用语句:对已定义的过程和函数进行调用并参与计算。

(5)顺序描述语句:包括 IF 语句、CASE 语句、LOOP 语句和 NULL 语句等。

(6)进程跳出语句:包括 NEXT 语句,EXIT 语句用于控制进程的运行方向。

在 VHDL 里,进程结构中的程序语句是一条一条按顺序往下执行的,这与在单个微处理器上的 C 语言编程是一样的。进程语句中的敏感信号列表必须是若干个信号量,不能是变量,它们可以触发、启动该进程。如果进程中没有敏感信号列表,那么在该进程中的程序必须使用WAIT语句来描述该进程的启动信号。如果进程中既没有敏感信号列表,又没有WAIT语句时,那么该进程将陷入无限循环中,仿真器永远不会跳出初始化阶段,但是进程语句中又不能同时包含敏感信号列表和WAIT语句,这是编译所禁止的,运行会收到系统编译器出错警报。

3. 进程要点

从设计者的认识角度看,VHDL程序与普通软件语言构成的程序有很大的不同,普通软件语言中语句的执行方式和功能实现十分具体和直观,编程中,几乎可以立即做出判断。但VHLD程序,特别是进程结构设计者,应当从3个方面去判断它的功能和执行情况:基于CPU的纯软件的行为仿真运行方式,基于VHDL综合器的综合结果所可能实现的运行方式,基于最终实现的硬件电路的运行方式。

与其他语句相比,进程语句结构具有更多的特点,对进程的认识和进行进程设计需要注意以下几方面的问题:

(1)在同一结构体中的任一进程是一个独立的无限循环程序结构,但进程中却不必放置诸如其他编程语言中的返回语句,因为在VHDL语言中,进程的返回是自动的。进程只有两种运行状态,即执行状态和等待状态。进程是否进入执行状态,取决于是否满足特定的条件(如敏感变量是否发生变化)。如果满足条件,即进入执行状态,当遇到END PROCESS语句后即停止执行,自动返回到起始语句PROCESS,进入等待状态。

(2)PROCESS中的顺序语句的执行方式与其他编程语言中语句的顺序执行方式有很大的不同。其他编程语言中每一条语句的执行是按CPU的机器周期节拍顺序执行的,每一条语句的执行时间与CPU的工作方式、晶振频率、机器周期及指令周期的长短有密切的关系。但在PROCESS中,一个执行状态的运行周期即从PROCESS的启动执行到遇到END PROCESS为止所花的时间与任何外部因素都无关(从综合结果来看),甚至与PROCESS语法结构中的顺序语句的多少都没有关系。其执行时间从行为仿真的角度看只有一个VHDL模拟器的最小分辨时间,即一个d时间。但从综合和硬件运行的角度看,其执行时间是0。这与信号的传输延时无关,与被执行的语句实现时间也无关。即在同一PROCESS中,10条语句和1 000条语句的执行时间是一样的。这就是为什么用进程的顺序语句方式也同样能描述全并行的逻辑工作方式的道理。

(3)虽然同一结构体中的不同进程是并行运行的,但同一进程中的逻辑描述语句则是顺序运行的,因而在进程中只能设置顺序语句。

(4)进程的激活必须由敏感信号表中定义的任一敏感信号的变化来启动,否则必须有一个显式的WAIT语句来激励。这就是说,进程既可以通过敏感信号的变化来启动,也可以由满足条件的WAIT语句激活;反之,在遇到不满足条件的WAIT语句后,进程将被挂起。因此,进程中必须定义显式或隐式的敏感信号。如果一个进程对一个信号集合总是敏感的,那么可以使用敏感表来指定进程的敏感信号,但是在一个使用了敏感表的进程(或者由该进程所调用的子程序)中不能含有任何等待语句。

(5)结构体中多个进程之所以能并行同步运行,一个很重要的原因就是进程之间的通信是通过传递信号和共享变量值来实现的。所以相对于结构体来说,信号具有全局特性,它是进程间进行并行联系的重要途径。因此,在任一进程的进程说明部分,不允许定义信号和共享变量。

(6)进程是 VHDL 重要的建模工具。与 BLOCK 语句不同的一个重要方面是,进程结构不但为综合器所支持,而且进程的建模方式将直接影响仿真和综合结果。

(7)进程有组合进程和时序进程两种类型。组合进程只产生组合电路,时序进程产生时序和相配合的组合电路,这两种类型的进程设计必须密切注意 VHDL 语句应用的特殊方面,这在多进程状态机的设计中各进程有明确分工。设计中需要特别注意的是,组合进程中所有输入信号(包括赋值符号右边的所有信号和条件表达式中的所有信号)都必须包含于此进程的敏感信号表中,否则当没有被包括在敏感信号表中的信号发生变化时,进程中的输出信号是不能按照组合逻辑的要求得到即时的新的信号。此时,VHDL 综合器将会给出错误判断,将误判为设计者有存储数据的意图,即判断为时序电路。这时综合器将会为对应的输出信号引入一个保存原值的锁存器,这样就打破了组合进程设计的初衷。在实际电路中这类"组合进程"的运行速度、逻辑资源效率和工作可靠性都将受到不良的影响。

时序进程必须是列入敏感表中某一时钟信号的同步逻辑,或同一时钟信号使结构体中的多个时序进程构成同步逻辑。当然,一个时序进程也可以利用另一进程(组合或时序进程)中产生的信号作为自己的时钟信号。

3.2 端口信号赋值

3.2.1 端口模式

端口是块的一种接口,如果在设计实体中定义则为外部接口,如果是由块语句定义则为内部接口。在端口中列举的每一个接口都表示一个正式的端口,它提供块和其周围环境之间动态通信的信道。在实际应用中,端口经常被用于实体和元件中,端口为其分别提供接口信号的声明和元件引脚定义,端口的语法格式如下:

PORT (端口声明语句,端口声明语句,…;);
--端口声明语句格式:
port_signal_name : IN PORT_SIGNAL_TYPE : = INITIAL_VALUE
port_signal_name : OUT PORT_SIGNAL_TYPE : = INITIAL_VALUE
port_signal_name : INOUT PORT_SIGNAL_TYPE : = INITIAL_VALUE
port_signal_name : BUFFER PORT_SIGNAL_TYPE : = INITIAL_VALUE
port_signal_name : LINKAGE PORT_SIGNAL_TYPE : = INITIAL_VALUE

从上面的简单示例可以看出,端口模式一共有 5 种,分别是输入 IN、输出 OUT、输入输出 INOUT、缓冲 BUFFER、无特定方向的 LINKAGE。

(1) IN:输入实体流模式,允许信号进入实体,主要用于时钟输入、控制输入(如 load,reset,enable,clk)和单向的数据输入(如地址数据信号 address)等。

(2) OUT:实体输入流模式,只允许信号离开实体,常用于计数输出、单向数据输出、被设计实体产生的控制其他实体的信号等,输出模式不能被用于设计实体的内部反馈,因为输出端口在实体内不能被看作是可读的。

(3) INOUT:双向模式,允许信号双向传输(既可以进入实体,也可以从实体输出),双向模式允许引入内部反馈。

(4) BUFFER:缓冲模式,允许信号输出到实体外部,但同时也可以在实体内部引用该端口的信号。缓冲端口既能用于输出也能用于反馈。缓冲模式用于在实体内部建立一个可读的输出端口,例如计数器输出、计数器的现态用来决定计数器的次态。

(5) LINKAGE:不指定实体端口的方向,可以与任意方向的数据或信号相连。

下面给出一个实体和元件的端口声明简单示例:

```
--实体端口示例
ENTITY mux8to1 IS        ---一个8选1实体
PORT(
        inputs: IN STD_LOGIC_VECTOR(7 DOWNTO 0);
        select_s: IN STD_LOGIC_VECTOR(2 DOWNTO 0);
        output: OUT STD_LOGIC
        );
END mux8to1;


--元件端口示例
COMPONENT mem_dev IS
PORT(
        data : INOUT STD_LOGIC_VECTOR(7 DOWNTO 0);
        addr : IN STD_LOGIC_VECTOR(9 DOWNTO 0);
        not_cs : IN STD_LOGIC;
        rd_not_wr : IN BIT
        );
END COMPONENT mem_dev;
```

实体是一个8选1的选择器,包含3个端口:8位向量输入、地址输入和一位输出。元件包含4个信号,data 8是向量地址输入输出、addr 10是地址输入、not_cs和rd_not_wr是输入。端口模式后面的STD_LOGIC_VECTOR,STD_LOGIC和BIT,是对端口模式数据类型的声明。关于数据类型的具体介绍将在后续章节给出。

3.2.2 三态门

三态电路是一种重要的总线接口电路。所谓三态电路,是指它的输出既可以是一般的二值逻辑电路中正常的0状态和1状态,又可以保持特有的高阻抗状态,即第三种状态——高阻状态的门电路。处于高阻抗状态时,其输出相当于断开状态,没有任何逻辑控制功能。三态电路的输出逻辑状态的控制,是通过一个输入引脚实现的。当该输入为低电平输入时,三态电路呈现正常的0或1的输出;当它为高电平输入时,三态电路将输出高阻态。

一般来说,门与其他电路的连接无非是1或者0这两种状态。但在比较复杂的系统中,为了能在一条传输线上传送不同部件的信号,研制了相应的逻辑器件称为三态门,除了有这两种状态以外还有一个高阻态,就是高阻抗。相当于该门和它连接的电路处于断开的状态。因为实际电路中不可能去断开它,所以设置这样一个状态使它处于断开状态。三态门是一种扩展逻辑功能的输出级,也是一种控制开关,主要是用于总线的连接,因为总线允许同时

第3章 VHDL结构及要素

只有一个使用者。通常在数据总线上接有多个器件,每个器件通过 OE/CE 之类的信号选通。如果器件没有选通,它就处于高阻态,相当于没有接在总线上,不影响其他器件的工作。

如果设备端口要挂在一个总线上,必须通过三态缓冲器。因为在一个总线上同时只能有一个端口作为输出,这时其他端口必须处在高阻状态,所以还需要有总线控制管理,访问到哪个端口,哪个端口的三态缓冲器才可以转入输出状态。

在 VHDL 中,设计三态门时,需要使用 STD_LOGIC 数据类型的高阻态 Z 对端口进行赋值。即引入三态门,在总线控制管理的控制下使其输出呈高阻状态,也就等效于禁止该端口有数据输出。例3.4是一个简单的三态门发生器。

【例3.4】 三态门发生器

```
LIBRARY IEEE;
USE IEEE.STD_LOGIC_1164.ALL;

ENTITY tri_states IS
PORT(
        d_in:IN STD_LOGIC_VECTOR(7 DOWNTO 0);
        en:IN STD_LOGIC;        --控制位,'1'则输出 d_in,否则输出高阻态
        d_out:OUT STD_LOGIC_VECTOR(7 DOWNTO 0)
        );
END tri_states;

ARCHITECTURE bv OF tri_states IS
BEGIN
    PROCESS(d_in, en)
    BEGIN
        IF en = '1' THEN
            d_out <= d_in;        --如果 en 为高,则输出=输入
        ELSE                       --否则,输出为高阻态
            d_out <= "ZZZZZZZZ";
        END IF;
    END PROCESS;
END bv;
```

从图 3.10 的仿真波形可以看到,当使能信号 en 为高电平 1 时,数据正常输出,而当使能信号翻转为低电平 0 时,输出呈现高阻状态,即输出为 Z,直到使能信号又变为高电平 1。图 3.11 是三态门设计 RTL 视图。

需要注意的是,Z 在综合中是一个不确定的值,不同的综合器会给出不同的结果。VHDL 语言尽管对于关键词不区分大小写,但是高阻态 Z 需要大写。

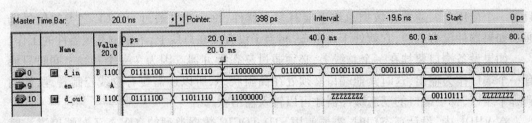

图 3.10　三态门设计仿真波形

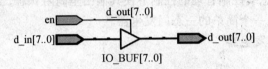

图 3.11　三态门设计 RTL 视图

3.2.3　双向端口

在工程应用中,双向电路是设计者不得不面对的问题。在实际应用中,数据总线往往是双向的。如何正确处理数据总线是进行时序逻辑电路设计的基础。在程序设计过程中,实体部分必须对端口属性进行声明,当端口属性为 INOUT 类型时,在结构体中需要对输出信号进行有条件的高阻控制。例 3.5 是一个双向端口程序设计示例。

【**例 3.5**】　双向端口设计

```
LIBRARY IEEE;
USE IEEE.STD_LOGIC_1164.ALL;
ENTITY tdport IS
  PORT(
        en:IN STD_LOGIC;
        x:IN STD_LOGIC_VECTOR(3 DOWNTO 0);
        bi_port:INOUT STD_LOGIC_VECTOR(3 DOWNTO 0);  --双向端口
        q:OUT STD_LOGIC_VECTOR(3 DOWNTO 0)
       );
END tdport;
ARCHITECTURE bv OF tdport IS

BEGIN
  PROCESS(en,x,bi_port)
  BEGIN
    IF en='0' THEN                                    --双向端口为输入
    q<=bi_port;
    bi_port<="ZZZZ";
    ELSE                                              --双向端口为输出
    bi_port<=x;
    q<="ZZZZ";
```

  END IF;
 END PROCESS;
END bv;

  利用bi_port的输入功能时,需要将bi_port的端口设置成高阻Z输出,而bi_port为输出功能时,它输出x的数据,而q输出则被置为高阻状态,该结果可以从图3.12仿真波形中得出。图3.13是双向端口设计的RTL视图。

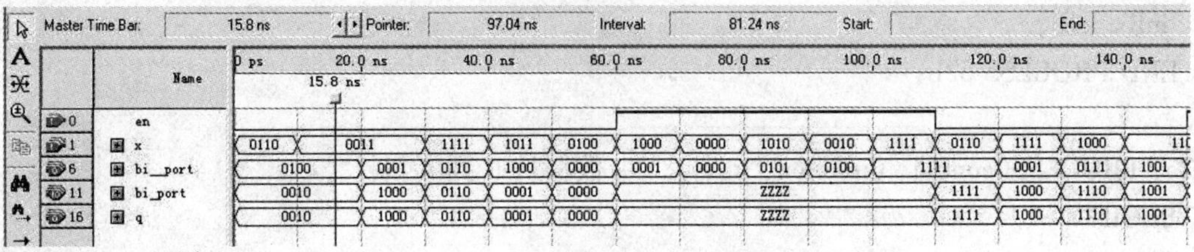

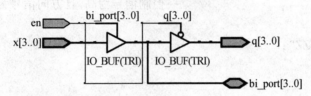

图3.12 双向端口设计仿真波形

图3.13 双向端口设计的RTL视图

3.2.4 双向三态总线

  三态总线电路可在两总线之间双向传输数据:从总线A到总线B,或总线B到总线A。为构成芯片的总线系统,设计者必须设计三态总线驱动器电路。在三态总线驱动器电路内部,由三态缓冲器方向选择性地传输每位数据。例3.6是一个双向三态总线设计的例子,由control使能传输,direction控制数据流向。

  【例3.6】 双向三态总线设计

```
LIBRARY IEEE;
USE IEEE.STD_LOGIC_1164.ALL;

ENTITY bi_tri_wire IS
  PORT(
        direction, control: IN STD_LOGIC;
        inA, inB: INOUT STD_LOGIC_VECTOR(7 DOWNTO 0)
       );
END ENTITY bi_tri_wire;

ARCHITECTURE bv OF bi_tri_wire IS
  SIGNAL oA, oB :STD_LOGIC_VECTOR(7 DOWNTO 0);
BEGIN
a2b: PROCESS(control, direction, inA)    --数据从A到B
```

```
BEGIN
  IF((control='1') AND (direction='0')) THEN
    oB<=inA;                    --控制信号为高,且方向信号为0,则数据 A-->B
  ELSE
    oB<="ZZZZZZZZ";
  END IF;
  inB<=oB;
END PROCESS a2b;

b2a: PROCESS(control, direction, inA)   -- 数据从 B 到 A
BEGIN
  IF((control='1') AND (direction='1')) THEN
    oA<=inB;                    --控制信号为高,且方向信号为1,则数据 B-->A
  ELSE
    oA<="ZZZZZZZZ";
  END IF;
  inA<=oA;
END PROCESS b2a;
END ARCHITECTURE bv;
```

从图 3.14 的仿真波形可以看到,当使能信号 control 为高电平 1 时,方向控制信号 direction 为 0 时,数据由 inA 传输到 inB,而当使能信号 control 为 1 且 direction 为 1 时,数据从 inB 传输到 inA,当使能信号 control 为 0 时,inA,inB 端口输出高阻状态 Z。图 3.15 是其 RTL 视图。

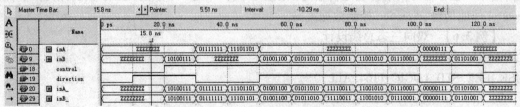

图 3.14 双向三态总线设计仿真波形

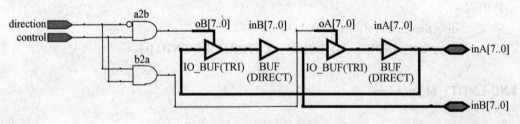

图 3.15 双向三态总线设计 RTL 视图

3.3 库、程序包、配置

库和程序包用来描述和保留元件、类型说明函数、子程序等，以便在其他设计中可以随时引用这些信息，提高设计效率。VHDL 提供了配置语句用于描述各种假设实体和元件之间的连接关系以及设计实体和结构体之间的连接关系。

3.3.1 库(LIBRARY)

在利用 VHDL 进行工程设计中，为了提高设计效率以及使设计遵循某些统一的语言标准或数据格式，有必要将一些有用的信息汇集在一个或几个库中以供调用。这些信息可以是预先定义好的数据类型、子程序等设计单元的集合体(程序包)，或预先设计好的各种设计实体(元件库程序包)。因此可以认为，库是一种用来存储预先完成的程序包、数据集合体和元件的仓库。如果要在一项 VHDL 设计中用到某一程序包，就必须在这项设计中预先打开这个程序包，使此设计能随时使用这一程序包中的内容。在综合过程中，每当综合器在较高层次的 VHDL 源文件中遇到库语言，就将随库指定的源文件读入，并参与综合。这就是说，在综合过程中，所要调用的库必须以 VHDL 源文件的方式存在，并能使综合器随时读入使用。为此，必须在这一设计实体前使用库语句和 USE 语句(将在本小节最后介绍 USE 语句)。一般来说，在 VHDL 程序中被声明打开的库和程序包，对于本项设计称为是可见的，那么这些库中的内容就可以被设计项目所调用。有些库被 IEEE 认可，成为 IEEE 库。IEEE 库存放了 IEEE 标准 1076 中标准设计单元，如 Synopsys 公司的 STD_LOGIC_UNSIGNED 程序包等。

通常，库中放置不同数量的程序包，而程序包中又可放置不同数量的子程序，子程序中又含有函数、过程、设计实体(元件)等基础设计单元。

VHDL 的库分为两类，一类是设计库，如在具体设计项目中设定的目录所对应的 WORK 库；另一类是资源库，资源库是常规元件和标准模块存放的库，如 IEEE 库。

一般来说，VHDL 中常用的 4 个库有 IEEE 库、STD 库、VITAL 库和 WORK 库。

(1) IEEE 库。IEEE 库是 VHDL 设计中最为常见的库，它包含有 IEEE 标准的程序包和其他一些支持工业标准的程序包。它是按国际 IEEE 组织指定的工业标准进行编写的，是内容丰富的标准资源库，如果想了解详细内容，可以直接打开 IEEE 库文件查阅。IEEE 库中的标准程序包主要包括 STD_LOGIC_1164，NUMERIC_BIT 和 NUMERIC_STD 等程序包。其中的 STD_LOGIC_1164 是最重要和最常用的程序包，大部分基于数字系统设计的程序包都是以此程序包中设定的标准为基础的。此外，还有一些程序包虽然并非是 IEEE 标准，但由于其已成事实上的工业标准，因此也被并入了 IEEE 库。这些程序包中最常用的是 Synopsys 公司的 STD_LOGIC_ARITH，STD_LOGIC_SIGNED 和 STD_LOGIC_UNSIGNED 程序包。目前，流行的大多数 EDA 工具都支持 Synopsys 公司的程序包。

在基于大规模可编程逻辑器件的数字系统设计中，主要包含的 STD_LOGIC_1164，STD_LOGIC_ARITH，STD_LOGIC_SIGNED 和 STD_LOGIC_UNSIGNED 这 4 个 IEEE 库中的程序包已足够使用。另外需要注意的是，在 IEEE 库中符合 IEEE 标准的程序包并非符合 VHDL 语言标准，如 STD_LOGIC_1164 程序包。因此，在使用 VHDL 设计实体前必须以显式表达出

(2) STD 库。STD 库是 VHDL 标准所含的资源库,包含 STANDARD 和 TEXTIO 程序包。STANDARD 程序包中定义了常用的数据类型 BIT,BOOLEAN,INTEGER,REAL 和 TIME 以及与这些数据类型相应的运算函数。TEXTIO 包含了 VHDL 程序中用于输入输出的与 ASCII 码文本文件有关的文件类型定义,及有关读/写的子程序等,通常在测试中需要使用该程序包。但是它不支持对其进行赋值操作和逻辑综合,实际上是专为 VHDL 模拟工具提供的与外部计算机文件管理系统交换数据的一个界面。

在 VHDL 的编译和综合过程中,系统都能自动调用这两个程序包中的任何内容,所以用户在进行电路设计时,可以不用像 IEEE 库那样,打开该库以及它的程序包。

(3) VITAL 库。VITAL 库是符合 IEEE Standard 1076.4 标准的 IEEE 库,由含有精确的 ASIC 时序模型的时序包集合 VITAL_TIMING 和基本元件包集合 VITAL_PRIMITIVES 所组成,支持以 ASIC 单元的真实时序数据对一个 VHDL 设计进行精细模拟验证,可以大大提高 VHDL 门级时序模拟的精度。

(4) WORK 库。WORK 库是用户设计的现行工作库,用于存放用户自己设计的工程项目。在 PC 机或工作站利用 VHDL 进行项目设计,不允许在根目录下进行,必须在根目录下为设计建立一个工程目录(即文件夹)。VHDL 综合器将此目录默认为 WORK 库。但 WORK 不是设计项目的目录名,而是一个逻辑名。VHDL 标准规定 WORK 库总是可见的,因此在程序设计时不需要明确指定并打开。

除了上面常用的 4 个库之外,在 VHDL 中还有一些其他库。

(1) 面向 ASIC 的库。在 VHDL 中,为了进行门级仿真,各公司可提供面向 ASIC 的逻辑门库。在该库中存放着与逻辑门一一对应的实体。使用前必须要用库说明语句对其进行说明。

(2) 用户自定义库。用户为自身设计需要所开发的共用包集合和实体等,也可以汇集在一起定义成一个库,这就是用户定义库。在使用时要首先说明库名,然后指明路径等。

当设计库对当前项目是默认可视时,则无需用 LIBRARY 和 USE 等语句以显式声明,其他的需要以显式声明。库的语句格式如下:
LIBRARY 库名;
USE 程序包名;
--比如要使用 IEEE 库中的下降沿程序包,则做如下声明:
LIBRARY IEEE;
USE IEEE.STD_LOGIC_1164.FALLING_EDGE;

这一语句相当于为其后的设计实体打开了以此库名命名的库,以便设计实体可以利用其中的程序包。如语句"LIBRARY IEEE;"表示打开 IEEE 库。USE 语句的语句格式有两种,第一种是对本设计实体打开指定库中的特定程序包所选定的项目,第二种是对本设计实体打开指定库中指定程序包的所有项目,如下所示:
LIBRARY 库名;
USE 库名.程序包名.项目名;
USE 库名.程序包名.ALL;

3.3.2 程序包(PACKAGE)

程序包有时也称为包集或包集合,是已定义的常数、数据类型、元件调用说明、子程序的一个集合,类似于 C 语言中的".h"文件(头文件)。已在设计实体中定义的数据类型子程序或数据对象对于其他设计实体是不可见的,为了使已定义的常数、数据类型、元件调用说明以及子程序能被更多的 VHDL 设计实体方便地访问和共享,可以将它们收集在一个 VHDL 程序包中。多个程序包可以并入一个 VHDL 库中,使之适用于更一般的访问和调用范围。这一点对于大系统开发、多个或多组开发人员同步并行工作显得尤为重要。程序包是构成库的单元,一个库中可以包含多个不同的程序包。这样对于大规模的复杂数字系统设计来说,可以避免重复开发和资源浪费,从而缩短开发周期,节省开发成本。

程序包的内容除了包含元件(COMPONET)、函数(FUNCTION)和过程(PROCEDURE)之外,还可以包含类型(TYPE)和常量(CONSTANT)。经常使用的 VHDL 代码通过用这几种形式编写,从而可以被添加到程序包中,然后被编译到目标 LIBRARY 中,有利于代码分割、代码共享和代码重用。

程序包的语法结构如下:

```
PACKAGE 程序包名 IS                        -- 程序包头
    {声明:元件、函数、过程、类型和常量说明}   -- 程序包头说明部分
END PACKAGE 程序包名;
[PACKAGE BODY 程序包名 IS                  -- 程序包体
    {函数、过程的所有描述代码}              -- 程序包体说明部分
END PACKAGE BODY 程序包名;]
```

程序包的结构由程序包的说明部分(即程序包头)和程序包的内容部分(即程序包体)两部分组成,一个完整的程序包中程序包头的程序包名与程序包体的程序包名是同一个名字。另外需要注意的是,虽然包体是可选的,但是如果程序包的声明部分有一个或多个函数、过程的声明,则在包体部分必须存在对应的描述代码;如果在程序包的声明部分含有元件,则不必在包体中出现该元件的描述代码,元件的代码以完整的".vhd"文件存在。

简单看一个包含函数的程序包:

```
LIBRARY IEEE;
USE IEEE.STD_LOGIC_1164.ALL;
PACKAGE my_package IS              --包头,仅包含类型和常量声明,不需要包体
    TYPE state IS (st1,st2,st3,st4);   --程序包头说明部分
    TYPE color IS (red,green,blue);
    CONSTANT vec:STD_LOGIC_VECTOR(7 DOWNTO 0):="10111001";
    FUNCTION positive_edge(SIGNAL s1:STD_LOGIC) --函数
        RETURN BOOLEAN;
END PACKAGE my_package;
PACKGE BODY my_package IS
    FUNCTION positive_edge(    )
        RETURN BOOLEAN IS
```

BEGIN
　　RETURN(s1′EVENT AND clk=′1′);
END PACKAGE BODY my_package;

　　上述程序包的包名为my_package,在其中定义了新的数据类型state和color,并且定义了一个常量向量,接着定义了一个名为positive_edge的函数,所以在包体中将该函数具体描述出来,如果在包头中声明了元件也同样需要在包体中加入相应内容。

　　程序包常用来封装属于多个设计单元分享的信息,常用的预定义的程序包介绍如下。

　　(1)STD_LOGIC_1164程序包。STD_LOGIC_1164程序包是IEEE库中最常用的程序包,是IEEE的标准程序包,其中包含了一些数据类型子类型和函数的定义,这些定义将VHDL扩展为一个能描述多值逻辑即除具有0和1以外,还有其他的逻辑量如高阻态Z、不定态X等的硬件描述语言,很好地满足了实际数字系统的设计需求。STD_LOGIC_1164程序包中用得最多和最广的是定义了满足工业标准的两个数据类型STD_LOGIC和STD_LOGIC_VECTOR,它们非常适合于FPGA/CPLD器件中多值逻辑设计结构。

　　(2)STD_LOGIC_ARITH程序包。STD_LOGIC_ARITH预先编译在IEEE库中是Synopsys公司的程序包,此程序包在STD_LOGIC_1164程序包的基础上扩展了UNSIGNED,SIGNED和SMALL_INT 3个数据类型,并为其定义了相关的算术运算符和转换函数。

　　(3)STD_LOGIC_UNSIGNED和STD_LOGIC_SIGNED程序包。STD_LOGIC_UNSIGNED和STD_LOGIC_SIGNED程序包都是Synopsys公司的程序包,都预先编译在IEEE库中。这些程序包重载了可用于INTEGER型及STD_LOGIC和STD_LOGIC_VECTOR型混合运算的运算符,并定义了一个由STD_LOGIC_VECTOR型到INTEGER型的转换函数,这两个程序包的区别是STD_LOGIC_SIGNED中定义的运算符考虑到了符号是有符号数的运算。程序包STD_LOGIC_ARITH,STD_LOGIC_UNSIGNED和STD_LOGIC_SIGNED虽然未成为IEEE标准,但已经成为事实上的工业标准,绝大多数的VHDL综合器和VHDL仿真器都支持它们。

　　(4)STANDARD和TEXTIO程序包。STANDARD和TEXTIO程序包都是STD库中的预编译程序包。STANDARD程序包中定义了许多基本的数据类型子类型和函数。由于STANDARD程序包是VHDL标准程序包,在实际应用中已隐性地打开,所以不必再用USE语句另做声明。TEXTIO程序包定义了支持文本文件操作的许多类型和子程序,在使用本程序包之前需加语句USE STD_TEXTIO_ALL。TEXTIO程序包主要仅供仿真器使用,可以用文本编辑器建立一个数据文件,文件中包含仿真时需要的数据,然后仿真时用TEXTIO程序包中的子程序存取这些数据,在VHDL综合器中此程序包被忽略。

3.3.3　配置(CONFIGURATION)

　　VHDL配置语句描述了层与层之间的连接关系以及实体与结构体之间的对应关系。设计者可以利用这种配置语句来选择不同的结构体,使其与要设计的实体相对应。在仿真某一个实体时,可以利用配置来选择不同的结构体,进行性能对比试验,以得到性能最佳的结构体。配置可以把特定的结构体关联到一个确定的实体,正如配置一词本身的含义一样,配置语句就是用来为较大的系统设计提供管理和工程组织的。通常在大而复杂的VHDL工程设计中,配置语句可以为实体指定或配属一个结构体,如可以利用配置使仿真器为同一实体配置不同的结构体,以使设计者比较不同结构体的仿真差别,或者为例化的各元件实体配置指定的结构体,从而形成一个所希望的例化元件层次构成的设计实体。

配置也是 VHDL 设计实体中的一个基本单元,在综合或仿真中可以利用配置语句为确定整个设计提供许多有用信息。例如,对以元件例化的层次方式构成的 VHDL 设计实体,可以把配置语句的设置看成是一个元件表,以配置语句指定在顶层设计中的每一元件与一特定结构体相衔接,或赋予特定属性。配置语句还能用于对元件的端口连接进行重新安排等。VHDL 综合器允许将配置规定为一个设计实体中的最高层设计单元,但只支持对最顶层的实体进行配置。但是,通常情况下,配置主要用在 VHDL 的行为仿真中。

配置语句的一般语法格式如下:
CONFIGURATION 配置名 OF 实体名 IS
    配置说明;
END 配置名;

其中配置名由设计者自己添加,配置说明部分根据不同的情况而有所区别。配置主要为顶层设计实体指定结构体,或为参与例化的元件实体指定所希望的结构体,以层次方式来对元件例化做结构配置。如前所述,每个实体可以拥有多个不同的结构体,而每个结构体的地位是相同的,在这种情况下,可以利用配置说明为这个实体指定一个结构体。以下伪代码片段具体说明配置语句的使用方法:
……
ARCHITECTURE bv_one OF 实体名 IS
    ……
    --第一种结构体描述;
    ……
END ARCHITECTURE bv_one;
ARCHITECTURE bv_two OF 实体名 IS
    ……
    --第二种结构体描述;
    ……
END ARCHITECTURE bv_two;
-- 配置1:将结构体 bv_two 和实体连接到一起
CONFIGURATION config_1 OF 实体名 IS
    FOR bv_two
      END FOR;
END config_1 ;
-- 配置2:将结构体 bv_one 和实体连接到一起
CONFIGURATION config_2 OF 实体名 IS
    FOR bv_one
      END FOR;
END config_2;

伪代码中的结构体有两种实现,分别为 bv_one 和 bv_two,利用配置为实体分别指定不同的结构体。此例中由于选择不包含块和元件的结构体,因此在配置语句中,只包含为要进行配置的实体所选配的结构体名。第一个配置将结构体 bv_two 和实体连接到一起,用以形成一个可仿真的对象,第二个配置将结构体 bv_one 和实体连接到一起,用以形成一个可仿真的对象。另外,配置说明语句可以用于例化的元件进行元件配置。

对于某个结构体中的元件配置,也可以采用低级配置的方式为每个元件指定低级别的配置。低配置说明的常用语言格式为:

CONFIGURATION 配置名 OF 实体名 IS
  FOR 结构体名 -- 注意这里没有分号
    FOR 元件标识符:元件名 USE CONFIGURATION 元件配置名;
    END FOR;
    ……
  END FOR;
END 配置名;

其中,配置名是针对进行配置的结构体而言的,也就是第二行中的结构体名描述的结构体。元件的配置名指所选用的元件具体使用元件的哪一种配置。例3.7是一个全加器设计程序,它对半加器采用了两种配置方式,第一种配置方式是半加器真值表,第二种是采用布尔函数来实现,然后分别使用两种配置的半加器来组成全加器。

【例3.7】 使用配置的全加器设计

```
-- ========半加器配置==========
LIBRARY IEEE;                          --IEEE 库使用说明语句
USE IEEE.STD_LOGIC_1164.ALL;

ENTITY halfAdder IS
    PORT(
            x,y: IN STD_LOGIC;
            carry,sum: OUT STD_LOGIC);
END ENTITY halfAdder;

ARCHITECTURE bv1 OF halfAdder IS
    SIGNAL temp:STD_LOGIC_VECTOR(1 DOWNTO 0);
BEGIN
    temp <= x & y;                    --temp(1)<=x,temp(0)<=y
    PROCESS(temp)
    BEGIN
        CASE temp IS                  --根据半加器真值表
            WHEN "00" =>
                sum<='0';
                carry<='0';
            WHEN "01" =>
```

第3章 VHDL结构及要素

```
                    sum<='1';
                    carry<='0';
            WHEN "10" =>
                    sum<='1';
                    carry<='0';
            WHEN "11" =>
                    sum <='0';
                    carry<='1';
            WHEN OTHERS => NULL;
        END CASE;
    END PROCESS;
END ARCHITECTURE bv1;

CONFIGURATION config1 OF halfAdder IS
    FOR bv1
    END FOR;
END config1;

ARCHITECTURE bv2 OF halfAdder IS
BEGIN
    sum<=x XOR y;
    carry<= x AND y;
END ARCHITECTURE bv2;

CONFIGURATION config2 OF halfAdder IS
    FOR bv2
    END FOR;
END config2;

-- ====================================
--全加器设计,采用两种不同配置的半加器
-- ====================================
LIBRARY IEEE;                             --IEEE 库使用说明语句
USE IEEE.STD_LOGIC_1164.ALL;

ENTITY config_halfAdder IS
    PORT(
            x,y,carry_in: IN STD_LOGIC;
            sum,carry_out: OUT STD_LOGIC);
```

END ENTITY config_halfAdder;

ARCHITECTURE fa1 OF config_halfAdder IS
    COMPONENT halfAdder   --声明调用半加器
        PORT(
            x,y:IN STD_LOGIC;
            sum,carry:OUT STD_LOGIC);
    END COMPONENT;
    SIGNAL u1sum,u1carry,u2carry:STD_LOGIC;   --内部连线信号
BEGIN
    U1:halfAdder PORT MAP(x,y,u1sum,u1carry);   --例化语句
    U2:halfAdder PORT MAP(u1sum,carry_in,sum,u2carry);
    carry_out <= u2carry OR u1carry;
END ARCHITECTURE fa1;

--为全加器的元件选择不同的配置
CONFIGURATION config OF config_halfAdder IS
    FOR fa1
        FOR U1:halfAdder USE CONFIGURATION WORK.config1;
            --使用第一种配置的半加器
        END FOR;
        FOR U2:halfAdder USE CONFIGURATION WORK.config2;
            --使用第二种配置的半加器
        END FOR;
    END FOR;
END config;

    结合图3.16的仿真波形可以看到,使用两种不同配置半加器的元件例化,组成的全加器与仅使用一种配置半加器组成的全加器(见例3.2)的仿真结果完全一致,两者的RTL视图也完全一样(图3.17)。

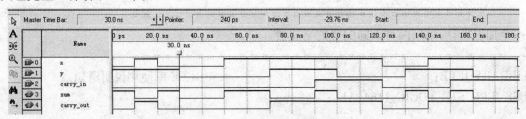

图3.16　全加器仿真波形

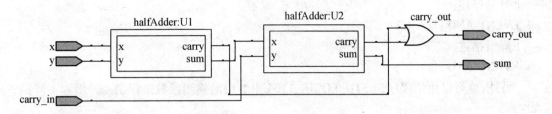

图 3.17 全加器 RTL 视图

3.4 时序电路描述

时序逻辑电路的输出不但和当前输入有关,还与系统的原来状态有关,即时序电路的当前输出由输入变量与电路原来的状态共同决定。作为时序逻辑电路的基本特征,时序逻辑电路应具有"记忆"功能。触发器是时序电路最常用的记忆元件。任何时序逻辑电路都是以时钟信号为驱动信号的,时序电路通常在时钟信号的边沿到来时才发生状态变化。因此,设计时序逻辑电路时,必须要重视时钟信号。本节将首先介绍常用 D 触发器的设计方法,然后介绍时序描述 VHDL 规则,以及时序电路的不同描述方法。

3.4.1 时钟电路的时钟信号(CLOCK)

时钟信号在时序电路中有着重要的作用,它将驱动时序逻辑电路的状态转移,根据时钟信号可以区别时序电路的现态和次态。

1. 时钟信号的边沿描述

时钟信号的边沿分上升沿和下降沿,有的时序逻辑电路是用上升沿驱动,有的是用时钟信号的下降沿驱动。

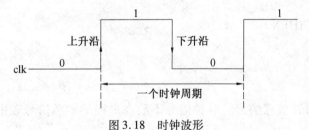

图 3.18 时钟波形

从图中可看出时钟信号的变化过程是,0 与 1 在一定时间间隔内交替出现,上升沿或下降沿是瞬时完成的。在 VHDL 语言中可用信号的属性函数来描述这种瞬时变化:
--上升沿描述
clk'EVENT AND clk'LAST_VALUE = '0' AND clk = '1';
--下降沿描述
clk'EVENT AND clk'LAST_VALUE = '1' AND clk = '0';

clk'EVENT 表示 clk 值发生了改变,clk'LAST_VALUE = '0' 表示 clk 前一值为 0,clk = '1' 表示当前值为 1,这样就代表了一个上升沿。有时在实际工作中时钟信号是明确给出的,只有 0 与 1,从而上升沿、下降沿的描述可以省略前一值的判断而简写为:

--上升沿描述
clk'EVENT AND clk = '1';
--下降沿描述
clk'EVENT AND clk = '0';

  另外，也可以使用程序包 STD_LOGIC_1164 中的边沿检测函数来识别上升沿和下降沿，如：
--上升沿描述
RISING_EDGE(clk);
--下降沿描述
FALLING_EDGE(clk);

2. 时钟作为敏感信号

  在时序电路中，时钟信号是必不可少的，在 VHDL 中都是用时钟信号作为进程的驱动来实现和时钟的同步。一般有两种时钟敏感信号表示方式，分别为显示和隐式。
  (1) 显式表示时钟敏感信号。如果将时钟信号放在进程的敏感信号表中，当时钟变化时启动进程。

```
--显式表示时钟敏感信号
LIBRARY IEEE;
USE IEEE.STD_LOGIC_1164.ALL;
ENTITY clock_inst IS
    ……
END ENTITY clock_inst;
    ……
PROCESS(clk)           --显式表示
BEGIN
    IF (clk = '1') THEN
        ……
    END IF;
END PROCESS;
```

  (2) 隐式表示时钟敏感信号。时钟信号不放在进程的敏感信号表中，用 WAIT 语句来控制进程的执行。

```
--隐式表示时钟敏感信号
LIBRARY IEEE;
USE IEEE.STD_LOGIC_1164.ALL;
ENTITY clock_inst IS
    ……
END ENTITY clock_inst;
    ……
PROCESS
BEGIN
```

第3章 VHDL结构及要素

```
    WAIT ON ( clk) UNTIL ( clkl ='1');        -- 隐式表示
    ……
END PROCESS;
```

需要注意的是,无论是在进程敏感信号列表中,还是用WAIT中对时钟边沿说明时,一定要说明是上升沿还是下降沿。当时钟作为进程的敏感信号表时,在敏感信号表中不能同时出现多个时钟信号,其他信号可以和敏感信号并列放在敏感信号表中。采用WAIT时,由于其是进程的同步点,它要么放在进程的最前面,要么放在进程的最后面。

3.4.2 时序电路的复位信号(RESET)

时序电路的初态是由复位信号来触发而设置的,所以复位是时序电路中的基本动作。

1. 同步复位方法

时序电路的同步复位是指当电路的复位信号有效,并且时钟信号的边沿到来时,时序电路才进行复位。在VHDL中描述时序电路的同步复位时,把时钟信号作为进程的敏感信号,用于监测时钟的边沿,同时采用IF语句判断复位信号,或者使用隐式表达,使用WAIT来实现。

```
--显式同步复位
LIBRARY IEEE;
USE IEEE.STD_LOGIC_1164.ALL;
ENTITY clock_inst IS
    ……
END ENTITY clock_inst;
    ……
my_explicit: PROCESS(clk)                     -- 显式表示
BEGIN
    IF ( clk ='1') THEN
IF(同步复位条件) THEN
……                                            -- 复位程序
        ELSE
……                                            -- 其他处理语句
        END IF;
    END IF;
END PROCESS my_explicit;

--隐式同步复位
my_implicit: PROCESS
BEGIN
    WAIT ON ( clk) UNTIL (同步复位条件);       -- 隐式表示
IF(同步复位条件) THEN
……                                            -- 复位程序
```

```
        ELSE
……                                           -- 其他处理语句
      END IF;
END PROCESS my_implicit;
```

2. 异步复位方法

异步复位时,只要复位信号到达电路就立即进行复位操作,不管此时时钟信号的情况。在 VHDL 程序中时序电路的异步复位描述和同步复位不同,首先在进程的敏感信号表中必须同时包含时钟信号和复位信号,其次是采用 IF 语句描述复位的条件,然后采用 ELSIF 子句描述时钟信号的边沿条件。

异步复位同样也分为显式和隐式复位方法。

```
--显式异步复位方式
LIBRARY IEEE;
USE IEEE.STD_LOGIC_1164.ALL;
ENTITY clock_inst IS
    ……
END ENTITY clock_inst;
  ……
my_explicit: PROCESS(clk, rst)              -- 显式表示
BEGIN
 IF (rst='1') THEN                          -- 有的电路是 rst='0'
……                                          -- 复位程序
      ELSIF（时钟边沿条件）THEN
……                                          --复位条件不成立时执行时序电路
                                              的正常行为
      ELSE
……
END IF;
END PROCESS my_explicit;


--隐式异步复位方法
my_implicit: PROCESS
BEGIN
      WAIT ON (clk, rst) UNTIL（时钟边沿条件）;  -- 隐式表示
 IF (rst='1') THEN                          -- 有的电路是 rst='0'
……                                          -- 复位程序
      ELSIF（时钟边沿条件）THEN
……                                          -- 复位条件不成立时执行时序电路
                                              的正常行为
      ELSE
```

……
END IF;
END PROCESS my_implicit;

3.4.3 触发器及移位寄存器

在数字电路中,能够存储一位信号的基本单元电路就被称为触发器,它是构成时序电路的基本单位。触发器具有两个互补的输出端,其输出状态不仅和输入信号有关,而且还和原来的输出状态有关。

触发器的分类方式有很多种。按功能分,可以分为 RS 触发器、JK 触发器、D 触发器和 T 触发器。按触发方式分,可以分为基本触发器、同步触发器、主从触发器、边沿触发器。触发器的功能描述包括功能表、特性方程、状态图和时序图等。

1. D 触发器

D 触发器是最常用的触发器,其他的时序电路(包括其他触发器)都可以由 D 触发器外加一部分组合逻辑电路转换而来。在时钟信号的作用下按表 3.2 变化($Q^{n+1}=D$)。

表 3.2 D 触发器真值表

输入 D	初态 Q^n	次态 Q^{n+1}
0	0	0
0	1	0
1	0	1
1	1	1

上升沿触发的 D 触发器是指 D 触发器在时钟信号的上升沿的作用下输出,例 3.8 对比了无复位的 D 触发器和同步复位、异步复位的 D 触发器。

【例 3.8】 D 触发器
```
LIBRARY IEEE;
USE IEEE.STD_LOGIC_1164.ALL;
ENTITY my_dff IS
PORT(
    clk: IN STD_LOGIC;
    d: IN STD_LOGIC;
    rst: IN STD_LOGIC;              -- 复位信号
    q1: OUT STD_LOGIC;              -- 上升沿触发输出
    q2: OUT STD_LOGIC;              -- 带同步复位上升沿触发输出
    q3: OUT STD_LOGIC               -- 带异步复位上升沿触发输出
);
END ENTITY my_dff;
ARCHITECTURE bv OF my_dff IS
BEGIN
    -- ================
    --上升沿触发
```

```vhdl
    -- ================
nothing: PROCESS (clk)
    BEGIN
        IF(clk='1' AND clk'EVENT) THEN         -- 时钟上升沿
            q1<=d;
        END IF;
    END PROCESS nothing;
    -- =======================
    --带同步复位上升沿触发
    -- =======================
syn_rst: PROCESS (clk)
    BEGIN
        IF(clk='1' AND clk'EVENT) THEN         -- 时钟上升沿
            IF(rst='1') THEN q2<='0';          -- 满足复位条件
            ELSE q2<=d;
            END IF;
        END IF;
    END PROCESS syn_rst;
    -- =======================
    --带异步复位上升沿触发
    -- =======================
asyn_rst: PROCESS (clk,rst)
    BEGIN
        IF(rst='1') THEN q3<='0';              -- 满足复位条件
        ELSIF(clk='1' AND clk'EVENT) THEN      -- 时钟上升沿
            q3<=d;
        END IF;
    END PROCESS asyn_rst;
END ARCHITECTURE bv;
```

该程序描述了 3 种 D 触发器。第一种 D 触发器为上升沿触发，没有复位信号输入。第二种为同步复位的上升沿触发，在时钟上升沿到来时判断复位信号是否有效，从而决定是否进行复位操作。第三种是异步复位的 D 触发器，仍旧是时钟沿触发，但是复位信号不受时钟限制，当复位信号有效时，即进行复位操作，无需等待时钟上升沿到来。从图 3.19 的仿真波形可以看出这三者的区别，其中 $q1,q2,q3$ 分别对应其输出信号。图 3.20 是该程序功能的 RTL 视图。

通过波形仿真结果以及 RTL 视图可以看到，异步复位的 D 触发器比无复位的 D 触发器多了一个异步复位输入端。不论当前的时钟信号如何，只要异步复位输入 rst 有效，则触发器的输出被强置为 0，所以有时也称异步清零端。异步复位输入端又分为高电平和低电平有效，例 3.8 中的异步复位是高电平有效的。同步复位的 D 触发器与异步复位的 D 触发器

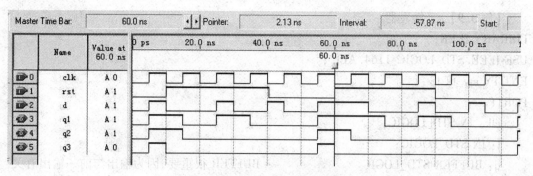

图3.19　3种D触发器的仿真波形对比

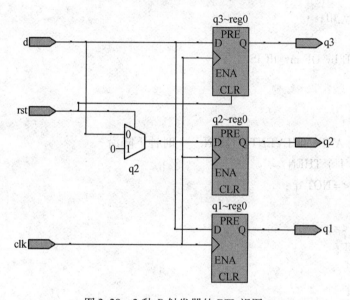

图3.20　3种D触发器的RTL视图

相比较,当复位信号有效以后,必须是在有效的时钟边沿到来时才能够进行复位动作。

2. T触发器

T触发器也是常用的一种触发器。当 $T=1$ 时,每来一个时钟信号,它的输出就翻转一次,当 $T=0$ 时,每来一个时钟信号,它的输出保持不变。T触发器的真值表见表3.3,例3.9为T触发器的VHDL程序。

表3.3　T触发器真值表

输入 T	初态 Q^n	次态 Q^{n+1}
0	0	0
0	1	1
1	0	1
1	1	0

【例3.9】 T 触发器
```
LIBRARY IEEE;
USE IEEE.STD_LOGIC_1164.ALL ;
ENTITY my_tff IS
PORT(
    clk: IN STD_LOGIC;
    t: IN STD_LOGIC;
    q: BUFFER STD_LOGIC         -- BUFFER 很重要,因为输出与前一输出有关
    );
END ENTITY my_tff;

ARCHITECTURE bv OF my_tff IS
BEGIN
PROCESS(clk)
BEGIN
    IF(clk = '0' AND clk'EVENT) THEN   --时钟下降沿
        IF(t = '1') THEN
            q<= NOT q ;
        ELSE
            q<= q;
        END IF;
    END IF;
END PROCESS;
END ARCHITECTURE bv;
```

从图 3.21 中可以看到,当 T 触发器的输入 $t=1$ 时,每当一个有效时钟下降沿到来则输出翻转一次,而当 $t=0$ 时,则保持不变。图 3.22 是该 T 触发器的 RTL 视图。

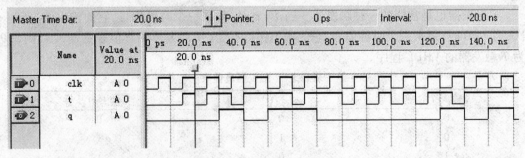

图 3.21 T 触发器仿真波形

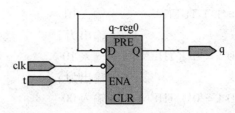

图 3.22　T 触发器的 RTL 视图

3. JK 触发器

JK 触发器也是数字逻辑电路中常见的一种触发器,其真值表见表 3.4。凡是符合该逻辑特性的电路就称为 JK 触发器。可以看出,当控制信号 J=K=0 时,每当到来一个有效时钟沿时,JK 触发器的输出状态不变。而当控制信号 J=0 且 K=1 时,每到来一个有效时钟信号,则 JK 触发器清零;当 J=1 且 K=0 时,JK 触发器状态置为 1;当 J=K=1 时,每一个有效时钟沿输出状态翻转,至此,可以看到当 J,K 输入不一样时,其输出状态与输入控制信号 J 保持一致。

表 3.4　JK 触发器真值表

输入 J	输入 K	初态 Q^n	次态 Q^{n+1}
0	0	0	0
0	0	1	0
0	1	0	0
0	1	1	0
1	0	0	1
1	0	1	1
1	1	0	1
1	1	1	0

【例 3.10】　JK 触发器

```
LIBRARY IEEE;
USE IEEE.STD_LOGIC_1164.ALL ;
ENTITY my_jkff IS
PORT(
    clk: IN STD_LOGIC;
    j,k: IN STD_LOGIC;                -- J,K 输入
    q: BUFFER STD_LOGIC               -- BUFFER 很重要,因为输出与前一输出有关
    );
END ENTITY my_jkff;

ARCHITECTURE bv OF my_jkff IS
BEGIN
PROCESS（clk）
BEGIN
    IF(clk='0' AND clk'EVENT) THEN    -- 时钟下降沿到来
```

```
        IF(j='0' AND k='1') THEN        -- 输入 01
            q<='0';                      -- 输出为 j
        ELSIF(j='1' AND k='0') THEN      -- 输入 10
            q<='1';                      -- 输出为 j
        ELSIF(j='1' AND k='0') THEN      -- 输入 00
            q<=q;                        -- 输出不变
        ELSE                             -- 输入 11
            q<=NOT q;                    -- 输出翻转
        END IF;
    END IF;
END PROCESS;
END ARCHITECTURE bv;
```

结合 JK 触发器的真值表,根据图 3.23 的波形仿真结果以及图 3.24 的 RTL 视图可以看到,JK 触发器的特性方程为 $Q^{n+1}=J\overline{Q^n}+\overline{K}\cdot Q^n$。当 JK 触发器的两个输入控制信号连接在一起时,就构成了 T 触发器。

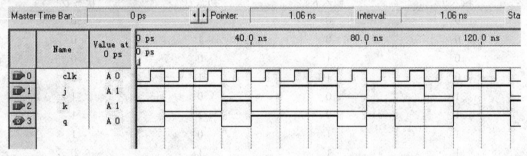

图 3.23 JK 触发器仿真波形

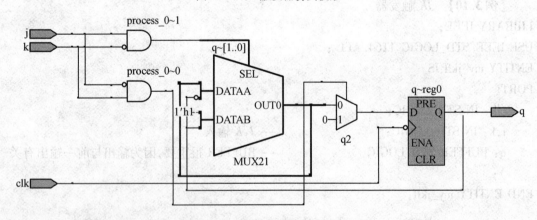

图 3.24 JK 触发器的 RTL 视图

4. 移位寄存器

在计算机中常要求寄存器有移位功能,因此,移位寄存器的设计是必要的。由于一个触发器只能存储一位二进制码,所以存储 n 位二进制码需要 n 个触发器。对于构成寄存器的触发器,只要它们具有置 1 和置 0 功能即可。

每当系统时钟上升沿到来时,计数器就加计数一位(可任意设置为 N 位)。当计数值到达预定值时就对分频时钟翻转。这样就会得到一个连续的时钟脉冲。当移位信号到来时,移位寄存器就对存储的二进制进行移位操作。其中,移位寄存的移位方式可自行设置(可左移、右移、移动一位或移动多位)。

【例3.11】 八位并入-串出移位寄存器

```
LIBRARY IEEE;
USE IEEE.STD_LOGIC_1164.ALL;
ENTITY para4_seq IS
PORT(
        clk,en: IN STD_LOGIC;                           -- en 使能载入并入数据
        din: IN STD_LOGIC_VECTOR(7 DOWNTO 0);           -- 输入数据
        q: OUT STD_LOGIC                                -- 串行输出
        );
END para4_seq;
ARCHITECTURE bv OF para4_seq IS
    SIGNAL reg8 : STD_LOGIC_VECTOR (7 DOWNTO 0);
BEGIN
    PROCESS (clk,en)
    BEGIN
        IF en='1' THEN                                  -- 载入数据
            reg8<=din;
            q<='Z';                                     -- 无效输出
        ELSIF clk'EVENT AND clk ='1' THEN
            FOR i IN  1 TO 7 LOOP
                reg8(i)<=reg8(i-1);                     -- 移位输出
            ENDLOOP;
            q<=reg8(7);
        END IF;
    END PROCESS;
END bv;
```

从图 3.25 结合程序描述可以看到,在载入数据信号为高期间,输出为高阻态 Z。当载入数据信号变为低时,在时钟上升沿的触发下,不断将并行载入的数据一次按位输出,图 3.26 是八位并入-串出移位寄存器的 RTL 视图。

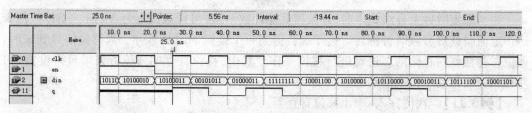

图 3.25　八位并入-串出移位寄存器仿真波形

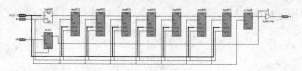

图 3.26　八位并入-串出移位寄存器的 RTL 视图

3.5　VHDL 子程序

子程序是一个 VHDL 程序模块,这个模块使用顺序语句来定义和完成算法,由一组顺序语句组成,为了在程序中重复使用而设立。子程序不是一个独立的编译单位,只能放置在实体或者程序包中,在结构体中定义的子程序对于该结构体来说是局部的,即不能被其他设计层次的结构体调用。如果要在其他结构体中调用同一个子程序,就需要把子程序定义到程序包中。

子程序只能使用顺序语句这一点与进程十分相似,除了使用目的不同,还有一点所不同的是,子程序不能够像进程那样,从本结构体的其他块或进程结构中直接读取信号值,或者向信号赋值,而只能通过子程序接口来实现此功能。此外,VHDL 子程序与其他编程语言程序中子程序的应用目的是相似的,即能更有效地完成重复性的计算工作。子程序的使用方式只能通过子程序调用及与子程序的界面端口进行通信。子程序的应用与元件例化元件调用是不同的,如果在一个设计实体或另一个子程序中调用子程序,并不像元件例化那样会产生一个新的设计层次。

子程序可以在 VHDL 程序的 3 个不同位置进行定义,即在程序包、结构体和进程中定义,但由于只有在程序包中定义的子程序可被几个不同的设计所调用,所以一般应该将子程序放在程序包中。

VHDL 子程序具有可重载性的特点,即允许有许多重名的子程序,但这些子程序的参数类型及返回值数据类型是不同的。子程序的可重载性是一个非常有用的特性。VHDL 中的子程序有两种类型,即过程(PROCEDURE)和函数(FUNCTION)。

(1) PROCEDURE。通过其接口返回零个或多个值,有输入参数、输出参数和双向参数,一般被看作一种语句结构,常在结构体或进程中以分散的形式存在,可以单独存在,其行为类似于进程。

(2) FUNCTION。直接返回单个值,所有参数都是输入参数,通常是表达式的一部分,常在赋值语句或表达式中使用,通常作为语句的一部分被调用。

在实际应用中必须注意,综合后的子程序将映射于目标芯片中的一个相应的电路模块,且每一次调用都将在硬件结构中产生对应于具有相同结构的不同的模块,这一点与在普通的软件中调用子程序有很大的不同。在 PC 机或单片机软件程序执行,以及包括 VHDL 的行为仿真中,无论对程序中的子程序调用多少次都不会发生计算机资源(如存储资源)不够用的情况。但在 VHDL 语句的综合中,每调用一次子程序都意味着增加了一个硬件电路模块,因此,在实际应用中要密切关注和严格控制子程序的被调用次数。

子程序包含子程序声明和子程序主体两部分。在程序包中声明子程序时,子程序声明必须要在程序包的声明中,子程序主体必须要在程序包体中。每次调用子程序时,都要首先对其进行初始化,即一次执行结束后再调用需要再次初始化,即子程序内部的值是不能保持的。

3.5.1 函数(FUNCTION)

一个函数就是一段顺序描述的代码。对于一些经常遇到的具有共性的设计问题,如数据类型转换、算术运算等,希望将其功能实现的代码被共享和重用,使主代码简洁并易于理解。由于在每次调用函数时,都要首先对其进行初始化,即一次执行结束后再调用该函数需再次初始化,即函数内部的值是不能保持的,因此在函数中,禁止对信号进行声明和元件的实例化。函数的使用过程可以总结为,先创建函数,再调用函数。

FUNCTION 函数名(参数列表) RETURN 数据类型 IS
　　[声明]
BEGIN
　　(顺序描述代码)
END 函数名;

参数列表指明函数的输入参数。输入参数的个数是任意的,也可以没有参数。输入参数的类型要求变量不能作为参数,可以是常量和信号,语法如下:
[CONSTANT] 常量名:常量类型;
SIGNAL 信号名:信号类型;

在 VHDL 语言中,函数语句只能计算数值,不能改变其参数的值,所以其参数的模式只能是 IN,通常可以省略不写。函数的输入值由调用者拷贝到输入参数中,如果没有特别指定,在函数语句中按常数或信号处理。因此,输入参数不能为变量类型。另外,由于函数的输入值由调用者拷贝到输入参数中,因此输入参数不能指定取值范围。

函数的输出使用 RETURN 语句,语法结构如下:
RETURN [表达式];

RETURN 语句只能用于子程序(函数或过程)中,并用来终止一个子程序的执行。当它用于函数时,必须返回一个值。返回值的类型由 RETURN 后面的数据类型指定。例 3.12 展示了将函数定义在主程序中的语法,其功能是完成比较输入两个数的大小,较大数编码为 1,较小数编码为 0,相等时也编码为 0。

【例 3.12】 0,1 编码器
LIBRARY IEEE;
USE IEEE.STD_LOGIC_1164.ALL;
USE IEEE.STD_LOGIC_ARITH.ALL;
USE IEEE.STD_LOGIC_UNSIGNED.ALL;

```vhdl
ENTITY set_to10 IS
    PORT(a,b:IN STD_LOGIC_VECTOR(7 DOWNTO 0);
         qa,qb:OUT STD_LOGIC);
END ENTITY set_to10;

ARCHITECTURE func OF set_to10 IS
    -- ======函数功能描述==========
    --将输入的a,b取平均值
    --然后比较其大小
    --大于平均值则为1
    --否则为0
    FUNCTION func_set2_01 (x,y:IN INTEGER RANGE 0 TO 255)
        RETURN STD_LOGIC_VECTOR IS
            VARIABLE aver:INTEGER RANGE 0 TO 255;
            VARIABLE my_out:STD_LOGIC_VECTOR(1 DOWNTO 0);
        BEGIN
            aver := (x+y)/2;
            IF x>aver THEN my_out(0):='1';
            ELSE my_out(0):='0';
            END IF;
            IF y>aver THEN my_out(1):='1';
            ELSE my_out(1):='0';
            END IF;
            RETURN my_out;
    END FUNCTION func_set2_01;
BEGIN
    PROCESS(a,b)
    VARIABLE get01:STD_LOGIC_VECTOR(1 DOWNTO 0);
    BEGIN
        get01:=func_set2_01(CONV_INTEGER(a),CONV_INTEGER(b));
        qa<=get01(0);          --输出0,1
        qb<=get01(1);
    END PROCESS;
END ARCHITECTURE func;
```

该例的仿真波形以及RTL视图分别如图3.27和图3.28所示,其中,a,b是输入,qa,qb是输出。可以看到,当a大于b时,对应的编码(即qa,qb)为1,0,当a小于等于b时,则输出qa,qb分别为0,1。

在主代码中定义的函数,可以出现在ENTITY中,也可以出现在ARCHITECTURE中(如

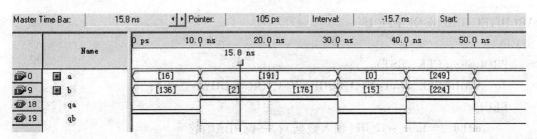

图 3.27　0,1 编码器仿真波形图

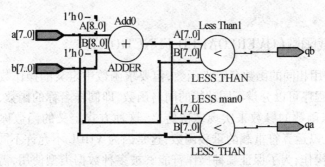

图 3.28　0,1 编码器 RTL 视图

例 3.4 所示）。在包中定义函数，可以方便地被其他设计所重用和共享，此时，函数需要在 PACKAGE 中声明，在 PACKAGE BODY 中定义。在例 3.4 基础上可以这样修改。

```
LIBRARY IEEE;
USE IEEE.STD_LOGIC_1164.ALL;
……
-- =========在包中定义函数=========
PACKAGE my_package IS
    FUNCTION func_set2_01 (x,y:IN INTEGER RANGE 0 TO 255)
        RETURN STD_LOGIC_VECTOR;            -- 先声明
END my_package;
PACKAGE BODY my_package IS
    FUNCTION func_set2_01 (x,y:IN INTEGER RANGE 0 TO 255)
        RETURN STD_LOGIC_VECTOR IS          -- 再定义
        ……
    END FUNCTION func_set2_01;
END my_package;
```

而当要在其他地方调用该函数时，可以采用如下格式来实现：

```
LIBRARY IEEE;
USE IEEE.STD_LOGIC_1164.ALL;
USE WORK.my_package.ALL;       --声明使用自定义包,其中包含自定义的函数
ENTITY another_entity IS
    ……
END another_entity;
```

```
ARCHITECTUREbv OF DFF IS
BEGIN
    PROCESS (CLK, RST)
        VARIABLE mOut：STD_LOGIC_VECTOR(1 DOWNTO 0);
    BEGIN
        mOut :＝ func_set2_01(输入数据); --调用该函数
    END PROCESS;
ENDbv;
```

3.5.2　重载函数(OVERLOADED FUNCTION)

VHDL允许使用相同的函数名定义函数,但要求函数中定义的操作数具有不同的数据类型,以便调用时程序可以分辨不同功能的同名函数,即同样名称的函数,可以通过用不同的数据类型作为该函数的参数来实现多次定义,这种方式定义的函数称为重载函数。而VHDL还可以定义以运算符重载的重载函数,这是因为VHDL不允许不同数据类型的操作数之间直接运算、操作,为了保证某种操作符能够被多种数据类型使用,需要用到重载函数来重载针对不同数据类型的操作符。

【例3.13】　重载函数示例

```
-- ==============================
-- my_package.vhd,定义重载函数
-- ==============================
LIBRARY IEEE;
USE IEEE.STD_LOGIC_1164.ALL;
PACKAGE my_package IS                   --在包中定义该重载函数
    FUNCTION get_max(a,b: IN STD_LOGIC_VECTOR) --声明函数
        RETURN STD_LOGIC_VECTOR;        --输入、输出为STD_LOGIC_VECTOR类型

    FUNCTION get_max(a,b: IN BIT_VECTOR)--声明函数
        RETURN BIT_VECTOR;

    FUNCTION get_max(a,b: IN INTEGER)   -- 声明函数
        RETURN INTEGER;
END my_package;
PACKAGE BODY my_package IS
    FUNCTION get_max(a,b: IN STD_LOGIC_VECTOR)  --定义函数
        RETURN STD_LOGIC_VECTOR IS
    BEGIN
        IF a > b THEN RETURN a;
        ELSE RETURN b;
        END IF;
```

```
        END FUNCTION get_max;                    -- FUNCTION 结束语句

    FUNCTION get_max(a,b: IN INTEGER)            -- 定义函数
        RETURN INTEGER IS
    BEGIN
        IF a > b THEN RETURN a;
        ELSE RETURN b;
        END IF;
    END FUNCTION get_max;                        -- FUNCTION 结束语句
    FUNCTION get_max(a,b: IN BIT_VECTOR)         -- 定义函数
        RETURN BIT_VECTOR IS
    BEGIN
        IF a > b THEN RETURN a;
        ELSE RETURN b;
        END IF;
    END FUNCTION get_max;                        -- FUNCTION 结束语句
END my_package;                                  -- PACKAGE BODY 结束语句
-- =======================================
-- max_test.vhd,测试上面定义的重载函数 get_max
-- =======================================
LIBRARY IEEE;
USE IEEE.STD_LOGIC_1164.ALL;
USE WORK.my_package.ALL;
ENTITY max_test IS
    PORT(
        in1,in2:IN STD_LOGIC_VECTOR(3 DOWNTO 0);
        in3,in4:IN BIT_VECTOR(4 DOWNTO 0);
        in5,in6:ININTEGER RANGE 0 TO 15;
        out1:OUT STD_LOGIC_VECTOR(3 DOWNTO 0);
        out2:OUT BIT_VECTOR(4 DOWNTO 0);
        out3:OUT INTEGER RANGE 0 TO 15);
END ENTITY max_test;
ARCHITECTURE bv OF max_test IS
BEGIN
    out1 <= get_max(in1,in2); --调用函数 get_max(a,b: IN STD_LOGIC_VECTOR)
    out2 <= get_max(in3,in4); --调用函数 get_max(a,b: IN BIT_VECTOR)
    out3 <= get_max(in5,in6); --调用函数 get_max(a,b: IN INTEGER)
END ARCHITECTURE bv;
```

上述程序定义了 3 种输入数据类型的 get_max 重载函数,一种是 STD_LOGIC_VECTOR

类型(输入 in1 和 in2,输出 out1),一种是 BIT_VECTOR 类型(输入 in3 和 in4,输出 out2),还有一种是 INTEGER 类型(输入 in5 和 in6,输出 out3)。通过编译仿真,根据波形图以及 RTL 视图可以看到,不同的输入数据类型会调用相应类型的重载函数,从而达到了对基本的数据类型都可以进行 get_max 的操作(图 3.29,3.30)。

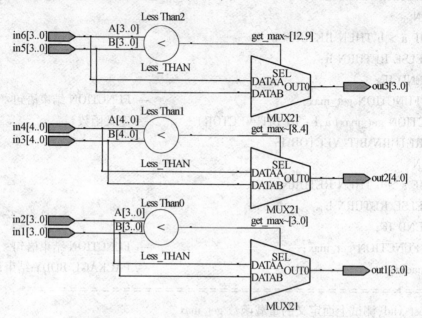

图 3.29 重载函数 RTL 视图

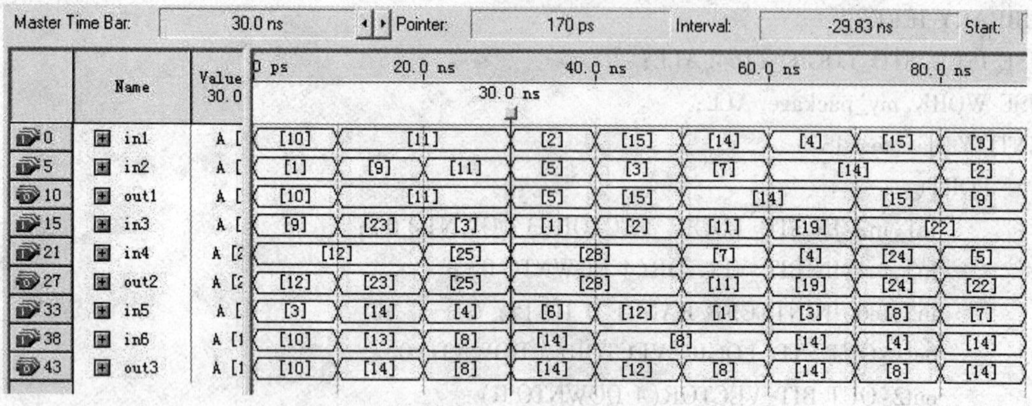

图 3.30 重载函数仿真波形图

3.5.3 过程(PROCEDURE)

过程与函数的使用目的相似,也是希望将其功能实现的代码被共享和重用,使主代码简洁并易于理解。过程通常用来定义一个算法,而函数用来产生一个具有特定意义的值。过程与函数的主要差别就是过程可以有多个返回值。过程的使用过程:先定义过程,再调用过程。

PROCEDURE 过程名 [参数列表];　　　　　-- 过程声明
PROCEDURE 过程名 [参数列表] IS　　　　　-- 过程定义

BEGIN
　　（顺序描述代码）
END 过程名;

　　如果过程的定义是在主程序（ARCHITECTURE）中进行,则过程的声明可以省略,直接对过程定义、调用即可,而如果在程序包中定义,则声明语句不可省略。
　　参数列表指明过程的输入和输出参数:
　　(1)参数的个数是任意的。
　　(2)参数的模式。输入(IN)、输出(OUT)、双向(INOUT)。输入模式下,默认的参数类型是常量,输出模式和双向模式下,默认的参数类型是变量。
　　(3)参数的类型。变量(VARIABLE)、常量(CONSTANT)和信号(SIGNAL)。
　　参数列表语法格式如下:
-- (IN/OUT/INOUT)参数列表
[CONSTANT] 常量名:模式 类型;
SIGNAL 信号名:模式 类型;
VARIABLE 变量名:模式 类型;

　　与 PROCESS 相同的是,过程(PROCEDURE)结构中的语句也是顺序执行的。调用者在调用过程前应先将初始值传递给过程的输入参数。然后启动过程语句,按顺序自上至下执行过程结构中的语句。执行结束,将输出值拷贝到调用者制定的变量或信号中。过程内部的 WAIT 语句、信号声明和元件调用都是不可综合的。一个可综合的过程内部不能包含或隐含寄存器。
　　过程定义的简单示例如下:
PROCEDURE my_procedure (
　　a: IN BIT;   -- 省略关键字 CONSTANT
　　SIGNAL b, c: IN BIT;
　　SIGNAL x: OUT BIT_VECTOR (7 DOWNTO 0);
　　SIGNAL y: INOUTINTEGER RANGE 0 TO 99) IS
BEGIN
　　……
END my_procedure;

　　如果过程定义在程序包中,则其定义简单示例如下:
PACKAGE ref_pack is   -- 在包头中声明过程
　　PROCEDURE parity (
　　　　SIGNAL x: IN STD_LOGIC_VECTOR;
　　　　SIGNAL y: OUT STD_LOGIC);
END ref_pack;

PACKAGE BODY ref_pack IS   -- 在包体中定义过程
　　PROCEDURE parity (
　　　　SIGNAL x: IN STD_LOGIC_VECTOR;

```
        SIGNAL y: OUT STD_LOGIC) IS
BEGIN
    --过程功能代码
    END parity;
END ref_pack;
```
过程可作为独立的语句被调用,比如下面示例的直接调用和在其他地方调用:
```
-- ======================
--直接进行过程调用
-- ======================
my_procedure(in1, in2, in3, out1, out2);
......
-- ======================
--在其他语句中调用过程
-- ======================
IF (a>b) THEN my_procedure(x1, x2, x3, y1, y2);
......
```

3.5.4 重载过程(OVERLOADED PROCEDURE)

与重载函数类似,重载过程是对于同名过程赋予不同的输入参数来区分彼此,调用过程时具体赋值的参数决定调用哪个同名过程。

重载过程的声明、定义以及调用格式如下所示:
```
--在包头中重载过程的声明、定义
PACKAGE ref_pack IS             -- 在包头中声明过程
    PROCEDURE calculate(        -- 记作同名过程1
        w1,w2: IN REAL;
        SIGNAL out1:INOUT INTEGER);
    PROCEDURE calculate(        -- 记作同名过程2
        w1,w2: IN INTEGER;
        SIGNAL out1: INOUT REAL);
END ref_pack;
PACKAGE BODY ref_pack IS        -- 在包体中定义过程
    PROCEDURE calculate (
        w1,w2: IN REAL;
        SIGNAL out1:INOUT INTEGER) IS
    BEGIN
        -- 过程具体功能描述
    END calculate;
    PROCEDURE calculate (
        w1,w2: IN INTEGER;
```

```
            SIGNAL out1: INOUT REAL) IS
       BEGIN
            -- 过程具体功能描述
       END calculate;
END ref_pack;
```

--调用该过程

```
USE WORK.ref_pack.ALL;
……
calculate(23.76, 1.632, sign1);     -- 调用同名过程1
calculate(23, 826, sign2);          -- 调用同名过程2
```

上面的示例中,过程 calculate 有两种不同的参数定义方法(REAL 和 INTEGER),所以调用时,当输入参数是 REAL 时,会调用 calculate(w1,w2: IN REAL;SIGNAL out1: INOUT REAL),而当输入参数是 INTEGER 时,会调用 calculate(w1,w2: IN INTEGER;SIGNAL out1: INOUT INTEGER),这样就通过参数区分开了同名过程,实现了重载过程。

第 4 章

VHDL 基础

本章将详细介绍 VHDL 的基础知识,包括语言要素和基本的仿真。与其他的计算机编程语言类似,构成编程 VHDL 语句的基本单元就语言要素;由于 VHDL 是硬件描述语言,因此又有它自己的独特性,也就是描述的对象存在时延。准确理解 VHDL 语言要素的含义及用法,清楚地了解设计的时延及仿真现象,是完成 VHDL 程序设计的重要基础。

4.1 VHDL 文字规则

VHDL 的文字主要包括数值和标识符,数值型文字所描述的值主要有数字型、字符串型等。

4.1.1 数字型文字

数字型文字有以下几种表示方式:
(1) 实数文字。实数文字也都是十进制的数,但必须带有小数点,例如:
   12.22, 23_34.456(=2334.456), 78.9E-2(0.789), 0.0
(2) 整数文字。整数文字都是 10 进制表示的数,例如:
   4, 3, 7, 156E2(=15600), 12_45_75(=124575)
其中数字之间的下划线仅仅是为了提高文字的可读性,没有任何逻辑运算意义,相当于一个空的间隔符,不影响文字本身的数值。
(3) 利用数制基数表示的文字。这种表示方法包含以下 4 个组成部分。第一部分,用十进制数表示的进制基数;第二部分,数制隔离符号"#";第三部分,表达的文字;第四部分,用十进制表示的指数部分,如果指数为 0,则可以省去该部分。例如:
…
SIGNAL D1,D2,D3,D4,D5 :INTEGER RANGE 0 TO 255;
  D1 <= 2#11_01#; --(二进制表示,对应的十进制数为 13)
  D2 <= 8#345#;   --(八进制表示,对应的十进制数为 229)
  D3 <= 10#110#;   --(十进制表示,对应的十进制数为 110)
  D4 <= 16#AF#;   --(十六进制表示,对应的十进制数为 175)
  D5 <= 16#F#E1;   --(十六进制表示,对应的十进制数为 150)
…
(4) 物理量文字(但是不能被 VHDL 综合器所接受)。例如:

11 m(11 米), 59 s(59 秒), 23 A(23 安培)

4.1.2 字符串型文字

在介绍字符串之前,需要首先介绍字符。字符是用单引号引起来的 ASCII 字符,既可以是数值,也可以是符号或字母,例如:

'X', 'y', 'a', '*', 'U', '-', 'L',…

字符型文字可以用来定义一个新的数据类型:
TYPE STD_XLOGIC IS ('X','y','a','*','U')

字符串则是一维的字符数组,需要放在双引号中。字符串有两种:一种是数字字符串,另一种是文字字符串。

(1)数字字符串。数字字符串也称为位矢量,其中的任何一位是预定义的数据类型中的一个比特。数字字符串所代表的位矢量的长度即为等值的二进制数的位数。数字字符串的表示首先要有计算的基,然后将用该基数表示的值放在双引号中。基数分别以"B""O""X"表示,并放在字符串的前面,它们的含义分别是:

B:二进制基数符号,表示二进制 0 或 1,在数字字符串中的每一位表示一个比特。

O:八进制基数符号,在数字字符串中的每一个数表示一个八进制,每一位即代表一个 3 位的二进制数。

X:十六进制基数符号,在数字字符串中的每一位表示一个十六进制,每一位代表一个 4 位的二进制数。例如:

Data1 <= B"11_00";   --二进制数组,矢量长度为 4
Data2 <= O"12";   --八进制数组,矢量长度为 6
Data3 <= X"FFE";   --十六进制数组,矢量长度为 12

(2)文字字符串是写在双引号中的一串文字,例如:

"The Result is :", "End of Reading Input File!", "Error", "Wait"

4.1.3 标识符

标识符是用于给常量、变量、信号、端口、子程序或参数命名的文字,在 VHDL 中标识符要遵循以下规则:

① 标识符中的文字只能包含 0~9,"_"以及大小写英文字母 A~Z,a~z。

② 标识符只能以英语字母开头,且不区分大小写。

③ 如果标识符中含有下划线,则相邻下划线间一定要有数字或者字母,并且标识符的末尾不能是下划线。

④ 系统的保留字不能作为标识符。

符合规定的标识符,例如:

Add_1,Result,Temp1,Wait_500ns,Clk_main

非法的标识符,例如:

_Add1   --不能以下划线为起始字符
2Result   --不能以数字开头
Temp#1   --不能包含#符号

Wait_ _1   --相邻下划线之间不能没有数字或者字母
Signal   --关键字,VHDL语言中的保留符号

VHDL'93 标准还支持扩展标识符。扩展标识符以反斜杠来定义,可以用数字开始,包含回车符、换行符、空格等。同一个标识符中可以含有多个下划线相邻,并且区分英文字母的大小写。例如:

\A__B\,   \74LS138\,   \A#B\

但是目前很多 VHDL 工具均不支持扩展标识符。

4.1.4 下标名

下标名用于指示信号变量或者数组型变量中的某一位,下标段名则用于指示数组型变量或者信号的某一段。一般来说,下标名有如下的格式:
标识符(下标名)

其中标识符必须是信号或者数组型的变量名,下标名必须是数组下标范围中的一个值,通过该值能对应到标识符所代表的信号或者变量的一个元素。如果下标名是一个可计算的值,则此操作很容易被编译软件所综合,否则只有在特殊的场合才能被综合,且耗费资源巨大。例如:

SIGNAL Temp1,Temp2 : STD_LOGIC_VECTOR(7 DOWNTO 0);
SIGNAL X:INTEGER RANGE 0 TO 7;
SIGNAL A,B:BIT;
A <= Temp(X);   -- 不可计算型
B <= Temp(4);   -- 可计算型

4.1.5 下标段名

下标段名是多个下标的组合,段名将对应数组中某一段的元素。段名的表达形式如下:
标识符(下标名 方向 下标名)

在这里的标识符必须是数组类型的变量名或者信号名,每一个下标名的数值必须在数组元素下标的范围之内,且必须是可计算的(数值确定的数)。方向用 DOWNTO,TO 来表示,其中 DOWNTO 表示从高到低(7 DOWNTO 0),TO 表示从低到高(0 TO 7)。所以在进行操作时,段名的方向必须与原来的数组一致。例如:

SIGNAL Data1,Data2: STD_LOGIC_VECTOR(7 DOWNTO 0);
SIGNAL Temp1: STD_LOGIC_VECTOR(4 DOWNTO 0);
SIGNAL Temp2: STD_LOGIC_VECTOR(0 TO 3);
SIGNAL Temp3: STD_LOGIC_VECTOR(0 TO 4);
SIGNAL Y:STD_LOGIC;
Temp2 <= Temp3(0 to 3);   -- 将 Temp3 的低 4 位赋值给 Temp2
Temp1 <= Data1(4 DOWNTO 0);   -- 将 Data1 的低 5 位赋值给 Temp1
Data2 <= Data1;   -- 将 Data1 赋值给 Data2
Y <= Data1(1);   -- 将 Data1 的第 2 位赋值给 Y
Temp3(2) <= Y;   -- 将 Y 赋值给 Temp3 的第 3 位

```
Temp2 <= "1111";            -- 将 1111 赋值给 Temp2
Temp3 <= Temp2;             -- 错误,两个信号的长度不等
```

4.1.6　VHDL 保留字

保留字也称为关键字,是在语言中具有特别含义的单词,在语言中不能作为其他的用途来使用,只能按标准中规定的含义来使用。有 97 个保留字和 33 个增补保留字,分别列于表 4.1 和表 4.2。

表 4.1　VHDL 的 97 个保留字

ABS --取绝对值	ACCESS--存取	AFTER--在……之后	ALLAS --替换名
ARCHITECTURE--结构体	ALL --所有	AND --与	ARRAY --数组
ATTRIBUTE --属性	ASSERT --断言	BEGIN --开始	BLOCK --块
BODY--包体	BUFFER--缓冲	BUS --总线	CONSTANT--常量
CONFIGURATION--配置	COMPONENT--元件	CASE--CASE 循环语句	DISCONNECT--断开
DOWNTO--降序排列	ELSE --否则	ELSIF --否则如果	END --结束
ENTITY --实体	EXIT --退出	FOR --FOR 循环语句	FUNCTION --函数
FILE--文件	GENERIC --类属	GROUP --组	GENERATE --生成
GUARDED --卫士语句	IMPURE --不规范的	IS --是	IN --输入
INERTIAL --固有	INOUT --输入输出	IF --如果	LIBRARY --库
LINKAGE--输入输出不确定	LITERAL --文字	LOOP --循环	LABEL --标签
MOD --模	MAP --映射	NEW --新	NEXT --跳出本次循环
NOR --或非	NOT --非	NULL --空操作符	NAND --与非
ON --信号等待	OPEN --打开	OR --或	OTHERS --其他
OUT --输出	OF --属于	PORT --端口	PROCESS --进程
POSTPONED --延迟输出	PROCEDURE--过程	PURE --纯的	PACKAGE --包
RECORD --记录	REJECT--指定脉宽	REGISTER--寄存	REM --取余
ROL--逻辑循环左移	RETURN --返回	REPORT --报告	RANGE --范围
ROR --逻辑循环右移	SEVERITY --强度	SIGNAL --信号	SHARED --共享
SLA --算术左移	SLL--逻辑左移	SRA --算术右移	SRL--逻辑右移
SUBTYPE --子类	SELECT --选择	TO --升序排列	TYPE --类型
TRANSPORT --传输延迟	THEN --则	UNITS --单位	UNTIL --直到
UNAFFECTED --无变化	USE --使用	VARIABLE--变量	WHEN --当……时
WHILE --当	WITH --随着	WAIT --等待	XOR --异或
XNOR --同或			

表 4.2　VHDL 的 33 个增补保留字

AGGREGATE --总数	ALLOCATOR--分配	BOOLEAN--布尔类型	BIT --位
BIT_VECTOR--位矢量	CONCATENATION--连接	CHARACTER--字符	COMPOSITE --组合
DELAY --延迟	DRIVER --驱动	ENUMERATION--枚举	EVENT --变化
EXPRESSION --表达式	IDENTIFIER--标识符	INTEGER--整数	NAME--名字
OPERATORS--操作符	PHYSICAL --物理	RESUME --重新开始	RESOLUTION--分辨
SUSPEND --暂停	SLICE --切片	SCALAR --标量	STABLE --稳定

续表4.2

STD_LOGIC_VECTOR --标准逻辑位矢量	STD_LOGIC_116 --程序包	STANDARD --程序包	STD_LOGIC --标准逻辑位
STRING --字符串	TestBench --测试台	VECTOR --矢量	VITAL --必需的
WAVEFORM --波形			

4.2 VHDL数据对象

数据对象是一个可以被赋值的客体,主要有3类:常量(Constant)、变量(Variable)、信号(Signal)。其中,变量和常量与其他的计算机语言类似,信号这一数据对象则较为独特。VHDL作为硬件描述语言,数据对象都有相应的物理实际含义,例如信号对应代表物理设计中的某一条连接线,常数对应代表数字电路中恒定电平即电源(VCC)和地(GND),变量的对应关系不太直接,一般表示暂时存在的某些值的载体。另外,信号具有全局特性,但是变量没有,其只能作为局部信息的载体,并且在行为仿真时,信号可以设置传输延时,但是变量却不能。一般而言综合后的VHDL程序中,信号将对应更多的硬件结构,但是需要注意的是,仅仅从行为仿真和语法的角度去理解信号和变量是不完整的,因为在很多的情况下,综合后的信号和变量对应的硬件结构是没有区别的。

4.2.1 常数

常数是一个固定的值。所谓常数就是对某一个常数名赋予一个固定值,在程序中不能改变,一般在程序开始设定。常数的定义和设置主要是为了使得设计的实体中的常数阅读和修改方便。例如,编写一个输出占空比可调的矩形波程序,将占空设置为常量,那么每次只要改变这个常量,就能实现不同占空比的信号输出。常数定义的一般格式如下:

CONSTANT 常数名:数据类型:=表达式;

例如:

CONSTANT User_number : INTEGER : = 10;   --整数类型的常数
CONSTANT Threshod : STD_LOGIC_VECTOR : = "1001000100";   --位矢量类型

其中第一句是定义了一个名为user_number的整数型常量,值为10;第二句是定义了一个名为Threshold的位矢量型的常量,值为"1001000100"。在利用常量对其他的信号或变量进行赋值时,要求被赋值的数据类型必须与常量所表示的数据类型一致。

常数允许的设计单元包含实体、结构体、程序包、块、进程和子程序。常数的有效范围和它被定义的范围有关,当常数被定义在结构体的某一个单元时,例如定义在一个进程中时,那么这个常数就只能在该进程中使用;当常数被定义在实体的某一结构体中时,则在整个结构体中均能使用;如果常数被定义在设计的实体中,则该实体所包含的结构体中,该常数的有效范围为所有的结构体;如果常数被定义在程序包中,则在所有调用整个程序包的实体中,该常数均有效。

4.2.2 变量

与其他的计算机语言类似,变量的有效范围和定义的位置有关,而在VHDL语言中,变量只能在进程和子程序内部定义,因此变量不能将信息带出定义它的当前结构外,要想将信息带出,必须将变量赋值给某一信号才可以。变量是一种理想化的数据传输,是立即发生的,没有任何延时,其主要作用是在进程中作为临时的数据存储单元。

在93版中,新增加了一种全局共享的变量(Shared Variable),但是初学者应该慎重使用,因为几个进程的时序不同,产生的结果也会不一样。以后未做特别说明,在本书中使用的变量均是局部变量。

定义一个局部变量的一般格式如下:
VARIABLE 变量名:数据类型 := 初始值;

下面是局部变量的定义方法示例:
VARIABLE Number : INTEGER RANGE 0 TO 255;   --变量 Number 为整型,范围为 0~255
VARIABLE Rec_counter : STD_LOGIC_VECTOR(7 DOWNTO 0) : ="00000000";
--变量 Rec_counter 为标准逻辑矢量类型,初始值为"00000000"

上面的例子分别定义了 Number 为取值范围在 0~255 的整数型变量,Rec_counter 为初始值为"00000000"的标准逻辑矢量类型变量。在定义了变量的进程或子程序中,同一变量的值将随着变量赋值语句前后顺序的运算而改变,这一点和一般的计算机编程语言中的顺序执行操作十分类似。定义变量的时候可以设置初始值,但是初始值的定义不是必需的,并且在实际的 FPGA 中运行时,由于硬件电路上电后的随机性,初始值是无效的,综合器也不支持初始值的设定。

变量的赋值格式如下:
目标变量名 := 表达式;

从上面的表达式可知,变量的赋值符号是":=",赋值语句右边的"表达式"必须与目标变量的数据类型相同。这个表达式可以是一个运算表达式,也可以是一个数值。目标变量获得新的值是立即发生的,并且在仿真时变量也不产生附加延时。因此,下面的表达是不合语法规则的,例如:
…
VARIABLE Temp1,temp2,temp3 : INTEGER RANGE 0 TO 255;
temp1 := temp2 +temp3 AFTER 2ns;
…

变量赋值语句左边的目标变量可以是单值变量,也可以是一个变量的集合。例如位矢量类型的变量:
VARIABLE data1,data2 : INTEGER RANGE 0 TO 255;
VARIABLE code_number, n_counter : STD_LOGIC_VECTOR(7 DOWNTO 0) := "00000000";
data1 := 12;
data2 := data1 + 1;   --将一个运算表达式赋值给 data2
code_num(3 TO 7) := n_coun(2 TO 6);   --将 n_coun 的 2~6 位赋值给 code_num 的 3~7 位

4.2.3 信号

信号是 FPGA 内部硬件连接线的抽象。信号可以作为设计实体中各个模块间信息交流的通道,信号作为一种数值容器,不仅可以容纳当前的信号值,也可以保持其历史值(和语句表达的方式有关)。这一属性与触发器的记忆功能有很好的对应关系,只是不必注明信号上数据流动的方向。信号通常在结构体、程序包、实体中说明,在进程和子程序中不允许定义信号。另外,只能将信号列入敏感表,变量是不能列入敏感表的。由此可见进程只对信号敏感,而对变量不敏感,这是因为只有信号才能将信息在进程之间传递。事实上,信号和端口的唯一区别就是端口说明了方向,而信号则没有方向。信号的定义格式如下:

SIGNAL 信号名:数据类型:=初始值;

例如:

SIGNAL temp3:STD_LOGIC_VECTOR(0 TO 4):="10010";
SIGNAL y:STD_LOGIC:='0';

同样,信号初始值的设置也不是必需的,初始值仅仅在 VHDL 的行为仿真中有效。与信号相比,信号的硬件特性更为明显,它具有全局特性。例如,在程序包中定义的信号,对于所有调用该程序包的设计实体都是可见的。在实体中定义的信号,在该实体中的所有结构体中都是可见的。

在 VHDL 的设计中对信号的赋值格式是:

目标信号名 <= 表达式 AFTER 时间量;

由此可见信号的赋值符号是"<=",这里的表达式可以是一个运算表达式,也可以是数据对象(变量、信号或者常量)。数据信息的传入可以设置延时,如 AFTER 2ns,因此目标信号获得传入的数据并不是立即的。即使是零延时(不做任何显式的延时设置,即等效于 AFTER 0ns),实际上也要经历一个特定的延时,即 δ 延时。因此符号"<="两边的数值并不总是一致的,这和实际器件的传播延时特性是吻合的,因此这与变量的赋值过程有很大差别。

信号的赋值可以出现在一个进程中,也可以直接出现在结构体的并行语句结构中。但是这两种情况运行的含义是不一样的,前者属于顺序信号赋值,后者属于并行信号赋值,其赋值操作是各自独立并行发生的,且不允许对统一目标信号进行多次赋值。在进程中可以允许同一个信号有多个驱动源(赋值源),即在同一进程中可以对一个信号进行多次赋值,其结果是只有最后一个赋值语句被启动,并进行赋值操作。

下面通过一个简单的例子用来说明信号的赋值情况。

SIGNAL Result, D1, D2, D3, D4 : INTEGER ;
…
PROCESS(D1, D2, D3, D4)
BEGIN
　　Result <= D1 +D2;
　　Result <= D2 +D3;
　　Result <= D4;
END PROCESS;

在上例中,D1,D2,D3,D4 被列入进程敏感信号列表,当进程被启动后,信号的赋值自上而下顺序执行,但是最终 Result 的赋值结果为 D4。

在结构体中(包括块中)的并行信号赋值语句的运行是独立于结构体中的其他语句的。也就是说,不允许上例中的同一个信号,有多个驱动源的情况。每当驱动源改变,都会引起并行赋值操作,例如:

ARCHITECTURE rtl OF example IS
...
BEGIN
   ...
   Sum <= a XOR b ;
   Carry <= a AND b ;
END ARCHITECTURE rtl;

在上例中,每当 a 或者 b 的值发生改变时,两个赋值语句将被同时启动,并将新值分别赋给 Sum 和 Carry。

4.3 VHDL 操作符

和传统的程序设计语言一样,VHDL 各种表达式中的基本元素也是由不同类型的运算符相连而成的。这里所说的基本元素称为操作数(Operands),运算符称为操作符(Operators)。操作数和操作符相结合就成为描述 VHDL 算术或逻辑运算的表达式。其中,操作数是各种运算对象,而操作符规定运算的方式。

4.3.1 操作符种类

在 VHDL 中有 4 类操作符,即符号操作符(Sign Operator)、逻辑操作符(Logic Operator)、关系操作符(Relational Operator)和算术操作符(Arithmetic Operator),见表 4.3。此外,还有重载操作符(Overloading Operator)。前 3 类操作符是完成逻辑和算术运算的基本单元,重载操作符是对基本操作符做了重新定义的函数型操作符。逻辑运算符 AND,OR,NAND,NOR,XOR,XNOR 及 NOT 对 BIT 或 BOOLEAN 型的值进行运算。由于 STD_LOGIC_1164 程序包中重载了这些操作符,因此这些操作符也可以用于 STD_LOGIC 型数值。如果操作符左右两边值的类型为数组,则这两个数组的位宽一定要相等,否则不能运算。

通常,如果在一个表达式中有两个以上操作符,需要使用括号将这些操作符分组,以免出现逻辑错误。如果一串运算中的算符相同,且是 AND,OR,XOR 这 3 种中的一种,则不需要括号。如果不是这 3 种或含有这 3 种操作符之外的操作符,则一定需要使用括号。例如:
A OR B OR C OR D
(A OR B) AND (C XOR D)

对于 VHDL 中的操作符与操作数之间的运算有两点需要特别注意:
① 在基本操作符之间的操作数必须是同数据类型的。
② 操作数的数据类型必须与操作符所要求的数据类型完全一致。

通过以上两条可以知道,对于设计者而言,不仅要了解所用的操作符的操作功能,还需要了解所用操作符所要求的操作数的数据类型。从表 4.3 我们可以知道各种操作符所要求的操作数的数据类型。例如,参加取绝对值和乘方运算的操作数,其数据类型必须是整数,BIT 或 STD_LOGIC 类型的数是不能直接进行加减操作的,等等。

表4.3 VHDL 操作符列表

类型	操作符	功能	操作数数据类型
符号操作数	+	正	整数
	−	负	整数
逻辑操作符	AND	与	BIT,BOOLEAN,STD_LOGIC
	OR	或	BIT,BOOLEAN,STD_LOGIC
	NAND	与非	BIT,BOOLEAN,STD_LOGIC
	NOR	或非	BIT,BOOLEAN,STD_LOGIC
	XOR	异或	BIT,BOOLEAN,STD_LOGIC
	XNOR	同或	BIT,BOOLEAN,STD_LOGIC
	NOT	非	BIT,BOOLEAN,STD_LOGIC
关系操作符	=	等于	任何数据类型
	/=	不等于	任何数据类型
	<	小于	枚举与整数类型,及对应的一维数组
	>	大于	枚举与整数类型,及对应的一维数组
	<=	小于等于	枚举与整数类型,及对应的一维数组
	>=	大于等于	枚举与整数类型,及对应的一维数组
算术操作符	+	加	整数
	−	减	整数
	&	并置	一维数组
	*	乘	整数和实数(包括浮点数)
	/	除	整数和实数(包括浮点数)
	MOD	取模	整数
	REM	取余	整数
	SLL	逻辑左移	BIT 或 BOOLEAN 型一维数组
	SRL	逻辑右移	BIT 或 BOOLEAN 型一维数组
	SLA	算术左移	BIT 或 BOOLEAN 型一维数组
	SRA	算术右移	BIT 或 BOOLEAN 型一维数组
	ROL	逻辑循环左移	BIT 或 BOOLEAN 型一维数组
	ROR	逻辑循环右移	BIT 或 BOOLEAN 型一维数组
	**	乘方	整数
	ABS	取绝对值	整数

另外,和一般的计算机编程语言一样,各个操作符之间有优先级的差别,VHDL 语言操作符优先级见表4.4。从表中可以看到,除 NOT 以外的逻辑操作符的优先级最低,因此在编写程序时,适当地添加括号非常重要。

表4.4 VHDL语言操作符优先级

运算符	优先级
NOT,ABS,**	最高优先级
*,/,MOD,REM	↑
+(正号),-(负号)	
+,-,&	
SLL,SLA,SRL,SRA,ROL,ROR	
=,/=,<,<=,>,>=	
AND,OR,NAND,NOR,XOR,XNOR	最低优先级

4.3.2 逻辑操作符

如表4.3所示,VHDL共有7种基本逻辑操作符,即:AND(与)、OR(或)、NAND(与非)、NOR(或非)、XOR(异或)、XNOR(同或)和NOT(非)。信号或变量在这些操作符的直接作用下,可以构成组合逻辑电路。逻辑操作符所要求的操作数的基本数据类型有BIT,BOOLEAN和STD_LOGIC 3种。操作数的数据类型也可以是一维数组,其数据类型必须为BIT_VECTOR或者STD_LOGIC_VECTOR。

下面是一组逻辑运算符操作示例,从中可以看出逻辑运算符的表达方式以及不加括号的条件。

SIGNAL A, B, C : STD_LOGIC_VECTOR(4 DOWNTO 0);
SIGNAL D, E, F, G : STD_LOGIC_VECTOR(1 DOWNTO 0);
SIGNAL H, I, G, K : STD_LOGIC;
SIGNAL L, M, N, O, P : BOOLEAN;
…
A <= B OR C;   --B,C相或后将得到的结果给A,3个信号的数据类型均为5位长的位矢量
D <= E AND F AND G;   --两个操作符AND相同,不需要加括号
H <= (I NOR J) NOR K;   --NOR不属于上述3种操作符之一,必须加括号
L <= (M XOR N) AND (O XOR P);   --操作符不同,必须加括号
H <= I OR J OR K;   --两个操作符均是OR,不用加括号
H <= I AND J OR K;   --两个操作符不同,未加括号,表达错误
A <= B AND E;   --两个位矢量的长度不一致,表达错误
H <= I AND 1;   --I是STD_LOGIC,1是BOOLEAN,因而不能相互作用,表达错误
…

表4.5是7种基本逻辑操作符对逻辑位BIT的逻辑操作真值表。从表中可以看出各个逻辑操作符完成的功能。

表 4.5 逻辑操作符真值表

操作数		逻辑操作						
A	B	NOT A	A AND B	A OR B	A XOR B	A NAND B	A NOR B	A XNOR B
0	0	1	0	0	0	1	1	1
0	1	1	0	1	1	1	0	0
1	0	0	0	1	1	1	0	0
1	1	0	1	1	0	0	0	1

在 BOOLEAN 操作中,仅有 TRUE 和 FALSE 两种状态,将表 4.5 中的 1 换成 TRUE,0 换成 FALSE,就能得到 BOOLEAN 的操作符真值表。

对于数组型(如 BIT_VECTOR)数据对象的相互作用是按位进行的。一般情况下,经过综合器综合后,逻辑操作符将直接生成门电路。例 4.1 是两个 4 位输入信号相与的逻辑描述述。

【例 4.1】 两个 4 位输入信号的"与"逻辑描述
```
LIBRARY IEEE;
USE IEEE.STD_LOGIC_1164.ALL;
ENTITY AND_4 IS
    PORT(
        a, b: IN STD_LOGIC_VECTOR(3 DOWNTO 0);
        output: OUT STD_LOGIC_VECTOR(3 DOWNTO 0)
        );
END ENTITY AND_4;
ARCHITECTURE rtl OF AND_4 IS
BEGIN
output <= a AND b;      -- 4 位长的位矢量 a,b 相与后将结果赋值给 output
END ARCHITECTURE rtl;
```

例 4.1 的仿真波形如图 4.1 所示,对应的 RTL 级电路图如图 4.2 所示。

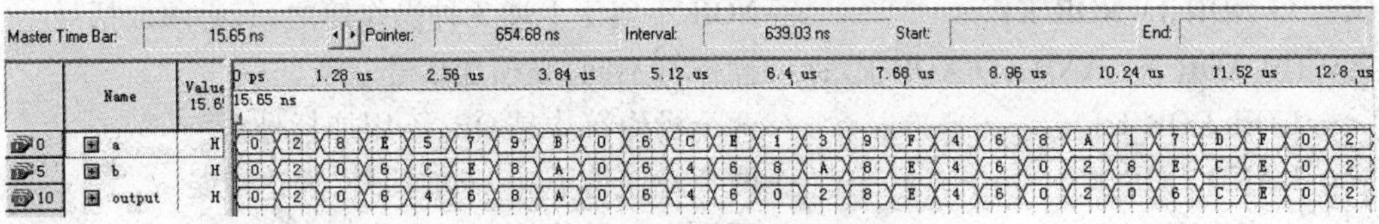

图 4.1 两个 4 位输入信号相与的仿真波形图

4.3.3 关系操作符

关系操作符的作用是将相同数据类型的数据对象进行数值比较或关系排序判断,并且将结果以布尔类型的数据形式表示出来,即 TRUE 和 FALSE 两种。如表 4.3 所示,VHDL 共提供了 6 种关系操作符:"=(等于)""/=(不等于)""<(小于)"">(大于)""<=(小于等于)"和">=(大于等于)"。

VHDL 规定,关系操作符"="和"/="的操作数可以是 VHDL 中的任何数据类型构成的操作数。例如,对于标量型数据 a 和 b,如果它们的数据类型相同,且数值也相同,则 a=b 的

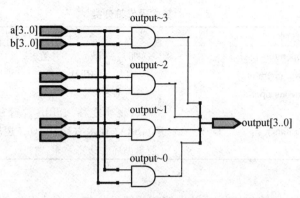

图 4.2 两个 4 位输入信号相与的 RTL 级电路图

运算结果为 TRUE,a/=b 的运算结果为 FALSE。对于数组或记录类型(复合型或称非标量型)的操作数,VHDL 编译器将会逐位比较对应位置各位数值的大小。只有当等号两边数据中的每一位对应位全部相等的时候才返回 TRUE,否则返回值为 FALSE。

余下的关系操作符">""<"">="和"<="称为排序操作符。它们操作对象的数据类型有一定的限制。所允许的数据类型包括枚举数据类型、整数数据类型以及由枚举型或整数型数据类型元素构成的一维数组,并且不同长度的数组也能进行排序。VHDL 的排序判断规则是:整数值的大小排序坐标是从正无穷到负无穷,枚举型数据的大小排序方式和它们的定义方式一致,例如:

'1'>'0',TRUE>FALSE,a>b(若 a=1,b=0)。

两个数组的排序判断是通过从左至右逐一对元素进行比较来决定的。在比较的过程中,并不管原数组的下标定义顺序,即不管是 DOWNTO 还是 TO。在比较的过程中,如果发现有一对元素不等,就确定了这对数组的排序情况,即最后所测有较大值的那个数值确定为大值数组。例如,位矢量"1011"判别为大于"101011"。这是因为,排序判断是从左至右的。"101011"的第四位为 0,而"1011"的第四位为 1,因此判别为大于。在下列的关系操作符中,VHDL 都判别为 TRUE:

'1'='1';"101" = "101";"1" >"011";"101" < "110"。

在上面的比较中 "1" > "011",这个判断(1 > 3)是错误的,但是由于在 VHDL 中对数组的判断是从左至右逐一进行的,因此会认为"1" > "011"成立,为了能避免这种错误,可以利用 STD_LOGIC_ARITH 程序包中定义的 UNSIGNED 数据类型来解决。将这些进行比较的数据的数据类型定义为 UNSIGNED 即可。例如:UNSIGNED("1")<UNSIGNED("011")的比较结果将判别为 TRUE。

就综合而言,简单的比较运算("="和"/=")在实现硬件结构时,比排序操作符构成的电路资源利用率要高。

4.3.4 算术操作符

在表 4.3 中所列的 17 种算术操作符可以分为如表 4.6 所示的 5 类操作符。下面分别介绍这 5 种算术操作符的具体功能和使用规则。

表 4.6 算术操作符分类

类别	算术操作符
求和操作符(Adding operators)	+(加),-(减),&(并置)
求积操作符(Multiplying operators)	*,/,MOD,REM
混合操作符(Miscellaneous operators)	**,ABS
移位操作符(Shift operators)	SLL(逻辑左移),SRL(逻辑右移),SLA(算术左移),SRA(算术右移),ROL(逻辑循环左移),ROR(逻辑循环右移)

1. 求和操作符

VHDL 中的求和操作符包括加减操作符和并置操作符。加减操作符和常规的加减法是一致的,在 VHDL 中规定它们的操作数的数据类型是整数。对于位宽大于 4 的加法器和减法器,多数的 VHDL 综合器将调用库元件进行综合。以下是两个求和操作的示例。

VARIABLE A, B C, D, E, F :INTEGER RANGE 0 TO 255;
…
 A := B + C;
 D := E - F;
…

…
PROCEDURE add (A : IN INTEGER ; B : INOUT INTEGER) IS
…
 B: = A + B;
…

综合后,由加减操作符(+,-)产生的组合逻辑门所耗费的硬件资源的规模都比较大,但是如果加减操作符中的一个操作数或者两个操作数都为整型常数,则只需要很少的电路资源。

并置操作符(&)的操作数的数据类型是一位数组,可以利用并置符将普通操作数或数组组合起来形成各种新的数组。例如,"FP"&"GA"的结果是"FPGA","11"&"0010"的结果为"110010"。

利用并置操作符,可以有多种方式来建立新的数组。例如,可以将一个单元数并置于一个数组的左端或者右端形成更长的数组,或者将两个数组并置成一个新的数组等。在实际的操作中,要注意并置前后的数组长度应该要一致。下面给出一些并置操作的示例。

SIGNAL a, b: STD_LOGIC_VECTOR(5 DOWNTO 0);
SIGNAL c, d, e: STD_LOGIC_VECTOR(2 DOWNTO 0);
SIGNAL f: STD_LOGIC_VECTOR(4 DOWNTO 0);
SIGNAL g, h, i: STD_LOGIC;
…
 a <= c&d;   --数组和数组并置,并置后的数组长度为6
 b <= g&f;   --数组和元素并置,并置后的数组长度为6

```
c <= g&h&i;                        --元素和元素并置,形成的数组长度为3
f <= '1'&c(1)&d(1)&f(2)&'0';       --元素与元素并置,形成的数组长度为5
g&h&'1' <= e;                      --错误!并置操作符不能用在赋值符号的左侧
…
IF g&c = "0110" THEN ...            --在IF条件语句中可以使用并置操作符
```

2. 求积操作符

　　求积操作符包括∗(乘)、/(除)、MOD(取模)和REM(取余)4种操作符。VHDL规定,乘和除的数据类型是整数和实数(包括浮点数)。在一定条件下,还可以对物理类型的数据对象进行运算操作。

　　需要注意的是,虽然在一定条件下,乘法和除法运算是可以综合的,但是从优化综合和节省资源的角度来考虑,不要轻易使用乘除法操作。乘除法本质上还是利用加法来实现,因此消耗的资源很多。乘除法可以用其他变通的方法来实现。例如,移位相加的方法、查表方式、LPM宏功能模块、硬件乘法器等。事实上,从优化的角度来看,唯一可以直接使用的操作符只有加法操作符,其他的算术运算几乎都可以用加法实现。例如减法,可以将减数转化成补码的形式,即减数逐位取反,然后将加法器的最低位进位置成1,这时的加法器就相当于一个减法器了,而它所消耗的资源和加法器相比,就多一个对减数取反的电路。

　　操作符MOD和REM的本质和除法操作符是相同的,因此,编译器综合取模和取余操作数也必须是以2为底数的幂。MOD和REM的操作数据类型只能是整数,运算结果也是整数。以下是一个可以综合的求积示例。

```
SIGNAL a, b, c, d, e, f, g, h :INTEGER RANGE 0 TO 31;
a <= c∗2;                          -- a不能大于31,否则会溢出
b <= d/8;
e <= h MOD 16;
g <= f REM 16;
```

　　在QuartusⅡ中,"∗""/"号右边操作数必须为2的乘法,如∗16,∗2等。但是如果利用LPM库中的子程序则无此限制。

3. 混合操作符

　　混合操作符包括取绝对值操作符"ABS"和乘方操作符"∗∗"两种。VHDL规定,它们的操作数据类型一般为整数类型。乘方操作符"∗∗"的左边可以是整数或浮点数,但是右边必须为整数,而且只有在左边为浮点时,其右边才可以为负数。下面举一个简单例子来说明混合操作符的用法。

```
SIGNAL Data1, Data2:INTEGER RANGE -16 TO 15;
SIGNAL Result:INTEGER RANGE 0 TO 15;
SIGNAL n:INTEGER RANGE 0 TO 3;
Data1 <= ABS(Data2);
Result <= 2 ∗ ∗ n;
```

4. 移位操作符

　　6种移位操作符SLL,SRL,SLA,SRA,ROL和ROR都是VHDL'93标准新增的运算符,

在1987标准中没有。VHDL'93标准规定移位操作符作用的操作数的数据类型应是一维数组,并要求数组中的元素必须是BIT或者BOOLEAN的数据类型,移位的位数是整数。在EDA工具所附的程序包中重载了移位操作符以支持STD_LOGIC_VECTOR及INTEGER等类型。移位操作符左边可以是支持的类型,右边则必定是整数型。并且当移位操作符右边是整数型常数时,实现起来比较节省硬件资源。

其中,SLL是将位矢量向左移,右边跟进的位补0。SRL的功能和SLL恰好相反。ROL和ROR的移位方式稍有不同,它们移出的位将用于一次填补移空的位,执行的是自循环式移位方式。SLA和SRA是算术移位操作符,其移空位用最初的首位来填充。

移位操作符的语句格式是:
标识符 移位操作符 移位位数;

下面给出3个简单例子,来说明这6种操作符的具体用法。
VARIABLE Shift_data : STD_LOGIC_VECTOR(4 DOWNTO 0) := ("10110");
　　　　　　　　　　--设置初始值
......
Shift_data SLL 2;　　　　--("11000")逻辑左移2位
Shift_data SLL -3;　　　--("00010")逻辑左移-3位,相当于逻辑右移3位
Shift_data SRL 1;　　　　--("01011")逻辑右移1位
Shift_data SRL -4;　　　--("00000")逻辑右移-4位,相当于逻辑左移4位
Shift_data SLA 3;　　　　--("10111")算术左移3位
Shift_data SLA -3;　　　--("11110")算术左移-3位,相当于算术右移3位
Shift_data SRA 2;　　　　--("11101")算术右移2位
Shift_data SRA -2;　　　--("11011")算术右移-2位,相当于算术左移2位
Shift_data ROL 1;　　　　--("01101")循环左移1位
Shift_data ROL -3;　　　--("11010")循环左移-3位,相当于循环右移3位
Shift_data ROR 1;　　　　--("01011")循环右移1位
Shift_data ROR -2;　　　--("11010")循环右移-2位,相当于循环左移2位

例4.2是用6种操作符实现简单逻辑的例子,在该例子中使用了逻辑左移和循环右移。

【例4.2】 操作符实现简单逻辑的描述
LIBRARY IEEE;
USE IEEE.STD_LOGIC_1164.ALL;

ENTITY Shift_example IS
PORT(a, b: IN BIT_VECTOR (7 DOWNTO 0);
　　　Out1, Out2 : OUT BIT_VECTOR (7 DOWNTO 0)
　　);
END Shift_example;
ARCHITECTURE rtl OF Shift_example IS
BEGIN
Out1 <= a SLL 2;　　　　　--将a逻辑左移2位

```
Out2 <= b ROL 2;          --将b循环右移2位
END rtl;
```

在仿真程序时,输入信号a与b,分别取一些没有规律的数据,以此来达到验证的目的。例4.2仿真波形图和RTL级电路图分别如图4.3和图4.4所示。

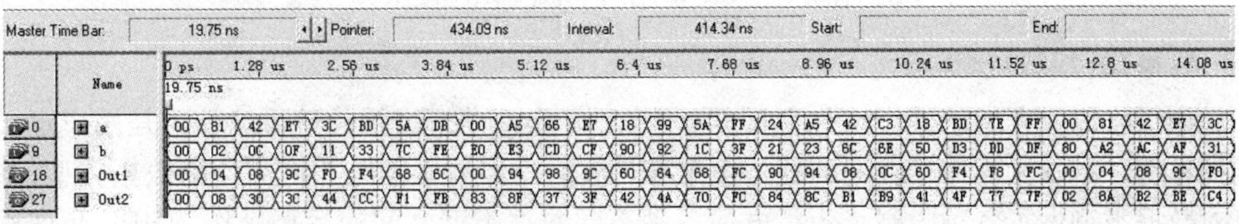

图4.3 仿真波形

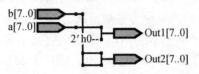

图4.4 RTL级电路图

下面的例子利用逻辑移位操作符SLL以及程序包STD_LOGIC_UNSIGNED中的数据类型转换函数CONV_INTEGER,十分简洁地完成了2-4线译码器的设计工作。

【例4.3】 利用逻辑操作符完成的2-4线译码器

```
LIBRARY IEEE;
USE IEEE.STD_LOGIC_1164.ALL;
USE IEEE.STD_LOGIC_UNSIGNED.ALL;
ENTITY decoder2to4 IS
PORT ( Input: IN STD_LOGIC_VECTOR (1 DOWNTO 0);
       Output: OUT BIT_VECTOR (3 DOWNTO 0));
END decoder2to4;
ARCHITECTURE behave OF decoder2to4 IS
BEGIN
Output <= "0001" SLL CONV_INTEGER(Input);  -- 2-4线译码器,高电平有效
END behave;
```

例4.3的仿真波形图如图4.5所示,从图中可以看出实现了2-4线译码的功能,结合程序的具体实现方法可知,合理利用逻辑操作符可以使得逻辑的实现更为简洁。图4.6是其对应的RTL级电路图。

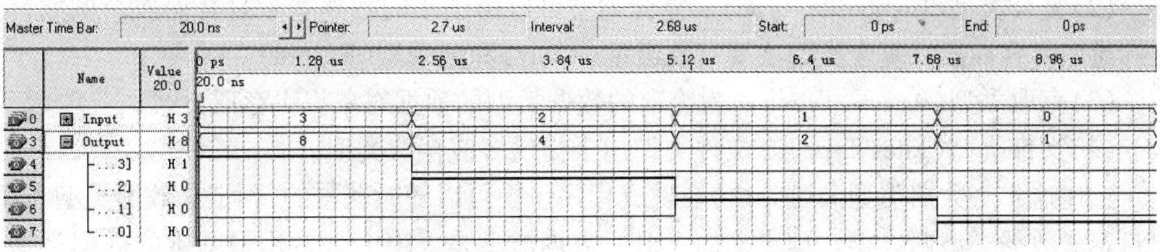

图4.5 使用逻辑运算符实现的2-4线译码器仿真波形图

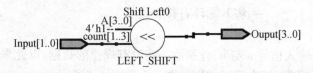

图 4.6 例 4.3 对应的 RTL 级电路图

5. 重载（加载）操作符

如果将以上介绍的操作符称为基本操作符，则重载（加载）操作符可以认为是用户定义的操作符。基本操作符存在的问题是操作符对应的操作数必须是相同类型的数据类型，并且对数据类型做了各种限制。为了方便各种不同数据类型之间的运算操作，VHDL 允许用户对原有的基本操作符重新定义，赋予新的含义和功能，从而建立一种新的操作符，这就是重载操作符，定义这种操作符的函数称为重载函数。

事实上在程序包 STD_LOGIC_UNSIGNED 中已经定义了多种可供不同数据类型间操作的算符重载函数。Synopsys 的程序包 STD_LOGIC_ARITH，STD_LOGIC_UNSIGNED 和 STD_LOGIC_SIGNED 中已经为许多类型的运算重载了算术运算符和关系运算符，因此只要引用这些程序包，SIGNED，UNSIGNED，STD_LOGIC 和 INTEGER 之间即可以混合运算，INTEGER，STD_LOGIC 和 STD_LOGIC_VECTOR 之间也可以混合运算。有关重载函数和重载过程请参考本书 3.5.2 和 3.5.4 节。

4.4 VHDL 数据类型

在数据对象的定义中，必不可少的一项说明就是设定所定义的数据对象的数据类型（TYPE），并且要求此对象的赋值源也必须是相同的数据类型。这是因为，VHDL 是一种强类型语言，对运算关系与赋值关系中各量（操作数）的数据类型有严格要求。VHDL 要求设计实体中的每一个常数、信号、变量、函数以及设定的各种参量都必须具有确定的数据类型，并且相同数据类型的量才能互相传递和作用。VHDL 作为强类型语言的好处是，使 VHDL 编译或综合工具很容易地找出设计中的各种常见错误。VHDL 中的各种预定义数据类型大多数体现了硬件电路的不同特性，因此也为其他大多数硬件描述语言所采纳。

VHDL 中的数据类型可以分成 4 类。

（1）标量型（Scalar Type）。标量型是单元素的最基本数据类型，即不可能再有更细小、更基本的数据类型。它们通常用于描述一个单值数据对象。标量类型包括实数类型、整数类型、枚举类型和时间类型。

（2）复合类型（Composite Type）。复合类型可以由细小的数据类型复合而成。例如，可由标量型复合而成。复合类型主要有数组型（Array）和记录型（Record）。

（3）存取类型（Access Type）。为给定的数据类型的数据对象提供存取方式。

（4）文件类型（Files Type）。文件类型用于提供多值存取类型。

上述这 4 个数据类型又可分成，在现成程序包中可以随时获得的，预定义数据类型和用户自定义数据类型两大类。预定义的 VHDL 数据类型是 VHDL 最常用最基本的数据类型，这些数据类型都已在 VHDL 的标准程序包 STANDARD 和 STD_LOGIC_1164 及其他的标准程序包中做了定义，并可在设计中随时调用。

除了标准的预定义数据类型外,VHDL 还允许用户自己定义其他的数据类型以及子类型。通常,新定义的数据类型和子类型的基本元素一般仍属 VHDL 的预定义数据类型。尽管 VHDL 仿真器支持所有的数据类型,但 VHDL 综合器并不支持所有的预定义数据类型和用户定义的数据类型。如 REAL,TIME,FILE 等数据类型。在综合中,它们将被忽略或宣布为不支持。这意味着,不是所有的数据类型都能在目前的数字系统硬件中实现。由于在综合后,所有进入综合的数据类型都转换成二进制类型和高阻态类型(只有部分芯片支持内部高阻态),即电路网表中的二进制信号,因此,综合器通常忽略不能综合的数据类型,并给出警告信息。

4.4.1 VHDL 的预定义数据类型

VHDL 的预定义数据类型都是在 VHDL 标准程序包 STANDARD 中定义的,在实际使用中,已自动包含进 VHDL 的源文件中,因而不需要通过 USE 语句来显式调用。

(1)布尔(BOOLEAN)数据类型。程序包 STANDARD 中定义的源代码如下:
TYPE BOOLEAN IS (FALSE,TRUE);

布尔数据类型实际上是一个二值枚举型数据类型。它的取值如以上的定义所示,即 FALSE(假)和 TRUE(真)两种。综合器将用一个二进制位表示 BOOLEAN 型变量或信号。布尔量不属于数值,因此不能用于运算,它只能通过关系运算符获得。

例如,当 a 大于 b 时,在 IF 语句中的关系运算表达式(a>b)的结果是布尔量 TRUE,反之为 FALSE。综合器将其变为 1 或 0 信号值,实际中对应于硬件系统中的一条线。

另外,布尔数据类型与位数据类型可以通过转换函数实现相互转换。

(2)位(BIT)数据类型。位数据类型也属于枚举型,取值只能是 1 或者 0。位数据类型的数据对象(如变量、信号等)可以参与逻辑运算,运算结果仍是位的数据类型,VHDL 综合器用一个二进制位表示。BIT 在程序包 STANDARD 中定义的源代码是:
TYPE BIT IS ('0','1');

(3)位矢量(BIT_VECTOR)数据类型。位矢量只是基于 BIT 数据类型的数组。在程序包 STANDARD 中定义的源代码是:
TYPE BIT_VECTOR IS ARRAY (Natural Range <>) OF BIT ;

使用位矢量时必须注明位宽,即数组中的元素个数和排列,例如:
SIGNAL A:BIT_VECTOR(7 TO 0) ;

在上面的例子中,信号 A 被定义为一个具有 8 位位宽的矢量,它的最左位是 A(7),最右位是 A(0)。

(4)字符(CHARACTER)数据类型。字符类型通常用单引号引起来,如'A'。字符类型区分大小写,例如,'B'不同于'b'。字符类型已在 STANDARD 程序包中做了定义,定义如下:
TYPE CHARACTER IS (
NUL,SOH,STX,ETX,EOT,ENQ,ACK,BEL ,
BS,HT,LF,VT,FF,CR,SO,SI,
DLE,DC1,DC2,DC3,DC4,NAK,SYN,ETB,
CAN,EM,SUB,ESC,FSP,GSP,RSP,USP,
' ', '!', '"', '#', '$', '%', '&', ''',

'(',   ')',   '*',   '+',   ',',   '-',   '.',   '/',
'0', '1', '2', '3', '4', '5', '6', '7',
'8', '9', ':',   ';',   '<',   '=',   '>',   '?',
'@','A', 'B', 'C', 'D', 'E', 'F', 'G',
'H', 'I', 'J', 'K', 'L', 'M', 'N', 'O',
'P', 'Q', 'R', 'S', 'T', 'U', 'V', 'W',
'X', 'Y', 'Z', '[',   '\',   ']',   '^',   '_',
'~',   'a', 'b', 'c', 'd', 'e', 'f', 'g',
'h', 'i', 'j', 'k', 'l', 'm', 'n', 'o',
'p', 'q', 'r',   's', 't', 'u', 'v', 'w',
'x', 'y', 'z',   '{',   '|',   '}',   '~',   DEL,
…);

需要注意的是,在 VHDL 程序设计中,标识符的大小写一般是不区分的,但用了单引号的字符的大小写是有区分的。如上所示在程序包中定义的每一个数字、符号、大小写字母都是互不相同的。

(5)整数(INTEGER)数据类型。整数类型的数有正整数、负整数和零。整数类型与算术整数相似,可以使用预定义的运算操作符,如加"+"、减"-"、乘"*"、除"/"等进行算术运算。在 VHDL 中,整数的取值范围是 $-2\ 147\ 483\ 647 \sim +2\ 147\ 483\ 647(-2^{31}+1 \sim +2^{31}-1)$,即可用 32 位有符号的二进制数表示。在实际应用中,VHDL 仿真器通常将 INTEGER 类型作为有符号数处理,VHDL 综合器则将 INTEGER 作为无符号数处理。在使用整数时,VHDL 综合器要求用 RANGE 句为所定义的数限定范围,然后根据所限定的范围来决定表示此信号或变量的二进制数的位数,这是因为 VHDL 综合器无法综合未限定范围的整数类型的信号或变量。如下面语句:

SIGNAL data:INTEGER RANGE 0 TO 15 ;

上例中规定整数 data 的取值范围是 0~15 共 16 个值,可用 4 位二进制数来表示,因此,data 将被综合成由 4 条信号线构成的总线式信号。

整数常量的书写方式示例如下:

2   --十进制整数
0   --十进制整数
77459102   --十进制整数
10E4   --十进制整数
16#D2#   --十六进制整数
8#720#   --八进制整数
2#11010010#--二进制整数

(6)自然数(NATURAL)和正整数(POSITIVE)数据类型。自然数是整数的一个子类型,非负的整数,即零和正整数。正整数也是整数的一个子类型,它包括整数中非零和非负的数值。它们在 STANDARD 程序包中定义的源代码如下:

SUBTYPE NATURAL ISINTEGER RANGE 0 TO INTEGER' HIGH ;
SUBTYPE POSITIVE ISINTEGER RANGE 1 TO INTEGER' HIGH ;

(7)实数(REAL)数据类型。VHDL 的实数类型也类似于数学上的实数(或称浮点数)。实数的取值范围为$-1.0×10^{38}$~$+1.0×10^{38}$。通常情况下,实数类型仅能在 VHDL 仿真器中使用,VHDL 综合器则不支持实数。因为直接的实数类型的表达和实现相当复杂,目前在电路规模上难以承受。实数常量的书写方式举例如下:

```
1.0                --十进制浮点数
0.0                --十进制浮点数
65971.333333       --十进制浮点数
65_971.333_3333    --与上一行等价
8#43.6#e+4         --八进制浮点数
43.6E-4            --十进制浮点数
```

由于在 VHDL 中不区分字母的大小写,因此在上面的例子中 E 和 e 表达的意思一样,均表示 10 的幂指数。

(8)字符串(STRING)数据类型。字符串数据类型是字符数据类型的一个非约束型数组,或称为字符串数组。字符串必须用双引号标明。如:

VARIABLE string_var : STRING(1 TO 7);

string_var := "a1b2c d";

(9)时间(TIME)数据类型。VHDL 中唯一的预定义物理类型是时间。完整的时间类型包括整数和物理量单位两部分,整数和单位之间至少留一个空格。如:55 ms,20 ns。

STANDARD 程序包中也定义了时间,定义如下:

```
TYPE time IS RANGE 2147483647 TO 2147483647
units
    fs ;                -- 飞秒,VHDL 中的最小时间单位
    ps = 1000 fs ;      -- 皮秒
    ns = 1000 ps ;      -- 纳秒
    us = 1000 ns ;      -- 微秒
    ms = 1000 us ;      -- 毫秒
    sec = 1000 ms ;     -- 秒
    min = 60 sec ;      -- 分
    hr = 60 min ;       -- 时
end units ;
```

(10)错误等级(SEVERITY LEVEL)。在 VHDL 的仿真中,错误等级用来指示设计系统的工作状态,共有 4 种可能的状态值,即 NOTE(注意)、WARNING(警告)、ERROR(出错)、FAILURE(失败)。在仿真过程中,可输出这 4 种值来提示被仿真系统当前的运行情况。其定义如下:

TYPE severity_level IS (note,warning,error,failure);

(11)综合器不支持的数据类型。虽然在 VHDL 的标准程序包中定义了非常多的数据类型,但是有些是不可综合的,它们一些是只能用于仿真中,一些是根本不存在相应的硬件结构。

①物理类型。综合器不支持物理类型的数据,如具有量纲型的数据,包括时间类型,这

些类型只能用于仿真过程。

②浮点型。如 REAL 型。

③Access 型。综合器不支持存取型结构,因为不存在这样对应的硬件结构。

④File 型。综合器不支持磁盘文件型,硬件对应的文件仅为 RAM 和 ROM。

4.4.2 IEEE 预定义标准逻辑位与矢量

在 IEEE 库的程序包 STD_LOGIC_1164 中,定义了两个常用且非常重要的数据类型,即标准逻辑位 STD_LOGIC 和标准逻辑矢量 STD_LOGIC_VECTOR。

1. 标准逻辑位

以下是定义在 IEEE 库程序包 STD_LOGIC_1164 中的标准逻辑位数据类型。标准逻辑位 STD_LOGIC 的定义如下:

```
TYPE STD_LOGIC IS ('U',   -- Uninitialized
                   'X',   -- Forcing   Unknown
                   '0',   -- Forcing   0
                   '1',   -- Forcing   1
                   'Z',   -- High Impedance
                   'W',   -- Weak      Unknown
                   'L',   -- Weak      0
                   'H',   -- Weak      1
                   '-'    -- Don't care
                   );
```

在程序中使用此数据类型时,需要在程序的开头加入以下语句:

LIBRARY IEEE;

USE IEEE.STD_LOGIC_1164.ALL;

由定义可见,STD_LOGIC 是标准 BIT 数据类型的扩展,共定义了 9 种值,这意味着对于定义为数据类型是标准逻辑位 STD_LOGIC 的数据对象,其可能的取值已非传统的 BIT 那样只有 0 和 1 两种取值,而是如上定义的那样有 9 种可能的取值。目前,在设计中一般只使用 IEEE 的 STD_LOGIC 标准逻辑位数据类型,BIT 型则很少使用。

由于标准逻辑位数据类型的多值性,在编程时应当特别注意。因为在条件语句中,如果未考虑到 STD_LOGIC 的所有可能的取值情况,综合器可能会插入不希望的锁存器。程序包 STD_LOGIC_1164 中还定义了 STD_LOGIC 型逻辑运算符 AND,NAND,OR,NOR,XOR 和 NOT 的重载函数,以及两个转换函数,用于 BIT 与 STD_LOGIC 的相互转换。

在仿真和综合中,STD_LOGIC 值是非常重要的。它可以使设计者精确地模拟一些未知的和高阻态的线路情况。对于综合器,高阻态"Z"和忽略态"-"可用于三态的描述。但就综合而言,STD_LOGIC 型数据能够在数字器件中实现的只有其中的 4 种值,即 -,0,1 和 Z。当然,这并不表明其余的 5 种值不存在。这 9 种值对于 VHDL 的行为仿真都有重要意义。

2. 标准逻辑矢量

以下是定义在 IEEE 库程序包 STD_LOGIC_1164 中的标准逻辑矢量数据类型。具体的标准逻辑矢量 STD_LOGIC_VECTOR 类型定义如下：
TYPE STD_LOGIC_VECTOR IS ARRAY（NATURAL RANGE <>）OF STD_LOGIC；

从定义可以看出，STD_LOGIC_VECTOR 是定义在 STD_LOGIC_1164 程序包中的标准一维数组，数组中的每一个元素的数据类型都是以上定义的标准逻辑位 STD_LOGIC。在使用中，对标准逻辑矢量 STD_LOGIC_VECTOR 数据类型的数据对象赋值的方式与普通的一维数组 ARRAY 是一样的，即必须严格考虑位矢的宽度，同位宽、同数据类型的矢量间才能进行赋值。如下例所示，注意例中信号的数据类型定义和赋值操作中信号的数组位宽。
…
```
TYPE t_data IS ARRAY(7 DOWNTO 0) OF STD_LOGIC；   --自定义数组类型
SIGNAL databus memory : t_data ;                  --定义信号 databus,memory
CPU : PROCESS                                     -- CPU 工作进程开始
VARIABLE rega : t_data ;                          --定义寄存器变量 rega
BEGIN
…
databus <= rega；                                  --向 8 位数据总线赋值
END PROCESS CPU                                   -- CPU 工作进程结束
MEM : PROCESS                                     -- RAM 工作进程开始
BEGIN
…
databus <= memory ;
END PROCESS MEM
…
```

描述总线信号，使用 STD_LOGIC_VECTOR 是最方便的。但需注意的是总线中的每一根信号线都必须定义为同一种数据类型 STD_LOGIC。

4.4.3　其他预定义标准数据类型

VHDL 综合工具配带的扩展程序包中，还定义了一些有用的类型。如 Synopsys 公司在 IEEE 库中加入的程序包 STD_LOGIC_ARITH 中定义了无符号型（UNSIGNED）、有符号型（SIGNED）和小整型（SMALL_INT）。它们在程序包 STD_LOGIC_ARITH 中的类型定义如下：
TYPE UNSIGNED IS ARRAY（NATURAL range <>）OF STD_LOGIC ；
TYPE SIGNED IS ARRAY（NATURAL range <>）OF STD_LOGIC ；
SUBTYPE SMALL_INT ISINTEGER RANGE 0 TO 1 ；

如果将信号或变量定义为这几个数据类型，就可以使用本程序包中定义的运算符。在使用之前，需要在程序的开头加入以下语句：
LIBRARY IEEE ；
USE IEEE. STD_LOIGC_ARITH. ALL ；

UNSIGNED 类型和 SIGNED 类型是用来设计可综合的数学运算程序的重要类型，UNSIGNED 用于无符号数的运算，SIGNED 用于有符号数的运算。在实际应用中，大多数运算都需要用到它们。

在 IEEE 程序包中,NUMERIC_STD 和 NUMERIC_BIT 程序包中也定义了 UNSIGNED 型及 SIGNED 型。NUMERIC_STD 是针对于 STD_LOGIC 型定义的,而 NUMERIC_BIT 是针对于 BIT 型定义的。在程序包中还定义了相应的运算符重载函数,部分综合器没有附带 STD_LOGIC_ARITH 程序包,在这种情况下只能使用 NUMBER_STD 和 NUMERIC_BIT 程序包。

在 STANDARD 程序包中,由于没有定义 STD_LOGIC_VECTOR 的运算符,而整数类型一般只在仿真的时候用来描述算法或作为数组下标运算,因此 UNSIGNED 和 SIGNED 的使用是很频繁的。

1. 无符号数据类型(UNSIGNED TYPE)

UNSIGNED 数据类型表示的是一个无符号的数值。在综合器中,这个数值被表示为一个二进制数,该二进制数的最左位是其最高位。例如,十进制的 8 可以做如下表示:
UNSIGNED("1000")

当定义一个变量或信号的数据类型为 UNSIGNED,其位矢长度越长,所能代表的数值就越大。例如,一个 4 位变量的最大值为 15,一个 8 位变量的最大值则为 255,0 是其最小值,不能用 UNSIGNED 来定义负数。下面是两个无符号数据定义的示例:
VARIABLE data : UNSIGNED(0 TO 10);
SIGNAL number : UNSIGNED(5 TO 0);

其中变量 data 有 11 位数值,最高位是 data(0)而非 data(10),信号 number 有 6 位数值,最高位是 number(5)。

2. 有符号数据类型(SIGNED TYPE)

SIGNED 数据类型表示的是一个有符号的数值,综合器将其表示为二进制补码,数的最高位是符号位,例如:
SIGNED("0110")   --代表+6
SIGNED("1010")   --代表-6

若将上例的 var 定义为 SIGNED 数据类型,则数值意义就不同了。如:
VARIABLE data SIGNED(0 TO 10);

其中变量 data 有 11 位,最左位 var(0)是符号位。

4.4.4 用户自定义数据类型方法

除了上述一些标准的预定义数据类型外,VHDL 还允许用户自行定义新的数据类型。由用户定义的数据类型可以有多种,如枚举类型(Enumeration Types)、整数类型(Integer Types)、数组类型(Array Types)、记录类型(Record Types)、时间类型(Time Types)和实数类型(Real Types)等。在后面几节中将介绍这些数据类型。

用户自定义数据类型是用类型定义语句 TYPE 和子类型定义语句 SUBTYPE 实现的,以下将介绍这两种语句的使用方法。

1. TYPE 语句

TYPE 语句语法结构如下:
TYPE 数据类型名 IS 数据类型定义 OF 基本数据类型;

第4章 VHDL 基础

--或
TYPE 数据类型名 IS 数据类型定义；

利用 TYPE 语句进行数据类型自定义有两种不同的格式,但方式是相同的。其中,数据类型名由设计者自定,此名将作为数据类型定义之用,其方法与以上提到的预定义数据类型的用法一样。数据类型定义部分用来描述所定义的数据类型的表达方式和表达内容。关键词 OF 后的基本数据类型是指数据类型定义中所定义的元素的基本数据类型,一般都是取已有的预定义数据类型,如 BIT STD_LOGIC 或 INTEGER 等。

以下列出了两种不同的定义方式:
TYPE table IS ARRAY（0 TO 15 ）OF STD_LOGIC ；
TYPE week IS（sun mon tue wed thu fri sat）；
TYPE data IS STD_LOGIC(15 TO 0)； --错误

第一句定义的数据类型 table 是一个具有 16 个元素的数组型数据类型,数组中的每一个元素的数据类型都是 STD_LOGIC 型。第二句所定义的数据类型是由一组文字表示的,且其中的每一文字都代表一个具体的数值。如可令 sun = 0001。第三句定义的方式是错误的,TYPE 定义的数据类型应该是一种全新的,即 VHDL 预定义库中未被定义过的数据类型,这里的 STD_LOGIC 已被定义为标准位了。

如前所述,在 VHDL 中,任一数据对象（SIGNAL VARIABLE CONSTANT）都必须归属某一数据类型。只有相同数据类型的数据对象才能进行相互作用,利用 TYPE 语句可以完成各种形式的自定义数据类型,以供不同类型的数据对象间相互作用和计算。

下例中为变量 v1 定义了具有 8 位数组的新的数据类型 byte：
TYPE byte IS ARRAY(7 DOWNTO 0) OF BIT;
VARIABLE v1 : byte ； --v1 的数据类型定义为 byte

2. SUBTYPE 语句

子类型 SUBTYPE 只是由 TYPE 所定义的原数据类型的一个子集,它满足原数据类型的所有约束条件,原数据类型称为基本数据类型。子类型 SUBTYPE 的语句格式如下：
SUBTYPE 子类型名 IS 基本数据类型 RANGE 约束范围；

子类型的定义只在基本数据类型上做一些约束,并没有定义新的数据类型,这是与 TYPE 最大的不同之处。子类型定义中的基本数据类型必须在前面已有过 TYPE 定义的类型,包括已在 VHDL 预定义程序包中用 TYPE 定义过的类型。如下例：
SUBTYPE digits IS INTEGER RANGE 0 TO 9 ；

上例中 INTEGER 是标准程序包中已定义过的数据类型,子类型 digits 只是把 INTEGER 约束到只含 10 个值的数据类型。下例第二句是错误的,因为不能用 SUBTYPE 来定义一种新的数据类型。
SUBTYPE dig1 IS STD_LOGIC_VECTOR(7 DOWNTO 0) ；
SUBTYPE dig3 IS ARRAY(7 DOWNTO0) OF STD_LOGIC； --错误

事实上,在程序包 STANDARD 中,已有两个预定义子类型,即自然数类型（Natural type）和正整数类型（Positive type）,它们的基本数据类型都是 INTEGER。由于子类型与其基本数据类型属同一数据类型,因此属于子类型的和属于基本数据类型的数据对象间的赋值和被赋值可以直接进行,不必进行数据类型的转换。

利用子类型定义数据对象的好处，除了使程序提高可读性和易处理外，其实质性的好处还在于有利于提高综合的优化效率。这是因为综合器可以根据子类型所设的约束范围，有效地推知参与综合的寄存器的最合适的数目。

4.4.5 枚举类型

VHDL 中的枚举类型是一种特殊的数据类型，它们是用文字符号来表示一组实际的二进制数。例如，状态机的每一个状态在实际电路中是以一组触发器的当前二进制数位的组合来表示的。但设计者在状态机的设计中，为了更利于阅读、编译和 VHDL 综合器的优化，往往将表征每一状态的二进制数组用文字符号来代表，即状态符号化。例如：

TYPE m_state IS (state1 , state2 , state3 , state4 , state5) ;
SIGNAL present_state , next_state : m_state ;

在上例中，信号 present_state 和 next_state 的数据类型定义为 m_state，它们的取值范围是可枚举的，即从 state1 ~ state5 共 5 种，而这些状态代表 5 组唯一的二进制数值。实际上，从前面的章节中可知，VHDL 中许多十分常用的数据类型，如位 BIT、布尔量（BOOLEAN）、字符（CHARACTER）及 STD_LOGIC 等都是程序包中已定义的枚举型数据类型。如 BIT 的取值是 0 和 1，它们与普通的 0 和 1 是不一样的，因而不能进行常规的数学运算。它们只代表一个数据对象的两种可能的取值方向。因此 0 和 1 也是一种文字，对于此类枚举数据，在综合过程中，都将转化成二进制代码。当然枚举类型也可以直接用数值来定义，但必须使用单引号。例如：

TYPE my_logic IS　（'1','Z','U','0'）；
SIGNAL s1 : my_logic ;
　　s1 <= 'Z' ;
TYPE STD_LOGIC IS （'U','X','0','1','Z','W','L','H','-'）；
SIGNAL sig : STD_LOGIC ;
　　sig <= 'Z' ;

在综合过程中，枚举类型文字元素的编码通常是自动的，编码顺序是默认的。一般将第一个枚举量（最左边的量）编码为 0，以后的依次加 1。综合器在编码过程中自动将每一枚举元素转变成位矢量，位矢的长度将取所需表达的所有枚举元素的最小值。如前例中，用于表达 5 个状态的位矢长度应该为 3，编码默认值为如下方式：

state1 = '000' ;
state2 = '001' ;
state3 = '010' ;
state4 = '011' ;
state5 = '100' ;

于是它们的数值顺序便成为 state1 < state2 < state3 < state4 < state5。一般而言，编码方式因综合器及综合控制方式不同而不同。为了某些特殊的需要，编码顺序也可以人为设置。

4.4.6 数据类型和实数类型

从前面看到，整数和实数的数据类型在标准的程序包中已做了定义。但在实际应用中，特别在综合中,由于这两种非枚举型的数据类型的取值定义范围太大,综合器无法进行综合。因此,定义为整数或实数的数据对象的具体数据类型必须由用户根据实际的需要重新定义并限定其取值范围,以便能为综合器所接受,从而提高芯片资源的利用率。实用中VHDL仿真器通常将整数或实数类型作为有符号数处理。VHDL综合器对整数或实数的编码方法是:对用户已定义的数据类型和子类型中的负数,编码为二进制补码;对用户已定义的数据类型和子类型中的正数,编码为二进制原码。

编码的位数,即综合后信号线的数目只取决于用户定义的数值的最大值。在综合中以浮点数表示的实数将首先转换成相应数值大小的整数,因此在使用整数时VHDL综合器要求使用数值限定关键词RANGE,对整数的使用范围做明确的限制。如下例所示:
TYPE percent IS RANGE –100 TO 100;

这是一隐含的整数类型,仿真中用8位位矢量表示,其中1位符号位、7位数据位。从下面的几个例子中可以看到将整数进行综合的方式。

数据类型定义	综合结果
TYPE num1 IS range 0 TO 100	-- 7位二进制原码
TYPE num2 IS range 10 TO 100	-- 7位二进制原码
TYPE num3 IS range –100 TO 100	-- 8位二进制补码
SUBTYPE num4 IS num3 RANGE 0 TO 6	-- 3位二进制原码

4.4.7 数组类型

数组类型属复合类型,是将一组具有相同数据类型的元素集合在一起,作为一个数据对象来处理的数据类型。数组可以是一维(每个元素只有一个下标)数组或多维数组(每个元素有多个下标)。VHDL仿真器支持多维数组,但VHDL综合器只支持一维数组,故在此不再讨论多维数组。

数组的元素可以是任何一种数据类型,用以定义数组元素的下标范围子句决定了数组中元素的个数,以及元素的排序方向,即下标数是由低到高,或是由高到低。如子句"0 TO 7"是由低到高排序的8个元素;"15 DOWNTO 0"是由高到低排序的16个元素。VHDL允许定义两种不同类型的数组,即限定性数组和非限定性数组。它们的区别是限定性数组下标的取值范围在数组定义时就被确定了,而非限定性数组下标的取值范围需留待随后确定。

限定性数组定义语句格式如下:
TYPE 数组名 IS ARRAY(数组范围) OF 数据类型;

其中数组名是新定义的限定性数组类型的名称,可以是任何标识符。数据类型与数组元素的数据类型相同,数组范围明确指出数组元素的定义数量和排序方式,以整数来表示其数组的下标,数据类型即指数组各元素的数据类型。

以下是两个限定性数组定义示例:
TYPE stb IS ARRAY(7 DOWNTO 0) OF STD_LOGIC;

这个数组类型的名称是stb,它有8个元素,它的下标排序是7,6,5,4,3,2,1,0。各元素的排序是stb(7),stb(6),…,stb(0)。
TYPE x IS (low, high);
TYPE data_bus IS ARRAY(0 TO 7,x) OF BIT;

首先定义 x 为两元素的枚举数据类型,然后将 data_bus 定义为一个有 9 个元素的数组类型,其中每一元素的数据类型是 BIT。

数组还可以用另一种方式来定义,就是不说明所定义的数组下标的取值范围,而是定义某一数据对象为此数组类型时,再确定该数组下标范围取值。这样就可以通过不同的定义取值,使相同的数据对象具有不同下标取值的数组类型。这就是非限制性数组类型,非限制性数组的定义语句格式如下:

TYPE 数组名 IS ARRAY (数组下标名 RANGE <>) OF 数据类型;

其中数组名是定义的非限制性数组类型的取名,数组下标名是以整数类型设定的一个数组下标名称。其中符号"<>"是下标范围待定符号,用到该数组类型时,再填入具体的数值范围。注意符号"<>"间不能有空格。例如"< >"的书写方式是错误的。数据类型是数组中每一元素的数据类型。

TYPE bit_vector IS Array (Natural Range <>) OF BIT;
VARIABLE va bit_vector (1 TO 6);   --将数组取值范围定在 1~6
TYPE real_matrix IS ARRAY (POSITIVE RANGE <>) OF RAEL;
VARIABLE real_matrix_object:Real_Matrix (1 TO 8);   --限定范围
TYPE log_4_vector IS ARRAY (NATURAL RANGE <>,POSITIVE RANGE <>) OF log_4;
VARIABLE 14_object:log_4_vector (0 TO 7,1 TO 2);   --限定范围

例 4.4 是非限制性数组类型的一个完整使用实例,用来实现一个深度为 16、数据位宽为 8 位的 RAM,也即其存储量为 16 个字节。

【例 4.4】 使用非限制性数组实现 RAM 的描述
LIBRARY IEEE;
USE IEEE.STD_LOGIC_1164.ALL;
USE IEEE.STD_LOGIC_UNSIGNED.ALL;
ENTITY regfile IS
PORT (q: OUT STD_LOGIC_VECTOR(7 DOWNTO 0);
        d: IN STD_LOGIC_VECTOR (7 DOWNTO 0);
        addr: IN STD_LOGIC_VECTOR (3 DOWNTO 0);
        we, clk: IN STD_LOGIC);
END regfile;
ARCHITECTURE behave OF regfile IS
TYPE rf_type IS ARRAY (NATURAL RANGE <>) OF STD_LOGIC_VECTOR(7 DOWNTO 0);
SIGNAL rf : rf_type (15 DOWNTO 0);
BEGIN
  PROCESS (clk)
  BEGIN
   IF RISING_EDGE(clk) THEN
  IF we = '1' THEN rf(CONV_INTEGER(addr)) <= d;
  --在 we=1 时,在时钟的上升沿将 d 写入 addr 地址对应的位置

```
      END IF;
    END IF;
  END PROCESS;
q <= rf(CONV_INTEGER(addr));    --将 addr 地址对应的数据赋值给 q
END behave;
```

对例 4.4 进行波形仿真,得到的仿真波形如图 4.7 所示,从图中可以看出使用非限制性数组实现了 RAM 的功能,其对应的 RTL 级电路图如图 4.8 所示。

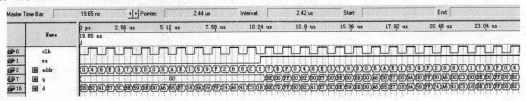

图 4.7 非限制性数组实现的 RAM 仿真波形

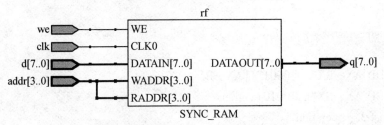

图 4.8 非限制性数组实现的 RAM 对应的 RTL 级电路图

4.4.8 记录类型

记录类型与数组类型都属数组。由相同数据类型的对象元素构成的数组称为数组类型的对象。由不同数据类型的对象元素构成的数组称为记录类型的对象。记录是一种异构复合类型,也就是说,记录中的元素可以是不同的类型。

构成记录类型的各种不同的数据类型可以是任何一种已定义过的数据类型,也包括数组类型和已定义的记录类型。显然,具有记录类型的数据对象的数值是一个复合值,这些复合值是由这个记录类型的元素决定的。定义记录类型的语句格式如下:

```
TYPE 记录类型名 IS RECORD
  元素名:元素数据类型;
  元素名:元素数据类型;
  ...
END RECORD [记录类型名];
```

记录类型定义示例如下:

```
TYPE datatype IS RECORD       --将 datatype 定义为四元素记录类型
  schedtime :TIME ;           --将元素 schedtime 定义为时间类型
  fixtime : TIME ;            --将元素 fixtime 定义为时间类型
  schedvalue : STD_LOGIC ;    --将元素 schedvalue 定义为标准位类型
  currentvalue :STD_LOGIC ;   --将元素 currentvalue 定义为标准位类型
```

END RECORD；

对于记录类型的数据对象赋值方式可以是整体赋值,或对其中的单个元素进行赋值。在使用整体赋值方式时,可以有位置关联方式或名字关联方式两种表达方式。如果使用位置关联,则默认为元素赋值的顺序与记录类型声明时的顺序相同。如果使用了 OTHERS 选项,则至少应有一个元素被赋值,如果有两个或更多的元素由 OTHERS 选项来赋值则这些元素必须具有相同的类型。此外,如果有两个或两个以上的元素具有相同的子类型,就可以以记录类型的方式放在一起定义。

下面的一个例子,利用记录类型定义了一个微处理器的命令信息表。

```
TYPE regname IS (AX,BX,CX,DX);
TYPE operation IS RECORD
    mnemonic：STRING (1 TO 10);
    opcode：BIT_VECTOR(3 DOWNTO 0);
    op1,op2,res : regname;
END record;
VARIABLE instr1,instr2：operation;
…
instr1:=("ADD AX, BX", "0001" ,AX, BX, AX);
instr2:=("ADD AX, BX", "0010" ,others => BX);
VARIABLE instr3 : operation;
instr3.mnemonic := "MUL AX, BX";
instr3.op1 := AX;
```

在上面的程序中,定义的记录类型 operation 共有 5 个元素:一个是加法指令码的字符串 mnemonic,一个是 4 位操作码 opcode 以及 3 个枚举型数组 op1,op2,res。其中 op1 和 op2 是操作数,res 是目标码。程序中定义的变量 instr1 的数据类型是记录型 operation,它的第一个元素是加法指令字符串"ADD AX,BX";第二个元素是此指令的 4 位命令代码"0001",第三、第四个元素为操作数 AX 和 BX,AX 和 BX 相加后的结果送入第五个元素 AX,因此这里的 AX 是目标码。

程序中,语句 instr3.mnemonic := "MUL AX,BX";表示将字符串"MUL AX,BX"赋给 instr3 中的元素 mnemonic。一般地,对于记录类型的数据对象进行单元素赋值时,就在记录类型对象名后加点(".")再加赋值元素的元素名。记录类型中的每一个元素仅为标量型数据类型构成,则该记录类型为线性记录类型,否则为非线性记录类型。只有线性记录类型的数据对象才是可综合的。

4.4.9 数据类型转换

由于 VHDL 是一种强类型语言,这就意味着即使对于非常接近的数据类型的数据对象,在相互操作时,也需要进行数据类型转换。

1. 类型转换函数方法

下面以例 4.5 加法计数器的设计来说明。

【例 4.5】 数据类型转换函数方法实现的加法计数器

```
PACKAGE defs IS                              --定义 defs 程序包
SUBTYPE short IS INTEGER RANGE 0 TO 15 ; --定义 INTEGER 的子类型 short
END defs ;
USE WORK. defs. ALL ;                        --调用 defs 程序包
ENTITY cnt IS
PORT ( clk: IN BOOLEAN ;
       P: INOUT short) ;
END ENTITY cnt;
ARCHITECTURE behv OF cnt IS
BEGIN
    PROCESS ( clk)
      BEGIN
      IF clk AND clk'EVENT THEN
         P<= P + 1 ;
       END IF ;
     END PROCESS;
END behv ;
```

例 4.5 描述的是一个 4 位二进制加法计数器,其中利用程序包 defs 定义了一个新的数据类型 short,并将其界定为 0~15 的整数范围,在实体中将计数信号 P 的数据类型定义为 short,其目的就是为了利用加法运算符"+"对 P 直接加 1 计数。VHDL 中预定义的运算符"+"只能对整数类型的数据进行运算操作,虽然这是可综合的设计示例,但实际上是无法通过 FPGA 的 I/O 接口将计数值 P 输入和输出的。这是因为 P 的数据类型是整数,而 FPGA 的 I/O 接口是以二进制方式表达的。解决这个矛盾一般有两种方法,一种是定义新的加载算符"+"使其能用于不同的数据类型之间的运算;其仿真波形和对应的 RTL 级电路图分别如图 4.9 和图 4.10 所示。

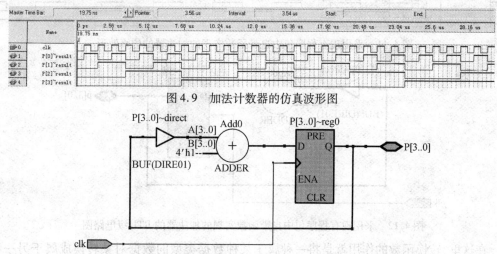

图 4.9 加法计数器的仿真波形图

图 4.10 采用数据类型转换函数方法实现的加法计数器的 RTL 级电路图
(下面的管脚写了一个 4'h1 表示十六进制数 1 对应程序中的 P<= P + 1 ;)

还可以用另外一种方法来实现数据类型转化,即采用现有程序包中的转换函数。例4.6就利用了现有程序包中的自带函数,来实现数据类型转换。对应的仿真波形和RTL级电路图如图4.11和图4.12所示。

【例4.6】 采用程序包中自带转换函数实现加法计数器

```
LIBRARY IEEE;
USE IEEE. STD_LOGIC_1164. ALL;
USE IEEE. STD_LOGIC_ARITH. ALL;
USE IEEE. STD_LOGIC_UNSIGNED. ALL;
ENTITY cnt IS
PORT (clk: IN STD_LOGIC;
      p: INOUT STD_LOGIC_VECTOR (3 DOWNTO 0) );
END cnt;
ARCHITECTURE behv OF cnt IS
BEGIN
    PROCESS(clk)
      BEGIN
      IF clk = '1' AND clk'EVENT  THEN
          p <= CONV_STD_LOGIC_VECTOR(CONV_INTEGER(p)+ 1,4) ;
    -- 先将p转换成INTEGER,做完加法后将其转换成STD_LOGIC_VECTOR
      END IF;
    END PROCESS;
END behv;
```

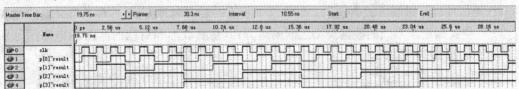

图4.11 采用现有程序包中自带函数实现的加法器的仿真波形

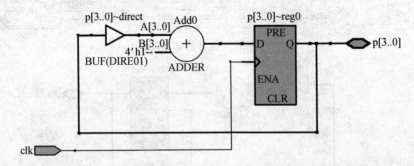

图4.12 采用现有程序包中自带函数实现的加法器的RTL级电路图

在这里,转换函数的作用就是将一种属于某种数据类型的数据对象转换成属于另一种数据类型的数据对象。目前,许多常用的EDA工具并不在乎例4.6中定义的数据类型。在综合中,其综合器会利用已有的转换函数自动将整数数据类型的输出量转换成二进制数输出量。利用类型转换函数来进行类型的转换需定义一个函数,使其参数类型被变换为被转换的类型,返回值为转换后的类型,这样就可以自由地进行类型转换。在实际应用中,类型转换函数是很常用的,VHDL 的标准程序包中提供了一些常用的转换函数。表 4.7 是一些常用的转换函数。

表 4.7 标准程序包中常用的转换函数

函数名	功能
CONV_INTEGER( )	将 STD_LOGIC_VECTOR 类型转换成 INTEGER 类型
CONV_STD_LOGIC_VECTOR( )	将 INTEGER 类型、UNSIGNED 类型或 SIGNED 类型转换成 STD_LOGIC_VECTOR 类型
TO_BIT( )	将 STD_LOGIC 类型转换成 BIT 类型
TO_BIT_VECTOR( )	将 STD_LOGIC_VECTOR 类型转换成 BIT_VECTOR 类型
TO_STD_LOGIC( )	将 BIT 类型转换成 STD_LOGIC 类型
TO_STD_LOGIC_VECTOR( )	将 BIT_VECTOR 类型转换成 STD_LOGIC_VECTOR 类型

2. 直接类型转换方法

以上所讲的是用转换函数的方式进行数据类型转换,但也可以直接利用 VHDL 的类型转换语句进行数据类型间的转换,此种直接类型转换的一般语句格式是:

数据类型标识符(表达式)

一般情况下,直接类型转换仅限于非常关联(数据类型相互间的关联性非常大)的数据类型之间,即必须遵循以下规则:所有的抽象数字类型是非常关联的类型(如整型、浮点型),如果浮点数转换为整数,则转换结果是最接近的一个整型数;如果两个数组有相同的维数,两个数组的元素是同一类型,并且在各自的下标范围内索引是同一类型或非常接近的类型,那么这两个数组是非常关联类型;枚举型不能被转换。

如果类型标识符所指的是非限定数组,则结果会将被转换的数组的下标范围去掉,即成为非限定数组。如果类型标识符所指的是限定性数组,则转换后的数组的下标范围与类型标识符所指的下标范围相同,转换结束后,数组中元素的值等价于原数组中的元素值。在类型与其子类型之间无需类型转换,即使两个数组的下标索引方向不同,这两个数组仍有可能是非常关联类型的。

4.5 基本仿真

仿真也称模拟(Simulation),主要完成的功能是对所设计的电路进行间接的检测,对设计电路的逻辑功能和实际运行状态进行模拟测试。仿真可以获得许多设计时难以发现的问题,有利于改进设计,提高设计的可靠性与稳定性。

随着 FPGA/CPLD 等可编程逻辑器件集成度的提高,往往在一个 IC 上就能完成某一种功能,甚至是一个系统,对其进行实际测试,难度大,可行性不高,因此,对于利用 VHDL 语言设计的电子系统,进行有效、可靠、快速、全面的仿真测试尤为重要。随着 EDA 工具的高速发展,对 VHDL 语言进行仿真的方法越来越多,有效性也越来越高,对于纯硬件的电路系统,如纯模拟或数字电路系统,设计者在设计的初期可以在 EDA 工具上完成仿真,但更重要的是直接的硬件系统指标测试与调试。下面主要介绍 VHDL 仿真的基本方式和方法。

4.5.1 VHDL 仿真

在电路规模达到数万、数十万乃至数百万个等效逻辑门的复杂系统设计中,利用 VHDL 完成设计的同时,还必须用先进的仿真工具才能快速、有效地完成所必需的测试工作。对 VHDL 设计进行仿真有多种形式,但大都是在 EDA 工具上完成的。例如,VHDL 时序仿真可获得与实际目标器件电气性能最为接近的设计模拟结果。行为仿真或称 VHDL 仿真,是进行系统级仿真的有效方法,可以用来在短时间内以极低的代价对多种方案进行测试比较、系统模拟和方案论证,以获得最佳系统设计方案;也可以在系统设计的早期,对设计方案的可行性进行评估和测试。但由于针对具体器件的逻辑分割和布局布线的适配过程耗时过大,不适合大系统进行仿真,并且最后的设计必须落实在硬件电路上,因此,在 VHDL 的设计中硬件仿真也有非常重要地位。硬件仿真的工具首先必须要依赖 EDA 工具,还必须要有良好的开发模型系统和规模比较大的 SRAM 型 FPGA 器件,二者缺一不可。一项较大规模 VHDL 系统设计必须经历多层次的仿真测试过程,才能最后完成,其中包括针对系统的 VHDL 行为仿真、功能模块的时序仿真和硬件仿真,直至最后系统级的硬件仿真。

许多 EDA 工具能将各种不同表述方法,如图形描述、VHDL 源程序本身等设计文件综合后用于仿真,输出可用于时序仿真的 VHDL 表述的文件,这是 VHDL 的一个重要特性。VHDL 仿真器就是指能完成 VHDL 仿真功能的软件工具,它有以下两种不同的实现方法:

(1)解释型仿真方式。ModelSim 及 Active-VHDL 均采用这种方式,和许多的高级语言一样,这种方式可以用断点、单步等方式调试 VHDL 程序。这种方式基本保持了原有描述风格,保持了描述中原有的信息,便于做成交互式带有 DEBUG 功能的模拟系统,因此对用户检查、调试和修改其源程序描述提供了极大的便利。这种方法的实现方式是,在编译 VHDL 源代码之后,生成仿真数据。在仿真时,对这些数据进行分析、解释和执行。

(2)编译型模拟方式。这种方式以最终验证一个完整电路系统的全部功能为目的,采用详细的、功能齐全的输入激励波形,需要使用较多的模拟周期进行模拟。采用的方法是,将 VHDL 源程序所描述的结构,以纯行为模型展开,并编译成目标语言的程序设计语言(如 C 语言),然后通过语言编译器,得到机器码形式的可执行文件,最后运行此执行文件实现模拟。

在进行 VHDL 的功能仿真和时序仿真时,仿真需要的激励文件有多种产生的方式,因此完成仿真的方式也不单一。VHDL 仿真的一般过程如图 4.13 所示。

近年来出现的图形化 VHDL 设计工具,可以接受逻辑结构图、状态转换图、数据流图、控制流程图及真值表等输入形式,通过配置的翻译器将这些图形格式转换成可用于仿真的 VHDL 文本。因此为了实现 VHDL 仿真,可用文本编辑器完成 VHDL 源程序的设计,也可以利用相应的 EDA 工具以图形方式完成。例如 Mentor Graphics 的 Renoir,Xilinx 的 Foundation Series,以及其他一些 EDA 公司都含有将状态转换图翻译成 VHDL 文本的设计工具。

在进行仿真时,VHDL 编译器首先对 VHDL 源文件进行语法及语义检查,然后将其转换为中间数据格式,中间数据格式是 VHDL 源程序描述的一种内部表达形式,能够保存完整的语义信息以及仿真器调试功能所需的各种附加信息,中间数据结果将送给设计数据库保存,设计者可以在 VHDL 源程序中使用 LIBRARY 语句打开相应的设计库,以便使用 USE 语句来调用库中的程序包。

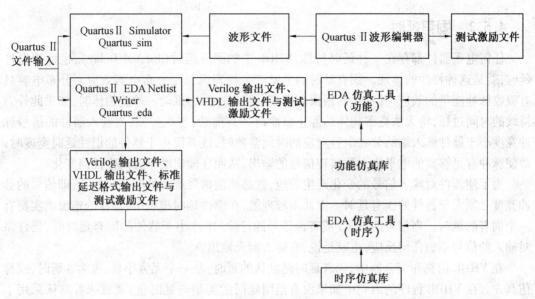

图 4.13 VHDL 仿真的一般过程

VHDL 仿真类型可分为功能仿真、时序仿真和行为仿真 3 类。其中功能仿真是在未经布线和适配之前,使用 VHDL 源程序综合后的文件进行的仿真,其不考虑延时,利用门级仿真器获得仿真结果;时序仿真则是由 FPGA/CPLD 适配器(完成芯片内自动布线等功能)映射于具体芯片后得到的文件进行仿真,在 VHDL 设计综合之后进行;行为仿真是对未经综合的文件进行仿真,目前大规模 PLD 器件供应商提供的大多数适配器都配有一个输出选项功能,可以生成 VHDL 网表文件,用户可用 VHDL 仿真器针对网表文件进行仿真,其方式和行为仿真类似,但所获得的结果和时序仿真的一致。

VHDL 网表文件中的程序,只使用门级元件进行低级结构描述,门级电路网络完全根据适配器布线的结果生成,其实质也是 VHDL 程序。所以,VHDL 网表文件中包含了精确的仿真延时信息,仿真的结果将非常接近实际。

一般地,在 VHDL 的设计文件中,将 EDA 工具通过综合与适配后输出的文件,在 VHDL 仿真器中的仿真,或者将综合与适配后输出的门级仿真文件(如 MAX+PLUS Ⅱ 的 SNF 文件),经门级仿真器的仿真都称为时序仿真。利用一些 VHDL 中的行为仿真语句,加以一些控制参数,如人为设定的延时量和一些报告语句,如 REPORT 语句和 ASSERT 语句等,将未经综合的文件通过 VHDL 仿真器进行仿真,称为行为仿真。目前 PC 机上流行的 VHDL 仿真器有 Model Technology 公司的 ModelSim 和 Aldec 公司的 Active-VHDL 等。ModelSim 的早期版本称为 V-System/Windows,这些软件都可以在 Windows 操作系统上运行。

对于大型设计,采用 VHDL 仿真器对源代码进行仿真可以节省大量时间,大型设计一般都是模块化设计,在设计完成之前即可进行分模块的 VHDL 源代码仿真模拟,VHDL 仿真使得在设计的早期阶段即可以检测到设计中的错误,从而进行修正来加速设计。因为大型设计的综合、布局、布线要花费计算机很长时间,不可能针对某个具体器件内部的结构特点和参数在有限的时间内进行许多次的综合、适配和时序仿真。

4.5.2 固有延时

任何电子器件都存在一种延时特性，VHDL 中的固有延时(Inertial Delay)，也称为惯性延时，就是这种特性的体现。固有延时的主要产生物理机制是分布电容效应。分布电容具有吸收脉冲能量的效应，其产生的因素有很多。当用一外力推动一静止物体时，如果此外力持续的时间过短，将无法克服物体的静止惯性而将其推动；与此类似，当输入器件的信号脉冲宽度小于器件输入端的分布电容对应的时间常数时，或者说小于器件的惯性延时宽度时，即使脉冲有足够高的电平也无法实现信号的输出，从而在输出端不会产生任何变化。

为了使器件对输入信号的变化产生响应，就必须使信号维持的时间足够长，即信号的脉冲宽度必须大于器件的固有延时。由此不难理解，在惯性延时模型中，器件的输出确实都有一个固有的延时。当信号的脉宽(或者说信号的持续时间)小于器件的固有延时时，器件将对输入的信号不做任何反应，也就是说，有输入而无输出。

在 VHDL 仿真和综合器中，固有延时是默认的延时，是一个无穷小量，称为 δ 延时，或称仿真 δ。在 VHDL 程序的语句中如果没有指明延时的类型与延时量，就意味着默认采用了这个固有延时量 δ 延时。在大多数情况下，这一固有延时量近似地反映了实际器件的行为。这个延时小量的设置仅为了仿真，它是 VHDL 仿真器的最小分辨时间，并不能完全代表器件实际的惯性延时情况。

在所有当前可用的仿真器中，固有模式是最通用的一种，为了在行为仿真中比较逼真地模仿电路的这种延时特性，VHDL 提供了有关的语句。例如：

z <= x XOR y AFTER 15ns ;

表示此赋值电路的惯性延时为 15 ns，即要求信号值 x XOR y 变化的稳定时间不能少于 15 ns，换句话说 x XOR y 的值在发生变化 15 ns 后才被赋给 z，此前 x 或 y 的任何变化都是无效的。而下例：

Z <= x XOR y;

则 x XOR y 的值，是在 δ 时间段后才被赋给 Z。

对于 FPGA/CPLD 来说，适配器生成的 VHDL 网表中，一般只使用固有延时模式。

4.5.3 传输延时

在 VHDL 语言中，传输延时表示的是连线的延时。传输延时对延时器件、PCB 板上的连线延时和 ASIC 上的通道延时的建模特别有用，是 VHDL 中的另外一种延时模型。它仅仅表示信号传输推迟或延迟了一个时间段，这个时间段即为传输延时，与固有延时相比，传输延时表达的是输入与输出之间的一种绝对延时，传输延时并不考虑信号持续的时间。表达传输延时的语句如以下例句所示：

Z <= TRANSPORT x AFTER 10ns;

行为仿真中，传输延时与固有延时造成的延时效应是一样的，尽管产生传输延时与固有延时的物理机制是不一样的。但是在综合过程中，综合器将忽略 AFTER 后的所有延时设置。其中关键词 TRANSPORT，后面的延时量为传输延时量。

4.5.4 仿真 δ

理论上讲,功能仿真就是假设器件间的延迟时间为零的仿真,因为从功能仿真的概念可知,由于综合器不支持延时语句,所以在综合后的功能仿真中,仿真器仅对 VHDL 设计的逻辑行为进行了仿真,并没有把器件的延时特性考虑进去,仿真器给出的结果也仅仅是逻辑功能上的仿真结果,然而事实并非如此。因为无论是功能仿真还是行为仿真,都是利用计算机进行软件仿真,即使是并行语句的仿真执行上也是有先后的,在零延时条件下,当作为敏感量的输入信号发生变化时,并行语句执行的先后次序无法确定,而不同的执行次序会得出不同的仿真结果,最后将导致矛盾的和错误的仿真结果,这种错误仿真出现的原因在于:零延时的假设在客观世界中是不可能存在的。

因此,在行为仿真和功能仿真中,引入 δ 延时是必需的,并且仿真中 δ 延时的引入是由仿真器自动完成的,无需设计者介入。具体的实现方法是,在仿真软件中,VHDL 仿真器将自动为系统中的信号赋值配置一足够小而又能满足逻辑排序的延时量。即仿真软件的最小分辨时间,这个延时量就称为仿真 δ 或称 δ 延时。

4.5.5 仿真激励信号产生

在进行仿真时,需要在输入端加激励信号。激励信号的产生有多种方法,例如可以将波形数据或其他数据放在文件中,用 TEXTIO 程序包来读取文本文件;可以用 Quartus Ⅱ 自带的 Vector Waveform File 功能来实现(在 Quartus Ⅱ 10.0 以后的版本中,该功能被取消);可以将仿真的一些中间结果写到文件中;也可以用 Modelsim 写 TestBench 来实现激励的产生;还可以用 VHDL 设计一个波形发生器模块;等等。

由于 Vector Waveform File 功能所需的仿真时间太长,且 Modelsim 的功能强大,仿真效率高,仿真耗时短、结果可靠,激励加入的方式多样,所以现在一般的仿真,大多用 Modelsim 软件。TEXTIO 只是 Modelsim 强大功能中的一个,除了要读取的数据或命令写在相应的 txt 文件中,TEXTIO 功能也需要 TestBench,因此使用 Modelsim 软件,只需要编写 TestBench 文件即可完成激励信号的加入(可有多种加入方式,按照需求选择最合适的),结果的输出等任务。例 4.7 是一个 4 位二进制加法器的 VHDL 程序,例 4.8 是例 4.7 对应的 TestBench 文件,从该 TestBench 中我们可以看到激励信号是如何产生的。

【例 4.7】 4 位二进制加法器

```
LIBRARY IEEE;
USE IEEE. STD_LOGIC_1164. ALL;
USE IEEE. STD_LOGIC_UNSIGNED. ALL;
ENTITY adder4 IS
PORT( a, b: IN STD_LOGIC_VECTOR(3 DOWNTO 0);
      c: OUT STD_LOGIC_VECTOR(3 DOWNTO 0)
);
END adder4;
ARCHITECTURE bev OF adder4 IS
BEGIN
```

```
        c <= a + b;
END bev;
```

TestBench 文件有很大一部分是固定的,因此为了方便 Quartus Ⅱ软件有模板编写功能,当然 TestBench 文件也可以完全手动编写,例4.8 是例4.7 对应的 TestBench 程序。

【例4.8】 例4.7 对应的 TestBench 程序

```
LIBRARY IEEE;
USE IEEE.STD_LOGIC_1164.ALL;
USE IEEE.STD_LOGIC_UNSIGNED.ALL;
ENTITY adder4_vhd_tst IS
END adder4_vhd_tst;
ARCHITECTURE adder4_arch OF adder4_vhd_tst IS
SIGNAL a : STD_LOGIC_VECTOR(3 DOWNTO 0) := "0000";   --初始化信号a=0
SIGNAL b : STD_LOGIC_VECTOR(3 DOWNTO 0) := "0001";   --初始化信号b=1
SIGNAL c : STD_LOGIC_VECTOR(3 DOWNTO 0);
COMPONENT adder4
    PORT (
            a : IN STD_LOGIC_VECTOR(3 DOWNTO 0);
            b : IN STD_LOGIC_VECTOR(3 DOWNTO 0);
            c : OUT STD_LOGIC_VECTOR(3 DOWNTO 0)
         );
END COMPONENT;
BEGIN
  i1 : adder4
    PORT MAP(a => a,
             b => b,
             c => c);
InputdataA : PROCESS
            BEGIN
     a <= a + 1; WAIT FOR 10ns;      -- 设置a输入信号为每隔10 ns自增一次
END PROCESS InputdataA;
InputdataB : PROCESS
            BEGIN
     b <= b + 1; WAIT FOR 20ns;      -- 设置b输入信号为每隔20 ns自增一次
END PROCESS InputdataB;
END adder4_arch;
```

设置仿真时间为 160 ns,在 Modelsim 中的仿真波形如图4.14 所示,对应的 RTL 级电路如图4.15 所示。

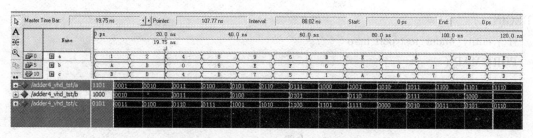

图 4.14　二进制加法器 Modelsim 仿真波形

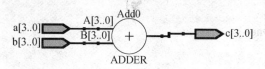

图 4.15　二进制加法器对应的 RTL 级电路

4.5.6　VHDL 测试基准

VHDL 测试基准 TestBench，其本身也是 VHDL 程序，用各种方法产生激励信号，通过元件例化语句以及端口映射，将激励信号传给被测试的 VHDL 实体，是用来测试一个 VHDL 实体的 VHDL 测试基准。在对一个实体进行仿真时，编写一个 VHDL 程序，在程序中将这个实体进行元件例化，对这个实体的输入信号用 VHDL 程序加上激励波形，在 VHDL 仿真器中编译运行这个新建的 VHDL 程序，即可对前面的实体进行仿真测试，这个 VHDL 程序称为测试基准 TestBench。测试完成后将输出信号波形写到文件中，或直接用波形浏览器观察输出波形。

一般情况下，VHDL 程序的测试结果全部通过内部信号或变量来观察和分析，且 VHDL 的测试基准程序不需要定义输入、输出端口。大部分 VHDL 仿真器一般都可以根据被测试的实体自动生成一个测试基准文件框架，然后设计者可以在此基础上加入自己的激励波形产生方法及其他各种测试手段。下面是 TestBench 的一般编写框架。

```
LIBRARY IEEE;
USE IEEE.STD_LOGIC_1164.ALL;

ENTITY test_bench IS                --测试平台文件的空实体,没有端口的定义
END test_bench;

ARCHITECTURE tb_behv OF test_bench IS

COMPONENT entity_under_test         --被测试元件声明
  PORT(
    …
  );
END COMPONENT;
```

```
BEGIN
    i1 : entity_under_test port map
    PORT MAP (
                ...
                );

    One:PROCESS( )
        -- 产生时钟
        END PROCESS One;
Two:PROCESS
        -- 产生激励
        END PROCESS Two;
END tb_behv;
```
例4.9是一个8位计数器的设计实体以及其对应的TestBench测试程序,其仿真波形如图4.16所示。

【例4.9】 8位计数器的描述程序及其对应的TestBench测试程序

```
LIBRARY IEEE;
USE IEEE.STD_LOGIC_1164.ALL;
USE IEEE.STD_LOGIC_ARITH.ALL;
USE IEEE.STD_LOGIC_UNSIGNED.ALL;


ENTITY counter8 IS
PORT(
        clk,ce,load,dir,reset :IN STD_LOGIC;
        din                   :IN STD_LOGIC_VECTOR(7 DOWNTO 0);
        count                 :OUT STD_LOGIC_VECTOR(7 DOWNTO 0) );
END counter8;


ARCHITECTURE counter8_arch OF counter8 IS
SIGNAL counter: STD_LOGIC_VECTOR(7 DOWNTO 0);
BEGIN
PROCESS( clk,reset)
BEGIN
    IF reset='1' THEN counter <=(others => '0');
        ELSIF clk='1' AND clk'EVENT THEN
            IF load='1' THEN counter <= din;
                ElSE
                    IF ce='1' THEN
                        IF dir='1' THEN
```

```vhdl
                    IF counter ="11111111" THEN counter <= (others => '0');
                        ElSE counter <= counter + 1;
                    END IF;
                ELSE
                    IF counter = "00000000" THEN counter <= (others => '1');
                        ElSE counter <= counter - 1;
                    END IF;
                END IF;
            END IF;
        END IF;
    END IF;
        count<= counter;
END PROCESS;
END counter8_arch;
--上例对应的 test_bench 测试程序
LIBRARY IEEE;
USE IEEE.STD_LOGIC_1164.ALL;
USE IEEE.STD_LOGIC_ARITH.ALL;
USE IEEE.STD_LOGIC_UNSIGNED.ALL;


ENTITY counter8_vhd_tst IS
END counter8_vhd_tst;
ARCHITECTURE counter8_arch OF counter8_vhd_tst IS
-- constants
-- signals
SIGNAL ce : STD_LOGIC:='0';
SIGNAL clk : STD_LOGIC:='0';
SIGNAL count : STD_LOGIC_VECTOR(7 DOWNTO 0);
SIGNAL din : STD_LOGIC_VECTOR(7 DOWNTO 0):="10000000";
SIGNAL dir : STD_LOGIC:='0';
SIGNAL load : STD_LOGIC:='0';
SIGNAL reset : STD_LOGIC:='0';
COMPONENT counter8
    PORT (
        ce     : IN STD_LOGIC;
        clk    : IN STD_LOGIC;
        count  : OUT STD_LOGIC_VECTOR(7 DOWNTO 0);
        din    : IN STD_LOGIC_VECTOR(7 DOWNTO 0);
        dir    : IN STD_LOGIC;
```

```
            load   : IN STD_LOGIC;
            reset  : IN STD_LOGIC
        );
END COMPONENT;
BEGIN
    i1 : counter8
    PORT MAP (
                -- list connections between master ports and signals
                ce   => ce,
                clk  => clk,
                count => count,
                din  => din,
                dir  => dir,
                load => load,
                reset => reset
                );

clk_gen : PROCESS
        BEGIN
            WAIT FOR 10 ns; clk <= not clk;
        END PROCESS clk_gen;
signal_input : PROCESS
        BEGIN
            WAIT FOR 5ns  ;reset <= '1';
            WAIT FOR 10ns ;reset <= '0';load <= '1';
            WAIT FOR 30ns ;load <= '0';ce <= '1'; dir <='1';
            WAIT FOR 50ns ;dir <= '0';
            WAIT FOR 50ns;
            WAIT;
        END PROCESS signal_input;
END counter8_arch;
```

图 4.16 是其仿真波形，从图中可以看出，预置数为"10000000"，当 dir 为 1 时，counter 在 clk 的上升沿加 1；当 dir 为 0 时，counter 在 clk 的上升沿减 1。

4.5.7　VHDL 系统级仿真

支持系统仿真已经成为目前 VHDL 应用技术发展的一个重要趋势。目前大多数 VHDL 仿真器支持标准的接口(如 PLI 接口)，因此方便制作通用的仿真模块来支持系统级仿真。所谓仿真模块，是指许多公司为某种器件制作的 VHDL 仿真模型。这些模型一般是经过预编译的，也有提供源代码的，然后在仿真时，将各种器件的仿真模型用 VHDL 程序组装起

第4章 VHDL 基础

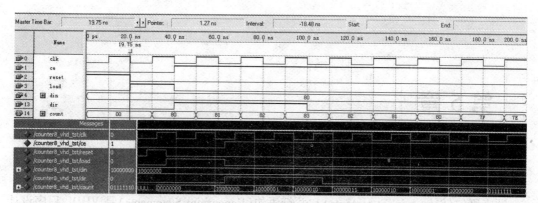

图 4.16　8 位计数器对应 Modelsim 仿真波形图

来,成为一个完整的电路系统,设计者的设计文件成为这个电路系统的一部分,这样在 VHDL 仿真器中可以得到较为真实的系统级的仿真结果。

　　上面所涉及的还只是在单一目标器件中的一个完整的设计。对于一个可应用于实际环境的完整的电子系统来说,用于实现 VHDL 设计的目标器件常常只是整个系统的一部分,对芯片进行单独仿真,仅得到针对该芯片的仿真结果。仅对某一目标芯片的仿真往往有许多实际的情况不能考虑进去,如果对整个电路系统都能进行仿真,可以使芯片设计风险减少,找出一些整个电路系统一起工作才会出现的问题。

　　由于 VHDL 是一种描述能力强、描述范围广的语言,完全可以将整个数字系统用 VHDL 来描述,然后进行整体仿真,即使没有使用 VHDL 设计的数字集成电路,同样可以设计出 VHDL 仿真模型。所谓的 VHDL 器件模型,实际上是用 VHDL 语言对某种器件设计的实体,不过这些模型提供给用户的时候,一般是经过预编译的,用户需支付一定的费用才能得到源代码,通过 Internet 也可寻到 FSF(Free Software Foundation)免费的 VHDL 模型及其源代码。现在有许多公司可提供许多流行器件的 VHDL 模型,如 8051 单片机模型、PIC16C5X 模型、80386 模型等,利用这些模型可以将整个电路系统组装起来。许多公司提供的某些器件的 VHDL 模型甚至可以进行综合,这些模型有双重用途,既可用来仿真,也可作为实际电路的一部分(即 IP 核)。

　　目前有些软件可以完成具有部分支持 VHDL 的模拟电路系统级仿真器,但是用于描述模拟电路的 VHDL 语言距离实用尚有一些难题需要攻克。PSPICE 是一个典型的系统级电路仿真软件,其本来就可以进行模拟电路、数字电路混合仿真,在新版本上扩展了 VHDL 仿真功能,在 PSPICE 扩展了 VHDL 仿真功能之后,理所当然也能进行 VHDL 描述的数字电路和模拟电路的混合仿真,即能够仿真几乎所有的电路系统。

第 5 章　VHDL 语句

顺序语句(Sequential Statements)和并行语句(Concurrent Statements)是 VHDL 程序设计中两大基本描述语句类型。在数字逻辑系统的设计中,这些语句从各个不同的方面完整地描述了数字系统的逻辑功能和具体硬件结构,其中包括通信的协议、信号的控制方式、多层次的元件例化以及系统整体行为等。本章将主要介绍 VHDL 语句的基本用法。

5.1 顺序语句

顺序语句是相对于并行语句而言的,VHDL 中的顺序语句与传统的软件编程语言中的语句的执行方式十分相似。所谓顺序,主要指的是语句的执行顺序,或者说在行为仿真中语句的执行次序。但应注意的是,这里的顺序是对仿真软件的运行或顺应 VHDL 语法的编程逻辑思路而言的,其相应的硬件逻辑工作方式未必如此。顺序语句只能出现在进程(PROCESS)和子程序中,其中子程序包括函数(FUNCTION)和过程(PROCEDURE)。

5.1.1 信号和变量赋值语句

赋值语句的功能就是将一个值或一个表达式的运算结果传递给某一数据对象。如信号、变量,或由此组成的数组,VHDL 设计实体内的数据传递以及对端口界面外部数据的读写都必须通过赋值语句的运行来实现。

赋值语句分为信号赋值语句和变量赋值语句。两种赋值语句都由 3 个基本部分组成:赋值目标、赋值符号和赋值源。赋值目标是所赋值的受体,其基本元素只能是信号或变量,但是可以有多种表现形式,如文字、标识符、数组等。赋值符号只有两种,信号赋值符号是"<=";变量赋值符号是":="。变量赋值语句和信号赋值语句的语法格式如下。

变量赋值目标 := 赋值源
信号赋值目标 <= 赋值源

赋值源是赋值的主体,它既可以是一个数值,也可以是一个逻辑或运算表达式。VHDL 规定,赋值目标与赋值源的数据类型必须严格一致。

变量赋值与信号赋值的区别是:变量具有局部特征,它的有效性只局限于所定义的一个进程中,或一个子程序中,它是一个局部的、暂时性数据对象(在某些情况下)。对于它的赋值是立即发生的,延迟时间为 0 的赋值行为;信号则不同,信号具有全局性特征,它不但可以作为一个设计实体内部各单元之间数据传送的载体,而且可以通过信号与其他的实体进行通信,信号的赋值并不是立即发生的,它发生在一个进程结束时。赋值过程总是有某种延时,它反映了硬件系统的重要特性,综合后可以找到与信号相对应的硬件结构,如一根传输导线、一个输入输出端口或一个 D 触发器等。

但是必须注意,不能简单地认为变量赋值只是一种纯软件效应,不可能产生与之对应的硬件结构。事实上,变量赋值的特性是 VHDL 语法的要求,是行为仿真流程的规定,实际上,在某些条件下变量赋值行为与信号赋值行为所产生的硬件结果是相同的,例如,都可以向系统引入寄存器。

在信号赋值中还需要注意的是,当在同一进程中,同一信号赋值目标有多个赋值源时,信号赋值目标获得的是最后一个赋值源的赋值,其前面相同的赋值目标不做任何变化。

下面的简单例子用来说明变量和信号在赋值上的差别。

```
SIGNALs1,s2 : STD_LOGIC;
SIGNAL svec : STD_LOGIC_VECTOR (0 TO 7);
...
PROCESS( s1 ,s2 )
    VARIABLE v1 ,v2: STD_LOGIC;
    BEGIN
    v1:= '1';            --立即将 v1 置位为 1
    v2:= '1';            --立即将 v2 置位为 1
    s1<= '1';            -- s1 被赋值为 1
    s2<= '1';            --由于在本进程中,这里的 s2 不是最后一个
                         --赋值语句,故不做任何赋值操作
    svec(0) <= v1;       --将 v1 在上面的赋值 1 赋给 svec(0)
    svec(1) <= v2;       --将 v2 在上面的赋值 1 赋给 svec(1)
    svec(2) <= s1;       --将 s1 在上面的赋值 1 赋给 svec(2)
    svec(3) <= s2;       --将最下面的赋予 s2 的值'0' 赋给 svec(3)
    v1:= '0';            --将 v1 置入新值 0
    v2:= '0';            --将 v2 置入新值 0
    s2<= '0';            --由于这是 s2 最后一次赋值,赋值有效
                         --此'0'将上面准备赋入的'1'覆盖掉
    svec(4) <= v1;       --将 v1 在上面的赋值 0 赋给 svec(4)
    svec(5) <= v2;       --将 v2 在上面的赋值 0 赋给 svec(5)
    svec(6) <= s1;       --将 s1 在上面的赋值 1 赋给 svec(6)
    svec(7) <= s2;       --将 s2 在上面的赋值 0 赋给 svec(7)
END PROCESS;
```

5.1.2 IF 语句

IF 语句是一种条件语句,它根据语句中所设置的一种或多种条件,有选择地执行指定的顺序语句。IF 语句的语句结构有以下 3 种:

IF 条件句 THEN   --第一种 IF 语句结构
  顺序语句

END IF

IF 条件句 THEN   --第二种 IF 语句结构
    顺序语句
ELSE
    顺序语句
END IF

IF 条件句 THEN   --第三种 IF 语句结构
    顺序语句
ELSIF 条件句 THEN
    顺序语句
    …
ELSE
    顺序语句
END IF

IF 语句中至少应有一个条件句,条件句必须由 BOOLEAN 表达式构成。IF 语句根据条件句产生的判断结果为 TRUE 或 FALSE,有条件地选择执行其后的顺序语句。

第一种条件语句的执行情况是:当执行到此句时,首先检测关键词 IF 后的条件表达式的布尔值是否为真(TRUE)。如果条件为真,将顺序执行条件句中列出的各条语句直到"END IF",即完成全部 IF 语句的执行;如果条件检测为假(FALSE),则跳过以下的顺序语句不予执行,直接结束 IF 语句的执行。这是一种最简化的 IF 语句表达形式。如下例所示:

First : IF (a>b) THEN
        output <= '1';
    END IF First;

其中 First 是条件句名称,可有可无,若条件句(a>b)的检测结果为 TRUE,则向信号 output 赋值 1,否则此信号维持原值。

与第一种 IF 语句相比,第二种 IF 语句差异仅在于当所测条件为 FALSE 时,并不直接跳到 END IF 结束条件句的执行,而是转向 ELSE 以下的另一段顺序语句进行执行。所以第二种 IF 语句具有条件分支的功能,就是通过测定所设条件的真伪以决定执行哪一组顺序语句,在执行完其中一组语句后,再结束 IF 语句的执行。下例利用了第二种 IF 语句,完成了一个具有 2 输入与门功能的函数定义。

FUNCTION and_func (x,y : IN BIT) RETURN BIT IS
BEGIN
    IF x='1' AND y='1' THEN
            RETURN '1';
    ELSE   RETURN '0';
        END IF;
END and_func ;

第 5 章　VHDL 语句

IF 语句中的条件结果必须是 BOOLEAN 类型值,下面通过例 5.1 对端口的定义来说明这一点。

【例 5.1】 IF-ELSE 语句简单描述程序

```
LIBRARY IEEE;
USE IEEE.STD_LOGIC_1164.ALL;
ENTITY choice IS
    PORT(a, b, c: IN BOOLEAN;
        output: OUT BOOLEAN
        );
END choice;

ARCHITECTURE behav OF choice IS
  BEGIN
  PROCESS (a, b, c)
      VARIABLE n: BOOLEAN;
  BEGIN
  IF a THEN      -- a 为 TRUE
      n := b;
  ELSE
      n := c;    -- a 为 FALSE
  END IF;
      output <= n;   --将 n 值输出
  END PROCESS;
    END behav;
```

例 5.1 对应的仿真波形及 RTL 级电路图分别如图 5.1 和图 5.2 所示。从程序中端口的定义以及最终的仿真结果可知,IF 语句中的条件结果是 BOOLEAN 类型值。

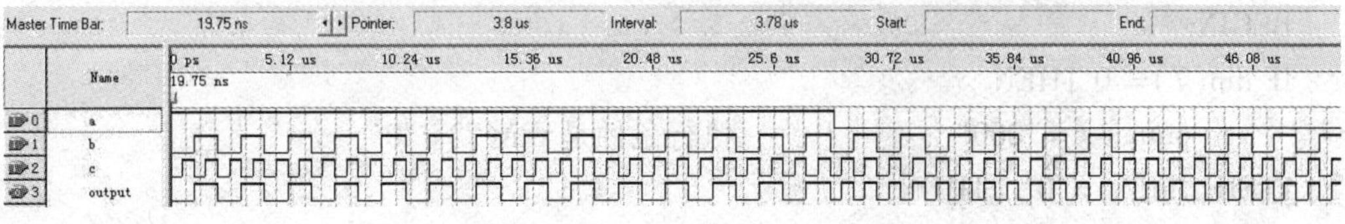

图 5.1　IF-ELSE 语句仿真波形图

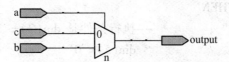

图 5.2　IF-ELSE 语句对应的硬件实现电路

第三种 IF 语句通过关键词 ELSIF 设定多个判定条件,以使顺序语句的执行分支可以超过两个,这一语句的使用需注意的是,任一分支顺序语句的执行条件是以上各分支所确定条件的与(即相关条件同时成立)。下面的例子是由两个二选一多路选择器构成的电路逻辑。

SIGNAL a, b, c, p1, p2, z : BIT ;
...
IF (p1 = '1') THEN
　　z <= a ;　　--满足此语句的执行条件是(p1 = '1')
ELSIF (p2 = '0') THEN
　　z <= b ;　　--满足此语句的执行条件是(p1 = '0') AND (p2 = '0')
ELSE
　　z <= c ;　　--满足此语句的执行条件是(p1 = '0') AND (p2 = '1')
END IF;

　　从上面的例子可以看出,第三种IF语句,即IF-THEN-ELSIF语句中,顺序语句的执行条件具有向上相与的关系,有的逻辑设计恰好需要这种功能。例5.2正是利用了这一功能,以十分简洁的描述完成了一个8-3线优先编码器的设计。

【例5.2】 8-3线优先编码器
```
LIBRARY IEEE;
USE IEEE. STD_LOGIC_1164. ALL;

ENTITY coder8to3 IS
  PORT (din : IN STD_LOGIC_VECTOR(0 TO 7);
        output: OUT STD_LOGIC_VECTOR(0 TO 2)
       );
END coder8to3;

ARCHITECTURE behav OF coder8to3 IS
SIGNAL SINT : STD_LOGIC_VECTOR(4 DOWNTO 0);
BEGIN
  PROCESS (din)
    BEGIN
    IF din(7)= '0'THEN
          output <="000" ;         --执行条件是 din(7)= '0'
    ELSIF din(6)= '0'   THEN
          output <="100" ;         --执行条件是 din(7)= '1' AND din(6)= '0'
    ELSIF din(5)= '0'   THEN
          output <="010" ;         --执行条件是 din(7)= '1' AND din(6)= '1' AND
                                     din(5)= '0'
    ELSIF din(4)= '0'   THEN
          output <="110" ;         --依此类推
    ELSIF din(3)= '0'   THEN
          output <="001" ;
    ELSIF din(2)= '0'   THEN
```

第 5 章　VHDL 语句

```
            output <="101" ;
    ELSIF din(1)='0' THEN
            output <="011" ;
    ELSE
            output <="111" ;
    END IF;
    END PROCESS;
END behav;
```

例 5.2 对应的仿真波形及 RTL 级电路图分别如图 5.3 和图 5.4 所示。

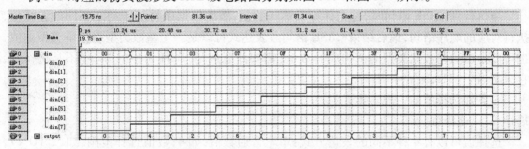

图 5.3　8-3 线优先编码器仿真波形图

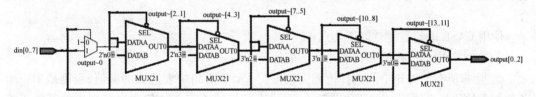

图 5.4　8-3 线优先编码器 RTL 级电路图

表 5.1 是此编码器的真值表。

表 5.1　8-3 线编码器真值表

输入								输出		
din0	din1	din2	din3	din4	din5	din6	din7	output0	output1	output2
×	×	×	×	×	×	×	0	0	0	0
×	×	×	×	×	×	0	1	1	0	0
×	×	×	×	×	0	1	1	0	1	0
×	×	×	×	0	1	1	1	1	1	0
×	×	×	0	1	1	1	1	0	0	1
×	×	0	1	1	1	1	1	1	0	1
×	0	1	1	1	1	1	1	0	1	1
0	1	1	1	1	1	1	1	1	1	1

显然,例 5.2 的最后一项赋值语句 output<="111"的执行条件是:din(7)='1' AND din(6)='1' AND din(5)='1' AND din(4)='1' AND din(3)='1' AND din(2)='1' AND din(1)='1' AND din(0)='0',这正好与表 5.1 最后一行吻合。

5.1.3 CASE 语句

CASE 语句根据满足的条件直接选择多项顺序语句中的一项进行执行。CASE 语句的结构如下：

CASE 表达式 IS

 WHEN 选择值 => 顺序语句；

 WHEN 选择值 => 顺序语句；

 …

END CASE；

当执行到 CASE 语句时，首先计算表达式的值，然后根据条件句中与之相同的选择值，执行对应的顺序语句，最后结束 CASE 语句。表达式可以是一个整数类型或枚举类型的值，也可以是由这些数据类型的值构成的数组（需要注意的是：条件句中的"=>"不是操作符，它只相当于"THEN"的作用）。

多条件选择值的一般表达式为：

选择值[|选择值]

选择值可以有 4 种不同的表达方式：单个普通数值，如 4；数值选择范围，如（2 TO 4），表示取值为 2，3 或 4；并列数值，如 3|5 表示取值为 3 或者 5。混合方式，以上 3 种方式的混合。

使用 CASE 语句需注意以下几点：

① 条件句中的选择值必在表达式的取值范围内。

② 除非所有条件句中的选择值能完整覆盖 CASE 语句中表达式的取值，否则最末一个条件句中的选择必须用"OTHERS"表示，它代表已给的所有条件句中未能列出的其他可能的取值。关键词 OTHERS 只能出现一次，且只能作为最后一种条件取值。使用"OTHERS"的目的是为了使条件句中的所有选择值能涵盖表达式的所有取值，以免综合器会插入不必要的锁存器。这一点对于定义为 STD_LOGIC 和 STD_LOGIC_VECTOR 数据类型的值尤为重要。因为这些数据对象的取值除了"1"和"0"以外，还可能有其他的取值，如高阻态"Z"、不定态"X"等。

③ CASE 语句中每一条件句的选择值只能出现一次，不能有相同选择值的条件语句出现。

④ CASE 语句执行中必须选中，且只能选中所列条件语句中的一条。这表明 CASE 语句中至少要包含一个条件语句。

例 5.3 是用 CASE 语句描述的 4 选 1 多路选择器的 VHDL 程序。

【例 5.3】 用 CSAE 语句描述的 4 选 1 多路选择器

```
LIBRARY IEEE;
USE IEEE.STD_LOGIC_1164.ALL;
ENTITY mux41 IS
  PORT (s1, s2     : IN STD_LOGIC;
        a, b, c, d : IN STD_LOGIC;
        z          : OUT STD_LOGIC);
```

```
END ENTITY mux41;
ARCHITECTURE activ OF mux41 IS
  SIGNAL s : STD_LOGIC_VECTOR(1 DOWNTO 0);
  BEGIN
    s <= s1 & s2 ;
PROCESS(s, a, b, c, d)          -- 这里必须以 s 为敏感信号,而非 s1 和 s2
    BEGIN
      CASE s IS
          WHEN"00" => z<= a ;
          WHEN"01" => z<= b ;
          WHEN"10" => z<= c ;
          WHEN"11" => z<= d ;
          WHEN OTHERS => z<= 'X';    --注意,这里的 X 必须大写
      END CASE;
    END PROCESS;
End activ;
```

例 5.3 的仿真波形及 RTL 级电路图分别如图 5.5 和图 5.6 所示。

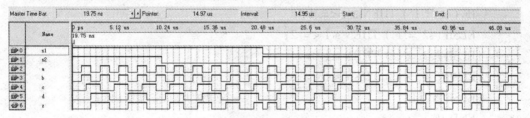

图 5.5　CSAE 语句描述的 4 选 1 多路选择器的仿真波形图

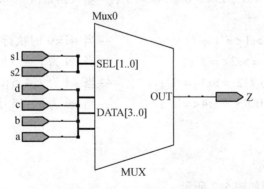

图 5.6　CSAE 语句描述的 4 选 1 多路选择器的 RTL 级电路图

注意例 5.3 中的第五个条件句是必需的,因为对于定义为 STD_LOGIC_VECTOR 数据类型的 s,在 VHDL 综合过程中,它可能的选择值除 00,01,10 和 11 外,还可以有其他定义于 STD_LOGIC 的选择值。另外需要特别注意,WHEN OTHERS => z <= 'X'一句中的 X 必须大写,否则为错,这是由于必须要与程序包中对数据类型 STD_LOGIC 的最初定义一致。

下面的例子描述了 4 选 1 选择器,是用 IF 语句和 CASE 语句共同完成的。和普通的多

路选择器不同,它是根据4位输入码来确定4位输出中哪一位输出为1。此外,它的选择表达式的数据类型是整数型。

【例5.4】 IF 语句和 CSAE 语句共同完成的4选1数据选择器

```
LIBRARY IEEE;
USE IEEE.STD_LOGIC_1164.ALL;
USE IEEE.STD_LOGIC_ARITH.ALL;
USE IEEE.STD_LOGIC_UNSIGNED.ALL;
ENTITY mux41 IS
   PORT (s1,s2, s3,s4 : IN STD_LOGIC;
         z1,z2, z3,z4 : OUT STD_LOGIC);
END mux41;
ARCHITECTURE behv OF mux41 IS
   SIGNAL sel : INTEGER range 0 TO 15 ;
   BEGIN
   PROCESS(sel,s4,s3,s2,s1 )
      BEGIN
         sel<= 0;                            --输入初始值
         IF (s1 ='1') THEN sel <= 1;
         ELSIF(s2 ='1') THEN sel <= 2;
         ELSIF(s3 ='1') THEN sel <= 4;
         ELSIF(s4 ='1') THEN sel <= 8;
         ELSE NULL;                          --这里使用了空操作语句
         END IF ;
         z1<='0'; z2<='0'; z3<='0'; z4<='0';  --输入初始值
         CASE sel IS
            WHEN 0  =>z1<='1';               --当 sel=0 时执行
            WHEN 1|3  =>z2<='1';             --当 sel 为1或3时执行
            WHEN 4 To 7|2  =>z3<='1';        --当 sel 为2,4,5,6或7时执行
            WHEN OTHERS =>z4<='1';           --当 sel 为8~15中任一值时执行
         END CASE;
   END PROCESS;
END behv;
```

例5.4的仿真波形如图5.7所示。

例5.4中的 IF-THEN-ELSIF 语句所起的作用,等效于数据类型转换器的作用,即把输入的 s4,s3,s2,s1 的4位二进制输入值转化为能与 sel 对应的整数值,以便可以在条件句中进行比较。

在使用 case 语句时常会出现一些错误,使用时要特别注意。下面总结了常见的一些错误。

SIGNAL sel:INTEGER   RANGE   0 TO 15;

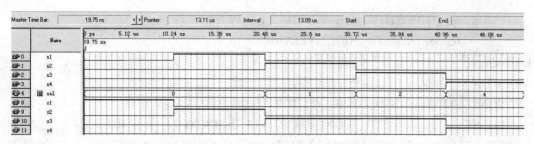

图5.7 IF 语句和 CSAE 语句共同完成的 4 选 1 数据选择器仿真波形

```
SIGNAL y:STD_LOGIC ;
…
CASE sel IS                          --缺少以 WHEN 引导的条件句
END CASE；
…
CASE sel IS
    WHEN 0 => y <= '1'；            --sel 为 2~15 的值未包括进去
    WHEN 1 => y <= '0'；
END CASE；
…
CASE sel IS
    WHEN 0 TO 8 => y <= '1'；       --值 5~8 的选择项不唯一
    WHEN 5 TO 15 => y <= '0'；
END CASE；
```

　　和 IF 语句相比，CASE 语句构成的程序可读性更强，因为它把条件中所有可能出现的情况全部列出来了，可执行条件十分清楚。并且 CASE 语句的执行过程和 IF 语句不同，IF 语句的执行有一个逐项条件顺序比较的过程，而在 CASE 语句中，条件句的次序无关紧要，其执行的过程更接近于并行方式。

　　一般而言，对相同的逻辑功能，在综合后，使用 CASE 语句进行描述比使用 IF 语句消耗更多的硬件资源。不仅如此，对于有的逻辑 CASE 语句无法描述时，只能用 IF 语句来描述。这是因为 IF-THEN-ELSLF 语句具有条件相与的功能，并且有能自动将逻辑值"-"（任意）包括进去的功能（逻辑值"-"对逻辑的化简有利），而 CASE 语句只有条件相或的功能。例5.5 用 VHDL 语言描述了一个算术逻辑单元，加、减、相等或不相等比较等操作在信号 mode 的控制下分别实现，程序在 CASE 语句中使用了 IF-THEN 语句。

【例 5.5】 算术逻辑单元

```
LIBRARY IEEE；
USE IEEE. STD_LOGIC_1164. ALL；
USE IEEE. STD_LOGIC_UNSIGNED. ALL；

ENTITY alu IS
    PORT( a, b: IN STD_LOGIC_VECTOR (7 DOWNTO 0)；
```

```
            mode: IN STD_LOGIC_VECTOR (1 DOWNTO 0);
            result: OUT STD_LOGIC_VECTOR (7 DOWNTO 0) );
END alu;
ARCHITECTURE behv OF alu IS
    CONSTANT plus : STD_LOGIC_VECTOR (1 DOWNTO 0) := b"00";          --二进制0
    CONSTANT minus : STD_LOGIC_VECTOR (1 DOWNTO 0) := b"01";         --二进制1
    CONSTANT equal :STD_LOGIC_VECTOR (1 DOWNTO 0) := b"10";          --二进制2
    CONSTANT not_equal: STD_LOGIC_VECTOR (1 DOWNTO 0) := b"11";      --二进制3
    BEGIN
        PROCESS (mode,a,b)
            BEGIN
            CASE mode IS
                WHEN plus =>result<= a + b;     -- a,b 相加
                WHEN minus => result <= a - b;  -- a,b 相减
                WHEN equal =>                    -- a,b 相等
                    IF ( a = b) THEN
                        result <= x"01";         -- 十六进制1
                    ELSE result <= x"00";
                    END IF;
                WHEN not_equal =>                -- a,b 不相等
                    IF ( a /= b) THEN result <= x"01";
                    ELSE result <= x"00";
                    END IF;
            END CASE;
        END PROCESS;
END behv;
```

例5.5描述的算术逻辑单元对应的仿真波形如图5.8所示。

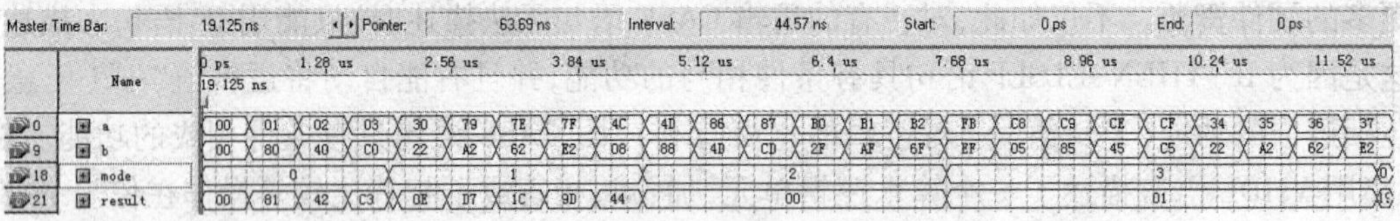

图5.8 算术逻辑单元对应的仿真波形图

5.1.4 LOOP 语句

LOOP语句和其他的高级语言中的循环语句类似,是VHDL中的循环语句,它可以使所包含的一组顺序语句被循环执行,其执行次数可由迭代算法控制。LOOP语句的表达方式有3种。

1. LOOP 语句

LOOP 语句语法格式如下：

[LOOP 标号：] LOOP
　　　　顺序语句；
　　　　END LOOP [LOOP 标号];

这种循环方式是一种最简单的语句形式，它的循环方式需引入其他控制语句(如 EXIT 语句)后才能确定。LOOP 标号可任选，其用法如下：

…
L2 ：LOOP
data ：= data+1；
EXIT L2 WHEN data >6 ；　　--当 data 大于 6 时跳出循环
ENDLOOP L2；
…

此程序的执行条件由 EXIT 语句确定，当 data>6 时结束循环执行 data：= data+1，跳出 LOOP 语句的循环。

2. FOR_LOOP 语句

FOR_LOOP 语句语法格式如下：

[LOOP 标号:] FOR 循环变量 IN 循环次数范围 LOOP
　　　　顺序语句；
　　　　END LOOP [LOOP 标号];

FOR 后的循环变量是一个临时变量，是 LOOP 语句的局部变量，不需要先定义，并且这个变量只能作为赋值源，而不能被赋值，它由 LOOP 语句自动定义。使用时应当注意，在 LOOP 语句范围内不要再使用其他与此循环变量同名的标识符。

循环次数范围规定了 LOOP 语句中的顺序语句被执行的次数。循环变量从循环次数范围的初值开始，每执行完一次顺序语句后递增 1 直至达到循环次数范围指定的最大值。例如：

result：FOR i IN 1 TO 9 LOOP
　sum ：= sum + i；　　-- sum 的初始值设置为 0
　　　END LOOP result；

在上面的例子中，i 是循环变量，取值为 1～9，所以 sum：= sum +1 的循环次数是 9 次。下面的例子是一个 8 位奇偶校验逻辑电路的 VHDL 语言描述实例。

【例 5.6】 8 位奇偶校验
LIBRARY IEEE；
USE IEEE. STD_LOGIC_1164. ALL；

ENTITY parity_check IS
PORT(a：IN STD_LOGIC_VECTOR(7 DOWNTO 0)；
　　　y：OUT STD_LOGIC)；

```
END parity_check;

ARCHITECTURE stu OF parity_check IS
  BEGIN
  PROCESS(a)
  VARIABLE tmp:STD_LOGIC:='0';
  BEGIN
   tmp:='0';
   FOR n IN 0 TO 7 LOOP
    tmp:= tmp xor a(n);-- 奇偶校验的就是模 2 加法,故采用异或门
    END LOOP ;
   y <= tmp;
END PROCESS;
END stu;
```

其仿真波形及对应的 RTL 级电路图分别如图 5.9 和 5.10 所示,从图中可以看出,当输出为 1 时是奇校验,输出为 0 时进行的是偶校验。

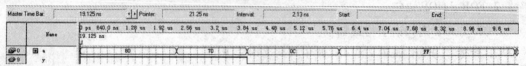

图 5.9 8 位奇偶校验的仿真波形图

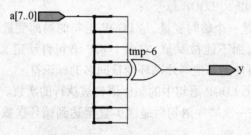

图 5.10 8 位奇偶校验的 RTL 级电路图

例 5.6 中奇偶校验电路如果全部列举出来,总共有 8 条语句。但是由于这 8 条语句是类似的,因此可以用 LOOP 语句来简化。从这点可以看出,LOOP 语句能使用循环变量来简化同类顺序语句,如下例所示:

```
SIGNAL a, b, c :STD_LOGIC_VECTOR (3 DOWNTO 1);
...
FOR n IN 1 TO 3 LOOP
a(n) <= b(n) OR c(n);
ENDLOOP;
```

上面的 LOOP 循环语句,等效于顺序执行以下 3 个信号赋值操作:

a(1)<=b(1) OR c(1);
a(2)<=b(2) OR c(2);

a(3)<=b(3) OR c(3);

LOOP 语句的循环范围最好用常数来表示,否则,在 LOOP 语句内的逻辑可以在任何可能的范围内循环运行,这样不仅消耗了过多的硬件资源,同时也会使得设计的电路不满足逻辑要求,并且综合器也不支持没有约束条件的循环。

3. WHILE_LOOP 语句

WHILE_LOOP 语句语法格式如下:

[标号:] WHILE 循环控制条件 LOOP
　　　顺序语句;
　　END LOOP [标号];

与 FOR_LOOP 语句不同的是,WHILE_LOOP 语句并没有给出循环次数范围,没有自动递增循环变量的功能,而是只给出了循环执行顺序语句的条件。这里的循环控制条件可以是任何布尔表达式,例如,a=0 或 a>b。当条件为 TRUE 时,继续循环;为 FALSE 时跳出循环,执行"END LOOP"后的语句。下面给出了一个 WHILE_LOOP 语句的具体用法示例。

```
shift1 : PROCESS(inputx)
VARIABLE n : POSITIVE: = 1;
BEGIN
L1 : WHILE n<=8 LOOP    --这里的<=是小于等于的意思
    outputx(n)<=inputx(n + 8)
    n : = n+1;
    ENDLOOP L1;
END PROCESS shift1;
```

在 WHILE_LOOP 语句的顺序语句中增加了一条循环次数的计算语句,用于循环语句的控制。在循环执行中,当 n 的值等于 9 时将跳出循环。以上 3 种循环语句中都可以加入 NEXT 和 EXIT 语句来控制循环的方式,下面两节将介绍 NEXT 语句和 EXIT 语句。

5.1.5　NEXT 语句

NEXT 语句主要用在 LOOP 语句执行中进行有条件的或无条件的转向控制,它有以下 3 种语句格式:

NEXT;　　　　　　　　　　　　　　　--第一种语句格式
NEXT LOOP 标号;　　　　　　　　　　--第二种语句格式
NEXT LOOP 标号 WHEN 条件表达式;　　--第三种语句格式

对于第一种语句格式,当 LOOP 内的顺序语句执行到 NEXT 语句时,即刻无条件终止本次的循环,跳回到循环 LOOP 语句处,开始下一次的循环。

对于第二种语句格式,即在 NEXT 旁加上"LOOP 标号"的语句功能,在一般情况下与未加 LOOP 标号的功能是基本相同的,但是当有多重 LOOP 语句嵌套时,前者可以转跳到指定标号的 LOOP 语句处,开始执行另外一个循环操作。

第三种语句格式中,分句"WHEN 条件表达式"是执行 NEXT 语句的条件,如果条件表达式的值为 TRUE,则执行 NEXT 语句,进入转跳操作,否则向下继续执行。但当只有单层 LOOP 循环语句时,关键词 NEXT 与 WHEN 之间的"LOOP 标号"可以省去,如下例所示:

…
L1：FOR num_value IN 1 TO 8 LOOP
s1：a(num_value)：='0'；
　　NEXT WHEN(b=c)；
s2：a(num_value + 8)：='0'；
END LOOP L1；

　　在上例中，当程序执行到 NEXT 语句时，如果条件判断式(b=c)的结果为 TRUE 将执行 NEXT 语句，并返回到 L1 使 num_value 加 1 后执行 s1 开始的赋值语句，否则将执行 s2 开始的赋值语句。当为多重循环时，则必须要加上"LOOP 标号"，来明确跳转的方向，如下例所示：

…
L1：FOR num_value IN 1 TO 8 LOOP
s1：a(num_value)：='0'；
　　k：= 0；
L2：LOOP
s2：b(k)：='0'；
NEXT L1 WHEN(c>d)；
s3：b(k+8)：='0'；
　　k：= k+1；
NEXT LOOP L2；
NEXT LOOP L1；
…

　　当 c>d 为 TRUE 时执行语句 NEXT L1，转跳到 L1，使 num_value 加 1 从 s1 处开始执行语句；若为 FALSE，则执行 s3 后使 k 加 1。

5.1.6　EXIT 语句

　　EXIT 语句的语句格式以及转跳功能都和 NEXT 语句十分相似，它们都是 LOOP 语句的内部循环控制语句，EXIT 语句的格式也有 3 种。

EXIT；　　　　　　　　　　　　　　-- 第一种语句格式
EXIT LOOP 标号；　　　　　　　　　-- 第二种语句格式
EXIT LOOP 标号 WHEN 条件表达式；　-- 第三种语句格式

　　以上的每一种语句格式都和对应的 NEXT 语句的格式和操作功能相似，它们之间的区别是 NEXT 语句转跳的方向是"LOOP 标号"指定的 LOOP 语句处。当没有 LOOP 标号时，转跳到当前 LOOP 语句的循环起始点。而 EXIT 语句的转跳方向是"LOOP 标号"指定的 LOOP 循环语句的结束处，即完全跳出指定的循环，并开始执行此循环外的语句。也就是说 NEXT 语句是跳向 LOOP 语句的起始点，而 EXIT 语句则是跳向 LOOP 语句的终点。准确理解了这一点，这两种语句在 LOOP 循环语句中的用法就非常清晰了。

　　下面的例子进行了一个 8 元素位矢量值的比较。在程序中，从高位到低位逐次进行，当发现 comp1 与 comp2 的值不同时，由 EXIT 语句跳出循环比较程序，同时给出比较的结果。

第5章 VHDL语句

```
SIGNAL comp1, comp2 : STD_LOGIC_VECTOR (0 TO 7);
SIGNAL comp1_lessthan_comp2 : Boolean;
…
comp1_lessthan_comp2 <= FALSE;   --设初始值
FOR i IN 0 TO 7 LOOP
   IF (comp1(i)='1'AND comp2(i)='0') THEN
        comp1_lessthan_comp2 <= FALSE;   comp1 > comp2
        EXIT ;
   ELSIF (comp1(i)='0'AND comp2(i)='1') THEN
        comp1_lessthan_comp2 <= TRUE;   comp1 < comp2
        EXIT;
   ELSE   NULL;
   END IF;
END LOOP;                       --当i=7时返回LOOP语句继续比较
```

其中NULL为空操作语句,仅仅是为了满足ELSE的转换。程序先比较comp1和comp2的高位,高位为1者为大,输出判断结果TRUE或FALSE后,中断比较程序;当高位相等时继续比较低位。在这里假设a不等于b。

EXIT语句是一条很有用的控制语句,除了在LOOP循环的转移中使用外,当程序需要处理保护、出错、警告等状态时,其能提供一个快捷、简单的方法。

5.1.7 WAIT 语句

在进程中(包括过程中),当执行到WAIT等待语句时,运行程序将被挂起(Suspension),直到满足此语句设置的结束挂起条件后,将重新开始执行进程或过程中的程序,对于不同的结束挂起条件的设置,WAIT语句有以下4种不同的语句格式。

```
WAIT;                        --第一种语句格式
WAIT ON 信号表;               --第二种语句格式
WAIT UNTIL 条件表达式;         --第三种语句格式
WAIT FOR 时间表达式;           --第四种语句格式,超时等待语句
```

第一种语句格式中,未设置停止挂起条件的表达式,表示永远挂起。第二种语句格式称为敏感信号等待语句,在信号表中列出的信号是等待语句的敏感信号,当处于等待状态时,敏感信号的任何变化(如从0到1或从1到0的变化)将结束挂起,再次启动进程。下面的例子描述了这种语句的用法。

```
SIGNAL a,b : STD_LOGIC;
…
PROCESS
        BEGIN
          …
          WAIT ON a,b;
END PROCESS;
```

在执行了这个进程中所有的语句后,进程将在 WAIT 语句处被挂起,直到 a 或 b 中任一信号发生改变时,进程才重新开始。从上面的例子中可以看到,该程序的 PROCESS 语句中未列出任何敏感量。这是因为 VHDL 规定,已列出敏感量的进程中不能使用任何形式的 WAIT 语句。一般而言,在进程中的任何地方都可以使用 WAIT 语句。

第三种语句格式称为条件等待语句,相对于第二种语句格式,条件等待语句格式中又多了一种重新启动进程的条件,即被此语句挂起的进程需顺序满足如下两个条件,进程才能脱离挂起状态:

① 在条件表达式中所含的信号发生了改变。
② 此信号改变后,且满足 WAIT 语句所设的条件。

上述两个条件不但缺一不可,而且必须依照以上顺序来完成。下面的例子分别用第二种和第三种 WAIT 语句来实现同一控制逻辑。

(a) WAIT_UNTIL 结构　　　　(b) WAIT_ON 结构
…　　　　　　　　　　　　　　LOOP
WAIT UNTIL en = '1';　　　　　WAIT ON en;
…　　　　　　　　　　　　　　EXIT WHEN en = '1';
　　　　　　　　　　　　　　　END LOOP;

由 WAIT_UNTIL 语句脱离挂起状态,重新启动进程的两个条件可知,(a)中结束挂起所需满足的条件,等效于一个信号的上升沿,因为当满足所有条件后 en 为 1,所以 en 一定是由 0 变化来的,因此,上例中进程的启动条件是 en 出现一个上升沿。(b)中当 en 不为 1 时一直进行循环,当 en 为 1 时跳出循环。

通常情况下,只有 WAIT_UNTIL 格式的等待语句可以被综合器综合,其他语句格式的只能在 VHDL 仿真中使用,WAIT_UNTIL 语句有以下 3 种表达方式:

WAIT UNTIL 信号 = Value
WAIT UNTIL 信号'EVENTAND 信号 = Value;
WAIT UNTIL NOT 信号'STABLE AND 信号 = Value;

设 clock 为输入的时钟信号,则以下 4 条 WAIT 语句所设置的进程启动条件都是时钟的上升沿,因此它们对应着相同的硬件结构。

WAIT UNTIL clock = '1';
WAIT UNTIL rising_edge(clock);
WAIT UNTIL NOT clock'STABLE AND clock = '1';
WAIT UNTIL clock = '1' AND clock'EVENT;

一般地,在一个进程中使用了 WAIT 语句后,该进程经综合就会产生时序逻辑电路。时序逻辑电路的运行依赖于时钟的上升沿或下降沿,同时还具有数据存储的功能。例 5.7 就是一个比较好的说明,此例描述了一个可预置校验对比值的 4 位奇偶校验电路,它的功能除了对输入的 4 位码 DATA(0 TO 3)进行奇偶校验外,还将把校验结果与预置的校验值 NEW_CORRECT_PARITY 进行比较,并将比较值 PARITY_OK 输出。

【例 5.7】 可预置校验对比值的 4 位奇偶校验电路
LIBRARY IEEE;
USE IEEE. STD_LOGIC_1164. ALL;

```
ENTITY pari IS
    PORT( clock               : IN STD_LOGIC;
          set_parity          : IN STD_LOGIC;
          new_correct_parity  : IN STD_LOGIC;
          data                : IN STD_LOGIC_VECTOR(0 TO 3);
          parity_ok           : OUT BOOLEAN );
END pari;

ARCHITECTURE behv OF pari IS
SIGNAL correct_parity : STD_LOGIC;
BEGIN
    PROCESS
    VARIABLE temp : STD_LOGIC;
    BEGIN
    WAIT UNTIL clock = '1';                              -- clock 的上升沿结束挂起
        IF set_parity = '1'THEN
            First: correct_parity <= new_correct_parity; -- 预置奇偶校验的正确结果
        END IF;
        temp: = '0';
        FOR i IN 0 TO 3 LOOP
            temp: = temp XOR data(i);
        END LOOP;
        Second:parity_ok <= ( temp = correct_parity );   -- 输出是否校验正确
    END PROCESS;
END behv;
```

例 5.7 的仿真波形及对应的 RTL 级电路图分别如图 5.11 和图 5.12 所示。

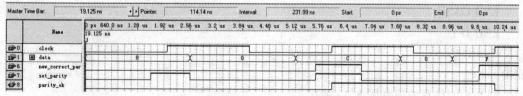

图 5.11　可预置校验对比值的 4 位奇偶校验电路的仿真波形图

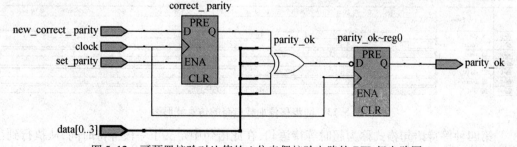

图 5.12　可预置校验对比值的 4 位奇偶校验电路的 RTL 级电路图

例5.8描述了一个具有右移、左移、并行加载和同步复位的完整VHDL设计,并且使用了以上介绍的几项语法结构。其综合后所得的逻辑电路分为两部分,其中主控部分是组合电路,而时序电路主要是一个用于保存输出数据的8位锁存器。

【例5.8】 同步移位加载电路

```
LIBRARY IEEE;
USE IEEE.STD_LOGIC_1164.ALL;
ENTITY shifter IS
PORT ( data    : IN STD_LOGIC_VECTOR (7 DOWNTO 0);
       shift_l : IN STD_LOGIC;
       shift_r : IN STD_LOGIC;
       clk     : IN STD_LOGIC;
       reset   : IN STD_LOGIC;
       mode    : IN STD_LOGIC_VECTOR (1 DOWNTO 0);
       qout    : BUFFER STD_LOGIC_VECTOR (7 DOWNTO 0) );
END shifter;
ARCHITECTURE behv OF shifter IS
 BEGIN
  PROCESS
   BEGIN
     WAIT UNTIL (RISING_EDGE(clk));              --等待时钟上升沿
     IF (reset ='1') THEN qout <= "00000000";
     ELSE CASE mode IS
       WHEN "01" => qout <= shift_r & qout(7 DOWNTO 1);  --右移
       WHEN "10" => qout <= qout(6 DOWNTO 0) & shift_l;  --左移
       WHEN "11" => qout <= data;                         --并行加载
       WHEN OTHERS => NULL;
       END CASE;
     END IF;
   END PROCESS;
END behv;
```

例5.8的仿真波形如图5.13所示。

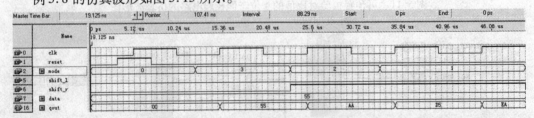

图5.13 同步移位加载电路的仿真波形图

第四种等待语句格式称为超时等待语句,在此语句中定义了一段等待时间,从执行到当前的 WAIT 语句开始,在此时间段内,进程被挂起。当超过这一时间段后,进程重新恢复执行。这种语句不可综合,常用于仿真中。例如将上面的例子在 Modelsim 中仿真,则可以用超时等待语句来加载激励信号。

```
LIBRARY IEEE;
USE IEEE.STD_LOGIC_1164.ALL;
ENTITY shifter_vhd_tst IS
END shifter_vhd_tst;
ARCHITECTURE shifter_arch OF shifter_vhd_tst IS
SIGNAL clk : STD_LOGIC: = '0';
SIGNAL data : STD_LOGIC_VECTOR(7 DOWNTO 0): = x"55";
SIGNAL mode : STD_LOGIC_VECTOR(1 DOWNTO 0): = "00";
SIGNAL qout : STD_LOGIC_VECTOR(7 DOWNTO 0): = "01111110";
SIGNAL reset : STD_LOGIC: = '0';
SIGNAL shift_l : STD_LOGIC: = '0';
SIGNAL shift_r : STD_LOGIC: = '0';
COMPONENT shifter
    PORT (
            clk : IN STD_LOGIC;
            data : IN STD_LOGIC_VECTOR(7 DOWNTO 0);
            mode : IN STD_LOGIC_VECTOR(1 DOWNTO 0);
            qout : BUFFER STD_LOGIC_VECTOR(7 DOWNTO 0);
            reset : IN STD_LOGIC;
            shift_l : IN STD_LOGIC;
            shift_r : IN STD_LOGIC
        );
END COMPONENT;
BEGIN
    i1 : shifter
    PORT MAP (
            clk => clk,
            data => data,
            mode => mode,
            qout => qout,
            reset => reset,
            shift_l => shift_l,
            shift_r => shift_r
        );
clkgen: PROCESS
BEGIN
```

```
    WAIT FOR 10 ns; clk <= NOT clk;
END PROCESS clkgen;
always : PROCESS
BEGIN
  WAIT FOR 5ns;reset <='1';WAIT FOR 10ns; reset<= '0';
    --等待 5 ns 后将 reset 赋值为 1,再等待 10 ns 后将 reset 赋值为 0
  WAIT FOR 10ns;mode <= "11";WAIT FOR 20ns; mode <= "10";shift_r<='1';
  WAIT FOR 20ns;mode <= "01";shift_l <='0';
  WAIT;
END PROCESS always;
END shifter_arch;
```

在 Modelsim 中得到的仿真波形如图 5.14 所示。

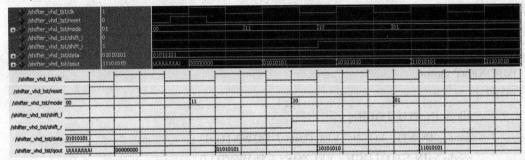

图 5.14 同步移位加载电路在 Modelsim 中得到的仿真波形图

5.1.8 RETURN 语句

RETURN 语句有两种语句格式。

```
RETURN;              --第一种语句格式
RETURN 表达式;        --第二种语句格式
```

第一种语句格式只能用于过程,并且它只是结束过程,而不返回任何值;第二种语句格式只能用于函数,并且必须返回一个值,同时返回值只能用于子程序体中,执行返回语句后子程序的执行将结束,无条件地转跳至子程序的结束处。这种语句格式主要用于为函数中的表达式提供函数返回值,每一函数可以拥有多个返回语句,且必须至少包含一个返回语句,但是在函数调用时,只有其中一个返回语句可以将值带出函数。

下面是一个 *RS* 触发器的 VHDL 描述程序,采用一个过程来完成,其中的时间延迟语句和 REPORT 语句是不可综合的。

```
PROCEDURE rs (SIGNAL s ,r : IN STD_LOGIC;
              SIGNAL q , nq : INOUT STD_LOGIC) IS
BEGIN
  IF ( s ='1'AND r ='1') THEN
    REPORT "Forbidden state : s and r are equal to '1'"; -- s=r=1 是禁止的状态
    RETURN;
```

```
    ELSE
      q <= s AND nq AFTER 5ns ;
      nq <= s AND q AFTER 5ns ;
    END IF ;
END PROCEDURE rs ;
```

从上面的程序中可以看出,当 r 和 s 均为 1 时,RETURN 语句将会中断程序,同时给出信息 Forbidden state : s and r are equal to '1'(仅能在仿真时给出信息)。

下面定义了一个函数,该函数的返回值是一个 STD_LOGIC。

```
FUNCTION sel ( a, b, choice :STD_LOGIC) RETURN STD_LOGIC IS
BEGIN
    IF ( choice ='1') THEN
       RETURN( a AND b) ; --返回 a 与 b 的值
    ELSE
       RETURN( a OR b) ; --返回 a 或 b 的值
    END IF ;
END FUNCTION sel ;
```

上面的函数 sel 的返回值由输入参量 choice 决定,当 choice 为 1 时,返回 a 和 b 相与的值(a AND b);当 choice 为 0 时,返回 a 和 b 相或的值(a OR b)。

5.1.9 空操作语句

空操作语句 NULL 的语句格式如下:

NULL

空操作语句表示只占位置的一种空处理操作,即不完成任何操作。但是它可以用来为所对应信号赋一个空值,使逻辑运行流程进入下一步语句的执行是它的主要功能。NULL 常用于 CASE 语句中。为满足所有可能的条件,利用 NULL 来表示其他未列举出来的不用条件的操作行为。下面程序中就是用 NULL 语句,来排除 CASE 语句中一些不用的条件。

```
CASE operator IS
    WHEN"001"  => data := rega AND regb ;
    WHEN"101"  => data := rega OR regb ;
    WHEN"110"  => data := NOT rega ;
    WHEN OTHERS =>NULL ;   --operator 的其他 5 个状态全部用 NULL 来排除
END CASE ;
```

上面的程序段中,只对 operator 的 3 个状态进行操作,对于 operator 剩下的 5 个状态,不做任何操作。值得注意的是,在一些情况下,NULL 语句并不是最佳选择,例如不同的 EDA 工具,对于 NULL 语句的综合会有所不同,因此,应该尽可能使用确定状态来完成设计。

5.1.10 子程序调用语句

在进程中允许对子程序进行调用,对子程序的调用语句是顺序语句的一部分。子程序包括过程和函数,可以在 VHDL 的结构体或程序包中的任何位置对子程序进行调用。从硬件电路的实现上来看,一个子程序的调用类似于一个元件模块的例化。也就是说,VHDL 综合器为子程序(函数和过程)的每一次调用都生成一个电路逻辑块,所不同的是元件的例化将产生一个新的设计层次,而子程序调用只对应于当前层次的一个部分。

如前所述,子程序的结构像程序包一样,也有子程序的说明部分(子程序首)和实际定义部分(子程序体)。将子程序分成子程序首和子程序体的好处是,在一个大系统的开发过程中子程序的界面,即子程序首是在公共程序包中定义的。这样一来,一部分开发者可以开发子程序体,另一部分开发者可以使用对应的公共子程序,即可以对程序包中的子程序做修改,而不会影响对程序包说明部分的使用(当然不是指同时)。这是因为,对子程序体的修改并不会改变子程序首的各种界面参数和出入口方式的定义,子程序体的改变也不会改变调用子程序的源程序的结构。

过程调用就是执行一个给定名字和参数的过程,调用过程的语句格式如下:
过程名[([形参名=>]实参表达式,[形参名=>]实参表达式...)];

括号中的实参表达式称为实参,它可以是一个具体的数值,也可以是一个标识符,是当前调用程序中过程形参的接受体。在此调用格式中,形参名即为当前欲调用的过程中已说明的参数名,即与实参表达式相联系的形参名。被调用的形参名与调用语句中的实参表达式的对应关系有两种:位置关联法和名字关联法。其中位置关联法可以省去形参名。

一个过程的调用将分别完成以下 3 个步骤:
(1)首先将 IN 和 INOUT 模式的实参值,赋给欲调用的过程中与它们对应的形参。
(2)然后执行这个过程。
(3)最后将过程中 IN 和 INOUT 模式的形参值赋还给对应的实参。

实际上,一个过程对应的硬件结构中,其标识形参的输入输出是与其内部逻辑相连的。例 5.9 是一个完整的 VHDL 设计,它在自定义的程序包中定义了一个数据类型的子类型,即对整数类型进行了约束,在进程中定义了一个名为 swap 的局部过程。一般来说,这个过程是一个没有放在程序包中的过程,它的功能就是对一个数组中的两个元素进行比较。如果发现这两个元素的排序不符合要求,就进行交换,使得左边的元素值总是大于右边的元素值,连续调用 3 次 swap 后,就能将一个三元素的数组元素从左至右按序排列好,最大值排在左边。

【例 5.9】 三元素数组排序
```
PACKAGE data_types IS                              --定义程序包
SUBTYPE data_element IS INTEGER RANGE 0 TO 3;      --定义数据类型
TYPE data_array IS ARRAY(1 TO 3) OF data_element;
END data_types;


USE WORK. data_types. ALL;          --打开以上建立在当前工作库的程序包 data_types
ENTITY sort IS
PORT(in_array:IN data_array ;
     out_array:OUT data_array);
END sort;
```

第5章 VHDL 语句

```
ARCHITECTURE exmp OF sort IS
BEGIN
  PROCESS(in_array)                          --进程开始,设 data_types 为敏感信号

  PROCEDURE swap(data : INOUT data_array; low, high:IN INTEGER ) IS
                                             --swap 的形参名为 data low high
  VARIABLE temp :data_element ;
    BEGIN                                    --开始描述本过程的逻辑功能
    IF ( data(low) > data(high) ) THEN       --检测数据
      temp := data(low) ;
      data(low) := data(high) ;
      data(high) := temp ;
    END IF;
  END swap ;                                 --过程 swap 定义结束

  VARIABLE my_array : data_array ;           --在本进程中定义变量 my_array
  BEGIN                                      --进程开始
    my_array := in_array ;                   --将输入值读入变量
    swap(my_array, 1, 2);                    --my_array,1,2 是对应于 data low high 的实参
    swap(my_array, 2, 3);                    --位置关联法调用,第2、第3元素交换
    swap(my_array, 1, 2);                    --位置关联法调用,第1、第2元素再次交换
    out_array <= my_array ;
END Process ;
END exmp ;
```

例 5.9 的仿真波形如图 5.15 所示。

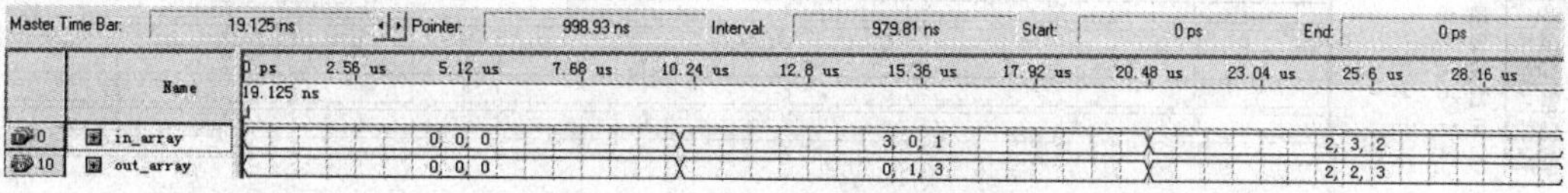

图 5.15 三元素数组排序的仿真波形

例 5.10 描述的是一个总线控制器电路,也是一个完整的 VHDL 设计,其中的过程体是定义在结构体中的,所以也未定义过程首。

【例 5.10】 总线控制器电路

```
ENTITY sort4 IS
GENERIC ( top : INTEGER :=3);
PORT ( a, b, c, d:IN BIT_VECTOR (0 TO top);
       ra, rb, rc, rd:OUT BIT_VECTOR (0 TO top));
END sort4;

ARCHITECTURE muxes OF sort4 IS
```

```vhdl
                                --定义在结构体中的过程
PROCEDURE sort2(x, y : INOUT BIT_VECTOR (0 TO top)) is
VARIABLE tmp : BIT_VECTOR (0 TO top);
  BEGIN
  IF x > y THEN
    tmp := x; x := y;  y := tmp;
  END IF;
END sort2;
BEGIN
PROCESS (a, b, c, d)
VARIABLE va, vb, vc, vd : BIT_VECTOR(0 TO top);
  BEGIN                    --a,b,c,d 四个矢量,从大到小进行排序
    va:= a; vb:= b; vc:= c; vd:= d;
    sort2(va,vc);
    sort2(vb,vd);
    sort2(va,vb);
    sort2(vc,vd);
    sort2(vb,vc);
    ra<=va; rb<=vb; rc<=vc; rd<=vd;
  END PROCESS;
END muxes;
```

例 5.10 的仿真波形如图 5.16 所示。

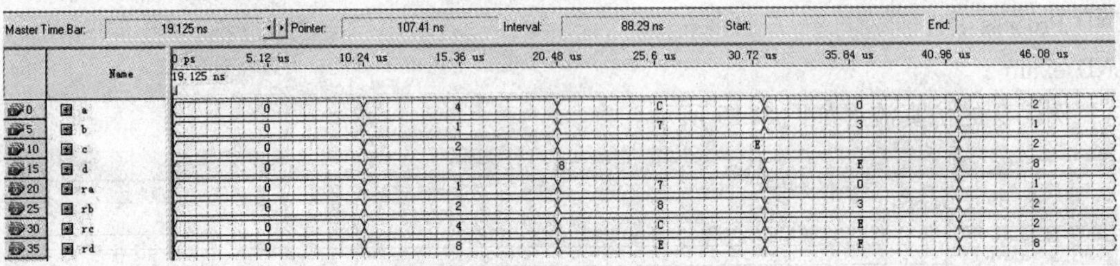

图 5.16 总线控制器的仿真波形图

函数调用与过程调用是十分相似的。不同之处是,调用函数将返回一个指定数据类型的值,且函数的参量只能是输入值。其他的和过程调用都是相同的,故在此不再赘述。

5.1.11 决断函数

决断(Resolution)函数定义了当一个信号有多个驱动源时,以什么样的方式将这些驱动源的值决断为一个单一的值,决断函数用于声明一个决断信号。下面用一个例子来说明决断函数的定义及使用方法。

【例 5.11】 决断函数的简单示例
```vhdl
PACKAGE res_pack IS
FUNCTION res_func(data: IN BIT_VECTOR) RETURN BIT;
```

```
SUBTYPE resolved_bit IS res_func BIT;
END;
PACKAGE BODY res_pack IS
FUNCTION res_func(data: IN BIT_VECTOR) RETURN BIT IS
BEGIN
  FOR i IN data'RANGE LOOP
    --输入的 bit_vector 中只要有'0'则输出为'0',否则输出为'1'
    IF data(i) = '0' THEN
      RETURN '0';
    END IF;
  ENDLOOP;
  RETURN '1';
END FUNCTION;
END;

USE WORK. RES_PACK. ALL;
ENTITY resol IS
  PORT(x,y: IN BIT; z: out resolved_bit);
END resol;
ARCHITECTURE behv OF resol IS
BEGIN
  z<= x;
  z<= y;
END behv;
```

例 5.11 的仿真波形及 RTL 级电路图分别如图 5.17 和图 5.18 所示。

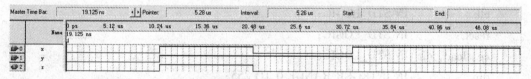

图 5.17 简单决断函数示例的仿真波形

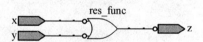

图 5.18 简单决断函数示例对应的 RTL 级电路图

从例 5.11 以及其对应的仿真波形可以看出,当有多个驱动源对一个信号赋值时,只要多个赋值源中有 0 存在,则该决断函数将会输出'0',否则将会输出为'1'。通常决断函数只在 VHDL 仿真时使用,但许多综合器支持预定义的几种决断信号。

5.1.12 文本文件操作(TEXTIO)

文件操作的概念来自于计算机编程语言。这里所说的文件操作只能用于 VHDL 仿真器中。因为在 IC 中,并不存在磁盘和文件,所以 VHDL 综合器会忽略程序中所有与文件操作有关的部分。

在完成较大的 VHDL 程序的仿真时,由于输入信号很多,输入数据复杂,这时可以采用文件操作的方式设置输入信号,将仿真时输入信号所需要的数据用文本编辑器写到一个磁盘文件中,然后在 VHDL 程序的仿真驱动信号生成模块中调用 STD.TEXTIO 程序包中的子程序,读取文件中的数据,经过处理后或直接驱动输入信号端。

仿真的结果或中间数据也可以用 STD.TEXTIO 程序包中提供的子程序,保存在文本文件中,这对复杂的 VHDL 设计的仿真尤为重要。VHDL 仿真器 ModelSim 支持许多文件操作子程序,附带的 STD.TEXTIO 程序包源程序是很好的参考文件。

文本文件操作用到的一些预定义的数据类型及常量定义如下:

```
type LINE is access string;
type TEXT is file of string;
type SIDE is (right, left);
subtype WIDTH is natural;
file input : TEXT open read_mode is "STD_INPUT";
file output : TEXT open write_mode is "STD_OUTPUT";
```

STD.TEXTIO 程序包中主要有 4 个过程用于文件操作,即 READ,READLINE,WRITE,WRITELINE。由于这些子程序都被多次重载以适应各种情况,所以实用中需要参考 VHDL 仿真器给出的 STD.TEXTIO 源程序获取更详细的信息。下面给出一个 TEXTIO 操作实例。

```
...
COMPONENT counter8
PORT(
    clk           :IN STD_LOGIC;
    reset         :IN STD_LOGIC;
    ce, load, dir :IN STD_LOGIC;
    din           :IN INTEGER RANGE 0 TO 255;
    count         :OUT INTEGER RANGE 0 TO 255
);
END COMPONENT;
...
FILE results: TEXT OPEN WRITE_MODE IS "results.txt";
...
PROCEDURE write_results (
                    clk   : STD_LOGIC;
                    reset : STD_LOGIC;
                    ce    : STD_LOGIC;
```

```
                          load  : STD_LOGIC;
                          dir   : STD_LOGIC;
                          din   : INTEGER;
                          count : INTEGER
                        ) IS
VARIABLE v_out : LINE;
BEGIN
            --写入时间
            write(v_out, now, right, 16, ps);
            --写入输入值
            write(v_out, clk, right, 2);
            write(v_out, reset, right, 2);
            write(v_out, ce, right, 2);
            write(v_out, load, right, 2);
            write(v_out, dir, right, 2);
            write(v_out, din, right, 257);
            --写入输出值
            write(v_out, count, right, 257);
            writeline(results, v_out);
            end write_results;
            …
```

上面这个例子是一个 8 位计数器 VHDL 测试基准模块的一部分,其中定义的过程 write_results 是用来将测试过程中的信号、变量的值写入到文件 results.txt 中以便于分析。

5.2 并行语句

相对于传统的软件描述语言,并行语句结构是最具硬件描述语言特色的。在 VHDL 中并行语句有多种语句格式,各种并行语句在结构体中的执行是同步进行的,或者说是并行运行的,其执行方式与书写的顺序无关。在执行中,并行语句之间可以有信息往来,也可以是互为独立、互不相关、异步运行的(如多时钟情况)。每一并行语句内部的语句运行方式可以有两种不同的方式,即并行执行方式(如块语句)和顺序执行方式(如进程语句)。显然,VHDL 并行语句勾画出了一幅充分表达硬件电路的真实的运行图景。例如,在一个电路系统中,有一个加法器和一个可预置计数器,加法器中的逻辑是并行运行的,而计数器中的逻辑是顺序运行的,它们之间可以独立工作,互不相关。也可以将加法器运行的结果作为计数器的预置值,进行相关工作,或者用引入的控制信号,使它们同步工作等。

结构体中的并行语句主要有 7 种:
① 并行信号赋值语句(Concurrent Signal Assignments)。
② 进程语句(Process Statements)。
③ 块语句(Block Statements)。

④ 条件信号赋值语句(Selected Signal Assignments)。
⑤ 元件例化语句(Component Instations)。
⑥ 生成语句(Generate Statements)。
⑦ 并行过程调用语句(Concurrent Procedure Calls)。

此外，还有一些不在结构体中的并行语句。并行语句在结构体中的使用格式如下：

ARCHITECTURE 结构体名 OF 实体名 IS

　　说明语句

BEGIN

　　并行语句；

END ARCHITECTURE 结构体名；

并行语句与顺序语句并不是相互对立的，它们往往相互包含、互为依存。它们是一个矛盾的统一体，严格来说，VHDL 中不存在纯粹的并行行为和顺序行为的语言。例如，相对于其他的并行语句，进程属于并行语句，而进程内部运行的都是顺序语句。而一个单句并行赋值语句，从表面上看是一条完整的并行语句，但实质上却是一条进程语句的缩影，它完全可以用一条相同功能的进程来替代。所不同的是，进程中必须列出所有的敏感信号，而单纯的并行赋值语句的敏感信号是隐性列出的，而且即使是进程内部的顺序语句，也并非如人们想象的那样，每一条语句的运行都如同软件指令那样按时钟节拍来逐条运行，所以要理解 VHDL 语言所对应的实体，而不应该仅仅局限于语法的定义。

5.2.1　进程语句

进程语句是 VHDL 程序中使用最频繁、最能体现 VHDL 语言特点的一种语句。由于它的并行和顺序行为的双重性，以及其行为描述风格的特殊性，进程语句虽然是由顺序语句组成的，但其本身却是并行语句。进程语句与结构体中的其余部分进行信息交流是靠信号完成的。进程语句中有一个敏感信号列表，这是进程赖以启动的敏感表。对于表中列出的任何信号的改变，都将启动进程，执行进程内相应顺序语句。事实上，对于某些 VHDL 综合器综合后，对进程中的所有输入的信号都是敏感的，不论在源程序的进程中是否把所有的信号都列入敏感表中，这是实际与理论的差异。为了使 VHDL 的软件仿真与综合后的硬件仿真对应起来，以及适应一般的综合器，应当将进程中的所有输入信号都列入敏感表中。

不难发现，在对应的硬件系统中，一个进程和一个并行赋值语句确实有十分相似的对应关系。并行赋值语句就相当于一个将所有输入信号隐性地列入结构体监测范围的（即敏感表的）进程语句。

综合后的进程语句所对应的硬件逻辑模块，其工作方式可以是组合逻辑方式的，也可以是时序逻辑方式的。例如在一个进程中，一般的 IF 语句，若不放时钟检测语句，综合出的多为组合逻辑电路；若出现 WAIT 语句，在一定条件下，综合器将引入时序元件，如触发器。

例 5.12 包含一个产生组合电路的进程，它描述了一个十进制加法器，对于每 4 位输入 datain(3 DOWNTO 0)，此进程对其做加 1 操作，并将结果由 dataout(3 DOWNTO 0)输出，由于是加 1 组合电路，故无记忆功能。

【例5.12】　十进制加法器

LIBRARY IEEE；

```
USE IEEE. STD_LOGIC_1164. ALL;
USE IEEE. STD_LOGIC_UNSIGNED. ALL;
ENTITY adder1 IS
PORT(
     clr      :IN STD_LOGIC;
     datain   :IN STD_LOGIC_VECTOR(3 DOWNTO 0);
     dataout  :OUT STD_LOGIC_VECTOR(3 DOWNTO 0));
END adder1;

ARCHITECTURE behv OF adder1 IS
BEGIN
PROCESS (datain,clr)
BEGIN
  IF (clr ='1'OR datain= "1001") THEN
    dataout<= "0000";          --有清零信号,或计数已达9,out1 输出0
  ELSE                         --否则做加1操作
    dataout<= datain + 1 ;     --使用了重载算符"+",重载算符"+"是在库
  END IF;                      --STD_LOGIC_UNSIGNED 中预先声明的
END PROCESS;
END behv;
```

例 5.12 对应的仿真波形及综合后产生的 RTL 级电路图分别如图 5.19,5.20 所示。图中 MUX21 是一个数据选择器,Add0 是一个加1加法器,datain 等于9或者 clr 有效均可以控制数据选择器的输出,选择方式如图 5.20 所示。由图 5.20 可以看出,这个加法器只能对输入值做加1操作,却不能将加1后的值保存起来,如果要使加法器有累加作用,必须引入时序元件来储存相加后的值。

图 5.19 十进制加法器对应的仿真波形图

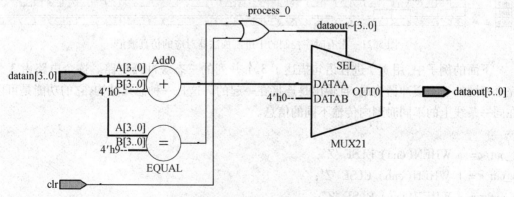

图 5.20 十进制加法器对应的 RTL 级电路图

下面的程序是对例 5.12 做了改进。从下面的程序中可以看到,进程中增加一条 WAIT 语句,增加此语句后的信号赋值有了寄存的功能。

【例 5.13】 带有时序控制的十进制加法器

```
LIBRARY IEEE;
USE IEEE.STD_LOGIC_1164.ALL;
USE IEEE.STD_LOGIC_UNSIGNED.ALL;
ENTITY add1 IS
PORT(
        clr : IN STD_LOGIC;
        clk : IN STD_LOGIC;
        cnt : Buffer STD_LOGIC_VECTOR(3 DOWNTO 0));
END add1;
ARCHITECTURE behv OF add1 IS
BEGIN
PROCESS
  BEGIN
    WAIT UNTIL clk'EVENT AND clk = '1';  --等待时钟 clk 的上升沿
    IF ( clr ='1'OR cnt = 9 ) THEN
      cnt <= "0000" ;
    ELSE
      cnt <= cnt+ 1 ;
    END IF ;
END PROCESS;
END behv;
```

如图 5.21 和图 5.22 所示,分别为改动后的 VHDL 程序对应的波形仿真图和 RTL 级电路图。可以看到在功能相同的前提下,例 5.13 被综合成了时序电路,因此加 1 后的值能通过寄存器保存起来。

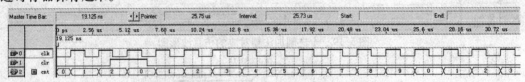

图 5.21 带有时序控制的十进制加法器对应的仿真波形

下面的例子中,用 3 个进程语句描述了 3 个并列的三态缓冲器电路。这个电路由 3 个完全相同的三态缓冲器构成,且输出是连接在一起的。这是一种总线结构,它的功能是可以在同一条线上的不同时刻内传输不同的信息。

…

a_out <= a WHEN(ena) ELSE 'Z';
b_out <= b WHEN(enb) ELSE 'Z';
c_out <= c WHEN(enc) ELSE 'Z';

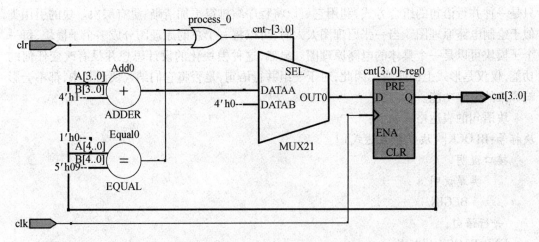

图 5.22 带有时序控制的十进制加法器的 RTL 级电路图

PRO1:PROCESS(a_out)
BEGIN
 bus_out <= a_out ;   --总线上输出 a_out 的值
END PROCESS;

PRO2:PROCESS(b_out)
BEGIN
 bus_out <= b_out ;   --总线上输出 b_out 的值
END PROCESS;

PRO3:PROCESS(c_out)
BEGIN
 bus_out <= c_out ;   --总线上输出 c_out 的值
END PROCESS;
…

在上例中有 3 个相互独立的进程,其硬件结构图如图 5.23 所示。

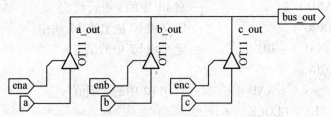

图 5.23 三态缓冲器总线结构电路

5.2.2 块语句

块语句的并行工作方式非常明显,块语句本身是并行语句结构,而且它的内部也都是由并行语句构成的(包括进程)。与其他的并行语句相比,块语句本身并没有独特的功能,它只是一种并行语句的组合方式,利用它可以将程序编排得更加清晰、更有层次。块的引用类似于绘制电路原理图。当一张原理图太大时,可以将一个总的原理图分成多个子模块,每一个子模块可以是一个具体的电路原理图。显然,这种模块化的设计思想并没有改变任何的功能,仅仅是形式上的改变。因此,对于一组并行语句,是否将它们纳入块语句中,都不会影响原来的电路功能。

块语句的表达格式如下:

块标号:BLOCK[(块保护表达式)]
  接口说明
    类属说明
      BEGIN
 并行语句;
END BLOCK 块标号;

作为一个 BLOCK 语句结构,在关键词 BLOCK 的前面必须设置一个块标号,并在 END BLOCK 右侧写上相同的标号(此处的标号可以省略)。接口部分的说明类似于实体的定义部分,可以由包含关键词 PORT,PORT MAP,GENERIC 和 GENERIC MAP 引导的接口说明语句,来对块的接口设置连接情况进行说明。

在块的使用中需特别注意的是,块中定义的所有数据类型、数据对象(信号、变量、常量)、子程序等都是局部的。对于多层嵌套的块结构,这些局部定义量只适用于当前块以及嵌套于本层块中的所有层次的内部块,而对此块的外部来说是不可见的。这就是说,在多层嵌套的块结构中,内层块的所有定义值对外层块都是不可见的,而对其内层块都是可见的。因此,如果在内层的块结构中定义了一个与外层块同名的数据对象,那么内层的数据对象将与外层的同名数据对象互不干扰。

下面的例子中含有一个三重嵌套块的程序,从中能很清晰地了解到上述关于块中数据对象的可视性规则。

```
…
b1:BLOCK                        --定义块 b1
    SIGNAL s : BIT ;            --在 b1 块中定义 s
    BEGIN
        s <= a AND b ;          --对 b1 中的 s 进行赋值
        b2 : BLOCK              --定义块 b2 嵌套在 b1 块中
            SIGNAL s : BIT ;    --定义块 b2 中的信号 s
            BEGIN
                s <= c AND d ;  --对块 b2 中的 s 赋值
                b3 : BLOCK
                    BEGIN
                        z <= s; --此 s 来自 b2 块
                    END BLOCK b3 ;
            END BLOCK b2 ;
        y <= s;                 --此 s 来自 b1 块
```

END BLOCK b1;
…

上例中在不同层次的块中定义了同名的信号,从中可以看出信号的有效范围(信号的可视性)。例5.14是一个块语句构成的全加器,用来说明块语句的具体描述方法。该程序中将一个全加器分成了3个子模块:两个半加器和一个或门。

【例5.14】 块语句描述的全加器
```
LIBRARY IEEE;
USE IEEE.STD_LOGIC_1164.ALL;
ENTITY fulladder IS
PORT(
    data1,data2,cin : IN STD_LOGIC;
    sum,cout : OUT STD_LOGIC);
END ENTITY fulladder;
ARCHITECTURE behv OF fulladder IS
SIGNAL sum1,co1,co2 : std_logic;
BEGIN
  halfadder1 : BLOCK       --第一个半加器模块
            BEGIN
                PROCESS(data1,data2)
                    BEGIN
                        sum1 <= NOT(data1 XOR (NOT data2));co1 <= data1 AND data2;
                    END PROCESS;
            END BLOCK halfadder1;
  halfadder2 : BLOCK       --第二个半加器模块
            SIGNAL sum2 : std_logic;
            BEGIN
                 sum2 <= NOT(sum1 XOR ( NOT cin));co2 <= sum1 AND cin ; sum
                    <= sum2;
            END BLOCK halfadder2;
or2 : BLOCK              --或门模块
    BEGIN
        PROCESS(co2,co1)
                BEGIN
                    cout <= co2 OR co1;
        END PROCESS;
    END BLOCK or2;
END behv;
```

在上面的例子中要特别注意信号定义的区域,在结构体中和在块中定义的信号的有效范围是不同的,其中sum2的有效范围为所在的块中,而sum1,co1,co2则是在整个结构体中均是有效的,图 5.24 是其对应的仿真波形图。

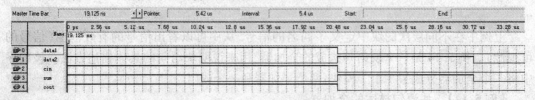

图 5.24 块语句描述的全加器仿真波形图

图 5.25 是例 5.14 程序综合成的 RTL 级电路,从中可以看出,使用和不使用 BLOCK 语句所得到的全加器的结构是一样的,即表明 BLOCK 语句不会对逻辑有任何影响,仅仅是使得程序能够模块化、结构更加清晰。

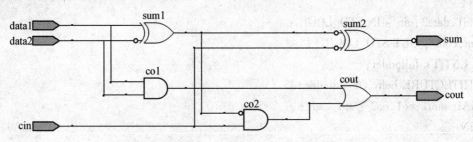

图 5.25 块语句描述的全加器 RTL 级电路图

5.2.3 实体说明语句

实体说明语句完成的功能是定义一个实体。以下是实体说明语句的一般语句结构:
ENTITY 实体名 IS
　　[GENERIC (参数名:数据类型);]
　　[PORT (端口设置);]
END ENTITY 实体名;

其中实体名是设计者自行定义的,是对所设计的 VHDL 程序取的一个名字。方括号中的描述语句,在特定的情况下可以没有。例如在 TestBench 中,实体就是不存在的,因此在定义实体时就没有方括号中的描述语句;而在一般的简单的程序设计中,就没有 GENERIC 语句(如例 5.14 等)。

5.2.4 端口说明语句

端口说明语句完成的功能是对一个设计实体界面的说明及对设计实体与外部电路的接口通道的说明,其中包括对每一接口的输入输出模式和数据类型的定义。其格式如下:
PORT(端口名 : 端口模式 数据类型;
　　　…
　　　端口名 : 端口模式 数据类型);

其中,端口名是设计者为实体的每一个对外通道所取的名字,端口模式是指这些通道上的数据流动方式,输入、输出、缓冲等等。数据类型是指端口上所流动数据的表达格式或取值类型,同样只有相同数据类型的端口信号或操作数才能相互作用。

5.2.5 简单信号赋值语句

并行简单信号赋值语句是 VHDL 并行语句结构的最基本的单元,它的语句格式如下:
赋值目标 <= 表达式

式中赋值目标的数据对象必须是信号,它的数据类型必须与赋值符号右边表达式的数据类型一致。

在下例所示结构体中,5 条信号赋值语句的执行是并行发生的。

【例 5.15】 信号赋值语句示例

```
LIBRARY IEEE;
USE IEEE.STD_LOGIC_1164.ALL;

ENTITY exp1 IS
PORT(
     a,b,c,d : IN STD_LOGIC;
     output1,output2 : OUT STD_LOGIC
     );
END ENTITY exp1;

ARCHITECTURE behv OF exp1 IS
SIGNAL s1 : STD_LOGIC;
BEGIN
 output1 <= a AND b AND s1;
 s1 <= c OR d;
B1 : BLOCK        --块语句声明
  SIGNAL e, f, g, h : STD_LOGIC:='0';
  BEGIN
    h <= e XOR s1;
    g <= e OR h;
    output2 <= g;
END BLOCK B1;
END ARCHITECTURE behv;
```

图 5.26 是例 5.15 的仿真波形图。从图中可以看出,实现的逻辑功能说明了这 5 个信号赋值语句的并行性。图 5.27 是对应的 RTL 级电路图。

图 5.26 信号赋值语句示例的仿真波形图

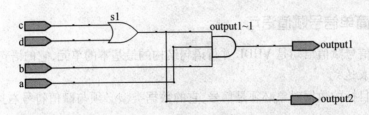

图 5.27 信号赋值语句示例的 RTL 级电路图

信号赋值语句的例子很多,如例 5.14 中,信号赋值语句也是并行的,这点很容易理解,并且在 VHDL 语法中也是十分重要的。

5.2.6 条件信号赋值语句

条件信号赋值语句,作为另一种并行赋值语句,其表达方式如下:

赋值目标 <= 表达式 WHEN 赋值条件 ELSE

表达式 WHEN 赋值条件 ELSE

……

表达式;

在结构体中的条件信号赋值语句,其功能与在进程中的 IF 语句相同。在执行条件信号语句时,每一赋值条件是按书写的先后顺序逐项验证的,一旦赋值条件为 TRUE,立即将表达式的值赋给赋值目标变量,从这点看来,条件赋值语句与 IF 语句的顺序性是十分相似的。

需要注意的是,条件赋值语句中的 ELSE 是不可省略的,这意味着,第一个满足关键词 WHEN 后的赋值条件,其所对应的表达式中的值,会被赋给赋值目标信号。这里的赋值条件的数据类型是布尔量,当它为真时,表示满足赋值条件。只有最后一项表达式可以没有条件子句,用于表示以上各条件都不满足时,则将此表达式赋予赋值目标信号。由此可知,条件信号语句允许触发条件有重叠的现象,这与 CASE 语句具有很大的不同。

下面举一个简单例子来说明条件信号赋值语句的特点。

……
z <= a WHEN out1 = '1' ELSE
    b WHEN out12 = '1' ELSE
    c;

……

由于条件测试的顺序性,第一子句具有最高赋值优先级,第二句其次,第三句最后。这就是说,如果当 out1 和 out12 同时为 1 时,z 获得的赋值是 a。

5.2.7 选择信号赋值语句

选择信号赋值语句的语句格式如下:

WITH 选择表达式 SELECT

赋值目标信号 <= 表达式 WHEN 选择值,

表达式 WHEN 选择值,

……

表达式 WHEN 选择值；

语法在书写时需要注意的是,选择信号赋值语句的每一子句的结尾是逗号,只有最后一句是分号,而条件赋值语句每一个子句的结尾没有任何标点,仅仅在最后一句有分号。

选择信号赋值语句本身不能在进程中应用,但其功能却与进程中的 CASE 语句的功能相似。在 CASE 语句中各子句的条件不能有重叠且必须包容所有的条件,CASE 语句的执行依赖于进程中敏感信号的改变。对于选择信号语句而言,其敏感量是关键词 WITH 旁的选择表达式。每当选择表达式的值发生变化时,就将启动此语句与各子句的选择值进行对比。当发现有满足条件的子句时,就将此子句表达式中的选择值赋给赋值目标信号。与 CASE 语句相类似,选择赋值语句对子句条件选择值的测试具有同期性,不像条件信号赋值语句那样是按照子句的书写顺序从上至下逐条测试的。因此,条件重叠、条件涵盖不全的情况,在选择赋值语句中是不允许的。

例 5.16 是一个经过简化的指令译码器 VHDL 描述程序,其实现的具体逻辑功能是对应于由 s1,s2,s3 3 个位构成的不同指令码,由 data1 和 data2 输入的两个值将进行不同的逻辑操作,并将结果从 result 输出,当不满足所列的指令码时,将输出高阻态。

【例 5.16】 简化指令译码器

```
LIBRARY IEEE;
USE IEEE.STD_LOGIC_1164.ALL;

ENTITY decoder IS
PORT (s1,s2,s3   :IN STD_LOGIC;
      data1,data2:IN STD_LOGIC;
      result     :OUT STD_LOGIC );
END decoder;

ARCHITECTURE behv OF decoder IS
SIGNAL s :STD_LOGIC_VECTOR(2 DOWNTO 0);
BEGIN
    s <= s1&s2&s3;
    WITH s SELECT
         result <= data1 OR data2    WHEN "000",
                   data1 AND data2   WHEN "001",
                   data1 NOR data2   WHEN "010",
                   data1 NAND data2  WHEN "011",
                   data1 XOR data2   WHEN "100",
                   data1 XNOR data2  WHEN "101",
                   'Z'               WHEN OTHERS ;
END behv;
```

其仿真的波形图及 RTL 级电路图分别如图 5.28、图 5.29 所示。

从仿真的波形上可以看到,第一个阶段和最后一个阶段均是高阻状态,因此很明显,逻

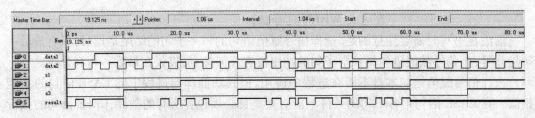

图 5.28　简化指令译码器的仿真波形图

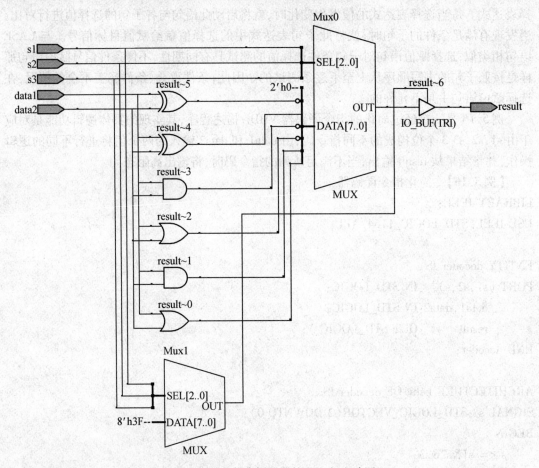

图 5.29　简化指令译码器的 RTL 级电路图

辑功能和描述的逻辑相同。

5.2.8　并行过程调用语句

并行过程调用语句可以作为一个并行语句直接出现在结构体、块语句中。并行过程调用语句的功能,可以等效于包含了一个过程调用语句的进程。并行过程调用语句的调用格式与顺序过程调用语句是相同的,即:

过程名(关联参量名);

以下面的例子来说明,在这个例子中,首先定义了一个完成半加器功能的过程,此后在一条并行语句中调用了这个过程,而在接下去的一条进程中也调用了同一过程。事实上,这两条语句是并行语句,且完成的功能是一样的。

第5章 VHDL 语句

```
...
   PROCEDURE   adder(SIGNAL a, b :IN STD_LOGIC;     --过程名为 adder
                     SIGNAL sum  :OUT STD_LOGIC);
            ...
            adder(a1,b1,sum1);       --并行过程调用
            ...                      --在此,a1,b1,sum1 即为分别对应于 a,b,sum 的关
                                         联参量名
            PROCESS(c1,c2);          --进程语句执行
BEGIN
     adder(c1,c2,s1);   --顺序过程调用,在此 c1,c2,s1 即为分别对应于 a,b,sum 的关
                           联参量名
END PROCESS;
```

并行过程的调用,常用于复制多个功能相同的被调用过程。例如在下面的例子中,要同时检测出一系列有不同位宽的位矢信号,每一位矢信号中的位只能有一个位是 1,其余的位都是 0,否则报告出错。完成这一功能的一种办法是,先设计一个具有这种对位矢信号检测功能的过程,然后对不同位宽的信号并行调用这一过程。

```
PROCEDURE check(SIGNAL a : IN STD_LOGIC_VECTOR;     --在调用时
                SIGNAL error : OUT BOOLEAN ) IS     --再定位宽
VARIABLE found_one : BOOLEAN := FALSE ;             --设初始值
BEGIN
FOR i IN a'RANGE LOOP         --对位矢量 a 的所有的位元素进行循环检测
   IF a(i) = '1' THEN          --发现 a 中有'1'
       IF found_one THEN       --若 found_one 为 TRUE 则表明发现了一个以上的'1'
           ERROR<= TRUE;       --发现了一个以上的'1',令 found_one 为 TRUE
           RETURN;             --结束过程
       END IF;
       Found_one := TRUE;      --在 a 中已发现了一个'1'
   End IF;
  End LOOP;                    --再测 a 中的其他位
error <= NOT found_one;        --如果没有任何'1',被发现 error ,将被置 TRUE
END PROCEDURE   check;
...
CHBLK:BLOCK
SIGNAL s1: STD_LOGIC_VECTOR(0 TO 0);     --过程调用前设定位矢尺寸
SIGNAL s2: STD_LOGIC_VECTOR(0 TO 1);
SIGNAL s3: STD_LOGIC_VECTOR(0 TO 2);
SIGNAL s4: STD_LOGIC_VECTOR(0 TO 3);
SIGNAL e1, e2, e3, e4: Boolean;
BEGIN
```

```
        Check(s1,e1);      --并行过程调用,关联参数名为 s1,e1
        Check(s2,e2);      --并行过程调用,关联参数名为 s2,e2
        Check(s3,e3);      --并行过程调用,关联参数名为 s3,e3
        Check(s4,e4);      --并行过程调用,关联参数名为 s4,e4
END BLOCK;
…
```

从上面的调用过程可以看出,并行过程调用的这种复制功能,能大大简化程序的设计,因此适当使用并行过程调用,能加速程序的设计。

5.2.9 类属说明语句

类属 GENERIC 参量是一种端口界面常数,常以一种说明的形式放在实体或块结构体前的说明部分。类属为所说明的环境提供了一种静态信息通道。类属与常数不同,常数只能从设计实体的内部得到赋值,且不能再改变。而类属的值可以由设计实体外部提供。因此,设计者可以从外面通过类属参量的重新设定,很容易地改变一个设计实体或一个元件的内部电路结构和规模。

类属说明的一般书写格式如下:
```
GENERIC(常数名 数据类型 [ :设定值 ];
        常数名 数据类型 [ :设定值 ]);
```

类属参量以关键词 GENERIC 引导一个类属参量表,在表中提供时间参数或总线宽度等静态信息。类属表说明用于设计实体和其外部环境通信的参数,传递静态的信息。类属在所定义环境中的地位与常数十分接近,但却能从环境(如设计实体)外部动态地接受赋值,其行为又有点类似于端口 PORT。因此常如实体定义语句那样,将类属说明放在其中,且放在端口说明语句的前面。

在一个实体中定义的来自外部赋入类属的值,可以在实体内部或与之相应的结构体中读到。对于同一个设计实体,可以通过 GENERIC 参数类属的说明,为它创建多个行为不同的逻辑结构。比较常见的情况是,利用类属来动态规定一个实体的端口大小或设计实体的物理特性,或结构体中的总线宽度,或设计实体中底层中同种元件的例化数量,等等。

一般在结构体中,类属的应用与常数是一样的。例如,当用实体例化一个设计实体的器件时,可以用类属表中的参数项定制这个器件。如可以将一个实体的传输延迟、上升和下降延时等参数加到类属参数表中。然后根据这些参数进行定制,这对于系统仿真控制是十分方便的。其中的常数名是由设计者确定的类属常数名,数据类型通常取 INTEGER 或 TIME 等类型。设定值即为常数名所代表的数值。但需注意 VHDL 综合器仅支持数据类型为整数的类属值。

下面的简单例子就使用了类属说明语句。
```
ENTITY mcu1 IS
GENERIC (addrwidth : INTEGER := 16);
PORT(
    add_bus : OUT STD_LOGIC_VECTOR(addrwidth-1 DOWNTO 0));
…
```

第 5 章　VHDL 语句

在这里的 GENERIC 语句,对实体 mcu1 作为地址总线的端口 add_bus 的数据类型和宽度做了定义,即定义 add_bus 为一个 16 位的标准位矢量,定义 addrwidth 的数据类型是整数 INTEGER。其中,常数名 addrwidth 减 1 即为 15,所以这类似于将上例端口表写成:
PORT (add_bus : OUT STD_LOGIC_VECTOR (15 DOWNTO 0));

例 5.17 是一个完整的类属性说明语句应用的例子。在该例子中,没有直接指定类属说明语句中的变量值,而是在类属映射语句 GENERIC MAP 中说明的。

【例 5.17】　类属性说明语句示例
```
LIBRARY IEEE;
USE IEEE.STD_LOGIC_1164.ALL;
ENTITY zero_check IS
    GENERIC ( n : INTEGER);    --定义类属参量 n 机器数据类型
    PORT(                       --利用定义的类属参量来确定位矢量的长度
        datin: IN STD_LOGIC_VECTOR(n-1 DOWNTO 0);
        c: OUT STD_LOGIC);
END ENTITY;

ARCHITECTURE behv OF zero_check IS
    BEGIN
    PROCESS(datin)
    VARIABLE int : STD_LOGIC;
    BEGIN
        int := '1';
        FOR i IN datin'LENGTH -1 DOWNTO 0 LOOP
            IF datin(i) = '0' THEN int := '0';
            END IF;
        END LOOP;
            c <= int;
    END PROCESS;
END ARCHITECTURE;

LIBRARY IEEE;
USE IEEE.STD_LOGIC_1164.ALL;
ENTITY data_check IS
PORT(
     d1,d2,d3,d4,d5,d6,d7:IN STD_LOGIC;
                q1,q2    :OUT STD_LOGIC
     );
END ENTITY;
ARCHITECTURE behv OF data_check IS
```

```
COMPONENT zero_check                    -- 例化元件 zero_check
    GENERIC (n : INTEGER);
    PORT(datin : IN STD_LOGIC_VECTOR(n-1 DOWNTO 0);
         c     : OUT STD_LOGIC);
END COMPONENT;
BEGIN
u1 : zero_check GENERIC MAP (n =>2)    --两次调用例化元件
    PORT MAP (datin(0) = > d1,datin(1) = > d2,c => q1);
u2 : zero_check GENERIC MAP (n =>5)
    PORT MAP (datin(0) = > d3,datin(1) = > d4,datin(2) = > d5,
         datin(3) = > d6,datin(4) = > d7,c = > q2);
END ARCHITECTURE;
```

例 5.17 的仿真波形及 RTL 级电路图分别如图 5.30 和图 5.31 所示,从图中可以看出,这个例化元件实现的功能是,查找输入的数据中是否含有 0,如果有则输出为 0,否则输出为 1。

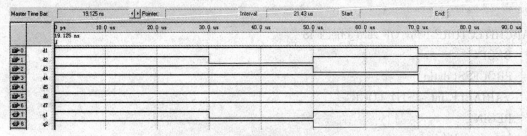

图 5.30　类属性说明语句示例的仿真波形图

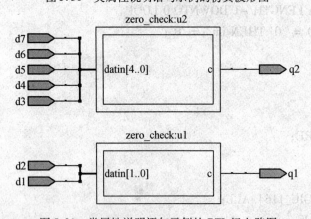

图 5.31　类属性说明语句示例的 RTL 级电路图

5.2.10　类属映射语句

类属映射语句可用于设计从外部端口改变元件内部参数或结构规模(或称类属元件)。这些元件在例化中特别方便,在改变电路结构或元件升级方面显得尤为便捷,其语句格式如下:

GENERIC map(*类属表*)

第5章 VHDL 语句

类属映射语句与端口映射语句(PORT MAP 语句)具有相似的功能和使用方法,它描述相应元件类属参数间的衔接和传送方式,它的类属参数衔接(连接)方法,同样有名字关联方式和位置关联方式。程序5.18 给出了 PORT MAP 和 GENERIC 的一个使用示例,描述了一个类属元件,是一个未定义位宽的加法器 adder,而在设计实体 sum 中描述了一种加法运算。在设计中需要对 adder 进行例化,利用参数传递说明语句,将 adder 定义为 16 位位宽的加法器 U1。而 U2 中,将 adder 定义为 8 位位宽的加法器,然后将这两个元件按名字关联的方式进行连接,最后获得如图 5.32 的电路图。

【例 5.18】 类属映射语句示例

```
LIBRARY IEEE;                                          --待例化元件
USE IEEE.STD_LOGIC_1164.ALL;
USE IEEE.STD_LOGIC_arith.ALL;
USE IEEE.STD_LOGIC_unsigned.ALL;
ENTITY adder IS
PORT (x, y: IN STD_LOGIC_VECTOR;
      result: out STD_LOGIC_VECTOR);
END adder;
ARCHITECTURE behave OF adder IS
BEGIN
   result <= x + y;
END;


LIBRARY IEEE;
USE IEEE.STD_LOGIC_1164.ALL;
USE IEEE.STD_LOGIC_arith.ALL;
USE IEEE.STD_LOGIC_unsigned.ALL;
ENTITY sum IS
GENERIC(msb_operand: INTEGER := 15;
        msb_sum: INTEGER := 15);

PORT(b   : IN STD_LOGIC_VECTOR (msb_operand DOWNTO 0);
     result: OUT STD_LOGIC_VECTOR (msb_sum DOWNTO 0));
END sum;
ARCHITECTURE behv OF sum IS
COMPONENT adder
PORT(x, y : IN STD_LOGIC_VECTOR;
     result: OUT STD_LOGIC_VECTOR);
END COMPONENT;
SIGNAL a: STD_LOGIC_VECTOR (msb_sum /2 DOWNTO 0);    -- 7 DOWNTO 0
SIGNAL twoa: STD_LOGIC_VECTOR (msb_operand DOWNTO 0);
```

```
BEGIN
    twoa<= a & a;
    U1: adder PORT MAP (x => twoa, y => b, result => result);
    U2: adder PORT MAP (x =>b(msb_operand downto msb_operand/2 +1), -- 15 DOWNTO 8
    y =>b(msb_operand/2 DOWNTO 0), result => a);
END behv;
```

从图 5.32 的 RTL 级电路图中可以看出,U1 和 U2 的端口参数是不一样的,尽管来自于同一个元件。其仿真波形图如图 5.33 所示。

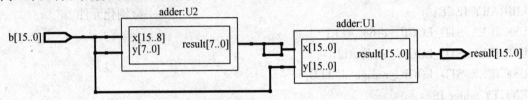

图 5.32 类属映射语句示例对应的 RTL 级电路图

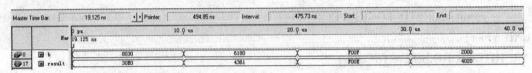

图 5.33 类属映射语句示例对应的仿真波形图

5.2.11 元件例化语句

元件例化就是引入一种连接关系,将预先设计好的设计实体定义为一个元件,然后利用特定的语句将此元件与当前的设计实体中的指定端口相连接,从而为当前设计实体引入一个新的、低一级的设计层次。在这里,当前设计实体相当于一个较大的电路系统,所定义的例化元件相当于一个要插在这个电路系统板上的芯片。而当前设计实体中指定的端口则相当于这块电路板上准备接受此芯片的一个插座。元件例化是使 VHDL 设计实体构成自上而下层次化设计的一种重要途径。

在一个结构体中调用子程序,包括并行过程的调用,非常类似于元件例化。因为通过调用,为当前系统增加了一个类似于元件的功能模块,但这种调用是在同一层次内进行的,并没有因此而增加新的电路层次,这类似于在原电路系统增加了一个电容或一个电阻。

元件例化是可以多层次的,在一个设计实体中被调用安插的元件本身也可以是一个低层次的当前设计实体,因而可以调用其他的元件,以便构成更低层次的电路模块。因此,元件例化就意味着在当前结构体内定义了一个新的设计层次,这个设计层次的总称叫元件。但它可以以不同的形式出现。如上所说,这个元件可以是已设计好的一个 VHDL 设计实体,可以是来自 FPGA 元件库中的元件,它们也可能是以别的硬件描述语言,如 Verilog 设计的实体,元件还可以是软的 IP 核或者是 FPGA 中的嵌入式硬 IP 核。

元件例化语句由两部分组成,前一部分是对一个现成的设计实体定义为一个元件;第二部分则是此元件与当前设计实体中的连接说明,它们的语句格式如下:

```
COMPONENT 元件名 IS              -- 元件定义语句
    GENERIC(类属表);
```

第5章 VHDL语句

　　　　　PORT(端口名列表);
END COMPONENT 文件名;

例化名:元件名 PORT MAP(　　-- 元件例化语句
　　　　　　[端口名=>]连接端口名,…);

　　当进行元件的例化时,必须存在元件定义语句和元件例化语句。

　　元件定义语句完成的功能是对一个现成的设计实体进行封装,使其只留出对外的接口界面,如同一个集成芯片只能看到几个引脚在外一样,它的类属表可列出端口的数据类型和参数,端口名表可列出对外通信的各端口名。

　　元件例化语句的例化名是必须存在的。它类似于标在当前系统电路板中的一个位置标号,而元件名则是准备在此插座上插入的,已定义好的元件名,PORT MAP 是端口映射,其中的端口名,是在元件定义语句中的端口名表中,定义好的元件端口的名字,连接端口名则是当前系统与准备接入的元件对应端口相连的通信端口的名字,相当于插座上各插针的引脚名。

　　元件例化语句中所定义的端口名,与当前系统的端口名的连接,其表达有两种方式。一种是名字关联方式,在这种关联方式下,例化元件的端口名和连接符号"=>"都是必须存在的。这时,端口名与连接端口名的对应关系式,在 PORT MAP 语句中的位置可以是任意的。另一种是位置关联方式,若使用这种方式,端口名和连接符号都可以省去。在 PORT MAP 语句中,只要列出当前系统中的连接端口名就可以,但要求连接端口名的排列次序与所需例化的元件端口定义中的顺序一致。

　　例5.19是一个完整的元件例化的例子。为了说明例化元件的连接方式,分别用名字关联、位置关联、混合关联进行了说明,实现的逻辑功能是四输入"或"。

【例5.19】　四输入"或"逻辑
LIBRARY IEEE;
USE IEEE. STD_LOGIC_1164. ALL;
ENTITY nd2 IS
PORT (a, b: IN STD_LOGIC;
　　　c: OUT STD_LOGIC);
END nd2;
ARCHITECTURE behv OF nd2 IS
BEGIN
　　c <= a NAND b;
END behv;

LIBRARY IEEE;
USE IEEE. STD_LOGIC_1164. ALL;
ENTITY or41 IS
PORT (a1, b1, c1, d1: IN STD_LOGIC;
　　　z1 : OUT STD_LOGIC);

· 183 ·

END or41;

ARCHITECTURE behv OF or41 IS
COMPONENT nd2 IS
PORT (a, b: IN STD_LOGIC;
      c: OUT STD_LOGIC);
END COMPONENT nd2;
SIGNAL x, y : STD_LOGIC;
BEGIN
  u1 : nd2 PORT MAP(a1, b1, x) ;   --位置关联方式
  u2 : nd2 PORT MAP(a => c1, c => y, b => d1) ; --名字关联方式
  u3 : nd2 PORT MAP(x, y, c => z1) ;   --混合关联方式
END ARCHITECTURE;

例5.19中的元件完成的功能是,实现对输入信号a,b的与非,例化语句完成的是实现四输入的逻辑"或"功能,其仿真波形图及RTL级电路图分别如图5.34和图5.35所示。

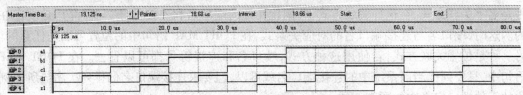

图5.34 四输入"或"逻辑的仿真波形图

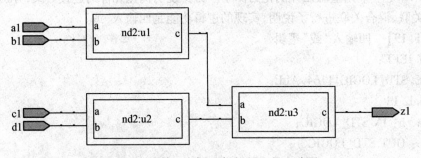

图5.35 四输入"或"逻辑的RTL级电路图

5.2.12 生成语句

生成语句(GENERATE)的功能是建立重复结构或者是在多个模块的表示形式之间进行选择。由于生成语句可以用来产生多个相同的结构,这样,在设计中只要根据某些条件,设定好某一元件或设计单位,就可以利用生成语句复制一组完全相同的并行元件或设计单元电路结构。因此使用生成语句就可以避免多段相同结构的VHDL程序的重复书写(相当于"复制")。生成语句的语句格式有如下两种形式:

第5章 VHDL语句

[标号:]FOR 循环变量 IN 取值范围 GENERATE
　　　　说明部分
　　BEGIN
　　　　并行语句
　　END GENERATE [标号];

[标号:]IF 条件 GENERATE
　　　　说明部分
　　BEGIN
　　　　并行语句
　　　　　END GENERATE [标号];

这两种语句格式都是由如下4部分组成的:

(1)生成方式。从上面可以看出,有 FOR 语句和 IF 语句结构两种,用来规定并行语句的复制方式。

(2)说明部分。这部分包括对元件数据类型、子程序、数据对象做局部说明。

(3)并行语句。生成语句结构中的并行语句是用来复制的基本单元,主要包括进程、元件语句、并行过程调用语句、块语句、并行信号赋值语句甚至生成语句,这表示生成语句允许存在嵌套结构,所以可用于生成多维阵列结构。

(4)标号。标号对于生成语句而言并不是必需的。但如果是在嵌套式生成语句的结构中,那就是十分必要的。对于 FOR 语句结构,主要是用来描述设计中的一些有规律的单元结构。其生成参数、取值范围的含义、运行方式,与 LOOP 语句十分相似。但需注意,从软件运行的角度上看,FOR 语句格式中循环变量的递增方式是循序的,但从最后生成的设计结构却是完全并行的,这就是为什么必须用并行语句来作为生成设计的基本单元的缘故。

循环变量不需要预定义,是自动产生的,它是一个局部变量,根据取值范围自动递增或递减。取值范围的语句格式与 LOOP 语句是相同的,有以下两种形式:

表达式 TO 表达式;　　　　--递增方式,如 1 TO 5
表达式 DOWNTO 表达式; --递减方式,如 5 DOWNTO 1

其中的表达式必须是整数。

例5.20是一个四位移位寄存器,用这个例子来说明 FOR-GENERATE 模式的使用方法和优点。

【例5.20】 FOR-GENERATE 模式构建的四位移位寄存器

```
LIBRARY IEEE;
USE IEEE.STD_LOGIC_1164.ALL;
ENTITY shift_reg IS
PORT(di: IN STD_LOGIC;
     cp: IN STD_LOGIC;
     do: OUT STD_LOGIC);
END ENTITY shift_reg;
ARCHITECTURE stru OF shift_reg IS
```

```
COMPONENT dff                          --元件声明
    PORT(d: IN STD_LOGIC;
         clk: IN STD_LOGIC;
         q: OUT STD_LOGIC);
END COMPONENT;
SIGNAL q : STD_LOGIC_VECTOR(4 DOWNTO 0);
BEGIN
  q(0) <= di;
  one : FOR i IN 0 TO 3 GENERATE    -- FOR-GENERATE 模式
        dffx : dff PORT MAP (q(i),cp,q(i+1));
      END GENERATE one;
  do <= q(4);
END stru;
```

在例 5.20 中,由于 dff 是系统中自带的元件,因此不需要再对 dff 的实体进行描述,直接声明就可以使用。从这个例子中可以看出,FOR-GENERATE 语句在进行描述时非常简单,程序的组成成分也清晰可见。例 5.20 的仿真波形图及 RTL 级电路图分别如图 5.36 和图 5.37 所示。

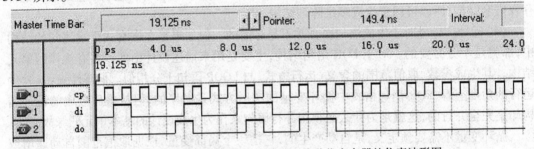

图 5.36　FOR-GENERATE 模式构建的四位移位寄存器的仿真波形图

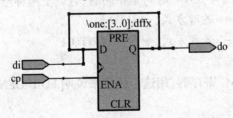

图 5.37　FOR-GENERATE 模式构建的四位移位寄存器的 RTL 级电路图

IF-GENERATE 模式的生成语句,主要用来描述一个结构中的例外情况。例如,某些特殊的边界条件。当执行到该语句时,首先进行条件判断,如果条件为"TRUE"才会执行生成语句中的并行处理语句;如果条件为"FALSE",则不执行该语句。下面依旧以四位移位寄存器为例,来说明 IF-GENERATE 模式的具体用法。

【例 5.21】　IF-GENERATE 模式构建的四位移位寄存器

```
LIBRARY IEEE;
USE IEEE.STD_LOGIC_1164.ALL;
```

```
ENTITY shift_reg IS
    PORT(di:IN STD_LOGIC;
         cp:IN STD_LOGIC;
         do:OUT STD_LOGIC);
END ENTITY shift_reg;

ARCHITECTURE stru OF shift_reg IS
    COMPONENT dff                    --元件声明
        PORT(d : IN STD_LOGIC;
             clk : IN STD_LOGIC;
             q : OUT STD_LOGIC);
    END COMPONENT;
    SIGNAL q : STD_LOGIC_VECTOR(4 DOWNTO 0);
BEGIN
    one : FOR i IN 0 TO 3 GENERATE    -- FOR-GENERATE 模式
        one1:IF (i=0) GENERATE        -- IF-GENERATE 模式
            dffx: dff PORT MAP (di,cp,q(i+1));
            END GENERATE;
        one2:IF (i=3) GENERATE
            dffx: dff PORT MAP (q(i),cp,do);
            END GENERATE;
        one3:IF (i/=0) AND (i/=3) GENERATE
            dffx: dff PORT MAP (q(i),cp,q(i+1));
            END GENERATE;
        END GENERATE one;
END stru;
```

在例 5.21 中,采用了 IF-GENERATE 模式生成语句。首先进行条件 i=0 和 i=3 的判断,即判断所产生的 D 触发器是移位寄存器的第一级还是最后一级。如果是第一级触发器,就将寄存器的输入信号 di 代入 PORT MAP 语句中。如果是最后一级触发器,就将寄存器的输出信号 do 代入 PORT MAP 语句中。这样就解决了硬件电路中输入输出端口具有不规则性所带来的问题。其仿真波形图及对应的 RTL 级电路图分别如图 5.38 和图5.39所示。

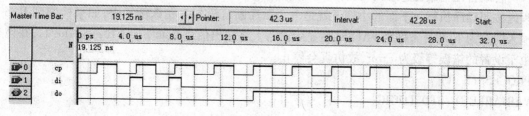

图 5.38　IF-GENERATE 模式构建的四位移位寄存器对应的仿真波形图

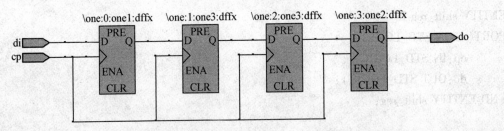

图 5.39　IF-GENERATE 模式构建的四位移位寄存器的 RTL 级电路图

可以看出,该例和例 5.19 的 RTL 级电路图是一样的(例 5.19 是总线形式表示),只是所采用的描述方式不相同。

5.2.13　ASSERT 语句

ASSERT(断言)语句只能在 VHDL 仿真器中使用,综合器通常忽略此语句。ASSERT 语句判断指定的条件是否为 TRUE,如果为 FALSE 则报告错误,语句格式是:

ASSERT 条件表达式
REPORT 字符串
SEVERITY 错误等级[SEVERITY_LEVEL];

下面给出一个简单的例子。

ASSERT NOT （S = '1' AND R = '1'）
REPORT "Both values of signals S and R are equal to '1' "
SEVERITY ERROR;

如果出现 SEVERITY 子句,则该子句一定要指定一个类型为 SEVERITY_LEVEL 的值。SEVERITY_LEVEL 共有 4 种可能的值,见表 5.2。

表 5.2　SEVERITY_LEVEL 的等级及说明

等　级	说　明
NOTE(通报)	报告出错信息,可以在仿真时继续传递信息
WARNING(警告)	报告出错信息,仿真仍可继续,但结果可能是不可预知的
ERROR(错误)	报告出错,仿真过程已经不能继续执行下去
FAILURE(失败)	报告出错,仿真过程必须立即停止

ASSERT 语句可以作为顺序语句使用,也可以作为并行语句使用,作为并行语句时,ASSERT 语句可看成是一个被动进程。

1. 顺序断言语句

将断言语句放在进程内时,称为顺序断言语句。此时的断言语句和其他语句一样,在进程内按照顺序执行。下面的小例子就是一个顺序断言语句。在该例子中,如果检测到 R,S 输入同时为 1,断言条件为 FALSE,在显示设备上将输出信息 Both S and R equal to '1',并且由于设置的错误等级为 Error,故仿真会停止。

PROCESS(S,R)
VARIABLE D :STD_LOGIC;
BEGIN
　ASSERT NOT （R = '1' and S = '1'）

```
            REPORT "Both S and R equal to '1'"
            SEVERITY Error;
        IF R = '1' and S = '0' THEN D := '0';
        ELSIF R = '0' and S = '1' THEN D := '1';
        END IF;
        Q <= D; QF <= NOT D;
END PROCESS;
```

2. 并行断言语句

将断言语句放在进程外部时,称为并行断言语句。由此可知,并行断言语句类似于一个对断言语句中所涉及的信号均敏感的进程。将断言语句放在一个单独的进程中描述叫断言进程,断言进程与结构体中的其他进程之间是并列的。并且断言进程只能放在结构体中描述。下面的例子是一个含有断言进程的 RS 触发器的 VHDL 程序。

```
…
one:PROCESS(S,R)
    VARIABLE D :STD_LOGIC;
    BEGIN
        IF R = '1' AND S = '0' THEN D := '0';
        ELSIF R = '0' AND S = '1' THEN D := '1';
        END IF;
        Q <= D; NQ <= NOT D;
    END PROCESS;

two:PROCESS(S,R)
    BEGIN
        ASSERT NOT (R='1' AND S='1')
        REPORT "Both S and R equal to '1'"
        SEVERITY Error;
    END PROCESS;
…
```

5.2.14 REPORT 语句

REPORT 语句一般用于 VHDL 的仿真中,本身不可综合。该语句用来报告有关信息,可以提高人机对话的可读性,并监视某些电路的状态。REPORT 语句是 93 版新增加的语句,只定义了一个报告信息的句子,比断言语句更简单,语句格式如下:

REPOPRT <字符串>;

下面给出一个简单的小例子。

```
WHILE counter <= 100 LOOP
    IF counter > 50
        THEN REPORT" the counter is over 50";
```

```
    END IF;
    …
ENDLOOP;
```

在 VHDL 1993 标准中,REPORT 语句相当于前面省略了 ASSERT FALSE 的 ASSERT 语句,而在 1987 标准中不能单独使用 REPORT 语句。

5.3 属性描述语句

在 VHDL 语言中,有属性定义和描述的功能。使用属性描述可以写出功能丰富、使用方便的程序模块,因此深入了解和熟练使用 VHDL 语言的属性描述语句是十分重要的。

5.3.1 属性预定义语句

VHDL 中预定义属性描述语句的实际应用有许多,可以从所指定的客体中获得关心的数据或信息。例如,获得一般数值极限值、检测出时钟的边沿、完成定时检查、获得未约束的数据类型的范围、对信号或其他项目的多种属性检测或统计等。VHDL 中的实体、结构体、配置、程序包、元件、类型、子类型、过程、函数、信号、变量、常量、语句标号,都可以具有属性,并且属性是以上各类项目的特性。

通常可以用一个值或一个表达式来表示某一项目的特定属性或特征。通过 VHDL 的预定义属性描述语句就可以访问。属性的值与数据对象(信号、变量和常量)的值完全不同。在任一给定的时刻,一个数据对象只能具有一个值,但却可以同时有多个属性。设计者自己定义的属性(即用户定义的属性)在 VHDL 中也是允许的。表 5.3 是常用的预定义函数属性。

表 5.3 常用的预定义函数属性功能表

属性名	功能与函数	适用范围
LEFT[(n)]	返回类型或者子类型的左边界,用于数组时,n 表示二维数组行序号	类型、子类型
RIGHT[(n)]	返回类型或者子类型的右边界,用于数组时,n 表示二维数组行序号	类型、子类型
HIGH[(n)]	返回类型或者子类型的上限值,用于数组时,n 表示二维数组行序号	类型、子类型
LOW[(n)]	返回类型或者子类型的下限值,用于数组时,n 表示二维数组行序号	类型、子类型
LENGTH[(n)]	返回数组范围的总长度(范围个数),用于数组时 n 表示二维数组行序号	数组
STRUCTURE[(n)]	如果块或结构体只含有元件具体装配语句或被动进程时,属性 STRUCTURE 返回 TRUE	块、构造
BEHAVIOR	如果由块标志指定块或者由构造名指定结构体,又不含有元件具体装配语句,则'BEHAVIOR 返回 TRUE	块、构造

第5章 VHDL语句

续表5.3

属性名	功能与函数	适用范围
POS(y)	参数y的位置序号	枚举类型
VAL(y)	参数y的位置值	枚举类型
SUCC(y)	得到输入y值的下一个值	枚举类型
PRED(y)	得到输入y值的前一个值	枚举类型
LEFTOF(y)	得到邻接输入y值左边的值	枚举类型
RIGHTOF(y)	得到邻接输入y值右边的值	枚举类型
EVENT	如果当前的d期间内发生了事件,则返回TRUE,否则返回FALSE	信号
ACTIVE	如果当前d期间内信号有效,则返回TRUE,否则返回FALSE	信号
LAST_EVENT	从信号最近一次发生事件至今所经历的时间	信号
LAST_VALUE	最近一次事件发生之前信号的值	信号
LAST_ACTIVE	返回信号前一次事件处理至今所经历的时间	信号
DELAYED[(time)]	建立和参考信号同类型的信号,该信号紧跟着参考信号之后,并且有一个可选的时间表达式指定延时时间	信号
STABLE[(time)]	每当在可选的时间表达式指定的时间内信号无事件时,该属性建立一个值为TRUE的布尔型信号	信号
QUIET[(time)]	每当参考信号在可选的时间内无事项处理时,该属性建立一个值为TRUE的布尔型信号	信号
TRANSACTION	在参考信号上有事件发生或每个事项处理中,值发生翻转,该属性建立一个BIT型的信号	信号
RANGE[(n)]	返回一个由参数n值所指出的第n个数据区间	数组
REVERSE_RANGE[(n)]	和RANGE[(n)]不同的是,其返回的数据是次序颠倒的	数组

属性描述语句可以分为6类:
(1)信号类属性描述语句。
(2)函数类属性描述语句。
(3)数据区间类属性描述语句。
(4)数值类属性描述语句。
(5)数据类型类属性描述语句。
(6)用户自定义属性描述语句。
预定义属性描述语句实际上是一个内部预定义函数,其语句格式如下:
属性测试项目名'属性标识符

属性测试项目即属性对象,可由相应的属性标识符表示。属性测试项目和属性标识符之间用撇号"'"隔开。下面将对各类属性的具体用法做详细的讲解。

5.3.2 信号类属性

信号类属性描述语句可以用来产生一种特殊的信号,主要功能是用来产生一个新的信号。信号类属性描述语句产生的特殊信号是以原来的信号为基础的,以属性函数为规则形成的新信号。在该新信号中包含了属性描述的有关信息。信号类属性标识符共有 4 种:STABLE,DELAYED,QUIET,TRANSACTION。

下面分别介绍各个语句的具体用法。

1. 属性 STABLE(time)

可以确定原信号的工作情况,并稳定一段要求的时间。稳定的时间由表达式 time 决定。即它可以在一个指定的时间间隔内,确定信号是否正好发生改变或者没有发生改变。属性函数的返回布尔信号量,可以作为独立的信号来使用,它也可以用来触发其他的进程。下面的简单小例子即是用 STABLE 来判断信号的时钟沿的语句。

```
…
NOT ( clock 'STABLE AND clock = '1' ) THEN
…
```

需要注意的是,和 EVENT 属性类似,当 STABLE 属性省略后面的时间时,表示稳定时间为 0,但是上句是不可综合的,因为稳定时间时没有办法精确地用硬件实现,因此仅能在仿真时使用。

2. 属性 DELAYED(time)

可建立一个所加信号的延迟版本。为实现同样的功能,也可以用传送延时赋值语句(Transport delay)来实现。两者不同的是,后者要求编程人员用传送延时赋值的方法记入程序中,而且带有传送延时赋值的信号是一个新的信号,它必须在程序中加以说明。例 5.22 是一个 2 输入与门的描述,设置了每条线路的仿真延时,分别采用了 TRANSPORT 和 DELAYED 语句进行描述,其仿真波形图及对应的 RTL 级电路图分别如图 5.40 和图 5.41 所示。

【例 5.22】 带有延时设置的 2 输入"与"门

```
LIBRARY IEEE;
USE IEEE.STD_LOGIC_1164.ALL;
ENTITY and21 IS
GENERIC(a_ipd, b_ipd, c_opd : TIME: = 10ns);
PORT(a,b:IN STD_LOGIC;
     c:OUT STD_LOGIC);
END and21;


ARCHITECTURE int_signals OF and21 IS   --采用 TRANSPORT 语句描述
SIGNAL inta,intb:STD_LOGIC;
BEGIN
  inta<= TRANSPORT a AFTER a_ipd;
  intb<= TRANSPORT b AFTER b_ipd;
  c   <= inta AND intb AFTER c_opd;
END int_signals;
```

```
ARCHITECTURE attr OF and21 IS          --采用 DELAYED 语句描述
BEGIN
  c <= a′DELAYED(a_ipd) AND b′DELAYED(b_ipd) AFTER c_opd;
END attr;
```

上面的例子中的两个 ARCHITECTURE 完成的功能是一致的。从该例中可以看出,采用 TRANSPORT 语句描述的时候,会消耗更多的逻辑资源,因为它涉及更多内部信号的定义。从波形图中可以看出,每个输入信号都经过 10 ns 的延时才能完成逻辑功能。完成逻辑功能后,再经过 10 ns 的延时后输出结果。此外,从 RTL 电路图中可以看出,加入延时后,综合器并不能综合延时信息。

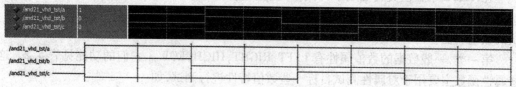

图 5.40　带有延时设置的 2 输入"与"门的仿真波形

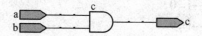

图 5.41　带有延时设置的 2 输入"与"门的 RTL 级电路图

在实际的 ASIC 芯片设计时,首先要估计每一个输入和输出引脚的传输延时,在设计好后,还要根据实际的延时值,再次对电路进行仿真。

3. 属性 QUIET(time)

QUIET 和 STABLE 的功能非常类似,都是用来确定原信号的工作情况,并且都是在信号没有发生转换时,返回一个布尔信号量 TRUE 值。但是,两者在使用上还是有很大的区别的。其中,STABLE 的转换由原信号的边沿触发,而 QUIET 的转换由原信号的电平触发。STABLE 是用来测试原始信号在自身规定的时间里是否有变化,而 QUIET 是用来判断在规定的时间里原信号是否有事件处理,例如中断、子程序调用等。下面的例子就是用 QUIET 的电平触发特性编写的 WHEN-ELSE 语句。

```
…
--用属性 QUIET 来检出中断信号的电平是否发生变化
int <= int_sig1 WHEN NOT(int_sig1′QUIET(10 ns)) ELSE
       int_sig2 WHEN NOT(int_sig2′QUIET(10 ns)) ELSE
       int_sig3 WHEN NOT(int_sig3′QUIET(10 ns)) ELSE
int_p;
…
```

此处需要注意的是,属性 QUIET 后面的时间表达式是 10 ns,表示该布尔信号量将稳定 10 ns。如果 QUIET 后的时间表达式的值被省略,则该布尔表达式将稳定一个时间间隔 δ。这个时间的设置,编程人员可以根据系统的要求进行设定。

4. 属性 TRANSACTION(time)

TRANSACTION 表示当属性所加的信号发生转换或产生事件时,该属性函数返回的值将发生变化。其返回值为一个 BIT 数据类型的信号。原信号每发生一次变化,或每处理一个事件,该返回值均要发生变化。该属性常用来启动进程。例如下面的语句。
WAIT ON trig'TRANSACTION;

上面的语句就使用了 TRANSACTION 的特性。当 trig 信号发生变化时,被挂起的进程将继续执行,否则的话,进程将继续被挂起。此处的属性 TRANSACTION 省略了时间,因为在这里主要完成的功能是结束被挂起的进程,对稳定时间没有要求。

5.3.3 数值类属性

在 VHDL 中数值类属性用来得到数组、块或者一般数据的有关值。例如,可以用来得到数组的长度、数据的最低限制等。可以分为 3 类:一般数据的数值属性、数组的数值属性、块的数值属性。

第一类,一般数据的数值属性有 LEFT,RIGHT,HIGH,LOW。它们的功能见表 5.2。这些属性函数主要用于对属性测试目标一些数值特性进行测试,如:

```
TYPE number IS 0 TO 9;
    i: = number'LEFT;      --i=0
    i: = number'RIGHT;     --i=9
    i: = number'HIGH;      --i=9
    i: = number'LOW;       --i=0
```

需要注意的是,变量 i 的数据类型应与赋值区间的数据类型一致。上例中 number 是整数,所以 i 也应该是整数。

数值类属性不仅适用于数字类型,也适用于任何标量类型。以枚举类型为例:

```
ARCHITECTURE time1 OF time IS
TYPE tim IS(sec,min,hous,day,month,year);
SUBTYPE reverse_tim IS tim RANGE month DOWNTO min;
SIGNAL tim1,tim2,tim3,tim4,tim5,tim6,tim7,tim8:tim;
BEGIN
      tim1 <= tim'LEFT;              --得到 sec
      tim2 <= tim'RIGHT;             --得到 year
      tim3 <= tim'HIGH;              --得到 year
      tim4 <= tim'LOW;               --得到 sec
      tim5 <= reverse_tim'LEFT;      --得到 min
      tim6 <= reverse_tim'RIGHT;     --得到 month
      tim7 <= reverse_tim'HIGH;      --得到 month
      tim8 <= reverse_tim'LOW;       --得到 min
END time1;
```

第二类,数组的数值属性只有一个即 LENGTH。在给定数组类型后,用该属性将得到一个数字的长度值。该属性可以用于任何标量类数组和多维的标量类区间的数组。

```
PROCESS(a) IS
TYPE bit4 IS ARRAY(0 TO 3) OF BIT;
```

```
TYPE bit_strange IS ARRAY(10 TO 20) OF BIT;
VARIABLE len1,len2:INTEGER;
BEGIN
  len1:= bit4'LENGTH;          --len1=4
  len2:=bit_strange'LENGTH;    --len2=11
END PROCESS;
```

第三类,块的数据属性有STRUCTURE和BEHAVIOR两种。这两种属性用于块和结构体中。如果块有标号说明,或者结构体有构造说明,而且在块和结构体中不存在COMPONENT语句,那么用属性BEHAVIOR将得到TRUE;如果在块和结构体中只有COMPONENT语句或被动进程,那么用属性STRUCTURE将得到TRUE的信息。

例5.23中的一个移位寄存器是由4个D触发器基本单元串联而成的,在对应shifter实体的结构体中,还包含有一个用于检出时钟clk跳变的被动进程check_time。其仿真波形图及对应的RTL级电路图分别如图5.42和图5.43所示。

【例5.23】 D触发器串联构建的移位寄存器

```
LIBRARY IEEE;
USE IEEE.STD_LOGIC_1164.ALL;
ENTITY shifter IS
PORT(clk,left:IN STD_LOGIC;
     right:OUT STD_LOGIC);
END ENTITY shifter;
ARCHITECTURE structure OF shifter IS
COMPONENT dff IS              --元件例化声明
PORT(d,clk :IN STD_LOGIC;
     q :OUT STD_LOGIC);
END COMPONENT dff;
SIGNAL i1,i2,i3:STD_LOGIC;
BEGIN                         --端口映射
  u1: dff PORT MAP (d=>left,clk =>clk,q=>i1);
  u2: dff PORT MAP (d=>i1,clk =>clk,q=>i2);
  u3: dff PORT MAP (d=>i2,clk =>clk,q=>i3);
  u4: dff PORT MAP (d=>i3,clk =>clk,q=>right);
  checktime:PROCESS(clk) IS
  VARIABLE last_time:time:=time'LEFT ;
  BEGIN
      ASSERT(NOW-last_time=20ns)
      REPORT" spike on clock";
      SEVERITY WARNING;
      last_time:=now;
  END PROCESS checktime;
```

END ARCHITECTURE structure;

如果对上面的结构体施加属性 STRUCTURE 和 BEHAVIOR,那么 structure'STRUCTURE 就是 TRUE,structure'BEHAVIOR 就是 FALSE。因为属性 STRUCTURE 和 BEHAVIOR 就是用来验证所说明的块或结构体,是使用结构描述方式来描述的模块还是用行为描述方式来描述的模块。其中的 check_time 是被动进程。所谓的被动进程,可以理解为其中没有代入语句,如果该进程中有代入语句,那么用属性语句 STRUCTURE 得到的信息将不是 TRUE,而是 FALSE 了。

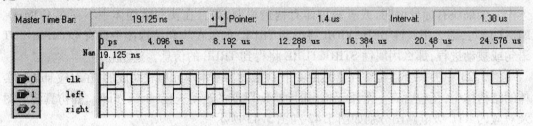

图 5.42　D 触发器串联构建的移位寄存器的仿真波形图

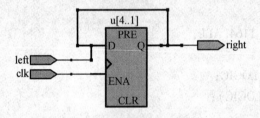

图 5.43　D 触发器串联构建的移位寄存器的 RTL 级电路图

需要注意的是,在 93 版中 STRUCTURE 和 BEHAVIOR 两种属性已经被删除,并且增加了 ASCENDING,IMAGE,VALUE,DRIVING,DRIVING_VALUE,INSTANCE_NAME,PATH_NAME,这些属性的详细介绍,请参考 93 版标准有关的资料。

5.3.4　函数类属性

函数类属性,是指属性以函数的形式,从而可以得到有关数据类型、数组、信号的某些信息。函数类属性有 3 类:数据类型属性函数、数组属性函数和信号属性函数。

1. 数据类型属性函数

采用数据类型属性函数可以得到有关数据类型的各种信息。例如给出某类数据值的位置,进一步利用位置函数属性就可以得到该位置的数值。数据类型属性函数包含 6 种:

① POS(x)——得到输入 x 值的位置序号。
② VAL(x)——得到输入位置序号 x 的值。
③ SUCC(x)——得到输入 x 值的下一个值。
④ PRED(x)——得到输入 x 值的前一个值。
⑤ LEFTOF(x)——得到邻接输入 x 值左边的值。
⑥ RIGHTOF(x)——得到邻接输入 x 值右边的值。

下面分别举例说明它们的用法。例 5.24 是将物理量 uA,uV,ohm 转换成整数的实例。

【例5.24】 数据类型属性示例

```
PACKAGE ohms_law IS    --程序包定义
TYPE current IS RANGE 0 TO 1000000
    UNITS
      uA;
      mA = 1000 uA;
      A = 1000 mA;
    END UNITS;

TYPE voltage IS RANGE 0 TO 1000000
    UNITS
      uV;
      mV = 1000 uV;
      V = 1000 mV;
    END UNITS;

TYPE resistance IS RANGE 0 TO 1000000
    UNITS
      ohm;
      kohm = 1000 ohm;
      mohm = 1000 kohm;
    END UNITS;
END PACKAGE ohms_law;

USE work.ohms_law.ALL;
ENTITY calc_res IS
PORT(i : IN current;
     e : IN voltage;
     r : OUT resistance);
END ENTITY calc_res;

ARCHITECTURE behv OF calc_res IS
BEGIN
ohm_calc: PROCESS(i,e) IS
  VARIABLE convi, conve, int_r : INTEGER;
  BEGIN
    convi := current'POS(i);      --以 uA 为单位的电流值
    conve := voltage'POS(e);      --以 uV 为单位的电压值
    int_r := conve/convi;         --以 ohm 为单位的电阻值
```

```
    r<=resistance'VAL(int_r);
  END PROCESS ohm_calc;
END ARCHITECTURE behv;
```

进程的第一条语句将输入电流值(i)的位置序号赋予变量 convi。例如，输入电流值为 10 uA，则赋予变量 convi 的值为 10。同理电压的位置序号与输入电压的 uV 相等。第三条语句是计算整数 conve 和 convi 的商，得到一个 int_r 整数值。该整数值与要得到的电阻的阻值是相等的，但是 int_r 不是物理量，要转换成物理量，需要一次整数至物理量的转换，这就是进程中第四条语句的功能。其仿真波形图及对应的 RTL 级电路图分别如图 5.44 和图 5.45 所示。

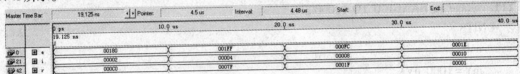

图 5.44 数据类型属性示例对应的仿真波形图

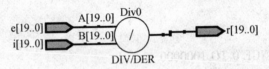

图 5.45 数据类型属性示例对应的 RTL 级电路图

上面的例子说明了 POS 和 VAL 的使用方法。下面的例子恰好能说明 SUCC,PRED, LEFTOF 和 RIGHTOF 的用法。

```
PACKAGE t_time IS
  TYPE time IS(sec,min,hous,day,month,year);
  TYPE reverse_time IS time RANGE year DOWNTO sec;
END PACKAGE t_time;

time'SUCC(hous);              --得到 day
time'PRED(day);               --得到 hous
reverse_time'SUCC(hous);      --得到 min
reverse_time'PRED(day);       --得到 month
time'RIGHTOF(hous);           --得到 day
time'LEFTOF(day);             --得到 hous
reverse_time'RIGHTOF(hous);   --得到 min
reverse_time'LEFTOF(day);     --得到 month
```

由上述可知，对于递增区间来说，下面的等式成立：

'SUCC(x)='RIGHTOF(x);
'PRED(x)='LEFTOF(x);

对于递减区间来说，与上面的等式相反，下面两个等式成立：

'SUCC(x)='LEFTOF(x);
'PRED(x)='RIGHTOF(x);

2. 数组属性函数

利用数组属性函数可以得到数组的区间。在对数组的每一个元素进行操作时,必须知道数组的区间。数组属性函数与数值数据类型属性一样,在递增区间和递减区间存在着不同的对应关系。数组类型属性函数包含以下 4 种:

(1)′LEFT(n)——得到索引号为 n 的区间的左端位置号。这里的 n 是多维数组中所定义的多维区间的序号。当 n 缺省时,就代表对一维区间进行操作。

(2)′RIGHT(n)——得到索引号为 n 的区间的右端位置号。

(3)′HIGHT(n)——得到索引号为 n 的区间的高端位置号。

(4)′LOW(n)——得到索引号为 n 的区间的低端位置号。

在递增区间,存在如下关系:

′LEFT=′LOW,数组′LEFT=数组′LOW。
′RIGHT=′HIGHT,数组′RIGHT=数组′HIGHT。

在递减区间,存在如下关系:

′LEFT=′HIGHT,数组′LEFT=数组′HIGHT。
′RIGHT=′LOW,数组′RIGHT=数组′LOW。

下面的一个简单例子,就是一个用数组的属性函数的 VHDL 程序。

```
TYPE data_base IS ARRAY (0 TO 1023) OF INTEGER;
ARCHITECTURE behv OF calculate_data IS
CONSTANT initial_value:INTEGER:= 0 ;
BEGIN
    PROCESS( clk )
    BEGIN
     FOR i IN data_base′LOW(1) TO data_base′HIGH(1) LOOP
        data_base(i) := initial_value;
    END LOOP;
END PROCESS;
END behv;
```

上面的例子完成的功能是,首先定义了一个整数类型的数组 data_base,然后在进程中用 FOR-LOOP 循环语句对其初始化,初始化范围由数组的属性函数来完成,使得数组 data_base 的每一个元素均为 0。

3. 信号属性函数

信号属性函数用来得到信号的行为信息。例如,信号的值是否有变化,信号值变化前的值为多少等。信号属性函数有 5 种:

(1)EVENT。表示在当前一个相当小的时间间隔内,如果事件发生了,则函数将返回一个为 TRUE 的布尔量,否则就返回 FALSE。

(2)ACTIVE。表示在当前一个相当小的时间间隔内,如果信号发生了改变,则函数将返回一个为 TRUE 的布尔量,否则就返回 FALSE。

(3)LAST_EVENT。该属性函数将返回一个时间值,即从信号前一个事件发生到现在所经过的时间。

(4) LAST_VALUE。该属性函数将返回一个值,即该值是信号最后一次改变以前的值。

(5) LAST_ACTIVE。该属性函数返回一个时间值,即从信号前一次改变到现在的时间。

运用信号的属性函数可以检测出时钟的边沿,这种典型的应用是 D 触发器,例 5.25 是一个 D 触发器的例子,用来介绍信号的属性函数 EVENT 和 LAST_VALUE 的用法。

【例 5.25】 函数类属性描述的 D 触发器

```
LIBRARY IEEE;
USE IEEE.STD_LOGIC_1164.ALL;
ENTITY dff1 IS
PORT(d,clk:IN STD_LOGIC;
     q:OUT STD_LOGIC);
END dff1;
ARCHITECTURE behv OF dff1 IS
BEGIN
    PROCESS(clk)
    BEGIN
      IF clk='1' AND clk'EVENT AND clk'LAST_VALUE = '0' THEN
        q<=d;
      END IF;
    END PROCESS;
END behv;
```

在上面的例子中,使用了 EVENT 属性,当前时钟处于 1 电平,而且时钟信号刚刚从其他电平变为 1,这样就检测出了时钟的上升沿。在实际的电路中 LAST_VALUE 不需要,逻辑也是正确的。但是在电路的仿真中,如果原来的电平是 X,则没有 LAST_VALUE 属性时,会误判为时钟也出现了上升沿,显然逻辑上是不正确的。加上 LAST_VALUE 属性后,则可以保证在电路的仿真中,逻辑也是正确的。例 5.25 对应的仿真波形图和 RTL 级电路图分别如图 5.46 和图 5.47 所示。

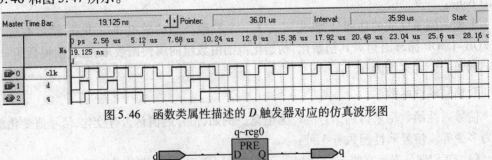

图 5.46 函数类属性描述的 D 触发器对应的仿真波形图

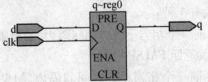

图 5.47 函数类属性描述的 D 触发器对应的 RTL 级电路图

5.3.5 数据区间类属性

在 VHDL 语言中有两类数据区间类属性,这两类属性仅用于受约束的数组类型数据并且可返回所选择输入参数的索引区间。这两个属性分别是:

(1) RANGE[(n)]——返回一个由参数 n 值所指出的第 n 个数据区间。

(2) REVERSL_RANGE[(n)]——将返回一个次序颠倒的数据区间。

数据区间类属性描述语句常用于循环语句,作为循环变量的范围来使用。下面的例子就是这种应用。

```
FUNCTION vector_to_int(vect : STD_LOGIC_VECTOR);
RETURN INTEGER IS
VARIABLE result : INTEGER : = 0;
BEGIN
    FOR i IN vect'RANGE LOOP
        result : = result * 2;
        IF vect(i) = '1' THEN
            result : = result + 1;
        END IF;
    ENDLOOP;
RETURN result;
END vector_to_int;
```

上述这个例子完成的主要功能,是把一个位矢量转换成整数,循环变量 i 的范围就是位矢量的长度。用 vect'RANGE 来表示循环范围,使得程序具有通用性。另外,该程序中省略了参数 n,表示是对 vect 的第一维区间取值,当是多维的区间时,一定要指明所取的是第几维的区间。

5.3.6 数据类型类属性

数据类型类属性描述语句只有一个属性 BASE,利用该属性可以得到数据类型的一个值。它仅仅是一种类型属性,而且必须使用数值类或函数类属性的值来表示,用该属性可以得到数据的类型或子类型,只能作为其他数值类属性或函数类属性的前缀使用,不能单独使用。下面的简单例子就使用了 BASE 属性。

```
do_nothing: PROCESS(x)
TYPE color IS(red,blue,green,yellow,brown,black);
SUBTYPE color_gun IS color RANGE red TO green;
VARIABLE a:color;
BEGIN
    a : = color_gun'BASE'RIGHT;      -- a = black
    a : = color'BASE'LEFT;           -- a = red
    a : = color'BASE'SUCC(green);    -- a = yellow
END PROCESS do_nothing;
```

程序中定义了 color 类型的数据,在使用 RIGHT,LEFT,SUCC 属性时,结合 BASE 属性,即可得到所定义数据类型中的子类型。

5.3.7 用户自定义属性

在 VHDL 语言中,除了所定义的属性以外,还可以由用户自定义属性,用户自定义属性的书写格式为:

ATTRIBUTE 属性名:数据子类型名;
ATTRIBUTE 属性名 OF 目标名:目标集合 IS 公式;

在对要使用的属性进行说明以后,接着就可以对数据类型、信号、变量、实体、结构体、配置、子程序、元件、标号进行具体的描述。例如:

ATTRIBUTE max_area : REAL;
ATTRIBUTE max_area OF fifo : ENTITY IS 150.0;
ATTRIBUTE capacitance : cap;
ATTRIBUTE capacitance OF clk , reset : SIGNAL IS 20 pF;

用户自定义属性的值在仿真中是不能改变的,也不能用于逻辑综合。用户自定义的属性主要用于从 VHDL 到逻辑综合及 ASIC 的设计工具、动态解析工具的数据过渡中。

第 6 章

有限状态机

有限状态机及其设计技术,是数字系统设计中的重要组成部分,同时也是实现高效、高可靠性逻辑控制的重要途径。面对先进的 EDA 技术,有限状态机在具体的设计和实现方法上有许多内容。本章将重点介绍利用 VHDL 来设计不同类型有限状态机的方法,同时分析研究设计中需要重点关注的问题。

6.1 状态机基础

根据状态机的状态是否有限,可将状态机分为有限状态机(Finite State Machine,FSM)和无限状态机(Infinite State Machine,ISM)。鉴于逻辑设计中一般所涉及的状态都是有限的,本书在后面介绍的状态机将都是有限状态机。有限状态机克服了纯硬件数字系统顺序方式控制不灵活的缺点,同时,有限状态机的结构模式相对简单,容易构成性能良好的同步时序逻辑模块。此外,有限状态机无论是在高速运算和控制方面,还是可靠性方面,都有着巨大的优势。

6.1.1 状态机的分类

状态机从信号输出方式上分类,有 Moore 型和 Mealy 型两类。从输出时序上看,Moore 型属于同步状态机,其输出仅为当前状态的函数。这类状态机在输入发生变化时必须等待时钟信号的到来,时钟使状态变化时才导致输出的变化。Mealy 型属于异步输出状态机,其输出是当前状态和所有输入信号的函数。它的输出是在输入变化后立即发生的,不依赖于时钟的同步。

当然,状态机还有其他的分类方式。比如,从结构上分,可分为单进程状态机和多进程状态机;从状态表达方式上分,可分为有符号化状态机、确定状态编码状态机;从编码方式上分,状态机又可分为顺序编码状态机、One-Hot 编码状态机等。

6.1.2 状态机的描述方式

状态机的基本描述方式有 3 种,分别是状态转移图、状态转移表和 HDL 语言描述。

状态转移图是状态机描述最自然的方式。状态转移图经常在设计规划阶段中定义逻辑功能时被使用,该方式通过图形化的方法来描述状态机的变化,非常有助于理解设计意图。在状态转移图设计时,设计者需要明确说明有限状态机的各种参数,包括复位时进入的初始状态、状态转换的条件、状态之间的转移关系,以便排除状态机不可能进入的状态,并预防状态机出现死锁情况。图6.1中的状态转移图规定了复位时状态值,当系统启动时就会因为复位而进入B状态。

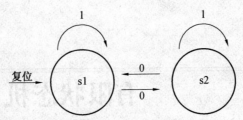

图6.1 状态转移图示例

状态转移表是用列表的方式描述状态机,也是数字逻辑电路常用的设计方法之一,经常被用于对状态化简。表6.1是一个状态转移表,对应着图6.1中的状态转移图,当前状态随着输入的激励,转移到下一状态,每个状态对应着一个输出。

表6.1 状态转移表

输入	当前状态	下一状态	输出
0	s1	s2	0
0	s2	s1	1
1	s1	s1	0
1	s2	s2	1

对于可编程逻辑设计,由于可用逻辑资源比较丰富,而且状态编码要考虑设计的稳定性、安全性等因素,所以并不经常使用状态转移表优化状态。

HDL语言描述状态机具有设计程序层次分明、结构清晰、易读易懂的优点,在排错、修改和模块移植方面,初学者特别容易掌握。通过一些规范的描述方法,可以使HDL语言描述的状态机更安全、稳定、高效、易于维护。

状态机一般由状态寄存器、次态逻辑和输出逻辑3个模块构成。用VHDL设计的状态机一般由说明部分、主控时序进程、主控组合进程和辅助进程组成。下面将分别对其进行说明介绍。

1. 说明部分

说明部分中使用TYPE语句定义新的数据类型,该类型为枚举型,其元素通常都用状态机的状态名来定义。每一个状态名原则上是可任意选取的,但为了便于识别和含义明确,状态名应该有明显的解释性意义,状态变量应定义为信号,便于信息传递。将状态变量的数据类型定义为含有既定状态元素的新定义的数据类型。说明部分一般放在ARCHITECTURE和BEGIN之间,例如:

ARCHITECTURE bv of my_entity IS
    TYPE fsm_states IS (s0, s1, s2, s3, s4);   --定义新状态以及状态名
    SIGNAL current_state, next_state: fsm_states;   --定义新状态变量
    ……
BEGIN
    ……
END PROCESS;

END ARCHITECTURE bv;

2. 主控时序进程

主控时序进程负责状态机的运转和在时钟驱动下负责状态转换的进程。状态机是随外部时钟信号以同步时序方式工作的。因此,状态机中必须包含一个对工作时钟信号敏感的进程,作为状态机的"驱动泵"。当时钟发生有效跳变时,状态机的状态才发生变化。一般地,主控时序进程可以不负责下一状态的具体取值。

```
reg: PROCESS (reset,clk)              --主控时序进程
  BEGIN
    IF reset = '1' THEN current_state <= s0;
    ELSIF clk = '1' AND clk'EVENT THEN
      current_state <= next_state;     --有效时钟触发状态转移
    END IF;
END PROCESS reg;
```

3. 主控组合进程

主控组合进程完成的功能是状态译码,即根据外部输入的控制信号(包括来自状态机外部的信号和来自状态机内部其他非主控的组合或时序进程的信号),或(和)当前状态的状态值,来确定下一状态 next_state 的取向,即 next_state 的取值内容,以及确定对外输出或对内部其他组合或时序进程输出控制信号的内容。具体步骤是:首先,根据信号 current_state 中的状态值,进入相应的状态;然后,在此状态中向外部发出控制信号 comb_outputs;最后,确定下一状态 next_state 的走向。

结合主控时序进程、主控组合进程,根据图 6.2 所示的状态转移图,使用 VHDL 进行描述,如例 6.1 所示来实现所规定的状态转移功能,其仿真波形图和 RTL 图分别如图 6.3 和图 6.4 所示。

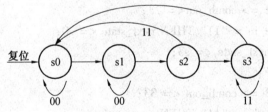

图 6.2 四状态转移图

【例 6.1】 一个简单有限状态机示例

```
LIBRARY IEEE;
USE IEEE.STD_LOGIC_1164.ALL;
ENTITY my_fsm IS
    PORT(
        clk,rst: IN STD_LOGIC;                          --时钟、复位
        state_in: IN STD_LOGIC_VECTOR(0 TO 1);          --输入状态
        comb_out: OUT INTEGER RANGE 0 TO 33             --输出状态
```

```
        );
END my_fsm;
ARCHITECTURE bv OF my_fsm IS
    TYPE myStates IS (s0, s1, s2, s3);              --新状态以及状态名
    SIGNAL current_state, next_state: myStates;     --状态变量
BEGIN
reg: PROCESS (rst,clk)                              --主控时序进程
    BEGIN
        IF rst = '1' THEN current_state <= s0;      --异步清零
        ELSIF clk = '1' AND clk'EVENT THEN
            current_state <= next_state;
        END IF;
    END PROCESS reg;
com:PROCESS(current_state, state_in)                --主控组合进程
    BEGIN
        CASE current_state IS
            WHEN s0 => comb_out<= 3;
                IF state_in = "00" THEN next_state<=s0;
                ELSE next_state<=s1;
                END IF;
            WHEN s1 => comb_out<= 13;
                IF state_in = "00" THEN next_state<=s1;
                ELSE next_state<=s2;
                END IF;
            WHEN s2 => comb_out<= 23;
                IF state_in = "11" THEN next_state <= s0;
                ELSE next_state <= s3;
                END IF;
            WHEN s3 => comb_out <= 33;
                IF state_in = "11" THEN next_state <= s3;
                ELSE   next_state <= s0;
                END IF;
        END CASE;
    END PROCESS com;
END bv;
```

4. 辅助进程

辅助进程主要用于配合状态机工作的组合进程或时序进程。其主要目的是为了稳定输出设置的数据锁存器,有时也用于配合状态机工作的其他时序进程,或者为了完成某种算法的进程等。一般将其作为实现具有锁存功能的输出信号的进程。

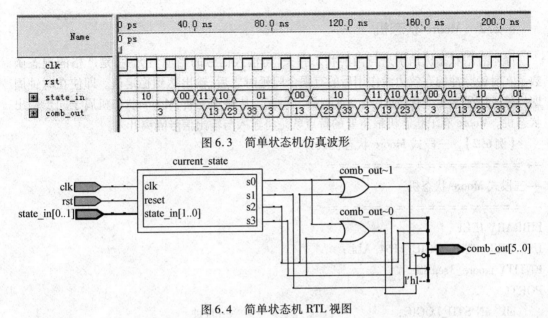

图 6.3　简单状态机仿真波形

图 6.4　简单状态机 RTL 视图

6.2　状态机的设计

6.2.1　一般状态机的设计方法

在使用 VHDL 描述状态机时,一般从状态机的 3 个基本模块入手,可以分为一段式、二段式和三段式有限状态机设计方法,也有将其称为单进程、双进程和三进程状态机设计方法。一段式有限状态机设计方法,是将整个状态机的 3 个模块合并起来,写到一个进程里面,在该进程中不仅描述状态转移,而且描述状态的输入和输出;二段式有限状态机设计方法,是用两个进程来描述状态机,其中当前状态寄存器用一个同步时序进程来描述,输出逻辑和次态逻辑合并起来,用另一个组合逻辑进程来描述;三段式有限状态机设计方法,则是将状态机的 3 个模块分别用 3 个进程来描述,一个同步时序进程描述状态寄存器,一个组合逻辑进程描述次态逻辑,最后的输出逻辑单独使用一个进程来描述。一般情况下,推荐的有限状态机设计方法是后两种,即二段式和三段式有限状态机设计方法。3 种设计方法的对比见表 6.2。

表 6.2　3 种有限状态机设计方法比较

比较内容	一段式	二段式	三段式
推荐等级	不推荐	推荐	最优推荐
代码简洁度	冗长	最简洁	简洁
进程数	1	2	3
是否利于时序约束	否	是	是
有无组合逻辑输出	有,可以无组合输出	多数情况下有	无
是否利于综合与布局布线	否	是	是
代码的可靠性与可维护度	低	高	最高
代码风格的规范性	低,任意度较大	格式化,规范	格式化,规范

6.2.2 Moore 状态机

摩尔有限状态机输出只与当前状态有关,与输入信号的当前值无关,是严格的现态函数。在时钟脉冲的有效边沿作用后的有限个门延时之后,输出达到稳定值。即使在时钟周期内输入信号发生变化,输出也会保持稳定不变。从时序上看,Moore 状态机属于同步输出状态机。Moore 有限状态机最重要的特点就是将输入与输出信号隔离开来。

【例 6.2】 三段式 Moore 状态机设计

```
-- ==================
--三段式 Moore 状态机
-- ==================
LIBRARY IEEE;
USE IEEE.STD_LOGIC_1164.ALL;
ENTITY moore_3seg IS
PORT(
    clk: IN STD_LOGIC;                          --时钟
    rst: IN STD_LOGIC;                          --复位
    sin: IN STD_LOGIC;                          --输入状态
    sout: OUT STD_LOGIC_VECTOR(3 DOWNTO 0)      --输出状态
);
END moore_3seg;

ARCHITECTURE bv OF moore_3seg IS
    TYPE stateType IS (s1,s2,s3,s4);
    SIGNAL current_s, next_s: stateType:=s1;
BEGIN
synch:PROCESS(clk,rst)                          --状态寄存器进程
    BEGIN
        IF rst = '1' THEN
            current_s<=s1;
        ELSIF RISING_EDGE(clk) THEN
            current_s<=next_s;
        END IF;
    END PROCESS synch;

state_trans:PROCESS (current_s,sin)             --次态逻辑进程
    BEGIN
        CASE current_s IS
            WHEN s1 =>
                IF sin='0' THEN next_s<=s1;
```

```
                ELSE next_s<=s2;
                END IF;
            WHEN s2 =>
                IF sin='0' THEN next_s<=s2;
                ELSE next_s<=s3;
                END IF;
            WHEN s3 =>
                IF sin='0' THEN next_s<=s3;
                ELSE next_s<=s4;
                END IF;
            WHEN s4 =>
                IF sin='0' THEN next_s<=s4;
                ELSE next_s<=s1;
                END IF;
        END CASE;
    END PROCESS state_trans;
state_output:PROCESS (current_s)          --输出逻辑进程
    BEGIN
        CASE current_s IS                 -- 确定当前状态值
            WHEN s1 =>
                sout<="0000";             --对应状态 s1 的数据输出为"0000"
            WHEN s2 =>
                sout<="0010";             --对应状态 s2 的数据输出为"0010"
            WHEN s3 =>
                sout<="0100";             --对应状态 s3 的数据输出为"0100"
            WHEN s4 =>
                sout<="1000";             --对应状态 s4 的数据输出为"1000"
        END CASE;
    END PROCESS state_output;
END bv;
```

上例的 VHDL 描述中包含了 synch,state_trans 和 state_output 3 个进程,分别为状态寄存器进程、次态逻辑进程和输出逻辑进程。图 6.5 是例 6.2 的状态转移图,图 6.6 是其仿真波形,由两图可见,在第 75 ns 有效上升时钟沿到来时,输入 sin 为 1,状态为 s2,输出 sout 为 0010。在上升沿的触发下,状态转移为 s3,输出 sout 变为 0100,输出也会维持稳定不变。综合后的 RTL 结果如图 6.7 所示。

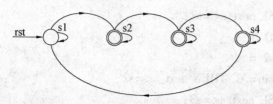

图6.5 Moore 状态机的状态转移视图

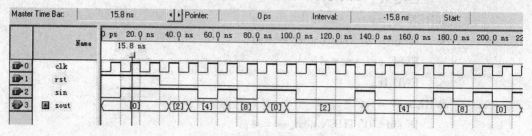

图6.6 Moore 状态机仿真波形

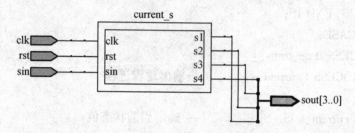

图6.7 Moore 状态机的 RTL 视图

6.2.3 Mealy 状态机

Mealy 状态机的输出是现态和所有输入的函数，随输入变化而随时发生变化。从时序上看，Mealy 状态机属于异步输出状态机，它不依赖于时钟，但 Mealy 状态机和 Moore 状态机的设计基本上相同。Mealy 状态机的 VHDL 结构要求至少有两个进程，或者是一个状态机进程加一个独立的并行赋值语句。

【例6.3】 二段式 Mealy 状态机设计

```
-- ===================
-- 二段式 Mealy 状态机
-- ===================
LIBRARY IEEE;
USE IEEE.STD_LOGIC_1164.ALL;
ENTITY mealy_2seg IS
POR T(
    clk: IN STD_LOGIC;                        -- 时钟
    rst: IN STD_LOGIC;                        -- 复位
    sin: IN STD_LOGIC;                        -- 输入状态
    sout: OUT STD_LOGIC_VECTOR(3 DOWNTO 0)    -- 输出状态
```

);
END mealy_2seg;

ARCHITECTURE bv OF mealy_2seg IS
    TYPE stateType IS (s1,s2,s3,s4);
    SIGNAL current_s: stateType:=s1;
BEGIN

state_process:PROCESS (current_s,sin,rst)   -- 时序逻辑进程
    BEGIN
        IF rst = '1' THEN
            current_s<=s1;
        ELSIF RISING_EDGE(clk) THEN
            CASE current_s IS
                WHEN s1 =>
                    IF sin='0' THEN current_s<=s1;
                    ELSE current_s<=s2;
                    END IF;
                WHEN s2 =>
                    IF sin='0' THEN current_s<=s2;
                    ELSE current_s<=s3;
                    END IF;
                WHEN s3 =>
                    IF sin='0' THEN current_s<=s3;
                    ELSE current_s<=s4;
                    END IF;
                WHEN s4 =>
                    IF sin='0' THEN current_s<=s4;
                    ELSE current_s<=s1;
                    END IF;
            END CASE;
        END IF;
    END PROCESS state_process;

state_output:PROCESS (current_s,sin)   -- 输出逻辑进程
    BEGIN
        CASE current_s IS   -- 确定当前状态值
            WHEN s1 =>
                IF sin='0' THEN   -- 输出与输入有关

```
            sout<="0000";  -- 对应状态 s1 的数据输出为"0000"
        ELSE
            sout<="0001";
        END IF;
    WHEN s2 =>
        IF sin='0' THEN       -- 输出与输入有关
            sout<="0010";  -- 对应状态 s2 的数据输出为"0010"
        ELSE
            sout<="0011";
        END IF;
    WHEN s3 =>
        IF sin='0' THEN       -- 输出与输入有关
            sout<="0100";  -- 对应状态 s3 的数据输出为"0100"
        ELSE
            sout<="0111";
        END IF;
    WHEN s4 =>
        IF sin='0' THEN       -- 输出与输入有关
            sout<="1000";  -- 对应状态 s4 的数据输出为"1000"
        ELSE
            sout<="1111";
        END IF;
    END CASE;
END PROCESS state_output;
END bv;
```

上例的 VHDL 描述中包含了 state_process 和 state_output 两个进程,分别为主控时序逻辑进程和组合逻辑进程。图 6.8 是例 6.3 的仿真波形图,由图可见,状态机在异步复位信号来到时,sin=0,输出 sout=0000。在 clk 的有效上升沿来到前,sin 仍为 0,输出 sout 也保持不变。而当 sin 由 0 变为 1 时,输出 sout 也立即改变。这些反映了 Mealy 状态机属于异步输出状态机,也反映了它不依赖于时钟的鲜明特点。综合后的 RTL 结果如图 6.9 所示。

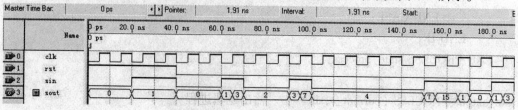

图 6.8 Mealy 状态机的仿真波形

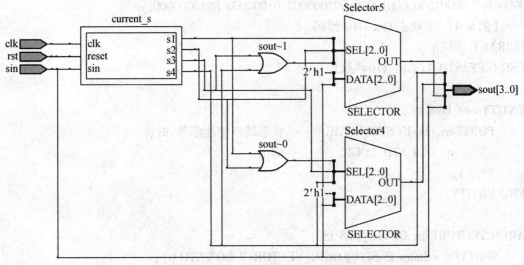

图 6.9　Mealy 状态机的 RTL 视图

6.3　有限状态机的状态编码

在状态机的编码方案中,有两种重要的编码方法:二进制编码和 One-Hot 编码。在二进制编码的状态机中,状态位(B)与状态(S)的数目之间的关系为 $B = \log_2 S$。例如,两位状态位就有 00,01,10,11 4 个不同状态,它们在不同的控制信号下可以进行状态转换。但是,如果各触发器没有准确地同时改变其输出值,那么在状态 01 变到 10 时则会出现暂时的 11 或 00 状态输出,这类现象可能使整个系统造成不可预测的结果。这时,采用格雷码二进制编码是特别有益的。在该编码方案中,每次仅有一个状态位的值发生变化。

对于复杂的状态机来说,二进制编码需使用的触发器数目要比 One-Hot 编码的少。如 100 个状态的状态机按二进制编码仅需使用 7 个触发器就可以实现,而 One-Hot 编码则要求使用 100 个触发器。另一方面,虽然 One-Hot 编码要求使用较多的触发器,但逻辑上通常相对简单些。在二进制编码的状态机中,控制从一个状态转换到另一个状态的逻辑与所有状态位以及状态机的输入均有关。这类逻辑通常要求状态位输入的函数是多输入变量的。然而,在 One-Hot 编码的状态机中,到状态位的输入常常是其他状态位的简单函数。在实际应用中,根据状态机的复杂程度、所使用的器件系列和从非法状态退出所需的条件来选择最适合的编码方案,使之能确保高效的性能和资源的利用。

6.3.1　One-Hot 编码

One-Hot 编码就是用 n 个触发器来实现 n 个状态的编码方式,状态机中的每一个状态都由其中一个触发器的状态来表示。虽然这种编码方式占用了较多的存储资源,但是却简化了状态的译码过程。对于含有较多时序逻辑单元和较少组合逻辑资源的 FPGA 器件非常适合。因而,在很多综合工具中,都会将符号化编码的状态机优化为这种高效的 One-Hot 编码状态机。如例 6.4 所示的 8 状态 One-Hot 编码器,其 8 个状态的状态机需要使用 8 个触发器,同一时间仅一个状态位处于逻辑 1 电平。8 个状态分别为:00000001,00000010,

00000100,00001000,00010000,001000000,01000000 和 10000000。

【例 6.4】 8 状态 One-Hot 编码

```vhdl
LIBRARY IEEE;
USE IEEE.STD_LOGIC_1164.ALL;

ENTITY one_hot8 IS
    PORT(en,clk:IN STD_LOGIC;    --状态转移使能信号,时钟
         q: OUT STD_LOGIC        --输出
        );
END ENTITY;

ARCHITECTURE bv OF one_hot8 IS
    SUBTYPE mStates IS STD_LOGIC_VECTOR(7 DOWNTO 0);

    CONSTANT state7:mStates:="10000000";
    CONSTANT state6:mStates:="01000000";
    CONSTANT state5:mStates:="00100000";
    CONSTANT state4:mStates:="00010000";
    CONSTANT state3:mStates:="00001000";
    CONSTANT state2:mStates:="00000100";
    CONSTANT state1:mStates:="00000010";
    CONSTANT state0:mStates:="00000001";

    SIGNAL currentS,nextS: mStates:=state0;
    SIGNAL qq:STD_LOGIC:='0';

BEGIN
    PROCESS(currentS,en)
    BEGIN
        IF en='1' THEN
            CASE currentS IS
                WHEN state0 =>
                    qq<='0';
                    nextS<=state1;
                WHEN state1 =>
                    qq<='0';
                    nextS<=state2;
                WHEN state2 =>
                    qq<='0';
```

```
                        nextS<=state3;
            WHEN state3 =>
                        qq<='0';
                        nextS<=state4;
            WHEN state4 =>
                        qq<='0';
                        nextS<=state5;
            WHEN state5 =>
                        qq<='0';
                        nextS<=state6;
            WHEN state6 =>
                        qq<='0';
                        nextS<=state7;
            WHEN state7 =>
                        qq<='1';
                        nextS<=state0;
            WHEN OTHERS => NULL;
        END CASE;
    ELSE
        IF currentS=state7 THEN
            qq<='1';
        ELSE
            qq<='0';
        END IF;
        nextS<=currentS;
    END IF;
    q<=qq;
END PROCESS;


PROCESS(clk)
    BEGIN
    IF RISING_EDGE(clk) THEN
        currentS<=nextS;
    END IF;
END PROCESS;
END ARCHITECTURE;
```

上面的 8 状态 One-Hot 编码例子的仿真波形如图 6.10 所示。程序最开始将当前状态 currentS、次态 nextS 的初值设置为 000000001（即十进制的 1）。当转移使能信号 en 为低电平时，currentS,nextS 的值保持不变。而当 en=1 时，随着时钟 clk 的激发，currentS,nextS 状态值在定义的 8 个 One-Hot 码之间转移,并且每完成一次 8 状态输出就会有 q 输出一次高电平 1,次态 nextS 的值滞后于当前状态 currentS 一个状态。其 RTL 视图如图 6.11 所示。

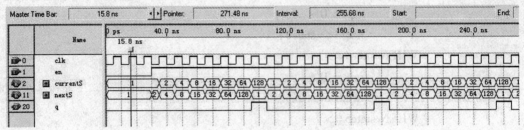

图 6.10 One-Hot 编码的仿真波形

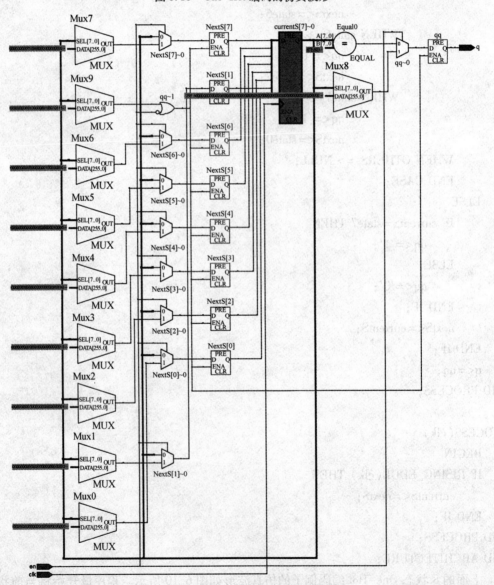

图 6.11 One-Hot 编码的 RTL 视图

6.3.2 直接输出型编码

在对状态机进行状态编码时,为了缩短输出延时,可以使用状态位直接输出编码。所谓"直接"就是在编码时,使其中的一位或者几位正好等于状态机处于每一个状态时的输出信号,这样就将状态编码作为输出信号,使其既能区分各个状态号,又能表示在该状态下的输出信号。下面以一个控制 AD0809 采样的状态机设计为例(参见例 6.5),对采用状态位直接输出的编码方式进行说明。AD0809 是 8 位逐次逼近型 A/D 转换器,它由一个 8 路模拟开关、一个地址锁存译码器、一个 A/D 转换器和一个三态输出锁存器组成。其对应的逻辑控制真值表见表 6.3,其中 ALE 表示地址锁存信号,START 表示转换启动信号,LOCK 是内部锁存信号,OE 代表输出有效信号,EOC 表示转换是否完成。

表 6.3 AD0809 逻辑控制真值表

ALE	START	LOCK	OE	EOC	工作状态
0	0	0	0	1	初始化
1	1	0	0	0	启动采样
0	0	0	0	0	转换未结束
0	0	0	0	1	转换结束
0	0	0	1	1	输出转换好的数据
0	0	1	1	1	输出数据到锁存器

【例 6.5】 控制 AD0809 的状态编码器

```
LIBRARY IEEE;
USE IEEE.STD_LOGIC_1164.ALL;
ENTITY adc0809 IS
    PORT(
        d:IN STD_LOGIC_VECTOR(7 DOWNTO 0);  -- A/D 转换后的数据
        clk,rst:IN STD_LOGIC;               -- 状态机工作时钟和系统复位控制信号
        eoc: IN STD_LOGIC;                  -- AD0809 工作状态指示信号,'0'表示正在转换
        ale: OUT STD_LOGIC;                 -- AD0809 模拟信号通道地址锁存信号
        start: OUT STD_LOGIC;               -- 转换启动信号
        oe: OUT STD_LOGIC;                  -- 数据输出控制信号
        lock_t: OUT STD_LOGIC;              -- 锁存测试信号
        q: OUT STD_LOGIC_VECTOR(7 DOWNTO 0) -- 数据输出
    );
END adc0809;
ARCHITECTURE bv OF adc0809 IS
TYPE states IS (s0,s1,s2,s3,s4);
    SIGNAL current_state, next_state: states :=s0;
    SIGNAL regl : STD_LOGIC_VECTOR(7 DOWNTO 0);
    SIGNAL lock : STD_LOGIC;
BEGIN
```

```
            lock_t <= lock;
    com: PROCESS(current_state, eoc) -- 决定各状态转换方式
    BEGIN
        CASE current_state IS
            WHEN s0 =>                      -- 0809 初始化
                ale<='0';
                start<='0';
                lock<='0';
                oe<='0';
                next_state <= s1;
            WHEN s1 =>
                ale<='1';
                start<='1';
                lock<='0';
                oe<='0';
                next_state <= s2;           -- 启动采样
            WHEN s2 =>
                ale<='0';
                start<='0';
                lock<='0';
                oe<='0';
                IF (eoc='1') THEN
                    next_state <= s3;       -- 转换结束
                ELSE
                    next_state <= s2;       -- 转换未结束,等待转换
                END IF;
            WHEN s3 =>
                ale<='0';
                start<='0';
                lock<='0';
                oe<='1';
                next_state <= s4;           -- 开启 OE,输出有效
            WHEN s4 =>
                ale<='0';
                start<='0';
                lock<='1';
                oe<='1';
                next_state <= s0;           -- 锁存数据
            WHEN OTHERS =>
```

```
            next_state <= s0;
        END CASE;
END PROCESS com;

reg: PROCESS (clk,rst)            -- 时序进程
BEGIN
    IF rst = '1' THEN current_state <= s0;
    ELSIF (clk'EVENT AND clk = '1') THEN
        current_state <= next_state;
    END IF;
END PROCESS reg;                  -- 信号 current_state 将值带出此进程
latch1: PROCESS (lock)            -- 数据锁存器进程
BEGIN
    IF lock = '1' AND lock'EVENT THEN
        regl <= d;                -- 在 LOCK 的上升沿将转换好的数据锁入
    END IF;
END PROCESS latch1;
    q <= regl;
END bv;
```

从仿真波形(图6.12)以及程序的具体描述可以看到,当复位信号为低电平时,随着第一个有效时钟上升沿的到来,ale,start 转为高电平,从而开始进行 A/D 转换。当转换完成时,转换状态标志信号 eoc 变为高电平,进而促使输出有效信号 oe 转为高电平。接着,内部锁存信号 lock_t 也转为高电平,在其上升沿的触发下,输出转换后的数据 d。图 6.13、图 6.14分别是控制 AD0809 的状态编码器的状态转移图和 RTL 视图。

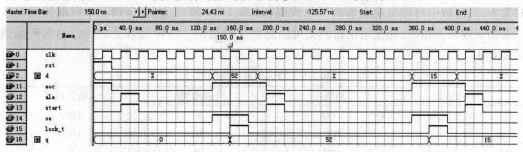

图 6.12 控制 AD0809 的状态编码器的仿真波形

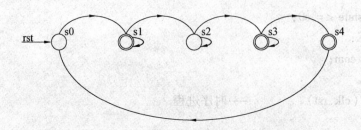

图 6.13　控制 AD0809 的状态编码器的状态转移图

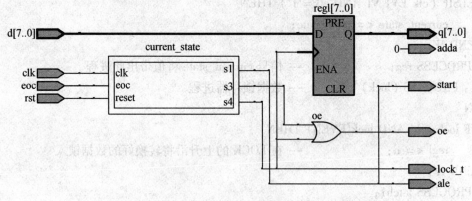

图 6.14　控制 AD0809 的状态编码器的 RTL 视图

6.3.3　格雷码

格雷码(Gray Code)是由贝尔实验室的 Frank Gray 在 20 世纪 40 年代提出的,用来在使用 PCM(Pulse Code Modulation)方法传送信号时避免出错,并于 1953 年 3 月 17 日取得了美国专利。在数字系统中,常要求信息按一定顺序变化。例如,按自然数递增计数,若采用 8421 码,则数 0111 变到 1000 时 4 位均要变化,而在实际电路中,4 位的变化不可能绝对同时发生,则计数中可能出现短暂的其他代码(1100,1111 等)。在特定情况下可能导致电路状态错误或输入错误,而使用格雷码则可以避免这种错误。一种最常见的四位格雷码编码见表 6.4。

表 6.4　四位格雷码编码表

十进制数	格雷码	十进制数	格雷码
0	0000	8	1100
1	0001	9	1101
2	0011	10	1111
3	0010	11	1110
4	0110	12	1010
5	0111	13	1011
6	0101	14	1001
7	0100	15	1000

一个四位格雷码编码器如例 6.6 所示,通过时钟上升沿触发,计数满 16 次循环一次,输出 4 位格雷码。其仿真波形图如图 6.15 所示,RTL 视图如图 6.16 所示。

【例6.6】 四位格雷码编码器

```
LIBRARY IEEE;
USE IEEE.STD_LOGIC_1164.ALL;

ENTITY gray4_coder IS
    PORT(
        clk:IN STD_LOGIC;                                  -- 输入时钟
        gray_code: OUT STD_LOGIC_VECTOR(3 DOWNTO 0) -- 输出 4 位格雷码
        );
END ENTITY gray4_coder;

ARCHITECTURE bv OF gray4_coder IS
BEGIN
    PROCESS(clk)
    VARIABLE count:INTEGER RANGE 0 TO 15:=0;
        --计数器,16 次清空一次
    BEGIN
    IF clk'EVENT AND clk='1' THEN
        CASE count IS
            WHEN 0 =>gray_code<="0000";
            WHEN 1 =>gray_code<="0001";
            WHEN 2 =>gray_code<="0011";
            WHEN 3 =>gray_code<="0010";
            WHEN 4 =>gray_code<="0110";
            WHEN 5 =>gray_code<="0111";
            WHEN 6 =>gray_code<="0101";
            WHEN 7 =>gray_code<="0100";
            WHEN 8 =>gray_code<="1100";
            WHEN 9 =>gray_code<="1101";
            WHEN 10 =>gray_code<="1111";
            WHEN 11 =>gray_code<="1110";
            WHEN 12 =>gray_code<="1010";
            WHEN 13 =>gray_code<="1011";
            WHEN 14 =>gray_code<="1001";
            WHEN 15 =>gray_code<="1000";
            WHEN OTHERS =>gray_code<="0000";
        END CASE;
        count:=count+1;
    END IF;
```

END PROCESS;
END ARCHITECTURE bv;

从图 6.15 的仿真波形可以看到,随着时钟的触发,计数器 count 不断进行 0~15 共 16 位的计数循环,每一个计数值对应着一个格雷码输出,每个格雷码之间只有一位的变化,从而最大限度地减少了码变换时出现错误的概率。图 6.16 是其对应的 RTL 视图。

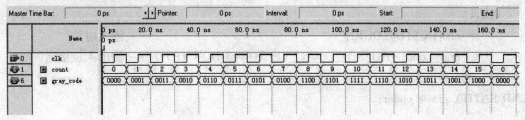

图 6.15　四位格雷码编码器的仿真波形

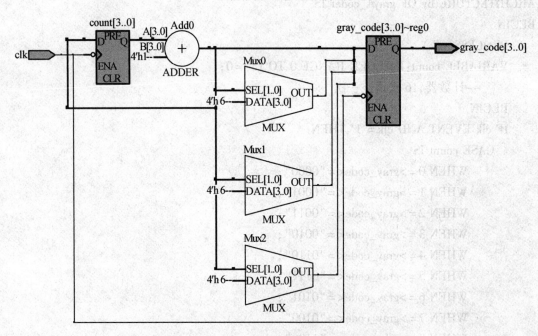

图 6.16　四位格雷码编码器的 RTL 视图

6.4　非法状态的处理

非法状态是指在状态机运行中不需要出现的状态,有时特指剩余状态。在状态机的设计中,出于更加容易阅读、编译和综合的目的,经常使用枚举类型或者直接给状态机指定一组二进制的编码组合,这样,总会不可避免地出现大量剩余状态,即未被定义的编码组合。如果在状态机设计中不针对这些非法状态进行处理,将会导致状态机在上电复位或者其他干扰下进入这些非法状态,从而出现不可预测的状态机行为。这时状态机的输出信号可能会不符合预定义的任何一种情况,并且有可能这时的输出信号会对系统产生不利的甚至是破坏性的影响。另一方面,当状态机进入非法状态之后,可能一直无法自动从非法状态中跳出,从而使状态机不能正常工作,除非程序设置了复位处理。

在设计状态机时,如何处理非法状态是一个非常重要的问题。一般地,处理非法状态可以通过两种方法进行处理。一种是将非法状态转入空闲状态,进行等待。另一种是将非法状态转入某个预定义的合法状态,执行指定的任务,如转入初始状态,或者转入设置好的专门处理错误的状态,如预警状态。

将非法状态转入初始状态的例子如例6.5,对应的处理程序描述为:

```
…
CASE current_state IS
…
    WHEN OTHERS =>
        next_state <= s0;
END CASE;
```

当非法状态比较少时,也可以分别指定对应的转入状态,如:

```
…
CASE current_state IS
…
    WHENillegal_state1 => next_state <= s0;
    WHENillegal_state2 => next_state <= s3;
    WHENillegal_state3 => next_state <= s0;
    WHENillegal_state4 => next_state <= s1;
…
END CASE;
```

对于状态编码采用One-Hot编码方式,当有效状态的数量增加时,剩余状态的数量将成指数增加。所以采用以上两种处理手段都会造成大量的逻辑资源浪费。例如,一个One-Hot编码方式具有6个有效状态的状态机,需要8个触发器,非法状态有$248(2^8-8)$个,因此,需要使用其他方法来进行非法状态的处理。

考虑到One-Hot编码方式中,每一个合法状态的编码都只有一位是1,其余都是0,从而可以在状态机设计中加入对状态编码中的1的个数统计,判断其是否大于1。如果是,则说明状态机已经进入了非法状态,会立即产生一个预警信号,系统可以通过判断预警信号是否有效来进行相应的处理,这种非法状态的处理方式示例如下:

```
…
alarm <= (s0 AND (s1 OR s2 OR s3 OR s4 OR s5 OR s6 OR s7)) OR
         (s1 AND (s0 OR s2 OR s3 OR s4 OR s5 OR s6 OR s7)) OR
         (s2 AND (s0 OR s1 OR s3 OR s4 OR s5 OR s6 OR s7)) OR
         (s3 AND (s0 OR s1 OR s2 OR s4 OR s5 OR s6 OR s7)) OR
         (s4 AND (s0 OR s1 OR s2 OR s3 OR s5 OR s6 OR s7)) OR
         (s5 AND (s0 OR s1 OR s2 OR s3 OR s4 OR s6 OR s7)) OR
         (s6 AND (s0 OR s1 OR s2 OR s3 OR s4 OR s5 OR s7)) OR
         (s7 AND (s0 OR s1 OR s2 OR s3 OR s4 OR s5 OR s6));
```

VHDL 设计与应用

```
...
IF alarm = '1' THEN
    --非法状态的处理,比如:next_state=>s0;
...
```

其他编码方式的非法状态处理,需要根据具体的编码特征来进行非法状态的判断以及对应处理,从而保证逻辑资源等的合理利用。

6.5 序列检测器设计

序列检测器也称为串行数据检测器,它在数据通信、雷达和遥测等领域中用于检测同步识别标志,是一种用来检测一组或多组由二进制码组成的脉冲序列信号的电路。当序列检测器连续收到一组串行二进制码后,如果这组码与检测器中预先设置的码相同,则输出1,否则输出0。

由于这种检测的关键在于正确码的收到必须是连续的,这就要求检测器必须记住前一次的正确码以及正确序列,直到在连续的检测中所收到的每一位码都与预置数的对应码相同为止。在检测过程中,理论上当任何一位不相等都将回到初始状态重新开始检测,但是在实际中,可能会遇到当某一位不相等时可以回到前面的某个状态继续检测,这样就会提高序列检测精度,防止了漏检情况的发生。例6.7就是一个包含了这种情况处理的八位序列检测器。

【例6.7】 八位序列检测器

```
LIBRARY IEEE;
USE IEEE.STD_LOGIC_1164.ALL;
ENTITY sequence_detector IS
    PORT(
        din,clk,clr:IN STD_LOGIC;         --串行输入数据位/工作时钟/复位信号
        YorN :OUT STD_LOGIC_VECTOR(7 DOWNTO 0)  --检测结果输出
        );
END ENTITY sequence_detector;
ARCHITECTURE bv OF sequence_detector IS
    TYPE states IS (s0,s1,s2,s3,s4,s5,s6,s7);
    SIGNAL present_state,next_state:states:=s0;
    CONSTANT d:STD_LOGIC_VECTOR(7 DOWNTO 0):="10011101";
                                --8位待检测预置数:0x9D
BEGIN
pro1:PROCESS(clk,clr)
BEGIN
    IF clr='1' THEN present_state<=s0;
    ELSIF (clk'EVENT AND clk='1' AND clk'LAST_VALUE='0') THEN  --状态转移
        present_state<=next_state;
```

```
        END IF;
END PROCESS pro1;
pro2:PROCESS(present_state,din)  --检测结果判断输出
BEGIN
    CASE present_state IS
    WHEN s0 =>
        IF din = d(7) THEN next_state<=s1; -- 1
        ELSE next_state<=s0;
        END IF;
        YorN<=x"4E";         -- 输出 ASCII:N
    WHEN s1 =>
        IF din = d(6) THEN next_state<=s2; -- 0
        ELSE next_state<=s1;
        END IF;
        YorN<=x"4E";         -- 输出 ASCII:N
    WHEN s2 =>
        YorN<=x"4E";         -- 输出 ASCII:N
        IF din = d(5) THEN next_state<=s3; -- 0
        ELSE next_state<=s1;
        END IF;
    WHEN s3 =>
        YorN<=x"4E";         -- 输出 ASCII:N
        IF din = d(4) THEN next_state<=s4; -- 1
        ELSE next_state<=s0;
        END IF;
    WHEN s4 =>
        YorN<=x"4E";         -- 输出 ASCII:N
        IF din = d(3) THEN next_state<=s5; -- 1
        ELSE next_state<=s2;
        END IF;
    WHEN s5 =>
        YorN<=x"4E";         -- 输出 ASCII:N
        IF din = d(2) THEN next_state<=s6; -- 1
        ELSE next_state<=s2;
        END IF;
    WHEN s6 =>
        YorN<=x"4E";         -- 输出 ASCII:N
        IF din = d(1) THEN next_state<=s7; -- 0
        ELSE next_state<=s1;
```

```
            END IF;
        WHEN s7 =>
            IF din = d(0) THEN
                next_state<=s0;         -- 1
                YorN<=x"59";                    --检测到序列,输出 ASCII:Y
            ELSE
                next_state<=s0;
                YorN<=x"4E";                    --输出 ASCII:N
            END IF;
        WHEN OTHERS =>
            YorN<=x"4E";                        --输出 ASCII:N
            next_state <=s0;
        END CASE;
END PROCESS pro2;
END bv;
```

本例子是描述检测八位序列 10011101 的程序,结合图 6.17 的仿真波形以及其状态转移图(图 6.18)可以看到,当 clr 信号为低电平时,每当检测到正确位时,随着时钟激励,状态不断跳转,直到检测到连续正确的 8 位序列时 YorN 输出 Y,而其他情况 YorN 输出 N,表示没有检测到该序列。

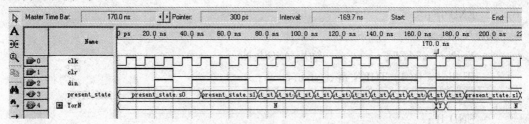

图 6.17　非法状态处理的仿真波形(八位序列检测器)

对于特殊情况,如"…100110011101…",当状态转移到 s5 时,读取输入序列对应位,此时,与第 6 位不一致,理论上应该全部清空,状态跳转到 s0 从头开始检测,但是由于前面序列检测无误,存在可重复位,所以跳转到状态 s2,保留 10,从该状态继续检测。从图 6.19 可以清楚看到这种情况的处理结果。图 6.20 是例 6.7 的 RTL 视图。

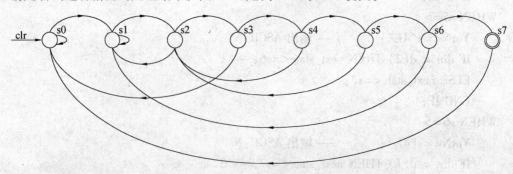

图 6.18　八位序列检测器的状态转移图

第 6 章 有限状态机

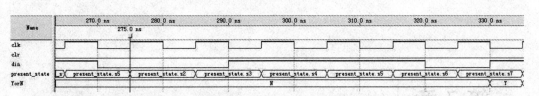

图 6.19 保留一定历史状态的非法状态处理的仿真波形（八位序列检测器）

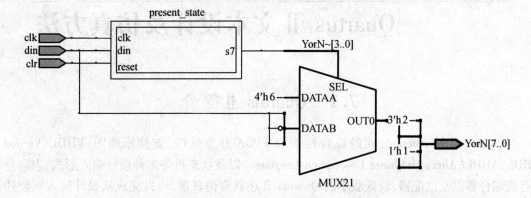

图 6.20 八位序列检测器的 RTL 视图

第 7 章 Quartus Ⅱ 文本设计及仿真方法

7.1 Quartus Ⅱ 简介

Quartus Ⅱ 是 Altera 公司的综合性 PLD/FPGA 开发软件,支持原理图、VHDL、Verilog HDL、AHDL(Altera Hardware Description Language)以及状态机等多种设计输入形式,内嵌自有的综合器以及适配器,较低版本的 Quartus Ⅱ 还具有仿真器,可以完成从设计输入到硬件配置的完整 PLD 设计流程。

Quartus Ⅱ 可以在 Windows,Linux 以及 Unix 上使用,除了可以使用 Tcl 脚本完成设计流程,还提供了完善的用户图形界面设计方式。具有运行速度快、界面统一、功能集中、易学易用等特点。

Quartus Ⅱ 支持 Altera 的 IP 核,包含了 LPM/MegaFunction 宏功能模块库,使用户可以充分利用成熟的模块,简化了设计的复杂性,加快了设计速度。对第三方 EDA 工具的良好支持也使用户可以在设计流程的各个阶段使用熟悉的第三方 EDA 工具。

此外,Quartus Ⅱ 通过和 DSP Builder 工具与 Matlab/Simulink 相结合,可以方便地实现各种 DSP 应用系统;支持 Altera 的片上可编程系统(SOPC)开发,集系统级设计、嵌入式软件开发、可编程逻辑设计于一体,是一种综合性的开发平台。

Maxplus Ⅱ 作为 Altera 的上一代 PLD 设计软件,由于其出色的易用性而得到了广泛的应用。目前 Altera 已经停止了对 Maxplus Ⅱ 的更新支持,Quartus Ⅱ 与之相比不仅仅是支持器件类型的丰富和图形界面的改变。Altera 在 Quartus Ⅱ 中包含了许多诸如 SignalTap Ⅱ、Chip Editor 和 RTL Viewer 的设计辅助工具,集成了 SOPC 和 HardCopy 设计流程,并且继承了 Maxplus Ⅱ 友好的图形界面及简便的使用方法。

Altera Quartus Ⅱ 作为一种可编程逻辑的设计环境,由于其强大的设计能力和直观易用的接口,越来越受到数字系统设计者的欢迎。

Quartus Ⅱ 提供了完全集成且与电路结构无关的开发包环境,具有数字逻辑设计的全部特性,包括:

(1)可利用原理图、结构框图、VerilogHDL、AHDL 和 VHDL 完成电路描述,并将其保存为设计实体文件。

(2)芯片(电路)平面布局连线编辑。

(3)LogicLock 增量设计方法,用户可建立并优化系统,然后添加对原始系统的性能影响较小或无影响的后续模块。

(4) 功能强大的逻辑综合工具。
(5) 完备的电路功能仿真与时序逻辑仿真工具。
(6) 定时/时序分析与关键路径延时分析。
(7) 可使用 SignalTap Ⅱ 逻辑分析工具进行嵌入式的逻辑分析。
(8) 支持软件源文件的添加和创建,并将它们链接起来生成编程文件。
(9) 使用组合编译方式可一次完成整体设计流程。
(10) 自动定位编译错误。
(11) 高效的器件编程与验证工具。
(12) 可读入标准的 EDIF 网表文件、VHDL 网表文件和 Verilog HDL 网表文件。
(13) 能生成第三方 EDA 软件使用的 VHDL 网表文件和 Verilog HDL 网表文件。

Altera 的 Quartus Ⅱ 可编程逻辑软件属于第四代 PLD 开发平台。该平台支持一个工作组环境下的设计要求,其中包括支持基于 Internet 的协作设计。Quartus Ⅱ 平台与 Cadence,ExemplarLogic,MentorGraphics,Synopsys 和 Synplicity 等 EDA 供应商的开发工具相兼容,改进了软件的 LogicLock 模块设计功能,增添了 FastFit 编译选项,推进了网络编辑性能,而且提升了调试能力。

7.2 开发板简介

本书所介绍的各种例程均采用了沸腾科技公司的 EP2C8 开发板,该板的各模块如图 7.1 所示。该开发板相比于 Altera 公司推出的 DE2 开发板,功能和性能略有欠缺,但是售价要低得多。并且该开发板中主流的接口和外设基本均具备,所以性价比较高,比较适合资金紧张的读者进行采购。由于该开发板提供了相关的技术文档、例程和视频教程,所以非常适合于读者进行自主学习。尽管该开发板所使用的 Cyclone Ⅱ 系列的 FPGA 配置较低,但是并不妨碍利用开发板进行一些高级开发方法的学习,例如 DSP Builder 和 SOPC 的学习。因此,作者推荐读者采购该开发板并结合本书来开展后续的学习。

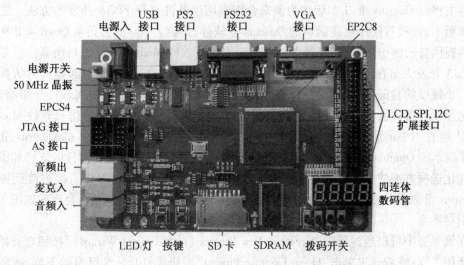

图 7.1 FPGA 开发板简介

该开发板具有的模块以及可以进行的开发如下：

(1) JTAG 和 AS 接口。可以利用这两个接口熟悉 FPGA 的 JTAG 下载模式和 AS 编程模式的差异。

(2) USB 接口。可以利用 FPGA 及其外围配套芯片来进行 USB 接口的开发，从而实现 FPGA 与上位机的通信。

(3) PS2 接口。可以利用该接口进行 PS2 串行鼠标或 PS2 串行键盘的开发。

(4) RS232 接口。可以利用该接口实现 FPGA 与上位机之间的串口通信。

(5) VGA 接口。可以实现基于 FPGA 的 VGA 接口开发和相关的图形显示实验。

(6) LCD，SPI 和 I^2C 扩展接口。可以利用这些扩展接口实现 LCD 的开发，以及 SPI 和 I^2C 接口模块的开发。

(7) 四连体数码管。利用该数码管可以实现各种数字和字符的显示，可以进行相关的信息显示开发。

(8) 拨码开关。利用这 4 个拨码开关可以实现 4 种状态的输入，从而实现对 FPGA 系统的控制。

(9) SDRAM。作为 FPGA 外部的大容量存储器，可以用于储存数据、语音和图像等，还可以用作外部指令和数据存储器从而实现 SOPC 的开发。

(10) 按键。利用该按键可以实现对系统的复位等操作。

(11) LED 灯。利用这两个 LED 灯可以实现系统工作状态的提示。

(12) 音频出、麦克入和音频入接口。利用这些接口以及板内的语音处理芯片，可以实现语音采集和回放等功能。

此外，该开发板内部还有 E^2PROM，可以实现对 E^2PROM 的开发。需要指出，沸腾科技最新款的 EP2C8 开发板还提供了以太网接口，可以实现高速数据采集和传输。

7.3 Quartus Ⅱ 文本输入设计方法

本书将以 Quartus Ⅱ 9.1 版本为例来介绍利用该软件进行 FPGA 开发的方法。之所以选用该版本，而没有使用更高版本的 Quartus Ⅱ 软件，是因为 Altera 公司从 Quartus Ⅱ 9.1 之后不再提供自己的仿真器，而是鼓励使用第三方仿真软件 ModelSim 来进行仿真。但是传统上，FPGA 开发人员在进行简单模块的开发时，更喜欢使用 Quartus Ⅱ 内部集成的仿真软件来进行小规模的验证，所以作者觉得有必要将 Quartus Ⅱ 内部集成的仿真软件介绍给读者，因此选择了具备内嵌仿真器的最高版本的 Quartus Ⅱ 软件。至于第三方仿真软件 ModelSim 的使用，将在本书的后续章节中介绍。从界面和功能等各方面，更高版本的 Quartus Ⅱ 软件与 9.1 版本的 Quartus Ⅱ 相比并没有显著的不同，更多的差异体现在对器件的支持和编译速度及优化选项方面的差异。通过本书 Quartus Ⅱ 9.1 软件的学习，可以直接过渡到更高版本 Quartus Ⅱ 软件的使用，而不会遇到任何障碍。Quartus Ⅱ 软件启动后，会出现如图 7.2 所示的引导界面。

在该界面中可以通过单击"Create a New Project (New Project Wizard)"按钮来开始创建一个新的工程；或者通过单击"Open Existing Project"按钮来打开一个已有的工程；或者通过单击"Open Interactive Tutorial"按钮来进入如图 7.3 所示的 Quartus Ⅱ 软件语音和视频交互

第7章 Quartus II 文本设计及仿真方法

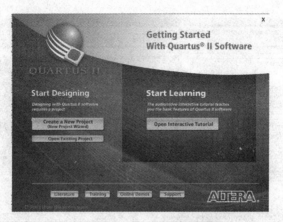

图 7.2 Quartus II 启动引导界面

教程,从而学习 Quartus II 软件的基本特性和使用方法。此外,也可以单击该界面中的"Literature"按钮进入 Altera 公司网站的设计文档库,从而可以查看设计与综合方法、设计实现与优化方法和设计验证等各种技巧的相关文档;也可以单击"Training"按钮进入 Altera 公司网站的 FPGA 设计在线培训课程;或者单击"Online Demos"按钮进入 Altera 公司官网的在线例程库,从而查找和学习相关的例程;或者单击"Support"按钮寻求技术支持。

图 7.3 Quartus II 软件语音和视频交互教程

目前,只有较新版本的 Quartus II 软件才具备如图 7.2 所示的引导界面,旧版本的 Quartus II(如 Quartus II 5.1)是不具备该引导界面的。但是,无论是何种版本的 Quartus II 软件,启动后都具有如图 7.4 所示的开发主界面。

Quartus II 软件的开发主界面和主流的软件开发界面类似,具有"菜单及快捷按钮""工程导航窗口""任务窗口""消息窗口"和"编辑窗口"。其中"菜单及快捷按钮"为 Quartus II 软件的功能区,它可以完成工程的创建、参数设置、引脚锁定、编译适配和仿真等诸多功能。具体的菜单及快捷按钮使用方法及相关介绍会在后文用到时再详细论述。"工程导航窗口"可以查看当前工程的体系结构、所包含的文件及设计单元;"任务窗口"可以查看当前工程的开发进度,例如在编译进度中可以查看当前编译进展到了哪一步,是否在某个步骤出现了错误等;"消息窗口"可以提示很多系统信息,例如在编译过程中的警告、严重警告和错误信息等;"编辑窗口"可以进行 HDL 代码的书写、原理图工程文件的搭建、仿真测试和内嵌逻辑分析仪测试等。

下面以具有异步复位和同步使能的十进制计数器为例来说明 Quartus II 的文本输入设

· 231 ·

VHDL 设计与应用

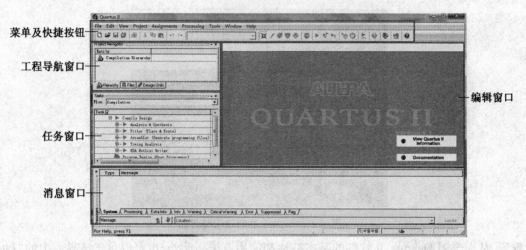

图 7.4　Quartus Ⅱ 的开发主界面

计方法。在图 7.4 的界面中单击"File -> New Project Wizard"也同样可以进入新建工程向导,从而开始创建一个新的工程。此时,会出现该向导的第一个介绍界面,如图 7.5 所示。

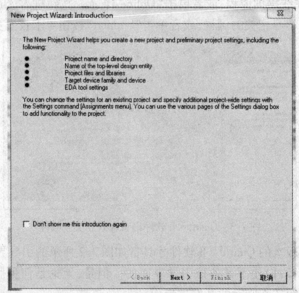

图 7.5　新建工程向导——介绍界面

在该介绍界面中,新建工程向导提示会帮助开发者创建一个新的工程,并帮助设置以下 5 类最基本的工程参数:

(1) 工程名与工程路径。

(2) 顶层设计实体名。

(3) 工程文件与库文件。

(4) 目标器件类和具体的器件型号。

(5) EDA 工具设置。

当通过新建工程向导完成这 5 类最基本的工程参数设置后,就会进入实际的工程开发阶段。在工程的开发过程中,还可以通过单击菜单中的"Assignments -> Settings..."命令

（或"Settings" 快捷按钮），然后在设置界面的各个选项卡中修改当前工程的基本设置，或者为当前工程添加新的参数设置。接下来，先看一下新建工程向导是如何进行这5类最基本工程参数设置的。在图7.5的介绍界面中单击"Next"按钮，就会进入这5类最基本参数中第一类和第二类参数"路径、名字和顶层实体"设置界面，如图7.6所示。在该界面中，首先需要指定当前工程的工作路径。一旦指定了工作路径，那么该工程后续所有生成的文件都默认保存在该路径下。正像前面所介绍的，工作路径即为WORK库所在的位置。由于WORK库是默认打开的，所以在该路径下只要添加到工程中的源文件就可以默认被直接调用。在该界面下还需要指定工程名称和顶层实体名。需要注意的是，工程名称必须和顶层实体名一致，并且顶层实体名是大小写敏感的。

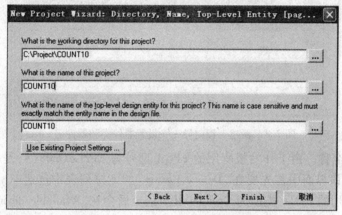

图7.6　新建工程向导——路径、名字和顶层实体设置界面

单击图7.6中的"Next"按钮后即可进入第三类工程参数设置，如图7.7所示。在该界面中，可以为本工程添加事先设计好的VHDL或其他类型文件，也可以在该界面中声明非默认库的路径名。这里假设没有任何事先编写好的VHDL文件和库文件，因此直接单击图7.7中的"Next"按钮进入第四类工程参数设置界面。

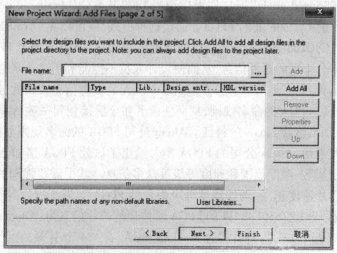

图7.7　新建工程向导——添加文件

在图7.8的设置界面中，需要进行第四类工程参数设置，即选定最终运行此工程的器件

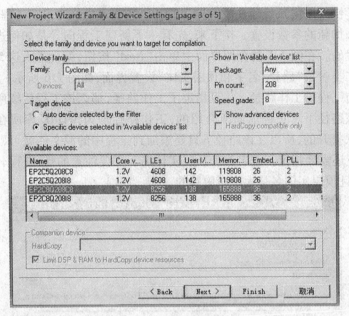

图7.8 新建工程向导——设置器件类和器件名

类型和具体器件名称。由于开发板所用的FPGA型号为EP2C8Q208C8，是一款Cyclone Ⅱ的FPGA，所以在该界面中首先要在"Device Family"的下拉列表中选定"Cyclone Ⅱ"，从而表明当前工程所用的FPGA类型为Cyclone Ⅱ。选定后会在"Available devices"列表中看到所有的Cyclone Ⅱ器件名称，由于该列表较长，直接找到EP2C8Q208C8这款FPGA具有一定的难度，所以还可以通过该界面中的"Show in 'Available device' list"中进一步地缩小查找列表长度。例如，可以在"Package"下拉列表中选定封装类型为"PQFP"，从而使"Available devices"列表中只出现封装类型为PQFP的Cyclone Ⅱ的FPGA；或者可以在"Pin count"下拉列表中选择"208"，从而使"Available devices"列表中只出现引脚数为208的Cyclone Ⅱ的FPGA；或者可以在"Speed grade"下拉列表中选择"8"，从而使"Available devices"列表中只出现速度等级为8的Cyclone Ⅱ的FPGA。通过这种方式，就可以在"Available devices"列表中很容易找到EP2C8Q208C8这款FPGA。需要指出，EP2C8Q208C8这个FPGA的器件名称告诉了设计人员十分丰富的器件信息，从而使设计人员不但能利用这个名称来缩小"Available devices"中的器件列表，还可以直接获取这款FPGA的资源信息。因此，这里有必要简要介绍一下Altera公司FPGA的命名规则，从而使读者在今后接触到一款Altera公司的FPGA时，能够准确地识别出该款FPGA的特征。Altera公司FPGA的命名规则如图7.9所示。

从图7.9不难看出，Altera公司的FPGA型号给出了该款FPGA诸如器件类、逻辑单元数量、封装类型、引脚数、温度范围和速度等级等众多信息。其中需要强调的是，速度等级数值越大的FPGA芯片速度越慢，例如速度等级为8的FPGA要慢于速度等级为3的FPGA。利用上述规则，型号为EP2S30F484I4的FPGA所体现的芯片信息为：Altera公司Stratix Ⅱ系列FPGA、具有约3万个LE、封装类型为FineLine BGA、有484个引脚、工业级芯片并且速度等级为4。因此，了解FPGA的命名规则将有利于开发人员合理选择FPGA型号并进行后续的工程设计和开发。与Altera公司类似，Xilinx公司的FPGA也有类似的命名规则。

从图7.10不难看出，Xilinx公司的FPGA型号同样给出了该款FPGA诸如器件类、逻辑

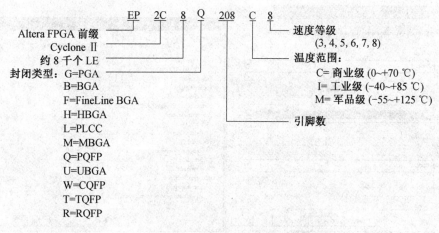

图 7.9　Altera 公司 FPGA 的命名规则

单元数量、封装类型、引脚数、温度范围和速度等级等众多信息。其中需要强调的是,速度等级-3 的 FPGA 芯片速度最快,而速度等级-1 的 FPGA 速度最慢。利用上述规则,型号为 XC2VP30-5FFG896C 的 FPGA 所体现的芯片信息为:Xilinx 公司 Virtex Pro II 系列 FPGA、具有约 3 万个 LE、速度等级-5、封装类型为 FF、无铅、有 896 个引脚并且为商业级芯片。除 FPGA 型号所给出的器件信息的顺序不同外,Altera 公司和 Xilinx 公司 FPGA 型号所给出的具体信息内容是类似的,但是有两点差异需要格外注意:①速度等级的定义方式不同;②温度范围的定义不同。

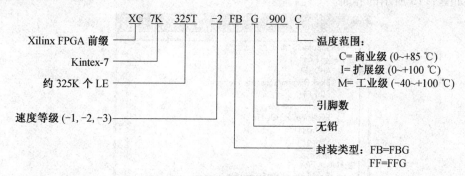

图 7.10　Xilinx 公司 FPGA 的命名规则

选定好 FPGA 的器件类型后,单击图 7.8 中的"Next"按钮进入下一个工程参数设置界面,如图 7.11 所示。

图 7.11 是第五类参数设置的界面,在该界面中需要指定本工程所需的第三方 EDA 工具,例如综合工具、仿真工具和时序分析工具等。本例将仅使用 Quartus II 内嵌的各种工具,并不需要其他第三方工具,因此该界面中不选择任何第三方工具,直接单击"Next"按钮进入新建工程向导的最后一步,如图 7.12 所示。

VHDL 设计与应用

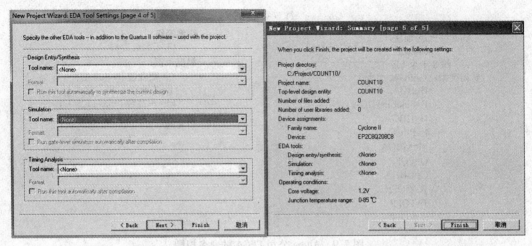

图 7.11　新建工程向导——EDA 工具设置　　　图 7.12　新建工程向导——摘要页

图 7.12 是新建工程向导的最后一步,即摘要页。在该页面中给出了迄今为止所设置的各种工程参数,例如工程路径、工程名、顶层设计实体、添加的文件和库的数量、器件类型、EDA 工具、运行条件等。设计人员通过摘要页可以检查之前工程参数设置的是否正确合理,如果一切无误,那么直接单击"Finish"按钮结束新建工程向导,此时就会进入图 7.4 所示的开发主界面。在主界面中单击"New"快捷按钮 或通过菜单单击"File -> New"都会进入到如图 7.13 所示的界面。

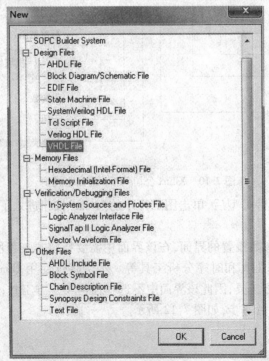

图 7.13　新建文件界面

在新建文件界面中,可以新建各种文件来进行工程开发,例如本书中将会用到的

第7章 Quartus Ⅱ 文本设计及仿真方法

"VHDL File"和"Block Diagram/Schematic File"这类设计文件、"Memory Initialization File"内存初始化文件、"SignalTap Ⅱ Logic Analyzer File"逻辑分析仪文件和"Vector Waveform File"向量波形文件等。在本节中，选择"VHDL File"，然后就可以按照之前章节所学的 VHDL 语法知识，来编写如例 7.1 所示的具有异步清零和同步使能的十进制计数器 VHDL 代码。

【例 7.1】 异步清零和同步使能的十进制计数器 VHDL 代码

```
1    LIBRARY IEEE;
2    USE IEEE.STD_LOGIC_1164.ALL;
3    USE IEEE.STD_LOGIC_UNSIGNED.ALL;
4    ENTITY COUNT10 IS
5        PORT (CLK, RST, EN : IN STD_LOGIC;
6              Q : OUT STD_LOGIC_VECTOR(3 DOWNTO 0);
7              CARRY : OUT STD_LOGIC );
8    END COUNT10;
9    ARCHITECTURE cnt_demo OF COUNT10 IS
10   BEGIN
11       PROCESS (CLK, RST, EN)
12           VARIABLE Q_temp : STD_LOGIC_VECTOR (3 DOWNTO 0);
13       BEGIN
14           IF RST = '0' THEN
15               Q_temp := (OTHERS => '0');
16               CARRY <= '0';
17           ELSIF CLK'EVENT AND CLK = '1' THEN
18               IF EN = '1' THEN
19                   IF Q_temp < 9 THEN
20                       Q_temp := Q_temp + 1;
21                       CARRY <= '0';
22                   ELSE
23                       Q_temp := (OTHERS => '0');
24                       CARRY <= '1';
25                   END IF;
26               END IF;
27           END IF;
28           Q <= Q_temp;
29       END PROCESS;
30   END cnt_demo;
```

在该 VHDL 代码的第 19 行，由于 Q_temp 这个 STD_LOGIC_VECTOR 类型的变量要和 INTEGER 类型的常量 9 进行比较，所以必须要在 VHDL 代码的第 3 行添加对 IEEE.STD_LOGIC_UNSIGNED.ALL 库的引用，从而使第 19 行代码中的比较运算符"<"可以被重载，进而可以对 STD_LOGIC_VECTOR 和 INTEGER 两种不同类型的数据进行比较。在实体的端

· 237 ·

口声明部分,有3个输入信号CLK,RST和EN,它们分别代表时钟、复位和使能信号。除此之外,该实体还有两个输出信号,分别是计数值Q和计数进位CARRY。该计数器实现的功能如下:①只要RST信号为低电平,那么计数值Q和计数进位CARRY均清零;②否则,如果RST为高电平,那么在时钟CLK的上升沿下判断使能信号EN是否为高电平。如果EN为高电平并且计数值小于9,那么计数值就加1;否则如果EN为高电平并且计数值为9,那么计数值清零,并将计数进位CARRY置为高电平;否则如果EN为低电平,那么保持计数值和计数进位CARRY不变。例7.1所示的代码比较简单,此处不再对其进行详细分析。在编写好该代码后,将其保存为"COUNT 10.vhd"文件,即顶层实体文件。然后单击图7.4工程开发主界面上的"Start Analysis & Synthesis"快捷按钮或者通过单击菜单栏中的"Processing -> Start -> Start Analysis & Synthesis"菜单项来运行分析和综合功能。这一步骤不但可以分析当前工程代码是否语法正确,还能够将此工程所用到的引脚添加到引脚锁定界面,从而便于进行后续的引脚锁定。运行完分析与综合功能后,单击"Pin Planner"快捷按钮或者通过单击菜单栏中的"Assignments -> Pins"来打开引脚锁定界面,如图7.14所示。

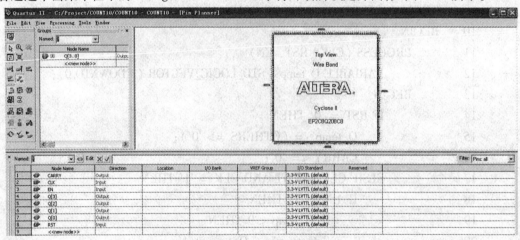

图7.14 引脚锁定界面

在引脚锁定界面中,不但可以查看该款FPGA的引脚分布,还可以为此工程中用到的引脚进行引脚锁定。正像在例7.1所示的代码中看到的那样,此工程有3个输入引脚CLK,RST和EN,还有2组输出信号Q和RST,其中由于Q是STD_LOGIC_VEVCTOR类型的并且数据宽度为4,因此Q实际上是4个引脚的组合信号。综上,此工程共需3个输入引脚和5个输出引脚,共计8个引脚。通过前一步的分析和综合,在图7.15中自动给出了这8个引脚名称以及它们的数据流方向。FPGA由于其硬件可编程特性,因此引脚锁定具有一定的灵活性,这主要体现在可以控制引脚的I/O标准(例如I/O引脚可以是默认的3.3 V LVTTL电平、1.5 V电平、1.8 V电平或者差分的LVDS信号等),以及控制端口的引脚号。在本例中,与FPGA的CLK,RST,EN,Q和CARRY这8个引脚相连的外部逻辑电路均为3.3 V的电压标准,所以这8个引脚都需要采用默认的3.3 V LVTTL电平。其中CLK来自于FPGA外部的50 MHz晶振,而该时钟信号是通过FPGA的第23脚进入FPGA的,所以在图7.14中CLK这个信号的Location处需要敲入数字23,然后敲击回车键,即可将CLK信号的引脚锁定为FPGA的第23脚。与此类似,本例中利用开发板上的两个按键分别产生RST信号和

EN信号,这两个按键分别连接到了FPGA的第37脚和39脚。而Q和CARRY这些信号为FPGA的输出信号,由于本例的这些输出信号只是用于测试,并不需要传送给特定的逻辑电路,所以可以为这些输出信号分配任意可用的I/O引脚。最终,分配结果如图7.15所示。

	Node Name	Direction	Location	I/O Bank	VREF Group	I/O Standard	Reserved
1	CARRY	Output	PIN_107	3	B3_N1	3.3-V LVTTL (default)	
2	CLK	Input	PIN_23	1	B1_N0	3.3-V LVTTL (default)	
3	EN	Input	PIN_39	1	B1_N1	3.3-V LVTTL (default)	
4	Q[3]	Output	PIN_181	2	B2_N0	3.3-V LVTTL (default)	
5	Q[2]	Output	PIN_182	2	B2_N0	3.3-V LVTTL (default)	
6	Q[1]	Output	PIN_185	2	B2_N1	3.3-V LVTTL (default)	
7	Q[0]	Output	PIN_187	2	B2_N1	3.3-V LVTTL (default)	
8	RST	Input	PIN_37	1	B1_N1	3.3-V LVTTL (default)	
9	<<new node>>						

图7.15 引脚锁定结果

从图7.15不难看出,在引脚锁定阶段不但指定了输入输出信号所用的FPGA引脚,同时该界面还给出了各引脚所归属的I/O Bank。由于FPGA引脚众多,所以FPGA的引脚被分成了很多的Bank。在应用中,FPGA的不同Bank可以采用不同的I/O标准,并依据I/O标准的不同采用不同的电压进行I/O口供电。因此,同一片FPGA可以同时支持多种I/O标准,在硬件设计中具有非常大的灵活性。新版本的Quartus Ⅱ的引脚锁定是自动保存的,只要为每个引脚在Location处键入对应的引脚号并敲击了回车键,那么该引脚锁定就被Quartus Ⅱ软件自动保存了,所以直接关掉Pin Planner界面即可。而老版本的Quartus Ⅱ软件,在完成引脚锁定后,还需要单击一下"Save"按钮完成引脚锁定的保存,这是新旧版本Quartus Ⅱ软件的一个主要区别。

完成引脚锁定后,需要进行一次编译,从而生成对应的布局布线信息,完成FPGA的开发。具体方法是,单击图7.4工程开发主界面中的"Start Compilation"快捷按钮▶或者通过菜单栏中的"Processing -> Start Compilation"菜单项来运行编译。编译成功后会出现如图7.16所示的流概要。

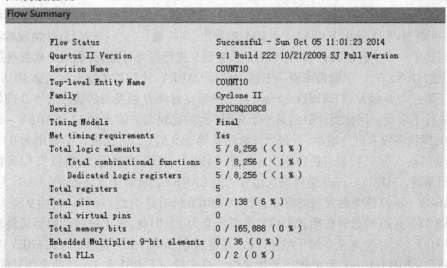

图7.16 流概要

在流概要中会给出当前工程的相关信息,例如顶层实体名、器件类型、是否满足时序要求、使用的逻辑单元数量、使用的寄存器数量、总引脚数等各种信息。通过编译后,即可将生成的.sof文件(或.pof文件)通过JTAG接口(或AS接口)下载到FPGA开发板上,完成工程设计。但是在进行下载前,还可以采用多种方式来验证工程设计的正确性。例如,可以通过单击"Tools -> Netlist Viewers -> RTL Viewer"来查看此工程的寄存器传输级(RTL)的电路结构,如图7.17所示。

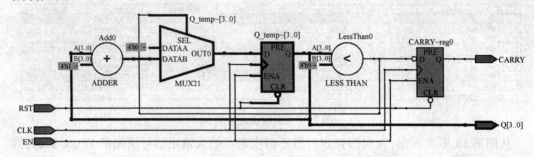

图7.17 RTL电路图

通过该RTL电路图不难看出,该工程最终的RTL实现包含了两个D触发器、一个二选一选择器、一个加法器和一个比较器。首先看一下加法器Add0,该加法器将位宽为4的两路信号A[3..0]和B[3..0]进行相加,相加后的结果送给二选一选择器MUX21的DATAB。这里有两个符号需要介绍一下:①A[3..0]和B[3..0]中括号内的".."符号可以理解为DOWNTO,即A和B这两个信号均为向量,并且最高位为3,而最低位为0。这种向量的表达方式在RTL电路图和原理图中会经常遇到。②B[3..0]的输入为一个恒定信号4'h1,这里的4表明该信号的位宽为4,而h1表明为十六进制的数字1。因此,不难看出,加法器Add0的功能是将A[3..0]信号加1。二选一选择器MUX21会依据SEL信号为0或1来选择输出DATAA或DATAB,其中DATAA为恒定信号4'h0。MUX21输出的结果送给D触发器,缓存后送给LESS THAN这个比较器。该比较器将D触发器的输出信号与恒定信号4'h9进行比较,如果D触发器的输出小于9,那么比较器输出1;否则输出0。比较器的输出一方面送给二选一选择器MUX21的SEL,即当D触发器的输出小于9,那么MUX21输出DATAB;否则MUX21输出DATAA。由此不难看出,加法器、二选一选择器、D触发器和比较器共同构成了一个十进制的计数器,不断地从0到9进行循环计数,计数的结果就通过D触发器输出给Q[3..0]。下面再来看一下进位信号CARRY,比较器的输出除送给MUX21外,还送给了第二个D触发器CARRY~reg0,其中需要注意该D触发器的输入信号D前端有一个非门进行了取反。因此当计数结果小于9时(此时比较器的输出为1),CARRY~reg0的输入为0,即代表没有进位输出;否则当计数结果等于9时(此时比较器的输出为0),CARRY~reg0的输入为1,代表有进位输出。由于CARRY~reg0为触发器,所以当CLK的下一个上升沿来时,CARRY~reg0会将输入信号送给CARRY。从时序上来看,Q[3..0]为9时,由于CARRY~reg0这个触发器的存在,所以CARRY仍旧是0;而当Q[3..0]由9变为0时,由于CARRY~reg0的延时作用,CARRY此时才变为1。因此,该十进制计数器最终输出的信号,是Q[3..0]不断地从0到9循环计数;并且当Q[3..0]由9变为0时,CARRY变为1,即产生进位;否则CARRY为0,即不产生进位。再来看一下RST和EN这两个信号的作用。其中RST作为异步清零信号连接到了两个D触发器上,因此只要RST为0,那么这两个D触发器的输出均会变为0,所以RST确实起到了异步清零的作用。而EN信号被连接到了两个D触发器的使能端,因此当EN为0时,两个D触发器均保持上一次的输出信号不变;

只有当 EN 为 1 时,两个 D 触发器才会在 CLK 上升沿的作用下将输入信号输出,所以 EN 确实起到了计数使能的作用。

通过 RTL 电路图不难看出此工程设计是正确的,实现了预定的十进制计数器的设计工作。除了采用 RTL 电路图来查看设计是否正确外,还可以通过功能仿真或时序仿真的方式来对设计进行仿真验证。本章将在第 7.4 节进行此工程的相关功能仿真和时序仿真,而通过第三方软件 ModelSim 的仿真验证方式将在第 9 章介绍。在完成仿真后,就可以将布局布线信息下载到 FPGA 内部,然后结合内嵌逻辑分析仪的方式进行实际的测试,具体测试方法可见第 8 章。

7.4 Quartus Ⅱ 功能和时序仿真

本节将对第 7.3 节的十进制计数器进行功能仿真和时序仿真验证。其中功能仿真不考虑器件的延时特性,因此是一种相对理想化的对所设计工程的逻辑检查。而时序仿真会考虑到器件的延时特性,因此其更侧重于对最终实现的时序检查。通常来讲,功能仿真由于不考虑器件的具体特性,因此仿真速度快并且有大量的第三方仿真软件可用,比较适合于对工程的前期仿真验证。一旦功能仿真验证成功,那么就需要进行时序仿真,从而验证各信号的时序是否满足要求。由于时序仿真需要利用 FPGA 器件内部的延时和布局布线信息,所以这些信息只能通过 Quartus Ⅱ 软件提供,因此即使采用第三方仿真软件进行时序仿真,那么也不可避免地需要利用 Quartus Ⅱ 软件来获得器件的布局布线信息和延时信息,所以时序仿真相对较复杂,仿真速度也较慢。

7.4.1 Quartus Ⅱ 功能仿真

首先对第 7.3 节的十进制计数器进行功能仿真,从而介绍利用 Quartus Ⅱ 软件进行功能仿真的方法。在第 7.3 节工程的基础上,在图 7.4 的工程设计主界面上单击"Settings"快捷按钮 或者单击菜单栏中的"Assignments -> Settings"菜单项,就可以进入如图 7.18 所示的设置菜单,然后在分类中单击 Simulator Settings 选项卡。

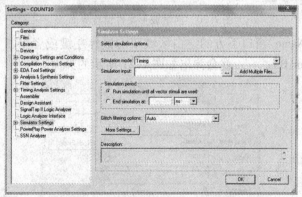

图 7.18 设置菜单——仿真器设置

在仿真器设置界面的选择仿真参数中的仿真模式"Simulation mode"默认值为时序仿真"Timing"。通常在进行工程开发时,都首先进行功能仿真,以加快工程验证速度,所以这里要在仿真模式的选项框中选择功能仿真"Functional",然后单击"OK"。与时序仿真操作最大的不同之处在于,此时需要单击菜单栏中的"Processing -> Generate Functional Simulation Netlist"来生成功能仿真网表,然后才能进行功能仿真。在完成该操作后,需要单击"New"快捷按钮 或者单击菜单栏中的"File -> New",并在弹出的图7.13的新建文件界面中选择"Verification/Debugging Files -> Vector Waveform File",单击"OK"后 Quartus Ⅱ 软件会弹出一个如图7.19所示的消息窗口。

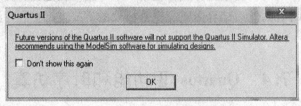

图7.19 仿真提示消息窗口

Quartus Ⅱ 软件利用该消息窗口提示设计人员 Quartus Ⅱ 软件未来将不再支持仿真功能,Altera 公司推荐设计人员使用第三方仿真软件 ModelSim 来对工程进行仿真验证。尽管 Quartus Ⅱ 仿真软件相对来讲功能单一,但是由于操作比较简便,有利于工程的快速验证,所以本章仍旧介绍传统的 Quartus Ⅱ 仿真软件的使用方法。关于 ModelSim 仿真软件的使用方法将在第9章中进行详细介绍。

单击消息提示窗口的"OK"按钮就可进入向量波形文件的设置界面,如图7.20所示。

图7.20 向量波形文件设置界面

在图7.20中"Name"窗口下方的空白区域双击鼠标左键或者单击菜单栏"Edit -> Insert -> Insert Node or Bus...",就会弹出如图7.21所示的界面。

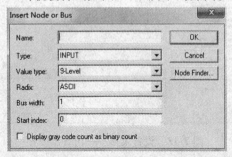

图7.21 插入节点或总线界面

在图 7.21 窗口中可以在"Name"处键入所需仿真的节点或总线,但是由于节点和总线的名字一般很难记住,所以通常都直接单击"Node Finder…"从而进入"Node Finder"界面来查找仿真所需的节点和总线,如图 7.22 所示。

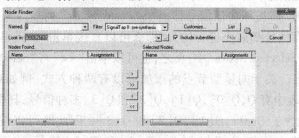

图 7.22 节点查询窗口

为了准确找到仿真所需的节点或总线,首先需要设置过滤器"Filter",在该选项框中有很多的选项对应于不同的仿真对象或仿真阶段,例如可以选择输入引脚、输出引脚或所有引脚来限定节点的范围;也可以选择"SignalTap Ⅱ：pre-synthesis"或"SignalTap Ⅱ：post-fitting"等各种选项来选择不同阶段的节点。需要指出,不同阶段的可见节点是不同的,越靠近设计的末端可见节点通常越少,即所谓的节点被优化掉了。对于 Quartus Ⅱ 编译器,在分析、综合和适配等各个阶段都可能会对节点进行优化,所以仿真时越靠近编译器的前端所能仿真的信号就越多。但是越靠近前端,信号离最终的物理实现就越远,因此仿真结果就越可能出现偏差。通常,设计人员经常选择"SignalTap Ⅱ：pre-synthesis"选项,该选项表明所要仿真的节点来自于综合前并且能被 SignalTap Ⅱ 内嵌逻辑分析仪进行分析的信号。之所以选择这个选项,一方面是因为该选项对应的信号位于综合前,所以能看到的信号较多;另一方面是所仿真的信号能够被内嵌逻辑分析仪进行分析,从而可以与最终在 FPGA 上运行的实际信号进行对比分析,有利于对设计进行修改和优化。在选择了过滤器后,可以单击"Look in"右侧的浏览按钮,从而限定所查找的节点位于哪一个工程实体中,进一步减少查找范围。对于本例,由于只有一个工程实体 COUNT10,所以可以直接单击"List"按钮,列出本例可用于仿真的所有节点,如图 7.23 所示。

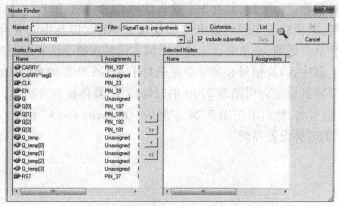

图 7.23 节点查询列表窗口

从图 7.23 的节点查询结果列表中不难看出,仿真所感兴趣的 CLK,RST,EN,Q 和 CARRY 信号均在列,并且中间变量 Q_temp 也在列。此时,只要在"Nodes Found"列表中双击所感兴趣的信号，那么就会把它们添加到"Selected Nodes"列表中。也可以单击感兴趣的信号，然后单击">"按钮，将该信号添加到"Selected Nodes"列表中；反之，如果"Selected Nodes"列表中的某些信号并不需要，那么可以在"Selected Nodes"列表中双击该信号，或者单击该信号然后单击"<"按钮将该信号移出"Selected Nodes"列表。与此类似，如果"Nodes Found"列表中的所有信号都需要进行仿真，那么可以直接单击">>"将"Nodes Found"中的所有信号都添加到"Selected Nodes"中；反之，也可以单击"<<"将"Selected Nodes"列表中的所有信号均移出列表。关于向量型节点的添加可以有两种方式，例如对于Q这个节点，它在"Nodes Found"列表中有Q,Q[0],Q[1],Q[2]和Q[3]多种信号，其中Q信号本身是一个总线型的节点，它包含了Q[0],Q[1],Q[2]和Q[3]。因此既可以按照上述方法分别向"Selected Nodes"列表中添加Q[0],Q[1],Q[2]和Q[3]信号，也可以直接向"Selected Nodes"中添加Q信号。将仿真所需的信号全部添加到"Selected Nodes"列表中，然后单击"OK"按钮回到如图7.23所示的界面，再单击"OK"按钮回到向量波形文件设置界面，如图7.24所示。

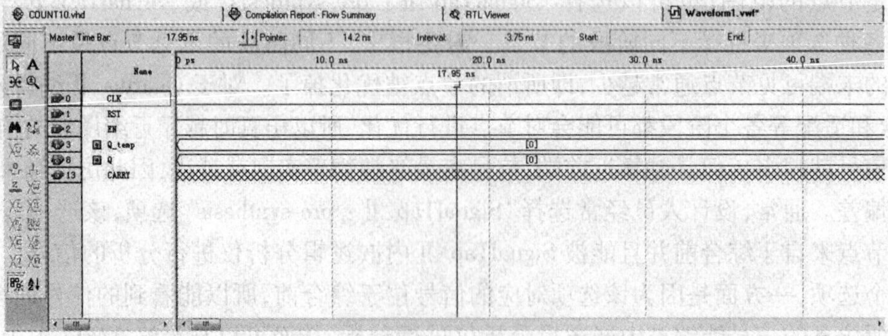

图7.24 添加节点后的向量波形文件

此时，需要设置仿真的时长，方法是单击菜单栏中的"Edit -> End Time…"菜单项，然后在"Time"处设置仿真时长为1us，如图7.25所示，然后单击"OK"按钮回到图7.24的界面。

对于十进制计数器这一工程，共有3个输入信号CLK,RST和EN。仿真的目的就是通过改变这3个信号，从而验证工程的输出信号Q和CARRY，以及中间变量Q_temp是否工作正常。因此在仿真开始前，必须要设定这3个输入信号在整个仿真期间的信号值，即设定仿真的激励信号。其中，CLK信号在实际中是来自于FPGA外部的50 MHz信号，所以在向量波形文件中需要将其设定为周期为20 ns的时钟信号，具体设置方法为：鼠标单击向量波形文件中的CLK信号名，然后单击图7.24左侧的"Overwrite Clock"快捷按钮，此时会弹出如图7.26所示的时钟设置界面。

第7章 Quartus II 文本设计及仿真方法

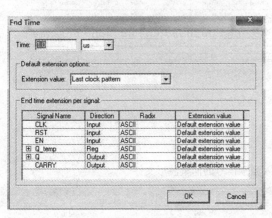

图7.25 仿真时长设定

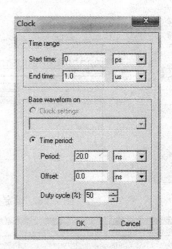

图7.26 时钟设置界面

在该界面中,可以设置时钟激励信号的开始时间、结束时间、时钟周期、时钟偏移和占空比等。由于实际的时钟激励信号频率为50 MHz,所以这里将时钟的周期"Period"设置为20 ns。单击"OK"按钮后,会发现向量波形文件中的 CLK 信号已经被设定成了周期为20 ns的时钟信号,如图7.27所示。

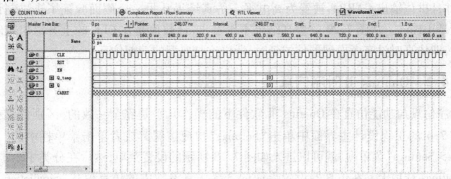

图7.27 时钟周期设定为20 ns

接下来,需要继续对 RST 信号和 EN 信号进行设定。首先选择 RST 这个信号名,然后选择图7.24左侧的"Waveform Editing Tool"快捷按钮 。接着在 RST 的波形信号上按住鼠标左键选择一个区域,那么松开鼠标左键后被选定区域的 RST 信号电平会出现翻转。由图7.24不难看出,RST 信号默认值为0,所以若要使 RST 信号在某个时间段内为高电平,就利用鼠标左键选择该区域即可。利用类似的方法还可以设定 EN 信号的波形,最终设定的3个激励信号的波形如图7.28所示。

将该向量波形文件保存,然后单击图7.4工程设计主界面上的"Start Simulation"快捷按钮 ,或者单击菜单栏"Processing -> Start Simulation"菜单项即可进行仿真。仿真结果如图7.29所示。

从功能仿真结果不难看出,当 RST 为低电平时,计数器清零;而当 RST 为高电平时,若EN 为低电平,那么计数器值保持不变;否则当 RST 为高电平并且 EN 为高电平时,计数器值在每个 CLK 上升沿到来时加1。如果计数器值为9,那么下一个 CLK 上升沿来时计数器被

· 245 ·

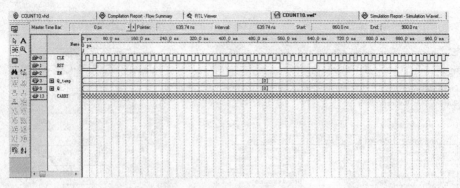

图 7.28　设定完输入激励信号的向量波形文件

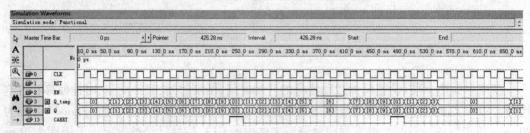

图 7.29　十进制计数器功能仿真结果

清零,并且进位输出 CARRY 被置为高电平。仿真结果从另一个侧面验证了十进制计数器的设计是正确的。从图 7.29 的仿真结果不难看出,计数值是在 CLK 的上升沿出现时立刻变化的,即仿真时没有考虑到器件的延时,所以这是典型的功能仿真。

7.4.2　Quartus Ⅱ 时序仿真

时序仿真与功能仿真在 Quartus Ⅱ 软件下的操作几乎是完全一致的,区别仅仅在于需要在图 7.4 的工程设计主界面中单击"Settings"快捷按钮 或者单击菜单栏中的"Assignments -> Settings"菜单项,就可以进入如图 7.18 所示的设置菜单,然后在分类中单击 Simulator Settings 选项卡。在仿真器设置界面的选择仿真参数中的仿真模式"Simulation mode"设定为"Timing"。然后就可以在上一节功能仿真的基础上,不用新建任何其他文件或者改变任何其他设置,直接单击图 7.4 工程设计主界面上的"Start Simulation"快捷按钮 或者单击菜单栏"Processing -> Start Simulation"菜单项即可进行仿真。仿真结果如图 7.30 所示。

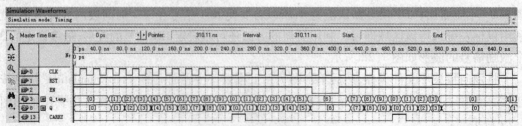

图 7.30　十进制计数器的时序仿真

从图 7.30 中不难看出,十进制计数器的时序仿真结果与功能仿真结果类似,进一步地验证了此工程设计的正确性。但是对比时序仿真与功能仿真结果可以看出,时序仿真中各

第 7 章　Quartus Ⅱ 文本设计及仿真方法

个计数值和状态的变化均要晚于 CLK 上升沿一段很小的时间,这个时间就是器件的延时造成的。此外,从图 7.30 还可以看出计数结果输出信号 Q 在计数转换时刻出现了脉冲干扰现象(或称为毛刺现象),例如在由 1 转换到 2,或由 3 转换到 4 时。这主要是因为 Q 是由 4 个并行的信号所组成的矢量信号,因此当这 4 个信号中的任何一个出现变化时,Q 也会出现变化。如果 Q 中同时有 2 个或 2 个以上信号出现了变化,那么由于这些信号的变化在物理实现上无法做到严格同步,因此就会出现脉冲干扰现象。对比图 7.29 和图 7.30,可以看出功能仿真并不考虑物理实现上的延时特性,所以没有脉冲干扰现象;而时序仿真考虑到了延时特性,所以更加真实准确。关于脉冲干扰及其对系统性能的影响,将会在第 12 章进行详细介绍。

第 8 章 Quartus Ⅱ 原理图设计及测试方法

除文本输入方法外,Quartus Ⅱ 还支持原理图输入。该方法可以将一个大型工程拆分成若干个功能实体,每个实体可以被图形化为一个独立的元件。这些元件对外只留下相应的端口,而将具体实现的功能封装在元件内部。然后设计人员可以像设计印制板原理图一样,将这些元件的端口按照设计连接起来。由于原理图输入方式非常直观,便于进行层次化设计,所以当前几乎所有的大型工程都采用了原理图设计方法。除此之外,采用原理图设计方法还可以图形化地调用 Quartus Ⅱ 内部的 IP 模块,界面友好并可以最大限度地减少设计人员的工作量。本章将会介绍利用原理图输入方式实现直接数字合成器 DDS。

8.1 直接数字合成器设计

在移动通信系统中,经常会涉及处理具有某种幅度、频率和相位的正弦波(或余弦波)信号。例如在调制技术中,典型的有数字调制 BPSK,QPSK,$\pi/4$QPSK,FSK,MQAM 和模拟调制 AM 等,它们的信号波形数学表达式如下所示。

BPSK 已调信号波形

$$s_{\text{BPSK}}(t) = \sqrt{\frac{2E_s}{T_s}} \cos[2\pi f_c t + (i-1)\pi] \quad (0 \leqslant t \leqslant T_s; i = 1,2)$$

其中,T_s 是符号周期;E_s 是符号能量;f_c 是载波频率。

QPSK 已调信号波形

$$s_{\text{QPSK}}(t) = \sqrt{\frac{2E_s}{T_s}} \cos\left[2\pi f_c t + (i-1)\frac{\pi}{2}\right] \quad (0 \leqslant t \leqslant T_s; i = 1,2,3,4)$$

$\pi/4$QPSK 已调信号波形

$$s_{\pi/4\text{QPSK}}(t) = \sum_{k=0}^{N-1} g(t - kT_s)\cos\theta_k \cos(2\pi f_c t) - \sum_{k=0}^{N-1} g(t - kT_s)\sin\theta_k \sin(2\pi f_c t)$$

其中,$g(t - kT_s)$ 是升余弦滤波器的脉冲响应;θ_k 是第 k 个符号的相位。

FSK 已调信号波形

$$s_{\text{FSK}}(t) = \cos\left(2\pi f_c t + \frac{\pi}{T_s} h u_k t + \theta_k\right)$$

其中,h 是调制指数;u_k 是第 k 个基带符号,取值为 1 或 -1。

MQAM 已调信号波形

$$s_{\text{MQAM}}(t) = A_{\text{mc}} g(t) \cos(2\pi f_c t) - A_{\text{ms}} g(t) \sin(2\pi f_c t) \quad (m = 1,2,\cdots,M)$$

其中，$g(t)$为调制信号；A_{mc}为同相分量幅度；A_{ms}为正交分量幅度。

AM 已调信号波形

$$s_{AM}(t) = A_c(1 + mg(t))\cos(2\pi f_c t + \theta_c)$$

其中，$g(t)$为调制信号；m为调制指数；A_c为载波幅度；θ_c为载波初始相位。

从上面的已调信号不难看出，各种调制方式实现的关键技术就是生成正弦或余弦信号。在传统通信系统中，调制是由模拟器件实现的。但是随着 FPGA 技术的发展以及软件无线电技术的不断普及，目前越来越多的通信系统采用了数字技术来实现调制，即将载波的调制利用专用芯片或 FPGA 来实现。通过前面的章节不难看出，FPGA 是一个数字器件，因此无法生成模拟的正弦波或余弦波信号。为了解决这一问题，出现了可以利用数字器件来生成正弦波的频率合成技术，即直接数字合成器(Direct Digital Synthesizer, DDS)。

8.1.1 DDS 基本原理

DDS 是一种新型的频率合成技术，具有用户自定义的频率分辨率，可以实现快速的频率切换，并且在频率改变时能够保持相位连续，因此 DDS 可以生成任意频率、任意相位和任意幅度的各种正弦波或余弦波信号，从而可以据此应用于各种调制技术。由于正弦波或余弦波信号仅仅在相位上相差了 90°，而在其他方面具有相同的性质，所以在下面的描述中只介绍利用 DDS 生成正弦波信号的方法。一个典型的正弦波信号如下所示：

$$s(t) = A\sin(2\pi f_c t + \theta_0)$$

通常，一个正弦波信号是双极性的，即信号波形会有正负极性。对于实际应用来说，如果 FPGA 输出的正弦波信号是双极性的，那么 FPGA 外部就需要一个双极性的 DAC，来将双极性的数字化的正弦波信号转化为双极性的模拟正弦波信号。这样会造成两个问题：① 硬件成本提高。由于双极性的 DAC 芯片价格普遍高于单极性的 DAC 芯片价格，所以硬件成本会提高。② 电源设计较复杂。双极性的 DAC 通常需要双极性的电源供电，因此对于供电系统的设计也提出了更高的要求。而实际上，FPGA 可以只输出单极性的正弦波信号，即在双极性的正弦波信号中加入直流偏置，从而使正弦波信号不会出现负极性。然后将该单极性的正弦波信号利用 FPGA 外部的单极性 DAC 进行数模转换。转换后的单极性正弦波再通过隔直电路（或高通滤波器）滤除掉直流分量，即可恢复出双极性的正弦波信号。这种方式不但降低了硬件成本和设计的复杂性，而且单极性的正弦波也利于 FPGA 进行内部处理。单极性正弦波的数学表达式如下：

$$s(t) = \frac{A}{2}\left[\sin(2\pi f_c t + \theta_0) + 1\right]$$

其波形图如图 8.1 所示。由图 8.1 不难看出，由于正弦信号是一个模拟信号，所以它的信号电平是连续变化的，这种信号是无法利用 FPGA 来直接实现的。所以需要先对正弦信号进行采样和量化，将其转变为具有有限个电平的数字信号。如图 8.1 所示，对该正弦波信号进行等间隔的采样，每个采样点用 $N = 6$ 个二进制比特进行了量化，并在一个正弦波周期内进行 $2^N = 64$ 点的采样。设计者可以事先利用 MATLAB 等工具计算出这 64 个采样点的量化值，然后将这些值储存在 FPGA 内部的 ROM 中。当 FPGA 需要输出正弦波信号时，按照需要输出的正弦波初始相位 θ_0 计算出 ROM 的初始地址。然后当系统时钟（设其频率为 f_{clk}）的上升沿（或下降沿）到达时，输出该初始地址所对应的 ROM 中的采样点数据，然后将 ROM

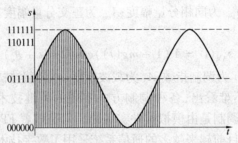

图 8.1　单极性正弦波的量化示意图

的地址线增加 M。当下一个系统时钟的上升沿（或下降沿）到达时，将 ROM 地址线所对应的 ROM 中的采样点数据输出，然后将 ROM 地址线再增加 M。不断地重复这一过程，就可以输出一个数字化的正弦波信号。该正弦波的初始相位为 θ_0，而输出正弦波的频率为 $f_c = M\dfrac{f_{clk}}{2^N}$。例如，假设 $M=1$，那么 ROM 中的采样点数据会依次输出，由于 ROM 中储存了 2^N 个采样点数据，所以将这些数据全部输出（对应于正弦波的一个周期）需要 2^N 个系统时钟周期，即输出的正弦波频率为 $f_c = \dfrac{f_{clk}}{2^N}$。如果 M 值不为 1，那么 ROM 中的采样数据将会以间隔 M 输出，即地址线每次增加 M。此时，输出一个完整的正弦波采样数据将只需要 $2^N/M$ 个系统时钟周期，即输出正弦波的频率为 $f_c = M\dfrac{f_{clk}}{2^N}$。其中 M 即为 DDS 中所谓的频率字，通过改变 M 就可以改变输出正弦波的频率。图 8.2 给出了频率字 M 分别为 1 和 2 时，ROM 中采样数据的输出示例。

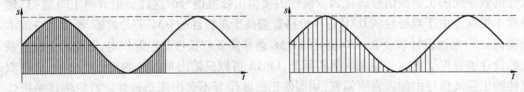

图 8.2　频率字分别为 1 和 2 时的采样数据输出示例

为了便于理解，图 8.2 中假设输出的正弦波频率不变。由于频率字分别为 1 和 2，因此不难看出为输出同样频率的正弦波，在位宽 N 相同的前提下，频率字为 2 的 DDS 所用的系统时钟频率应为频率字为 1 的 DDS 所用系统时钟频率的 1/2。换言之，如果两个 DDS 所用的系统时钟频率相同，那么频率字为 2 的 DDS 输出的正弦波频率就会是频率字为 1 的 DDS 输出正弦波频率的 2 倍。因此从图 8.2 中不难看出在相同的系统时钟和位宽下，频率字 M 越大，输出一个完整的正弦波所需要的系统时钟周期就越少，从而输出的正弦波频率就越高，因此频率字有时也被称为倍频系数。此外，DDS 输出的正弦波频率只能是基准频率 $\dfrac{f_{clk}}{2^N}$ 的 M 倍，即 DDS 输出的频率只能是 $\dfrac{f_{clk}}{2^N}$ 的整数倍，不可能输出其他的频率，因此基准频率 $\dfrac{f_{clk}}{2^N}$ 也被称为该 DDS 的频率分辨率。如果一个系统输出的正弦波频率需要更高的分辨率，那么可以通过提高量化位宽 N（或一个周期内的采样点数 2^N）或降低系统时钟频率 f_{clk} 来实现。再次

第 8 章 Quartus Ⅱ 原理图设计及测试方法

回顾 DDS 输出正弦波的频率 $f_c = M\dfrac{f_{clk}}{2^N}$，不难看出，通过改变频率字 M、量化位宽 N 和系统时钟 f_{clk}，就可以设计输出任意频率的正弦波信号。而输出正弦波的相位和幅度可以分别通过调整相位字 θ_0 和 FPGA 外部 DAC 的配置参数实现。

综上，如果系统时钟为 f_{clk}，频率字为 M，N 为量化位宽（或等价于对正弦信号一个周期的采样点数为 2^N），那么直接数字频率合成器 DDS 输出的时钟频率为

$$f_c = M\dfrac{f_{clk}}{2^N}$$

其中，频率分辨率为 $f_{clk}/2^N$。

本节出于简化的目的，将相位字 θ_0 设为 0，而系统时钟 f_{clk} 为 100 MHz，量化位宽 N 为 10，并通过开发板上的 4 个拨码开关来产生取值为 0 ~ 15 的频率字 M。该示例将通过改变开发板上的拨码开关来观测 FPGA 输出正弦信号的频率变化。

8.1.2 DDS 的原理图实现方式

首先，和上一章介绍的十进制计数器工程的设计类似，先新建一个 DDS 的工程文件（即进展到图 7.12），在图 7.13 新建一个文件时，选择 "Design Files -> Block Diagram/Schematic File"，即会进入原理图设计模式。该 DDS 最终设计的原理图工程文件如图 8.3 所示。

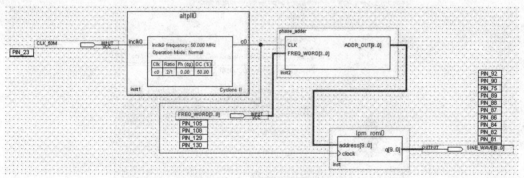

图 8.3 直接数字合成器原理图

该图中有 3 个模块，分别是：①altpll0。该锁相环模块将 50 MHz 的输入时钟倍频为 100 MHz 的系统时钟 f_{clk}。针对不同的设计要求，对该频率值可以进行相应的修改。②phase_adder。该模块将频率字 FREQ_WORD 进行累加，从而产生对应的地址信号去读取 ROM 中的相应数据。③lpm_rom0。该模块储存了归一化的无符号正弦信号的波形数据，这些波形数据由 MATLAB 产生，每个数据点量化为 10 bit 的数据，整个正弦波周期共采样了 1 024 点，这些数据都储存在 sine_wave.mif 文件中。

1. 在原理图中插入锁相环模块

在新建的原理图文件的空白处双击鼠标左键，或者单击菜单栏中的 "Edit -> Insert Symbol..." 就会出现如图 8.4 所示的插入原理图符号的界面。在该界面中有很多 Quartus Ⅱ 已有的模块可以直接进行调用。

如图 8.4 所示，在 Libraries 窗口中选择 "megafunctions -> IO -> altpll"，然后单击 "OK"

VHDL 设计与应用

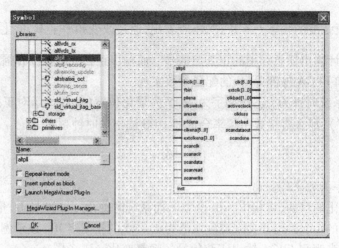

图 8.4 插入原理图符号界面

按钮,就会进入如图 8.5 所示的锁相环 altpll 的插件管理向导界面。在该界面中需要说明设计者期望生成的输出文件类型,即生成的锁相环模块 altpll 对应的底层代码类型,这里选择 VHDL。然后该界面中需要声明输出文件的名字和存储路径,这里保持默认名字和默认的路径即可。然后单击"Next"按钮。

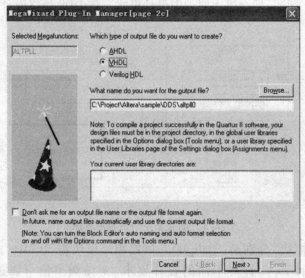

图 8.5 锁相环 altpll 的插件管理向导界面

在下一个界面中需要进行锁相环 altpll 的参数设置,如图 8.6 所示。在该界面中当前选定的器件类型默认为 Cyclone Ⅱ,这是因为在建立 DDS 这个工程文件时就已经选定好了器件类型。如果不需要更改器件类型,例如在不同款 FPGA 间进行设计的移植,那么此处不需要进行修改。随后在通用选项卡中需要说明所采用 FPGA 芯片的速度等级"Which device speed grade will you be using?",由于开发板所采用的 FPGA 型号为 EP2C8Q208C8,所以芯片的速度等级为 8。不同速度等级的 FPGA,其实现的锁相环 altpll 会具有不同的性能。速度越快的 FPGA,其时钟的建立时间和保持时间等时序约束越容易满足,所以输出的时钟信号频率就能越高。接着需要声明锁相环 altpll 输入的基准时钟 inclock0 的频率"What is the frequency of the inclock0 input?"。在此 DDS 设计中,锁相环的输入时钟就是 FPGA 外部的晶体振荡器时钟,频率为 50 MHz,所以这里要将默认的 inclock0 的时钟频率修改为 50 MHz。该界面中的其余参数不需要修改,可以直接单击"Next"按钮。

图 8.6 锁相环 altpll 的参数设置界面 1

在图 8.7 中需要继续设定锁相环 altpll 的相关参数。由于此例中只是用到了锁相环 altpll 的最基本功能,所以图 8.7 中所有选项均不需选中。这里简单介绍一下这些选项:①pllena 是高有效信号,是 altpll 的启动和复位信号。它可以启动一个或两个 altpll。当该信号为低时,altpll 时钟输出为低电平,altpll 失锁。一旦该信号变高,锁定过程开始,altpll 重新和输入参考时钟信号同步。可以由内部逻辑或任意的通用 I/O 引脚驱动 pllena。②areset 是高有效信号,复位所有的 altpll 计数器为初始值。当该信号为高时,altpll 复位计数器,失锁。一旦该信号为低电平,锁定过程开始,altpll 重新和输入参考时钟同步。可以由内部逻辑或任意的通用 I/O 引脚驱动 areset。③pdfena 是高有效信号,启动 PFD(相位频率检测器)的升

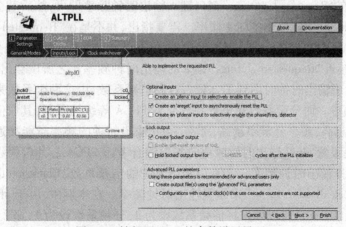

图 8.7 锁相环 altpll 的参数设置界面 2

降输出信号。当 pfdena 为低时，PFD 无效，而 VCO 继续工作。锁相环 altpll 不管输入时钟是否有效，时钟输出继续触发，但是会有一些长期偏移。因为输出时钟频率一段时间内不会改变，在输入时钟无效时，pfdena 可以作为关机或清除信号。可以由内部逻辑或任意通用 I/O 引脚驱动 pfdena。④locked 是 altpll 锁定状态。当 altpll 锁定时，该信号为高。当 altpll 失锁时，该信号为低。在 altpll 锁定过程中，锁定信号输出为脉冲高和低。这里我们不需要这些选项，所以所有复选框均不选中，然后单击"Next"按钮。

在图 8.8 中，如果需要设置第二个输入时钟从而实现 altpll 的时钟切换功能，那么就需要选中"Create an 'inclk1' input for a second input clock"选项框，然后进行相关参数设置。在本例中，并不需要这个时钟，所以直接单击"Next"按钮。

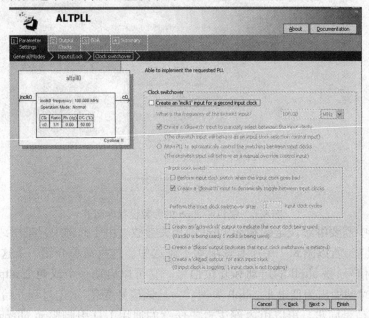

图 8.8　锁相环 altpll 的切换时钟设置界面

在图 8.9 中需要设置锁相环 altpll 输出时钟的相关参数，包括频率、相位偏移和占空比。其中输出时钟频率有两种设置方式：①直接键入输出时钟频率"Enter output clock frequency"。此时直接在"Requested settings"窗口键入输出时钟频率即可，然后就会在"Actual settings"窗口看到 altpll 实际输出的时钟频率。需要指出，并不是在"Requested settings"中设定的任意输出时钟频率都是可行的。某些频率值是 altpll 无法生成的，它因此会在"Actual settings"中给出最接近"Requested settings"频率的输出时钟频率。之所以会出现这种情况，是因为 FPGA 在生成输出时钟时用到了分频系数和倍频系数，由这两个系数来共同决定锁相环输出的时钟频率。而分频系数和倍频系数受到 FPGA 等级的限制，其取值范围不是任意的。FPGA 等级越高，频率分辨率越高，那么 altpll 输出时钟的频率越能接近实际需要的时钟频率。所以在设置 altpll 输出时钟频率时需要综合考虑 FPGA 芯片等级以及工程的实际需要，来合理选择输出时钟频率。②利用输出时钟的倍频系数"Clock multiplication factor"和分频系数"Clock division factor"来设置输出时钟频率。在本例中，由于 altpll 的输入时钟 inclk0 的频率为 50 MHz，所以如果将倍频系数设为 2，分频系数设为 1，那么 altpll 输出时钟 c0 的频率即为 100 MHz。同样，所设定的时钟倍频系数和分频系数也未必是 altpll 所能实现的,因此设计人员在键入对应的系数后,需要留意"Actual settings"最终实际输出的时钟频率,必要时再进行相应修改。以上两种设置输出时钟频率的方式是等价的,取决于设计者的习惯。此外,还需要设置时钟相位偏移"Clock phase shift",在本例中对 altpll 输出时钟的相位并没有特殊的要求,所以可以不用进行设置。但是在很多应用中,需要 altpll 输出一些具有特定相位差的时钟信号,比如第 11 章介绍 SOPC 设计时就会看到 SDRAM 需要有两个具有固定相位差要求的时钟,那时就会利用 altpll 的时钟相位偏移功能,来精确地控制输出的多个时钟间的相位偏移。此外,该界面还可以设置输出时钟的占空比。由于 altpll 输出的时钟为方波信号,对于很多应用来说时钟的占空比对于系统的建立时间和保持时间等时序要求有很重要的影响,因此可以通过该选项来调整占空比。本例中,并不需要如此精确的要求,所以不需要进行设置。至此,已经完成了本例中所需的 altpll 的设置,如果需要 altpll 输出多个时钟信号,那么可以单击图 8.9 中的"Next"按钮,然后设置第二个输出时钟 c1 或者第三个输出时钟 c2 等的频率、相位偏移和占空比。本例并不需要这些多余的输出时钟信号,所以可以直接单击图 8.9 中的"Finish"按钮,结束锁相环 altpll 的设置。此时,会出现如图 8.10 所示的锁相环 altpll 的摘要页。

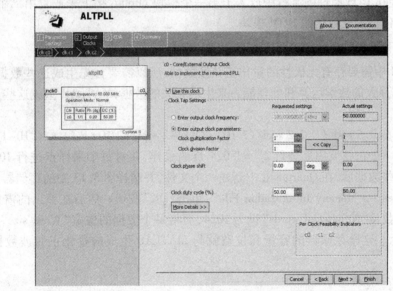

图 8.9 锁相环 altpll 的输出时钟设置界面

从图 8.10 可以看出,锁相环 altpll0 的底层文件为 altpll0.vhd,符合最初将 altpll0 的底层文件类型设置为 VHDL 的设定。这里还可以看到一个 altpll0.bsd 文件,它是一个将 altpll0 封装为一个可视化模块,并可以放置在原理图文件中的图形文件。单击"Finish"按钮,然后在原理图文件的合适位置单击鼠标左键,就可以将生成的 altpll0 作为模块放置在原理图中,如图 8.11 所示。

从图 8.11 的 altpll0 模块图可以看出,该模块封装了 altpll0 的实现细节,而仅给出了该模块的输入端口、输出端口和相关的参数配置。例如,由图 8.11 可以看出,该锁相环用于 Cyclone Ⅱ FPGA;其输入时钟 inclk0 的频率为 50 MHz,并采用了标准运行模式;输出时钟为 c0,其频率为 2 倍频和 1 分频(即为 100 MHz),相位偏移为 0°,占空比为 50%。由于原理图中的模块化方式封装了实现细节,其外观与设计印制板原理图时标准模块一样,所以这种方

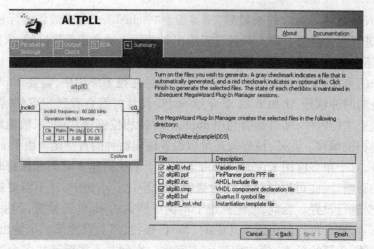

图 8.10 锁相环 altpll 的摘要页

式非常直观和形象,极为适合进行大型工程的开发。

至此,已经在 DDS 原理图工程中放入了第一个模块 altpll0,接下来放置第二个模块,即存有无极性量化正弦波数据的 ROM 模块。

2. 插入存有无极性量化正弦波数据的 ROM 模块

由于 ROM 中需要存有无极性的量化正弦波数据,所以需要首先生成这些数据。这里,利用 MATLAB 强大的数学运算和处理能力来生成相关的数据,MATLAB 生成这些量化数据波形的代码为

$\text{dec2bin}((0.5+0.5*\sin([0:2*pi/(2^{10}):2*pi-2*pi/(2^{10})]))*(2^{10}-1),10)$

该代码将一个正弦波周期进行 $2^{10}=1024$ 点的采样,并对每个采样点进行 10 bit 的量化。在得到这些数据后,在 Quartus Ⅱ 中新建一个文件,并选择图 8.13 中的存储器初始化文件"Memory Files -> Memory Initialization File",单击"OK"按钮。然后在弹出的窗口中将存储器中的数据数量"Number of words"设为 1024,而将每个数据的位宽"Word size"设为 10,如图 8.12 所示。这样存储器的容量和位宽就与 MATLAB 生成的量化正弦波数据完全对应。

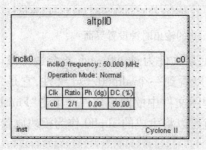

图 8.11 锁相环 altpll0 的模块图

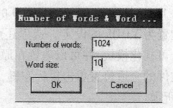

图 8.12 存储器参数设置

单击"OK"按钮后进入存储器初始化文件内容的设置界面,如图 8.13 所示。在该界面中,选择"View -> Memory Radix -> Binary",从而将存储器初始化文件中存储的数据以二进制进行显示。

然后将上一步 MATLAB 生成的二进制无极性量化正弦波数据粘贴进来,如图 8.14 所示。

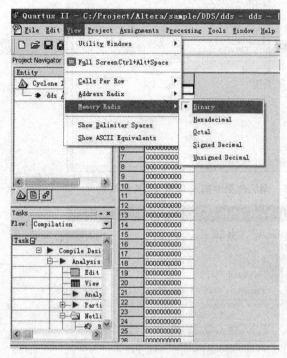

图 8.13　设置存储器初始化文件中的数据类型　　图 8.14　存储器初始化文件中存储的二进制无极性正弦波量化数据

单击 Quartus Ⅱ 界面中的保存"Save"按钮,将存储器初始化文件保存为 sine_wave.mif 文件格式或者 sine_wave.hex 文件格式。至此,就完成了存储器初始化文件的建立过程,通过该过程将量化正弦波波形数据存储在了该存储器初始化文件中。接下来,需要在此例中的原理图文件中添加一个 ROM 存储器,并将存储器初始化文件保存在 ROM 中。这样,当 FPGA 上电生成 ROM 存储器时,该存储器内所存储的数据就被初始化为存储器初始化文件中所保存的量化正弦波波形数据。具体添加 ROM 存储器的方法如下:鼠标双击原理图中的空白处,在弹出的插入符号界面的"Libraries"中,选择"megafunctions -> storage -> lpm_rom",如图 8.15 所示,然后单击"OK"按钮。

此时,会出现如图 8.16 所示的界面,该界面和 altpll 配置时的界面类似,主要用于声明创建文件类型、存储路径和模块名字。按照图 8.16 所示设置相关参数,然后单击"Next"按钮。

在图 8.17 中,需要对 LPM_ROM 的相关参数进行设置,主要包括 FPGA 器件类型、输出数据总线宽度、地址总线宽度、存储器块类型和时钟使用方式等。由于在 LPM_ROM 中将要储存的量化正弦波数据的位宽为 10,所以这里要将输出总线 q 的数据宽度"How wide should the 'q' output bus be?"设为 10 bit。此外,由于在 LPM_ROM 中需要储存的量化正弦波数据的数量为 1 024 个字(其中每个字的位宽为 10 bit),因此需要将存储器 10 bit 字的数量"How many 10-bit words of memory?"设为 1 024 个字,这也就决定了 LPM_ROM 的地址线 address

VHDL 设计与应用

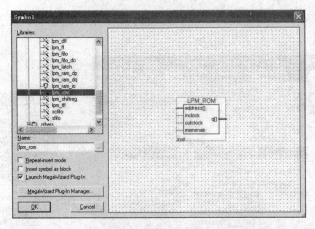

图 8.15　向原理图中插入 LPM_ROM 模块

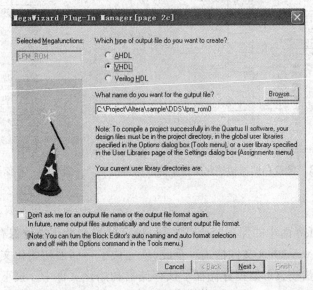

图 8.16　LPM_ROM 插件管理界面

的宽度为 10 bit。

下面详细介绍存储器块类型"What should the memory block type be?"这个参数的含义和如何进行设置。通常这里存储器块类型可以被设置为 5 种类型，分别是：自动（Auto）、M512 块、M4K 块、M-RAM 块和 LCs。不同类型的 FPGA 所支持的存储器块类型也不同，对于本书所使用的 Cyclone Ⅱ 系列的 FPGA 来说，存储器块只能使用 Auto 和 M4K。图 8.18 就是摘自 Cyclone Ⅱ 器件手册的各款 FPGA 的内部资源列表，从该图中不难看出 Cyclone Ⅱ 的各款 FPGA 均只有 M4K 这一种存储器块，而没有 M512 或 M-RAM 等存储器块。

与此相比，Altera 公司更高端的 FPGA 就具有更加丰富的存储器块类型，例如图 8.19 就是其 Stratix Ⅱ 系列 FPGA 的资源列表。从该图中可以看出，高端的 Stratix Ⅱ 系列 FPGA 不但具有 M4K 存储器块，还具有 M512 存储器块甚至 M-RAM 存储器块。因此，如果本例用 Stratix Ⅱ 系列 FPGA 来实现，LPM_ROM 就可以有更灵活的实现方式，可以有选择性地选用 M4K 块、M512 块或者 M-RAM 来实现 LPM_ROM。如果这时选择了 Auto 选项，那么编译器将会针对 LPM_ROM 所需要的资源以及当前 FPGA 的可用资源，来自动地选择合适的存储

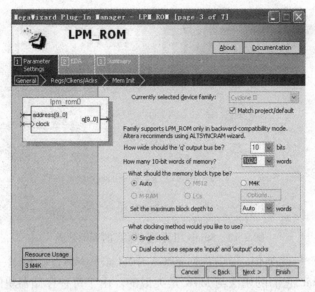

图 8.17　LPM_ROM 参数设置界面

Device Note (1)	Package Note (2)	Temp. Note (3), Note (7)	Speed Grade Note (4)	M4K RAM blocks	Logic Elements	Registers	Memory Bits	Ded. Clock Pins	I/O Note (11)	LVDS Channels (RX/TX) Note (12)	PLLs
EP2C5	144T, 208Q, 256F	C, I, A	6, 7, 8	26	4,608	5,064	119,808	8	90, 143, 171	27, 25 52, 50 --	2
EP2C8	144T, 208Q, 256F	C, I, A	6, 7, 8	36	8,256	8,745	165,888	8	86, 139, 182	25, 23 49, 47 71, 69	2
EPC215	256F, 484	C, I, A	6, 7, 8	52	14,448	19,598	239,616	16	110, 152, 315	52, 60 128, 136	4
EP2C20	256F, 484F	C, I, A	6, 7, 8	52	18,752	19,598	239,616	16	110, 152, 315	60, 56 136, 132	4
EP2C35	484F, 484U, 672F	C, I	6, 7, 8	105	33,216	34,548	483,840	16	316, 471	139, 135 209, 205	4
EP2C50	484F, 484U, 672F	C, I	6, 7, 8	129	50,528	51,785	594,432	16	288, 446	126, 122 197, 193	4
EP2C70	672F, 896F	C, I	6, 7, 8	250	68,416	70,183	1,152,000	16	418, 616	169, 165 266, 262	4

图 8.18　Cyclone Ⅱ 系列 FPGA 的资源列表

器块来实现 LPM_ROM。

　　这里再更进一步地阐述 M4K 块、M512 块和 M-RAM 块的差异。每个系列的 FPGA 在出厂时，内部就固化了若干个 M4K 块、M512 块和 M-RAM 块，如图 8.18 和图 8.19 所示。其中每一个 M4K 块包含了 4 608 bit，而每个 M4K 块中的这些比特如果用于 LPM_ROM 可以有多种实现形式，例如 128×16（代表 128 个宽度为 16 的字，后面的各种组合与此类似），256×18,512×9,1 024×4,2 048×2 和 4 096×1。针对不同的 LPM_ROM 数据位宽和数据数量，就需要合理地选择 M4K 的实现形式，但是通常这是由编译器自动进行选择的。如果一个 M4K 块不足以实现所需的 LPM_ROM，那么该 LPM_ROM 就需要同时使用多个 M4K 块。例如在本例中，需要实现一个 1 024×10 的 LPM_ROM，那么可以看出需要至少使用 3 个 M4K 块才能实现该 LPM_ROM。由于开发板所使用的 FPGA 具有 36 个 M4K 块，所以可以

VHDL 设计与应用

Device Note (1)	Package Note (2)	Temp. Note (3)	Speed Grade Note (4)	M512 RAM blocks	M4K RAM blocks	M-RAMs	ALUTs	ALMs	Memory Bits	Ded. Clock Pins	I/O Note (11)	LVDS Channels	DSP Blocks	DSP Block Multipliers	PLLs
EP2S15	484F, 672F	C,I	3, 4, 5	104	78	0	12,480	6,240	419,328	16	341, 365	38 Input, 38 Output	12	48	6
EP2S30	484F, 672F	C,I	3, 4, 5	202	144	1	27,104	13,552	1,369,728	16	341, 499	58 Input, 58 Output	16	64	6
EP2S60	484F, 672F, 1020F	C,I	3, 4, 5	329	255	2	48,352	24,176	2,544,192	16	341, 499, 717	84 Input, 80 Output	36	144	12
EP2S60ES	484F, 672F, 1020F	C,I	3, 4, 5	329	255	2	48,352	24,176	2,544,192	16	341, 499, 717	84 Input, 80 Output	36	144	12
EP2S90	484H, 780F, 1020F, 1508F	C,I	3, 4, 5	488	408	4	72,768	36,384	4,520,488	16	309, 535, 757, 901	118 Input, 114 Output	48	192	12
EP2S130	780F, 1020F, 1508F	C,I	3, 4, 5	699	609	6	106,032	53,016	6,747,840	16	535, 741, 1,109	156 Input, 152 Output	63	252	12
EP2S180	1020F, 1508F	C,I	3, 4, 5	930	768	9	143,520	71,760	9,383,040	16	741, 1,173	156 Input, 152 Output	96	384	12

图 8.19 Stratix Ⅱ 系列 FPGA 的资源列表

实现该 LPM_ROM。与此类似,高端系列 FPGA 中的每个 M512 块和 M-RAM 块分别包含 576 bit 和 589 824 bit,它们的用法与 M4K 是类似的。由于每种存储器块的容量和数量均不同,所以如果在一个设计中 Auto 选项无法最优地进行存储器块的选择,那么通常还需要设计人员自行优化并合理地为各种存储器选择实现所需的存储器块类型。有一点需要指出,就是尽管每个 M-RAM 块容量很大,但是 M-RAM 块的数量很少。每个 M-RAM 块只能被使用一次,即不能将一个 M-RAM 块拆分成很多小的存储器块而用于多个 ROM 和 RAM 的实现。一旦在某个 ROM 或 RAM 中使用了一个 M-RAM 块,即使只使用了该 M-RAM 块很小的一部分存储容量,那么该 M-RAM 块剩余的存储资源也不可以再被其他 ROM 和 RAM 使用了,所以设计者一定要合理选择存储器的实现方式。最后还有一种存储器的实现方式就是 LCs,即可以利用 FPGA 内部分散的逻辑单元来搭建存储器,但是由于利用 LCs 实现的存储器功耗大且效率低,所以通常这种方式只是 FPGA 内部存储器资源已经全部被耗尽时的无奈选择。由于每个存储器块有多种块深度的选择方式,所以图 8.17 中的设置最大块深度"Set the maximum block depth to"的含义也就不言自明了。在图 8.17 中还需要选择时钟的使用方式"What clocking method would you like to use?",这里有两个选择,分别是单时钟(Single clock)和双时钟(Dual clock),单时钟是指输入和输出采用了相同的时钟,即它们是同步的;而双时钟是指输入和输出采用了不同的时钟,因此它们是异步的。这里,将所有的参数值按图 8.17 进行设置并单击"Next"按钮。

在图 8.20 中需要设定 LPM_ROM 的哪些端口需要寄存,是否使用时钟使能信号和异步清零信号。由于实现的是 ROM,那么默认输出端口 q 是进行寄存的,而其他端口均不需要进行寄存,这样在 ROM 通过端口 q 输出一个数据后,并在 ROM 输出下一个数据之前的这段时间内,q 端口将持续输出上一次的输出数据值。而时钟使能信号将用于对 ROM 的输出进行使能,只有当时钟使能信号为高电平时,ROM 才会在时钟上升沿的作用下将对应地址线内存储的数据输出到端口 q 上。异步清零信号用于清除端口 q 上输出的数据。在本例中,并不需要对 LPM_ROM 进行复杂的控制,所以按照图 8.20 的默认值进行参数设置即可,然后单击"Next"按钮进入下一个界面。

第8章　Quartus II 原理图设计及测试方法

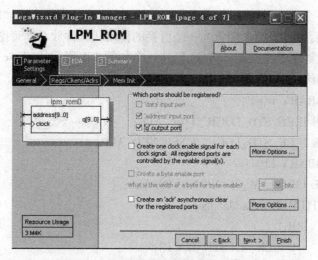

图 8.20　LPM_ROM 的寄存器、时钟使能和异步清零设置

在图 8.21 中需要为 LPM_ROM 指定存储的内容,在本例中就是要在 LPM_ROM 中存储之前建立的正弦波波形数据文件 sine_wave.mif 或者 sine_wave.hex。这样当 FPGA 运行时,LPM_ROM 中存储的数据内容就是量化的正弦波波形数据,通过控制 LPM_ROM 的地址线,有选择地输出其内部存储的数据就可以实现 DDS 的功能。为 LPM_ROM 建立初始化数据的方式如下:单击浏览"Browse..."按钮,然后选中之前建立的存储器初始化文件 sine_wave.mif 或者 sine_wave.hex,再单击"Finish"按钮即可。随后的步骤与 altpll 的设置过程一样,进入摘要页,然后再单击"Finish"按钮,结束 LPM_ROM 的设置,最后在 DDS 原理图的空白位置单击鼠标左键,即可完成 LPM_ROM 的插入。

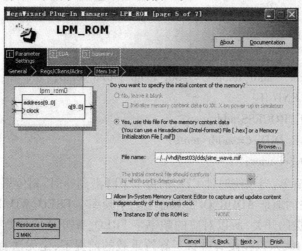

图 8.21　为 LPM_ROM 指定存储的数据内容

3. 添加相位累加器模块

到目前为止,图 8.3 中的系统框图中的三大模块只缺少了相位累加器模块 phase_adder,现在开始介绍该模块的添加方法。不同于锁相环模块 altpll0 和只读存储器模块 lpm_rom0,phase_adder 模块是用户自定义模块而不是 Quartus II 软件库自带的模块。所以设计

者首先需要新建一个 phase_adder.vhd 的 VHDL 文件,用以描述相位累加器的端口和内部具体的实现细节,然后再将该文件转化为一个可视的模块化文件放在原理图中。所以,按照异步清零十进制计数器例子中类似的方法,新建一个如例 8.1 所示的 phase_adder.vhd 文件。

【例 8.1】 相位累加器 phase_adder 的 VHDL 代码

```
1    LIBRARY IEEE;
2    USE IEEE.STD_LOGIC_1164.ALL;
3    USE IEEE.STD_LOGIC_UNSIGNED.ALL;
4    LIBRARY LPM;
5    USE LPM.LPM_COMPONENTS.ALL;
6    ENTITY phase_adder IS
7        PORT (
8            CLK: IN STD_LOGIC;
9            FREQ_WORD: IN STD_LOGIC_VECTOR(3 DOWNTO 0);
10           ADDR_OUT: OUT STD_LOGIC_VECTOR(9 DOWNTO 0)
11       );
12   END phase_adder;
13   ARCHITECTURE behavior OF phase_adder IS
14   SIGNAL addr_temp: STD_LOGIC_VECTOR(9 DOWNTO 0);
15   SIGNAL freq_temp: STD_LOGIC_VECTOR(9 DOWNTO 0);
16   BEGIN
17   freq_temp <= "000000" & FREQ_WORD;
18   addr_gen: PROCESS(CLK)
19   BEGIN
20       IF CLK'EVENT AND CLK = '0' THEN
21           addr_temp <= addr_temp + freq_temp;
22       END IF;
23   END PROCESS addr_gen;
24   ADDR_OUT <= addr_temp;
25   END behavior;
```

该段代码较为简单,当系统时钟 CLK 的每个下降沿到达时,相位累加器 phase_adder 输出给 lpm_rom0 模块的地址 ADDR_OUT 累加上一个频率字 FREQ_WORD。这里需要注意的是开发板只有 4 个拨码开关,所以对应的频率字 FREQ_WORD 的位宽就是 4,而 lpm_rom0 的地址总线宽度是 10,所以在没有进行运算符重载的前提下,是无法直接将 4 位宽的信号和 10 位宽的信号进行相加的,所以在程序的第 17 行,利用并置操作符将 4 位的 FREQ_WORD 扩充成了 10 位的 freq_temp,其中 freq_temp 的高 6 位用"0"进行填充。此时所得到的 phase_adder.vhd 文件还不是一个可以图形化的模块从而用于 DDS 的顶层原理图设计中,因此需要单击 Quartus Ⅱ 菜单栏中的"File -> Create/ Update -> Create Symbol Files for Current File",如果设计无误,那么就会提示创建符号成功。此时在 DDS 工程原理图的空白位置双击鼠标左键,就会在弹出的插入符号界面中的 Libraries 窗口下,发现当前 DDS 工程中(即 Project 下)除了已添加的 altpll0 和 lpm_rom0 这两个模块外,出现了一个新的模块 phase_adder,如图 8.22 所示,选中该模块并单击"OK"按钮,随后在原理图的空白位置单击鼠标左键就可以完成相位累加器模块 phase_adder 的插入。

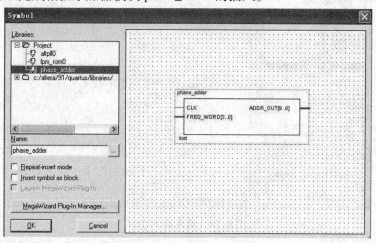

图 8.22　插入相位累加器模块

至此就完成了 3 个主要模块的插入工作,效果如图 8.23 所示。

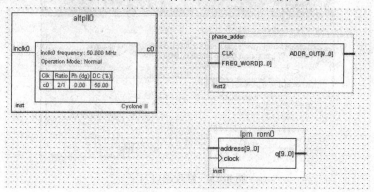

图 8.23　插入 3 个主要模块后的效果图

对比图 8.3 和图 8.23 可以看出,目前该 DDS 工程还缺少输入输出端口以及各模块之间的连线。在原理图的空白位置双击鼠标左键,然后在弹出的插入符号界面中的 Name 窗口下键入"input"或"output"就可以出现如图 8.24 所示的输入端口或输出端口模块,单击"OK"按钮并在原理图的合适位置单击鼠标左键即可放入该输入端口或输出端口模块。

然后双击放入的端口模块,在图 8.25 中的"Pin name(s):"处可以修改默认的端口名称,此时按照图 8.3 的命名方式,将输入时钟信号命名为"CLK_50M",将拨码开关输入的频率字命名为"FREQ_WORD[3..0]",并将 DDS 最终输出的正弦波信号命名为"SINE_WAVE[9..0]"。这里 FREQ_WORD[3..0]和 SINE_WAVE[9..0]中的符号".."代表这是一个总线,并且信号线顺序分别为 3 到 0 和 9 到 0。此时,就可以将各模块和端口按照图 8.3 的形式进行连接。连接时将鼠标靠近某个模块的输入或输出端口时,鼠标会变成十字形,此时按住鼠标左键并进行拖动,当将鼠标拖动到需要连接的另一个模块的输入或者输出端口时,鼠标会再次变为十字形,此时松开鼠标左键即可完成这两个模块间该条信号线的连接。完成

· 263 ·

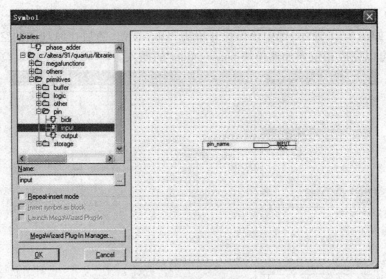

图 8.24 插入输入端口

图 8.3 所示的所有原理图的连接后,就可以进行综合,然后分配引脚并进行全编译。至此就完成了基于原理图方式的 DDS 设计。

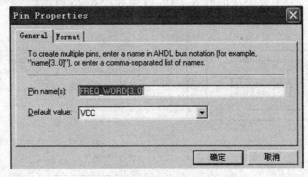

图 8.25 修改端口名字

8.1.3 DDS 的仿真

1. DDS 的功能仿真

将 CLK_50M 信号设为 50 MHz 的时钟,并将仿真时长设为 20 us,那么本章中 DDS 的功能仿真结果如图 8.26 所示。按照该仿真参数设置,锁相环 altpll 输出的时钟为 100 MHz,由于正弦波的一个波形周期进行了 1 024 点的采样,且每个采样点进行了 10 位量化,因此在如图所示频率字 FREQ_WORD 分别设为 6 和 3 时,DDS 输出的正弦波频率分别为 585.94 kHz 和 292.97 kHz。从仿真结果不难看出,DDS 确实按照频率字的变化输出了不同频率的正弦波。

2. DDS 的时序仿真

按照同样的方法可以对本章中介绍的 DDS 进行时序仿真,仿真结果如图 8.27 所示。

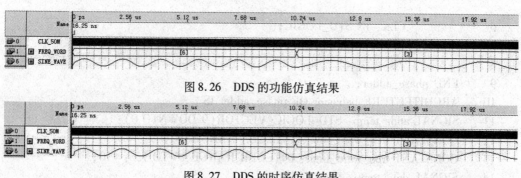

图 8.26　DDS 的功能仿真结果

图 8.27　DDS 的时序仿真结果

8.2　频移键控(FSK)调制器设计

8.2.1　FSK 原理图设计

基于上一小节 DDS 所生成的正弦波信号,就可以实现频移键控 FSK 调制器设计。该设计的原理框图如图 8.28 所示。

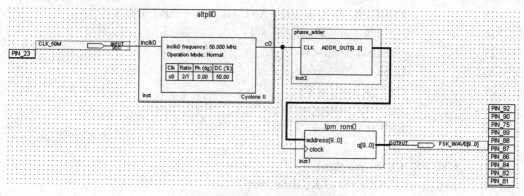

图 8.28　频移键控 FSK 调制器设计

出于简化的目的,该 FSK 调制的传号频率字和空号频率字均固化在了 FPGA 内部,而不再通过 FPGA 外部的拨码开关输入。而调制信号由相位累加器模块 phase_adder 产生。当调制信号为′1′时,采用传号频率字进行相位累加;而调制信号为′0′时,采用空号频率字进行相位累加,其中传号频率字要大于空号频率字。因此,通过该实验可以观察在调制信号码元转换时刻,已调信号波形的相位是否连续,发送′1′和发送′0′时是否采用了不同的载波频率来验证设计是否正确。对比图 8.3 的 DDS 原理框图可以看出,两个设计的框图是基本一致的,唯一的不同体现在相位累加器 phase_adder 的内部功能实现上,该模块的代码如例 8.2 所示。

【例 8.2】　频移键控 FSK 的相位累加器模块的 VHDL 代码

```
1    LIBRARY IEEE;
2    USE IEEE.STD_LOGIC_1164.ALL;
3    USE IEEE.STD_LOGIC_UNSIGNED.ALL;
4    ENTITY phase_adder IS
5      PORT (
```

```
6            CLK: IN STD_LOGIC;
7            ADDR_OUT: OUT STD_LOGIC_VECTOR(9 DOWNTO 0)
8            );
9     END phase_adder;
10    ARCHITECTURE behavior OF phase_adder IS
11    SIGNAL addr_temp: STD_LOGIC_VECTOR(9 DOWNTO 0);
12    CONSTANT freq_word_low : INTEGER RANGE 0 TO 9 :=2;
13    CONSTANT freq_word_high: INTEGER RANGE 10 TO 15 :=10;
14    SIGNAL data_temp: STD_LOGIC;
15    BEGIN
16    data_gen: PROCESS(CLK)
17      VARIABLE clk_cnt : INTEGER RANGE 0 TO 2047 := 0;
18    BEGIN
19        IF CLK'EVENT AND CLK='0' THEN
20            IF clk_cnt < 1024 THEN
21                clk_cnt := clk_cnt + 1;
22                data_temp <= '1';
23            ELSIF clk_cnt >= 1024 AND clk_cnt < 2047 THEN
24                clk_cnt := clk_cnt + 1;
25                data_temp <= '0';
26            ELSE
27                clk_cnt := 0;
28                data_temp <= '0';
29            END IF;
30        END IF;
31    END PROCESS data_gen;
32    addr_gen: PROCESS(CLK, data_temp)
33    BEGIN
34        IF CLK'EVENT AND CLK='0' THEN
35            IF data_temp = '1' THEN
36                addr_temp <= addr_temp + freq_word_high;
37            ELSE
38                addr_temp <= addr_temp + freq_word_low;
39            END IF;
40        END IF;
41    END PROCESS addr_gen;
42    ADDR_OUT <= addr_temp;
43    END behavior;
```

在该相位累加器程序中的第 12 行和第 13 行分别定义了空号频率字 freq_word_low 和传号频率字 freq_word_high，并且分别初始化为 2 和 10。程序第 16 行至 31 行的进程 data_gen 用于产生调制信号 data_temp，该信号是在输入的 100 MHz 时钟信号 CLK 的下降沿进行计数，当计数小于 1 024 时，将 data_temp 置为'1'；而当计数大于等于 1 024 且小于 2 047

时,将 data_temp 置为'0';否则将计数器和 data_temp 均清零。从这个进程不难看出,调制信号 data_temp 是一个占空比为 50% 的周期信号,其频率为 100 MHz/2 048。程序第 32 行至第 41 行的进程 addr_gen 依据 data_temp 为'1'或'0'来选择在 CLK 的下降沿将地址累加上传号频率字 freq_word_high 或空号频率字 freq_word_low。由于在调制信号 data_temp 的码元转换时刻,相位累加器输出的地址是连续累加的,差别只是地址是累加传号频率字或者空号频率字而已,因此对应的 lpm_rom0 输出的正弦波形数据的相位是连续的。

8.2.2 FSK 仿真

1. FSK 的功能仿真

将 CLK_50M 信号设为 50 MHz 的时钟,并将仿真时长设为 20 us,本章中 FSK 的功能仿真结果如图 8.29 所示,在该设计中,锁相环 altpll 输出的时钟频率为 100 MHz,正弦波的一个周期进行了 1 024 点的采样且每个采样点进行了 10 位量化,又由于相位累加器模块中的空号频率字和传号频率字分别为 2 和 10,因此 FSK 输出信号的空号频率和传号频率分别为 195.31 kHz 和 976.56 kHz。

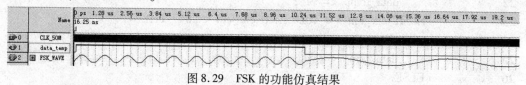

图 8.29 FSK 的功能仿真结果

2. FSK 的时序仿真

同样,也可以对本章中介绍的 FSK 进行时序仿真,仿真结果如图 8.30 所示。

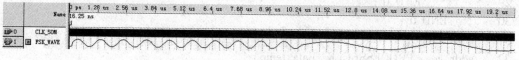

图 8.30 FSK 的时序仿真结果

8.3 相移键控(BPSK)调制器设计

8.3.1 BPSK 原理图设计

与频移键控调制方式类似,基于 DDS 也可以实现相移键控调制,其原理框图和 FSK 调制完全相同,区别仅在于相位累加器模块的实现细节上。BPSK 调制的相位累加器的 VHDL 代码如例 8.3 所示。

【例 8.3】 相移键控 BPSK 调制相位累加器的 VHDL 代码

```
1    LIBRARY IEEE;
2    USE IEEE.STD_LOGIC_1164.ALL;
3    USE IEEE.STD_LOGIC_UNSIGNED.ALL;
4    ENTITY phase_adder IS
5        PORT (
6            CLK:IN STD_LOGIC;
```

```
7            ADDR_OUT:OUT STD_LOGIC_VECTOR(9 DOWNTO 0)
8          );
9     END phase_adder;
10    ARCHITECTURE behavior OF phase_adder IS
11    SIGNAL addr_temp:STD_LOGIC_VECTOR(9 DOWNTO 0);
12    CONSTANT freq_word:INTEGER RANGE 10 TO 15 :=10;
13    SIGNAL data_temp:STD_LOGIC;
14    SIGNAL data_latch: STD_LOGIC;
15    BEGIN
16    data_gen: PROCESS(CLK)
17    VARIABLE clk_cnt :INTEGER RANGE 0 TO 2047 :=0;
18    BEGIN
19        IF CLK'EVENT AND CLK='1' THEN
20            IF clk_cnt < 1024 THEN
21                clk_cnt := clk_cnt + 1;
22                data_temp <= '1';
23            ELSIF clk_cnt >= 1024 AND clk_cnt < 2047 THEN
24                clk_cnt := clk_cnt + 1;
25                data_temp <= '0';
26            ELSE
27                clk_cnt := 0;
28                data_temp <= '0';
29            END IF;
30        END IF;
31    END PROCESS data_gen;
32    addr_gen: PROCESS(CLK, data_temp)
33    BEGIN
34        IF CLK'EVENT AND CLK='1' THEN
35            data_latch <= data_temp;
36            IF data_latch /= data_temp THEN
37                IF addr_temp < 512 THEN
38                    addr_temp <= addr_temp + 512;
39                ELSE
40                    addr_temp <= addr_temp -512;
41                END IF;
42            ELSE
43                addr_temp <= addr_temp + freq_word;
44            END IF;
45        END IF;
46    END PROCESS addr_gen;
47    ADDR_OUT <= addr_temp;
48    END behavior;
```

第 8 章 Quartus Ⅱ 原理图设计及测试方法

如例 8.3 所示，BPSK 调制相位累加器的 VHDL 代码与 FSK 调制基本一致，主要差别体现在第 32 行至第 46 行的 addr_gen 进程。该进程中第 35 行先将调制信号进行锁存，然后在第 36 行判断调制信号电平是否发生了变化。如果发生了变化，那么按照 BPSK 调制的定义，需要在代码第 37 行至第 44 行将已调信号的相位在调制信号码元变化位置进行 180°的相移。由于 lpm_rom0 中储存的量化正弦波信号一个周期内采样了 1 024 点，即对应于对一个正弦波信号进行了等相位的采样，因此每相隔 512 个采样点就对应相位相差 180°。所以在代码第 37 行至第 44 行可以看到，只需要将当前的地址改变 512 即可，但是需要考虑到对地址进行模 1 024 的操作。

8.3.2 BPSK 仿真

1. BPSK 的功能仿真

将 CLK_50M 信号设为 50 MHz 的时钟，并将仿真时长设为 20 us，本章中 BPSK 的功能仿真结果如图 8.31 所示，在该设计中，锁相环 altpll 输出的时钟频率为 100 MHz，正弦波的一个周期进行了 1 024 点的采样且每个采样点进行了 10 位量化，又由于相位累加器模块中频率字为 10，因此 BPSK 输出信号的频率为 976.56 kHz。从仿真结果不难看出，BPSK 调制确实在信号 data_temp 跳变过程中，出现了相位 180°的翻转。

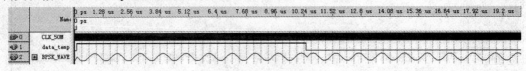

图 8.31 BPSK 的功能仿真结果

2. BPSK 的时序仿真

本章中介绍的 BPSK 的时序仿真结果如图 8.32 所示。

图 8.32 BPSK 的时序仿真结果

8.4 设计的 JTAG 下载和 AS 编程

经过本章上述介绍的工程设计、功能仿真和时序仿真后，就能基本证明所设计的工程是正确的。但是，这些设计毕竟只是在 Quartus Ⅱ 软件中运行的，还没有真正在 FPGA 平台上运行，所以还存在着在 FPGA 上运行时出现性能差异的可能。因此，现在需要开始将设计文件下载到 FPGA 中，并进行相关的测试。本小节主要介绍通过 JTAG 接口将设计下载到 FPGA 上，以及通过 AS 接口将设计写入到 FPGA 外部 Flash 芯片中的方法。

8.4.1 JTAG 下载方法

在本书的第 1 章介绍过，JTAG 是一种在线测试方式，由于它可以在 FPGA 通电时在线对 FPGA 进行下载，从而令 FPGA 按照新下载的布局布线信息更新内部的硬件结构，所以 JTAG 下载方式非常适合于设计的初期验证以及设计排故阶段。通过本章前面介绍的工程

VHDL 设计与应用

设计和仿真验证后,接下来的工作一般都是将设计进行全编译,然后将编译后生成的"*.sof"布局布线信息文件通过 JTAG 接口从计算机下载到 FPGA 内部。下载完成后,FPGA 会按照新下载的布局布线信息更改内部的硬件结构,并运行相关设计。此时,通过连接 FPGA 和计算机之间的 JTAG 电缆,设计人员可以利用 8.5 节即将介绍的 SignalTap Ⅱ 逻辑分析仪测试方法来有选择地实时采集 FPGA 内部的相关信号进行观测,从而判断硬件设计是否正确,并修改相关设计。利用 JTAG 下载布局布线信息有多种方式。这里介绍其中一种,而在第 8.5 节将介绍另一种方式。

单击 Quartus Ⅱ 主界面上的编程器"Programmer"快捷按钮,此时会出现如图 8.33 所示的界面。

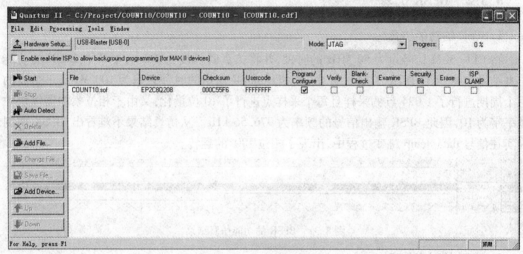

图 8.33 JTAG 编程界面

如果下载电缆的一端正确插在了 FPGA 开发板的 JTAG 接口中,而另一端连接到了计算机上,并且下载电缆驱动正常,那么在该界面中会注意到"Hardware Setup..."右侧出现了下载电缆的硬件名字"USB-Blaster [USB-0]"。采用不同款式的下载电缆,该提示信息也会有所不同。如果此位置没有出现下载电缆的名字,那么需要单击"Hardware Setup..."来手动添加下载电缆。在模式"Mode"处,有多个选项,这里选择"JTAG"模式。然后通过删除按钮"Delete"和添加文件按钮"Add File..."将工程编译后所生成的"*.sof"文件添加到下载文件列表中。对于第 7 章中的异步清零十进制计数器例子来说,该工程文件名为 COUNT10,所以该工程编译后生成的.sof 文件的名字就为 COUNT10.sof。添加完该文件后,选中编程/配置"Program/Configure"复选框,然后单击左侧的"Start"按钮即可完成对 FPGA 的 JTAG 下载。下载后,会有下载成功提示信息,同时 FPGA 将自动按照最新下载的布局布线信息来进行工作。

8.4.2 AS 编程方法

在本书的第 1 章中介绍过,FPGA 是基于 SRAM 结构的,所以掉电以后 FPGA 内部的所有布局布线信息就会丢失。因此通过 JTAG 模式下载到 FPGA 内部的布局布线信息,每次 FPGA 掉电后都会丢失。为了将编译好的布局布线保存在开发板上,就需要在 FPGA 外部存在一个 Flash,并通过 AS 编程模式将布局布线信息写入 FPGA 外部的 Flash 中。由于 Flash

不是易失存储器,掉电后仍旧可以保存原来存储的数据,所以 FPGA 每次上电时就能够自动从 Flash 中读取保存的布局布线信息,从而完成硬件编程。通过 AS 编程的方式与 JTAG 方式十分类似,首先需要将下载电缆的一端插在 FPGA 开发板的 AS 接口处,另一端连接计算机。然后在图 8.33 的界面中,将模式"Mode"选择为"Active Serial Programming",即通常所说的 AS 模式,然后通过删除按钮"Delete"和添加文件按钮"Add File..."将工程编译后所生成的"*.pof"文件添加到下载文件列表中。对于第 7 章中的异步清零十进制计数器例子来说,该工程文件名为 COUNT10,所以该工程编译后生成的 .pof 文件的名字就为 COUNT10.pof。添加完该文件后,选中编程/配置"Program/Configure"复选框、校验"Verify"复选框和空检测"Blank-Check"复选框,然后单击左侧的"Start"按钮即可完成 AS 编程,如图 8.34 所示。编程后,会有编程成功提示信息,同时 FPGA 会自动从 Flash 中读取最新写入的布局布线信息来进行工作。

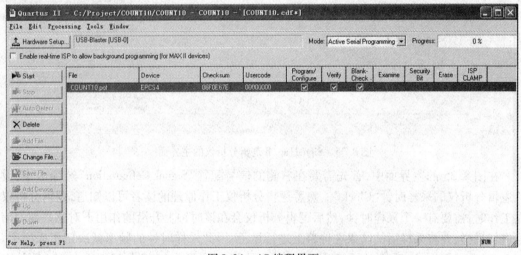

图 8.34 AS 编程界面

8.5 Quartus Ⅱ 内嵌逻辑分析仪测试方法

无论通过 JTAG 模式还是通过 AS 模式将工程的布局布线信息下载到 FPGA 开发板后,FPGA 都会按照最新的布局布线信息进行工作,那么如何验证 FPGA 工作是否正常呢？传统的硬件开发人员会选择用示波器或逻辑分析仪进行相关 FPGA 引脚的测试。但是随着 FPGA 的规模越来越大,引脚越来越密集,这种传统的测试方式已经不足以完成对 FPGA 的全面测试。因此 Altera 公司推出了一种内嵌逻辑分析仪工具 SignalTap Ⅱ,利用该工具,设计者可以利用 FPGA 的部分资源搭建一个内嵌逻辑分析仪,然后有选择地采集 FPGA 内部的相关信号,并将采集后的信号通过 JTAG 接口传送给计算机,最终由计算机将采集到的数据进行图形显示。因此,从设计者的角度来看,计算机屏幕就是传统逻辑分析仪的界面,而下载电缆就类似于传统逻辑分析仪的探针。但是内嵌逻辑分析仪的功能要远超传统逻辑分析仪,因为传统逻辑分析仪只能测量 FPGA 外部接口上的信号,而内嵌逻辑分析仪的探针可以深入 FPGA 内部进行信号获取和测量。基于这些原因,FPGA 开发人员都选择了利用内嵌逻辑分析仪来进行设计的验证和排故工作。内嵌逻辑分析仪的使用方法如下所示。

8.5.1 Quartus Ⅱ内嵌逻辑分析仪使用方法

首先,新建一个文件,然后在图 7.13 所示的界面中,选择"Verification/Debugging Files -> SignalTap Ⅱ Logic Analyzer File",单击"OK"按钮后,会出现如图 8.35 所示的 SignalTap Ⅱ 逻辑分析仪的主界面。

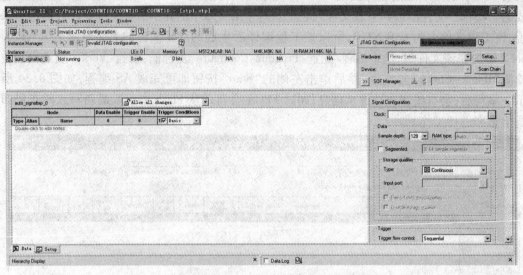

图 8.35　SignalTap Ⅱ逻辑分析仪的主界面

在图 8.35 的主界面中,首先需要在右侧的信号配置"Signal Cofiguration"选项卡中,设置逻辑分析仪的采样时钟"Clock"。熟悉逻辑分析仪工作原理的读者可以知道,逻辑分析仪在工作时,需要有一个采样时钟,然后逻辑分析仪会在该时钟上升沿的作用下对感兴趣的信号进行采样,并将采样后的结果在屏幕上进行显示,因此采样时钟的频率就决定了采样率。在 SignalTap Ⅱ中,该采样时钟可以从工程中的相关信号中进行合理选取,方法是单击"Clock"右侧的浏览按钮,此时会出现如图 8.36 所示的界面。

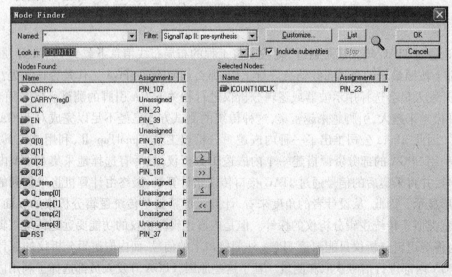

图 8.36　SignalTap Ⅱ采样时钟设置界面

在图 8.36 中,首先需要设置节点过滤器"Filter",该过滤器的下拉列表中有多种选项,分别对应于不同的节点类型和不同的适配阶段等。通常习惯于将过滤器设置为"SignalTap Ⅱ: pre-synthesis",这表示后续可看到所有综合前的节点,这包括了本工程的输入输出引脚以及相关的 FPGA 内部信号。这里需要强调一点,选择不同的过滤器所能看到的引脚和信号是不同的,所以设计者需要针对具体的设计和实际所需要观测的节点来合理地选择过滤器,以便缩小节点的查找范围。设置好过滤器后,可以利用图 8.36 中"Look in"的下拉菜单或者浏览按钮,来精确定位所设置节点所在的模块。正像本章前面介绍过的,大型的工程设计往往涉及模块间的层次化嵌套,所以某些节点可能位于比较底层的模块中,因此为了能缩小节点的查找范围,可以在"Look in"中准确定位想要观测节点所在的模块。此时,再单击图 8.36 中的列表"List"按钮,就会在已发现节点"Nodes Found"窗口中列出经过过滤和模块准确定位后的所有可观测节点。由于这里是进行逻辑分析仪采样时钟的设置,所以可以看到在已发现节点中存在一个 CLK 引脚,它是 FPGA 的第 23 引脚,即本章前面介绍过的通过 FPGA 第 23 引脚进入 FPGA 的外部 50 MHz 时钟信号。在十进制计数器工程中,该信号就是计数器的系统时钟,所以在这里就将该信号选为 SignalTap Ⅱ 逻辑分析仪的采样时钟。在已发现节点中鼠标左键单击"CLK"引脚,然后单击图 8.36 中部的复制到已选定的节点列表"Copy to Selected Nodes List"快捷按钮 。CLK 这个引脚就会出现在已选定的节点"Selected Nodes"窗口中,然后单击"OK"按钮即可完成采样时钟的设置并回到图 8.35 的 SignalTap Ⅱ 主界面。设置好采样时钟后,就需要开始设置被采样的信号。在图 8.35 中的左下角窗口中可以注意到有两个选项卡,分别是数据"Data"和设置"Setup"。其中设置选项卡就是用来设置被采样信号,以及采样方式的;而数据选项卡被用来在 SignalTap Ⅱ 测试时显示被测信号的实际采样数值。选中设置选项卡,然后按照该选项卡窗口中的提示"Double-click to add nodes"在空白位置双击鼠标左键,就会弹出与采样时钟设置时完全相同的界面,即图 8.36。在该界面中,可以利用前面介绍的相同方法设置实际要采样的信号,并将它们添加入已选定节点列表。这里,为了更好地演示异步清零十进制计数器的运行效果,将除 CLK 信号外的其他所有信号均添加到了被观测信号列表中,添加后的效果如图 8.37 所示。

在图 8.37 左下角的设置选项卡的窗口中,就可以看到被测信号包括了复位信号 RST、使能信号 EN、内部计数 Q_temp、输出计数结果 Q 和进位输出 CARRY。需要指出,由于 CLK 信号已被设置为采样时钟,所以它一定不能出现在被测试信号列表中,这是 SignalTap Ⅱ 所不允许的。到目前为止,已经设置了采样时钟 CLK,以及相关的被测信号。所有的被测信号,将会在每个 CLK 上升沿到来时被采样,然后在数据选项卡中进行实时显示。因此,下一步需要在图 8.37 中设置采样深度,从而决定在数据选项卡中每一屏幕可以显示多少个采样数据。在图 8.37 右侧的采样深度"Sample depth"下拉列表中可以设置不同的采样深度,这里选择 2K。该参数设置意味着,在数据选项卡中每一屏幕将显示 CLK 时钟对被测信号的 2 000 次采样。正像前面介绍过的,SignalTap Ⅱ 需要占用 FPGA 内部的资源,因此采样深度不能设得过深,否则 FPGA 的内部资源可能无法容纳下这些采样数据,设计者必须要进行合理的采样深度设置。设置完成后,单击菜单栏中的"File -> Save"选项将 SignalTap Ⅱ 文件保存,假设保存为默认的名字 stp1.stp,此时会弹出一个如图 8.38 所示的窗口。

图 8.38 提示设计者是否要在当前工程中使用新建的 SignalTap Ⅱ 逻辑分析仪,如果需要使用就单击"是(Y)"按钮,然后再进行一次全编译,编译器将为该 SignalTap Ⅱ 分配资源,

VHDL 设计与应用

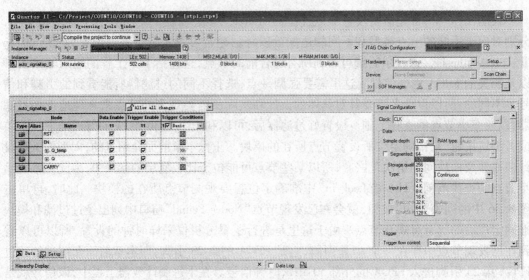

图 8.37　设置 SignalTap Ⅱ 的采样深度

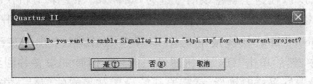

图 8.38　SignalTap Ⅱ 使能窗口

从而使编译后的布局布线文件包含 SignalTap Ⅱ 逻辑分析仪。由于 SignalTap Ⅱ 逻辑分析仪需要占用 FPGA 的内部资源，所以切记在每次修改了 SignalTap Ⅱ 的设置后，一定要进行一次全编译，从而使编译后的布局布线文件能体现出 SignalTap Ⅱ 的相应变化。如果在后续的工程调试过程中，需要更换 SignalTap Ⅱ 文件，那么可以单击 Quartus Ⅱ 主界面中的"Assignment -> Settings..."选项，然后在弹出的如图 8.39 所示的设置界面中，选择 SignalTap Ⅱ Logic Analyzer，然后在右侧设置是否在当前工程中使用 SignalTap Ⅱ 逻辑分析仪，以及使用哪个 SignalTap Ⅱ 文件来作为逻辑分析仪。

此时，将开发板与计算机通过下载电缆连接好，并将开发板加电，再通过 JTAG 方式将编译过的.sof 文件下载到开发板中就可以进行相关的逻辑分析仪测试了。这里，可以采用上一节介绍的方法将.sof 文件通过 JTAG 方式下载到 FPGA 开发板中，也可以直接利用 SignalTap Ⅱ 软件中的 JTAG 下载界面完成相关下载，具体方式如图 8.40 所示。

在图 8.40 的右上角，首先在 Hardware 中通过单击下拉列表或"Setup"按钮来添加连接开发板和计算机的下载电缆。如果添加成功且电缆连接正确，那么 SignalTap Ⅱ 会对开发板中的 FPGA 型号进行检测，并将检测结果显示在 Device 中。此时单击 SOF 管理器"SOF Manager"右侧的浏览按钮，找到需要下载到开发板中的.sof 文件，再单击设备编程按钮即可完成对设备的 JTAG 方式编程。此时，单击图 8.40 左上角中的运行分析"Run Analysis"快捷按钮或者自动运行分析"Autorun Analysis"快捷按钮，即可运行 SignalTap Ⅱ 逻辑分析仪对信号进行测试。这两个快捷按钮的区别在于前者只运行一次（例如，在该 SignalTap Ⅱ 的参数设置条件下，在 CLK 上升沿的作用下只采集 2 000 次被测信号，然后逻辑分析仪就会停止对被测信号的采集）；而后者会不间断地进行采集，直到设计者单击其右侧的

第 8 章　Quartus Ⅱ 原理图设计及测试方法

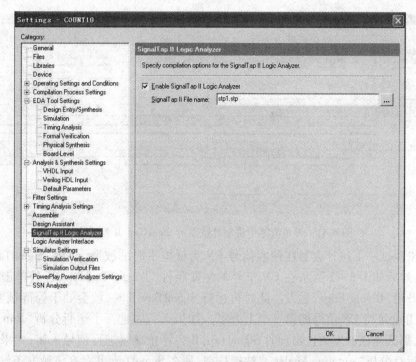

图 8.39　为当前工程设置 SignalTap Ⅱ 逻辑分析仪

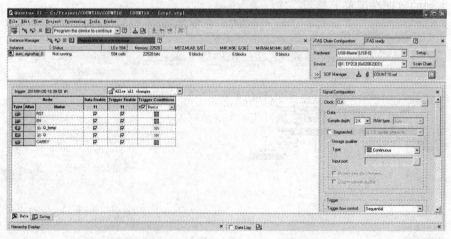

图 8.40　SignalTap Ⅱ 的 JTAG 下载方式

停止分析"Stop Analysis"快捷按钮■。SignalTap Ⅱ 测试信号的结果如图 8.41 所示。该图中横坐标的每一个刻度代表一次 CLK 采样,由于有 2 000 次采样,数据量很大,所以可以通过单击鼠标左键来放大或单击鼠标右键来缩小的方式来查看所有的采样数据。从图 8.41 可以看出,当复位信号 RST 和使能信号 EN 均为高电平时,计数器不断地从 0 到 9 循环计数,并在计数到 0 时将进位信号 CARRY 置为高电平。这一结果与功能仿真和时序仿真结果一致,因此当复位信号 RST 和使能信号 EN 均为高电平时,FPGA 工作正常。需要指出,图 8.41 中的信号向量 Q_temp 和 Q 默认是以十六进制来进行采样数据显示,为了得到如图 8.41 所示的十进制数据,需要在这两个信号名字上单击鼠标右键,然后选择最下方的选项"Bus Display Format -> Unsigned Decimal"。

· 275 ·

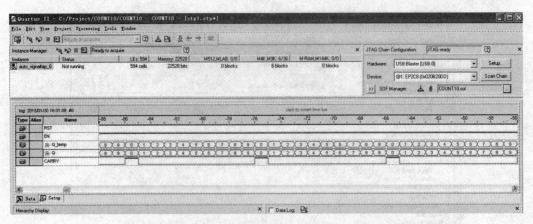

图 8.41 异步清零十进制计数器的 SignalTap Ⅱ 测试结果

接下来测试一下该计数器在使能信号 EN 为低电平时的波形。回到 SignalTap Ⅱ 的设置选项卡,然后如图 8.42 所示在 EN 信号的触发条件"Trigger Conditions"处单击鼠标右键并选中上升沿"Rising Edge"触发。此时再运行 SignalTap Ⅱ 时,就会处于等待触发状态,即 SignalTap Ⅱ 会等待 EN 信号的第一个上升沿。如果运行时选择了运行分析"Run Analysis"快捷按钮,那么当该触发条件出现时 SignalTap Ⅱ 会停止继续进行信号采集;如果运行时选择了自动运行分析"Autorun Analysis"快捷按钮,那么 SignalTap Ⅱ 会在该触发条件每次出现时将采集到的数据在屏幕上显示一次。

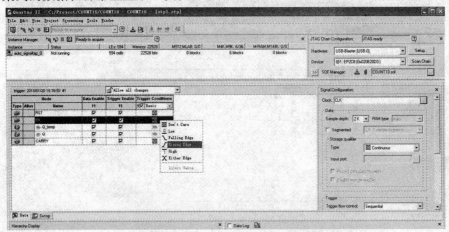

图 8.42 设置 SignalTap Ⅱ 触发条件

在此工程中,EN 信号被连接到了 FPGA 开发板的按键上,在通常情况下该按键始终处于高电平,每次按下该按键 EN 信号会被置为低电平,松手后 EN 信号再次被置为高电平。因此,为了产生 EN 信号的上升沿,只需要按动一次该按键即可。此时,SignalTap Ⅱ 就会满足触发条件,从而显示如图 8.43 所示的测试信号。

图 8.43 使能信号 EN 上升沿测试

从图 8.43 可以看出,使能信号 EN 为低电平时,计数值保持原值不变,当 EN 再次恢复高电平时,计数器继续开始计数,从而验证了此工程设计的正确性。从这种测试方式不难看出,触发条件测试方法非常适合进行设计的排故。当某些异常条件出现时,由于出现只是一个瞬间,所以肉眼很难分辨,更难以分析异常条件出现的原因。但是对异常条件设置触发条件选项后,SignalTap Ⅱ会在异常条件出现时自动停止运行,并将异常条件出现前后的信号完整地呈现给设计者。设计者只需要分析异常条件出现前后的相关信号,就可以准确地对异常条件进行分析和调试。

当然,在为 FPGA 引入内嵌逻辑分析仪这一方便工具的同时,一些负面影响也需要设计者格外小心。首先,内嵌逻辑分析仪需要占用 FPGA 内部的资源。采样点数越多,采集的信号越多,那么占用的 FPGA 内部的资源就越多。资源占用得多,不但会增加 FPGA 的功耗,还会造成布局布线困难进而使一些关键时序难以满足设计要求。此外,内嵌逻辑分析仪是通过在 FPGA 内部占用一部分资源实现的,因此它所监测的信号都需要引入 FPGA 内部的内嵌逻辑分析仪模块内。这种方式,会改变原有信号的布局布线策略,因此内嵌逻辑分析仪所监测到的信号和不使用内嵌逻辑分析仪时 FPGA 内部的该信号间可能会存在时序上的差异性,因此测试结果并不能完整地涵盖 FPGA 内部该信号的真实情况。目前很多书籍都建议工程设计时,首先要新建内嵌逻辑分析仪来进行工程的测试,测试结束后建议删除内嵌逻辑分析仪并重新编译以释放 FPGA 内部资源。但是从作者多年的工程经验来看,只要 FPGA 不是应用于功耗敏感的场景下,那么可以适当保留内嵌逻辑分析仪以及其监控的关键信号。这样一旦设计出现问题,可以快速地进行分析、定位和排故。

8.5.2 各种调制方式的逻辑测试

1. DDS

本章中所介绍的 DDS 的 SignalTap Ⅱ测试结果如图 8.44 和图 8.45 所示。在 SignalTap Ⅱ中默认信号向量都是以十六进制来显示,所以为了看到图中的正弦波信号波形,需要在 SINE_WAVE 信号上单击鼠标右键,然后选择"Bus Display Format -> Unsigned Line Chart"选项。如果在工程设计中将正弦波波形数据设计为双极性,那么就选择"Bus Display Format -> Signed Line Chart"选项。

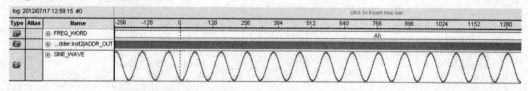

图 8.44 频率字为 10 的 DDS 波形图

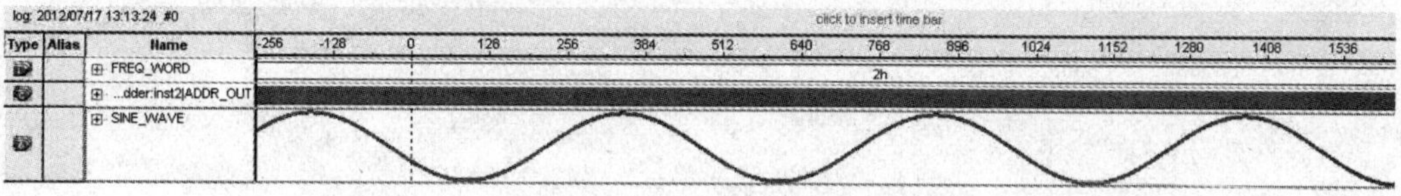

图 8.45 频率字为 2 的 DDS 波形图

2. FSK

图 8.46 是 FSK 的 SignalTap II 测试波形图。

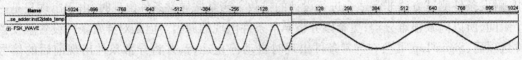

图 8.46 FSK 的波形图

3. BPSK

图 8.47 是 BPSK 的 SignalTap II 测试波形图。

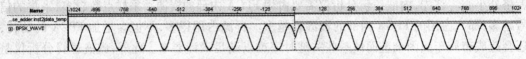

图 8.47 BPSK 的波形图

第 9 章

ModelSim 仿真

ModelSim 是 Mentor graphics 公司的子公司 Model 出品的仿真软件,它可以针对具体的硬件设计进行功能仿真或者时序仿真。这里首先重点解释一下功能仿真与时序仿真的区别。功能仿真是行为仿真,也称为算法仿真,它并不包含硬件的具体实现方式。例如设计一个加法器,那么功能仿真仅仅验证加法器的输出是不是输入信号之和,它并不考虑加法器本身的器件时延等具体硬件指标对性能的影响。因此,功能仿真被称为前仿真,它是在将算法映射到具体的硬件进行布局布线之前进行的仿真。而时序仿真又被称为后仿真,它是门级或电路级的仿真,是在功能仿真和硬件布局布线都完成以后的仿真。因此,时序仿真需要考虑到硬件本身的性能,以及布局布线等对算法实现的影响。同样的功能设计,在不同器件或不同布局布线条件下的时序仿真也会有性能上的差异。因此,时序仿真才是最贴近实际硬件性能的仿真。在这一章中,将介绍如何利用第三方工具 ModelSim 来与 Quartus Ⅱ 软件配合,进行设计的功能仿真和时序仿真。需要说明的是,现在发行的 ModelSim 有多种版本,例如和 Altera 公司共同推出的 ModelSim-Altera 版本,简称为 ModelSim_AE 版本。该版本直接例化了 Altera 的器件库,因此使用起来非常简便,但是功能上有很大的局限性,比如不能进行 VHDL 语言和 Verilog HDL 语言的联合仿真。因此在这一章中,将讲解 ModelSim_SE_6.5 版本的仿真软件,该软件具有更完善的功能,但是需要手动进行 Altera 器件库的添加。接下来,本章以 Quartus Ⅱ 9.1 和 ModelSim_SE_6.5 为例,结合 VHDL 语言来说明具体的仿真方法。

9.1 在 ModelSim 中添加 Altera 器件库

由于在利用 ModelSim 进行时序仿真时,会用到 Altera 器件的延时等各种信息,所以需要为 ModelSim 添加相关 Altera 器件库,从而在进行后续的编译和仿真时可以调用相应的库文件。在早期的 Quartus Ⅱ 版本中,需要手动地将其中的 Altera 器件库添加到 ModelSim 中。在 Quartus Ⅱ 高级版本之后,Altera 公司建议设计人员使用 ModelSim 进行仿真,而逐渐弱化 TestBench 仿真软件,所以在 Quartus Ⅱ 中集成了为 ModelSim 添加 Altera 库的工具,具体操作方法如下:

(1)运行 Quartus Ⅱ 。
(2)执行 Tools->Launch EDA Simulation Library Compiler 工具,如图 9.1 所示。
(3)选中所需要的库函数。

在如图 9.2(a)所示的界面中,首先要在 EDA 仿真工具(EDA simulation tool)的工具名称(Tool name)处选择"ModelSim",然后要在可执行位置(Executable location)处设定 Model-

VHDL 设计与应用

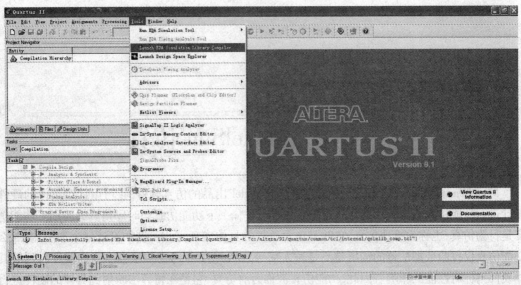

图9.1 启动 EDA 仿真库编译工具

Sim 可执行文件的位置,即 modelsim.exe 文件所在的位置。然后在编译选项(Compilation opinions)中库类(Library families)的可用类(Available families)中选择所需的 Altera 库函数添加到右侧的选定类(Selected families)中。在这里,只需要将所需的库类添加入编译文件即可,这样会减少后续的编译时间。作为初学者,如果无法准确分辨所需的库类,那么也可以添加所有的库类进行编译,如图9.2(b)所示。随后,可以选择库语言(Library families)为 VHDL 或 Verilog,这样编译后生成的可供 ModelSim 调用的 Altera 库就会以指定的库语言格式来进行转换。最后在输出路径(Output directory)处设定编译后的库文件所保存的路径,例如为"c:/modeltech_6.5/altera",然后单击开始编译(Start Compilation)按钮即可进行库文件的编译。

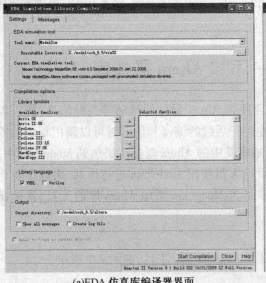 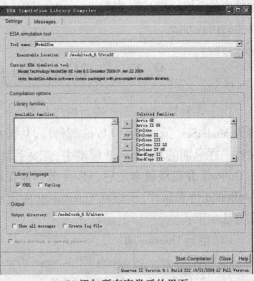

(a)EDA 仿真库编译器界面　　　　　　(b)添加所有库类后的界面

图9.2 选择所需的库函数并进行编译

（4）完成 ModelSim 的 Altera 库函数安装。

通常，ModelSim 软件是无法自动添加上一步骤所编译生成的 Altera 器件库的，此时还需要手动地为 ModelSim 添加 Altera 库函数。即将 ModelSim 安装目录下的 ModelSim.ini 文件改为可读写模式，并将其中添加的 Altera 库函数语句改成默认的 $Model_Tech/../的形式，这样每次启动 ModelSim 时，才会自动挂载 Altera 的库文件。最后再将 ModelSim.ini 的文件属性改为只读模式，启动 ModelSim 软件后，就会在如图 9.3 所示的界面中看到所添加的 Altera 器件库。

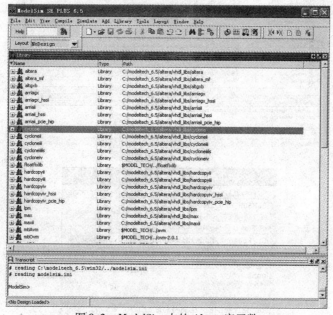

图 9.3 ModelSim 中的 Altera 库函数

9.2 ModelSim 基本使用方法

如图 9.4 所示，首先打开 ModelSim，然后执行 File->New->Project...，此时会弹出如图 9.5 所示的新建工程选项界面。

假定工程名为 CLK50M_div_1M，位于 C:/Project/ModelSim/Demo 路径下，默认为新建的这个工程创建一个名为 work 的库，并且默认将 ModelSim 安装路径下的 modelsim.ini 文件复制为库映射文件。因此，在建立好这个工程后，可以使用所有 modelsim.ini 所安装的工程库，并且仿真所用到的设计人员开发的 VHDL 或 Verilog HDL 文件经过编译后，会成为新的元件，并且位于 work 库中。单击 OK，进入图 9.6 所示界面。

在该界面下可以像 Quartus II 一样利用文本编辑器新建一个文件（VHDL 或者 Verilog HDL），或者可以将在 Quartus II 中建好的 VHDL 文件添加到这个工程文件中。无论采用哪种方式，在工程中加入一个名为 CLK50M_div_1M.vhd 的文件，其内容如图 9.7 所示。

该代码将 FPGA 的 50 MHz 系统时钟，分频为 1 MHz 的时钟，并且占空比为 50%。这里需要着重指出的是代码的第 15 行，定义了一个 CLK1M_buf 的标准逻辑信号，并且为其指定了初始值 0。通常的 VHDL 硬件设计中，并不需要为该信号指定初始值，而在 FPGA 上电时，

· 281 ·

VHDL 设计与应用

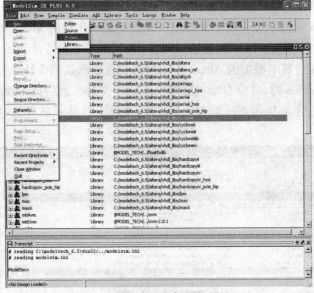

图 9.4 新建工程

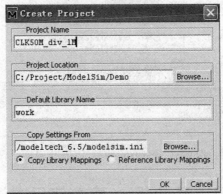

图 9.5 新建工程选项

图 9.6 ModelSim 主界面

第 9 章 ModelSim 仿真

```
C:/Project/ModelSim/Demo/ClK50M_div_1M.vhd
Ln#
 1    library ieee;
 2    use ieee.std_logic_1164.all;
 3    use ieee.std_logic_unsigned.all;
 4
 5    entity ClK50M_div_1M is
 6    port(
 7      CLK50M : in std_logic;
 8      CLK1M : out std_logic
 9    );
10    end ClK50M_div_1M;
11
12    architecture bhv of ClK50M_div_1M is
13
14    signal cnt : integer range 0 to 24;
15    signal CLK1M_buf : std_logic:='0';
16
17    begin
18      process(ClK50M)
19      begin
20        if ClK50M'event and ClK50M = '1' then
21          if cnt >= 24 then
22            CLK1M_buf <= not CLK1M_buf;
23            cnt <= 0;
24          else
25            cnt <= cnt + 1;
26          end if;
27        end if;
28      end process;
29
30      CLK1M <= CLK1M_buf;
31    end bhv;
```

图 9.7　ModelSim 仿真代码

默认会将所有的信号均初始化为 0 信号。但是在仿真时,如果不指定初始值,该信号会进入不定状态,此时在执行第 22 行语句时,CLK1M_buf 信号并不会如我们所愿的进行翻转,而是仍旧停留在不定状态。因此为了对该文件进行仿真,需要指定该信号的初始值。为了对该 VHDL 文件进行仿真,首先要在 ModelSim 中对其进行编译,即在该文件名处单击鼠标右键,然后选择如图 9.8 所示的编译选项。这里,由于只有一个文件,所以可以选择 Compile All 或者 Compile Selected。在某些复杂的工程项目中,各个文件之间有可能存在嵌套关系,因此文件编译的顺序是有要求的,此时必须对文件进行排序,即改变文件的 order,才能进行全编译 Compile All。否则就只能对文件按照顺序逐个进行编译,即 Compile Selected。

如果编译成功,在 ModelSim 最下端的 Transcript 窗口,可以看到 CLK50M_div_1M.vhd 编译成功的信息,如图 9.9 所示。

此时,CLK50M_div_1M.vhd 文件的状态还是个问号,需要对它的状态进行更新,即在该文件名处单击鼠标右键,然后在弹出的菜单中选择更新"Update",如图 9.10 所示。

这时,该文件的状态变为对号,表明已经可以对其进行仿真。这时,可以像在 Quartus Ⅱ 中仿真一样,直接对该文件进行仿真,然后手动设置输入的时钟信号。或者编写一个 TestBench 脚本,由这个脚本来控制各种激励信号。这两种方式还都是功能性仿真。如果想进行时序仿真,就还需要 Quartus Ⅱ 提供布局布线后的仿真模型文件.vho 以及标准延时输出文件.sdo。在这一部分,首先介绍两种功能仿真。

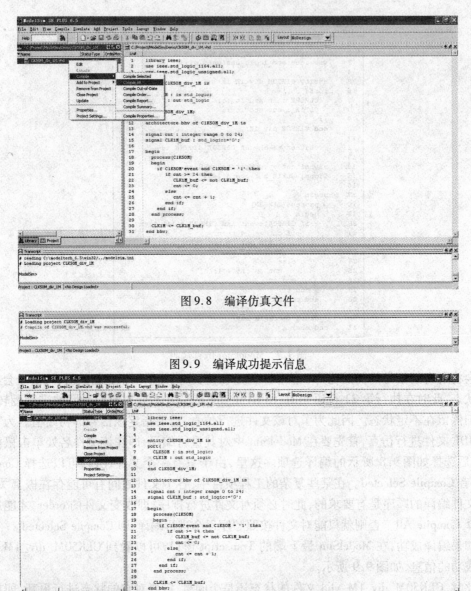

图 9.8 编译仿真文件

图 9.9 编译成功提示信息

图 9.10 更新文件状态

9.3 ModelSim 功能仿真

9.3.1 手动功能仿真

首先介绍不使用 TestBench 激励脚本文件来进行功能仿真的方法,如图 9.11 所示执行 Simulate→Start Simulation...。

运行 Start Simulation 后,进入图 9.12 所示界面。

第 9 章 ModelSim 仿真

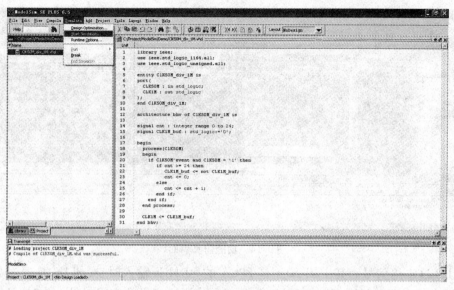

图 9.11 运行仿真

在该界面中,有 6 个选项卡,第一项 Design 是选择仿真文件。第二项和第三项是分别针对 VHDL 和 Verilog 可以采用其他的仿真形式,由于这里不用这两个功能,所以忽略对它们的介绍。第四项 Libraries 是用以指定编译的库文件,由于这个程序仅仅是一个分频器设计文件,没有用到其他的库函数,所以这一项也暂时不用。第五项是指定标准延时文件,用以进行时序仿真,这个选项卡将在后续讲时序仿真的时候用到。最后一个选项卡是 Others,通常不用。

因此,首先选定当前项目所建立的 work 库中的 clk50m_div_1m 这个实体,如图 9.13 所示。

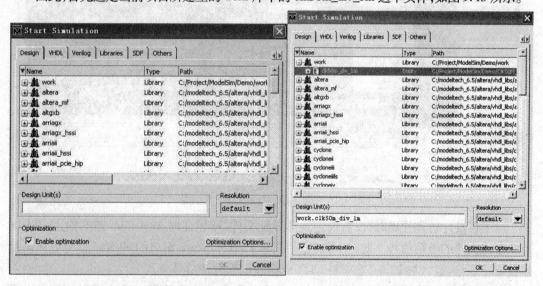

图 9.12 仿真参数设置选项卡　　　　图 9.13 选定仿真功能实体

然后单击"OK",就进入了功能仿真界面,如图 9.14 所示。

首先,可以注意到在图 9.14 的 Objects 窗口,有仿真时可以观测的 clk50m,clk1m,cnt 和

VHDL 设计与应用

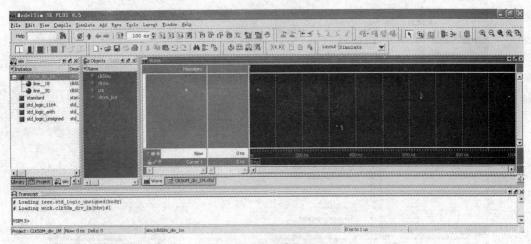

图 9.14 功能仿真界面

clk1m_buf 这 4 组信号。其中 clk50m 是 FPGA 的 50 MHz 输入时钟，clk1m 是通过分频从 FPGA 输出的 1 MHz 时钟，而 cnt 和 clk1m_buf 是代码中定义的中间信号。此时，可以将所有这 4 种信号加入波形 Wave 窗口，然后来观察仿真结果。具体方法是在如图 9.15 所示的 Objects 窗口的信号名处单击鼠标右键，然后选择 "Add -> To Wave -> Signals in Region" 将这 4 种信号均添加入 Wave 窗口，添加后如图 9.16 所示。

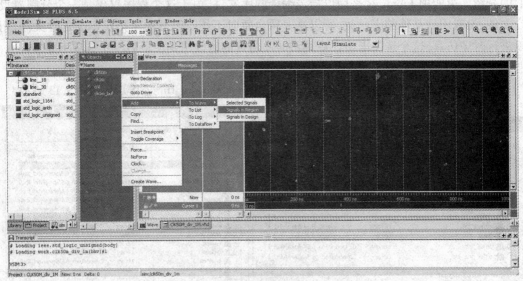

图 9.15 向 Wave 窗口添加仿真信号

由于在设计仿真代码时，没有设定波形激励文件，所以此时 ModelSim 还不知道 clk50m 是一个什么样的激励信号。此时，可以在如图 9.17 所示 Wave 窗口的 clk50m 信号处单击鼠标右键，然后选定 "Clock..." 选项将 clk50m 信号设为时钟信号。

在图 9.18 中，将该时钟周期设为 20 ns（即 50 MHz），占空比 Duty 设为 50%，逻辑 1 设为高电平，第一个出现的时钟沿设为上升沿。

将仿真时间设为 2 000 ns，然后单击快捷菜单中的 "Run"。然后单击快捷菜单中的 "Zoom full" 就可以看到如图 9.19 所示的仿真结果。

· 286 ·

第 9 章 ModelSim 仿真

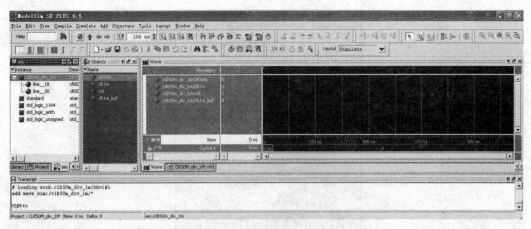

图 9.16 添加入仿真信号的 Wave 窗口

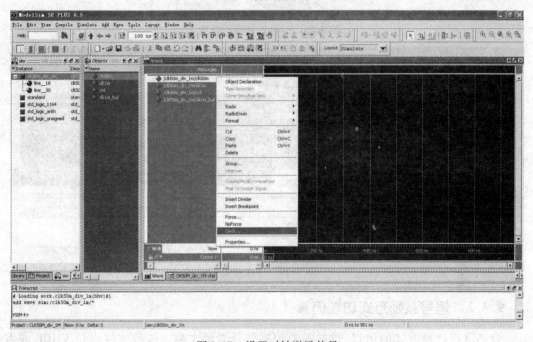

图 9.17 设置时钟激励信号

通过上面的功能仿真方法可以看出,尽管在没有信号激励文件的情况下也能进行功能仿真,但是它的激励信号手动设置比较麻烦,而且精度较差。ModelSim 也提供了利用命令行方式进行信号激励设置的方式,但是也不便于学习和使用。目前国际上采用较多的信号激励方式,是通过编写 TestBench 信号激励文件的方式来进行 ModelSim 仿真。下面开始介绍第二种功能仿真的方法,即利用信号激励文件进行仿真的方法。

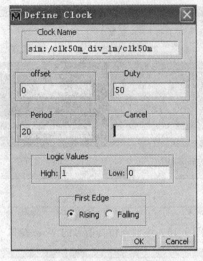

图 9.18　时钟信号参数设置

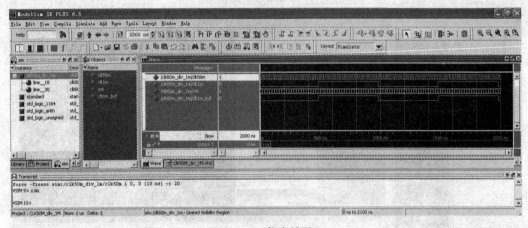

图 9.19　仿真结果

9.3.2　信号激励方式功能仿真

为了进行这种方式的仿真,首先需要编写信号激励文件。这种文件也是 VHDL 或者 Verilog HDL 的文件,并可以使用所有的 VHDL 或者 Verilog HDL 的语法和语句。和实际的 VHDL 文件不同的是,它里面是一个空的实体,并且用到了大量的等待语句。例如,对于本章的例子,它对应的激励文件 CLK50M_div_1M_tb.vhd 如图 9.20 所示。

这里仅介绍该信号激励文件不同于一般 VHDL 文件的地方。首先,对于信号激励方式的仿真来说,该激励文件和被测文件组成了一个完整的测试单元,它们对外不再有任何输入输出接口。被测文件的输入输出信号全部和上面定义的激励文件接口,并且被测文件的这些输入输出信号全部被看作是内部信号,因此激励文件作为顶层文件不再需要定义任何外部端口。因此在第 6 行和第 7 行定义了这个信号激励实体,并且该激励文件的实体是一个空实体,不包含任何端口定义。在第 12 行定义了一个时钟,即 FPGA 运行所用的 50 MHz 时钟。第 14 行和第 15 行定义了两个信号,分别是 clk 和 clk_out。它们分别作为输入给被测模块 CLK50M_div_1M 的输入时钟 CLK50M 和输出时钟 CLK1M。被测模块的声明见代码

C:/Project/ModelSim/Demo/CLK50M_div_1M_tb.vhd

```
Ln#
1   library ieee;
2   use ieee.std_logic_1164.all;
3   use ieee.std_logic_unsigned.all;
4   use ieee.std_logic_arith.all;
5
6   entity CLK50M_div_1M_tb is
7   end entity CLK50M_div_1M_tb;
8
9   architecture Behavioral of CLK50M_div_1M_tb is
10
11  --declare a clock period constant.
12  constant clockperiod : time := 20 ns;
13  --declare signal
14  signal clk     : std_logic := '0';
15  signal clk_out : std_logic;
16
17  component CLK50M_div_1M
18  port(
19    CLK50M    : in std_logic;
20    CLK1M : out std_logic
21    );
22  end component;
23
24  begin
25
26  div_gen : CLK50M_div_1M
27  port map
28    (
29    CLK50M  => clk,
30    CLK1M  => clk_out
31   );
32
33  --clock generation
34  process
35  begin
36  wait for (clockperiod/2);
37  clk <= '1';
38  wait for (clockperiod/2);
39  clk <= '0';
40  end process;
41
42  end Behavioral;
43
```

图 9.20　信号激励文件代码

17～22 行。该被测模块的例化见代码 26～31 行，其中需要格外注意例化的名字 div_gen，在后面进行时序仿真时，需要用到该例化名字。到目前为止，已经定义了一个 50 MHz 的时钟，两个信号 clk 和 clk_out，并且例化了 CLK50M_div_1M 的模块，并且将 clk 和 CLK50M 关联，clk_out 和 CLK1M 关联。但是，还没有定义 clk 这个 CLK50M_div_1M 模块输入信号的激励信号。在代码的 34～40 行，定义了一个进程，在该进程中每隔 10 ns 将 clk 信号置为高电平，再过 10 ns 将 clk 信号置为低电平，因此产生了 20 ns 周期(50 MHz 频率)的 clk 激励信号。由于 CLK50M_div_1M 模块仅需要一个 50 M 的时钟激励信号，因此就完成了该模块激励文件的编写工作。CLK50M_div_1M 模块会利用产生的 clk 激励信号进行分频，最终的分频结果会在 clk_out 中输出。下面，来看看利用该信号激励文件的仿真结果。首先利用图 9.21 的“Compile All”选项编译该激励文件和被测文件。

然后更新这两个文件的状态，并选择开始仿真。

选中图 9.22 中的实体 clk50m_div_1m_tb。此时如果直接单击“OK”进行仿真，那么只能看到 clk 信号，而看不到 clk_out 信号。这是因为 ModelSim 会认为 clk_out 是一个内部信号，从而给优化掉了。有两种方法可以避免这一问题，第一种方法是取消图 9.22 中的“Enable optimization”这个选项，另一种方法是选择图 9.22 中的“Optimization Options...”选项，然后在图 9.23 中选择“Apply full visibility to all modules(full debug mode)”。

此时再单击“OK”进行仿真，就可以看到如图 9.24 所示的界面。

VHDL 设计与应用

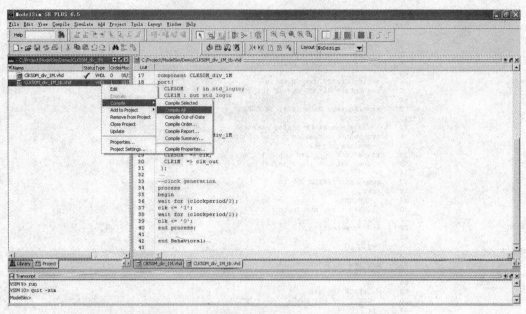

图 9.21 全编译

图 9.22 设置仿真实体

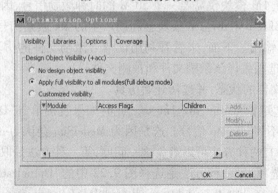

图 9.23 设定优化选项

第 9 章 ModelSim 仿真

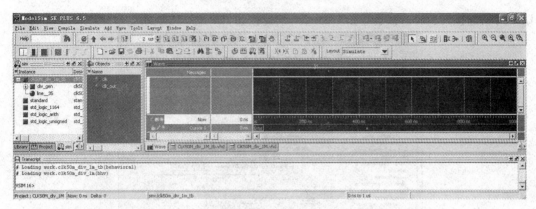

图 9.24 仿真界面

将 clk 和 clk_out 加入 Wave 窗口,然后将仿真时间设为 2 000 ns,并运行仿真,可以得到图 9.25 所示的波形。

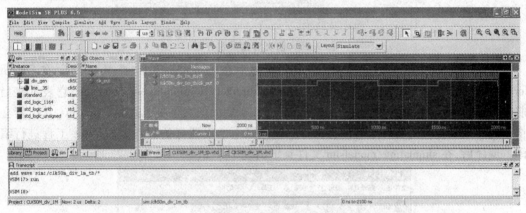

图 9.25 功能仿真波形

对比不使用激励文件的仿真方式,这种方式不再需要手动地在 Wave 窗口中设置波形,并且由于激励文件的灵活性,可以产生任意精度和复杂度的激励信号。所以,目前基本上所有的大型仿真,都普遍采用了编写激励信号脚本文件的仿真方式。

9.4 ModelSim 时序仿真

以上两种方式由于没有利用任何布局布线和器件延时信息,所以仅仅是功能仿真。如果想进行时序仿真,那么必须要获得在对应 Altera FPGA 上布局布线后的硬件延时信息。因此需要首先利用 Quartus Ⅱ产生这些布局布线和延时信息,然后再利用 ModelSim 调用这些延时信息完成时序仿真。

9.4.1 产生布局布线文件和器件延时文件

对应于上面的例子,在 Quartus Ⅱ中新建一个 CLK50M_div_IM 工程文件,并且将 FPGA 选择为开发板的 FPGA 型号,即 EP2C8Q208C8N。然后生成图 9.7 所示的代码并分配相应引脚,在本书所采用的开发板上,输入时钟引脚是第 23 脚,而输出时钟选择第 106 脚,即

LED 灯所连接的引脚。接着单击"settings"快捷按钮，如图 9.26 所示。

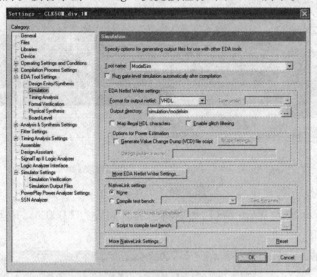

图 9.26 仿真参数设置界面

在 EDA Tool Settings 里面选择 Simulation，然后在 Tool name 中选择 ModelSim，在 Format for output netlist 中选择 VHDL。默认的 Output directory 是 simulation/modelsim，它表示在当前的 Quartus Ⅱ 工程下会新建一个 simulation/modelsim 的文件夹，编译该 Quartus Ⅱ 工程会将布局布线及相应的器件延时信息保存到该路径下。设置好仿真参数后，对该工程进行编译。编译后，在 simulation/modelsim 文件夹下出现了 4 个文件，如图 9.27 所示。

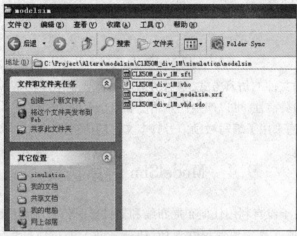

图 9.27 时序仿真文件

其中最重要的是 .vho 和 .sdo 文件，它们分别是布局布线后的仿真模型文件以及标准延时输出文件，在后续的时序仿真中，就会用到这两个文件。

9.4.2 时序仿真

现在新建一个 ModelSim 时序仿真工程，其路径为 C:\Project\ModelSim\timing_sim，工程名为 CLK50M_div_1M，将 .vho 和 .sdo 文件复制到上面提到的 ModelSim 仿真的工程路径

第9章　ModelSim 仿真

下,并将上面功能仿真时用到的 CLK50M_div_1M_tb.vhd 文件也复制到该路径下。在ModelSim 中,添加.vhd 和.vho 两个文件到该工程中,并进行全编译。接着运行 Start Simulation,并选中 clk50m_div_1m_tb 作为仿真实体,如图 9.28 所示。

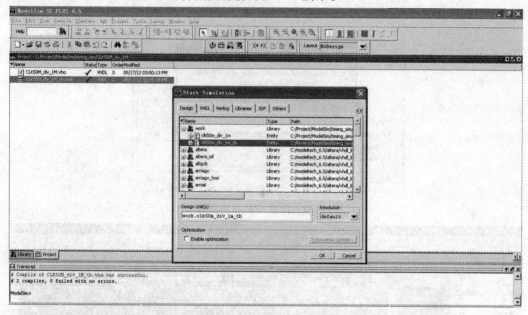

图 9.28　选择时序仿真实体

然后选择图 9.28 中的 SDF 选项卡,单击"Add…",再单击"Browse…",然后选中 Quartus Ⅱ产生的.sdo 文件 CLK50M_div_1M_vhd.sdo,如图 9.29 所示。

图 9.29　选择标准器件延时文件

然后将 Apply to Region 设置为/div_gen,如图 9.30 所示。这里的 div_gen 就是在激励文件中例化时所用的名字。

然后将仿真时间设为 2 us,并运行仿真,可以得到如图 9.31 所示的时序仿真结果。

从图 9.31 不难看出,clk_out 信号的变化没有出现在 clk 信号的上升沿或下降沿处,而是体现出了器件的延时特性,所以是典型的时序仿真。需要指出,如果要仿真的模块比较复杂,用到了其他库函数,那么还需要设置 Start Simulation 中的 Libraries 选项卡。至此,就完成了 ModelSim 的时序仿真。

VHDL 设计与应用

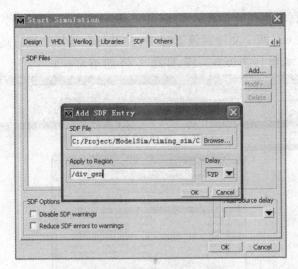

图 9.30 设置 SDF 实体参数

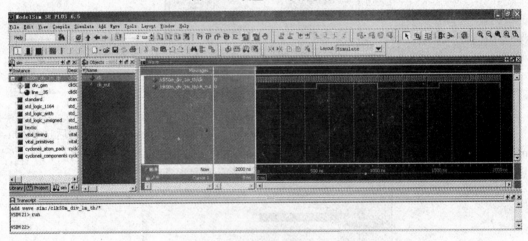

图 9.31 时序仿真结果

· 294 ·

第 10 章

DSP Builder 设计方法

利用 EDA 技术完成硬件设计的途径有多种，前面介绍的是利用 Quartus Ⅱ 来完成项目的编辑、综合、仿真、适配和编程，但是对于一些复杂而特定的设计项目，这种方式就十分笨拙甚至难以实现。比如一些实数运算、复杂的微积分运算等。因此，Altera 公司于 2002 年推出了一种新的设计方法，即基于 DSP Builder 的设计方法。DSP Builder 可以利用强大的图形化系统建模方法辅助设计者完成基于 FPGA 的不同类型的应用系统设计。此外，DSP Builder 还可以自动完成大部分的设计过程和仿真，可以生成对应的 VHDL 文件，甚至把设计文件直接下载到 FPGA 开发板上。DSP Builder 借助 MATLAB 强大的数学运算和仿真功能，为设计师将复杂算法在硬件设备上实现提供了完善的平台，因此得到了通信工程师的极大关注。本章主要介绍 MATLAB 和 DSP Builder 的基本使用技巧，以及如何利用 MATLAB，DSP Builder，ModelSim 和 Quartus Ⅱ 这 4 个工具联合进行 FPGA 硬件开发。

10.1 MATLAB 简介

MATLAB 的名称源自 Matrix Laboratory，它是一种科学计算软件，专门以矩阵的形式处理数据。MATLAB 将高性能的数值计算和可视化集成在一起，并提供了大量的内置函数，从而被广泛地应用于科学计算、控制系统、信息处理等领域的分析、仿真和设计工作，而且利用 MATLAB 产品的开放式结构，可以非常容易地对 MATLAB 的功能进行扩充，从而在不断深化对问题认识的同时，不断完善 MATLAB 产品以提高产品自身的竞争能力。

目前 MATLAB 产品族可以用来进行：
①数值分析。
②数值和符号计算。
③工程与科学绘图。
④控制系统的设计与仿真。
⑤数字图像处理。
⑥数字信号处理。
⑦通信系统设计与仿真。
⑧财务与金融工程。

MATLAB 产品家族由 Stateflow，Coder，Blocksets，Simulink，RTW，Toolboxes，MATLAB 和 Compiler 等多个部分组成。这里只介绍和 DSP Builder 有关的 Simulink 开发方法。

Simulink 是基于 MATLAB 的框图设计环境，可以用来对各种动态系统进行建模、分析和仿真,它的建模范围广泛,可以针对任何能够用数学来描述的系统进行建模,例如航空航天动力学系统、卫星控制制导系统、通信系统、船舶及汽车动力学系统等,其中包括连续、离散、条件执行,事件驱动,单速率、多速率和混杂系统等。Simulink 提供了利用鼠标拖放的方法建立系统框图模型的图形界面,而且 Simulink 还提供了丰富的功能块以及不同的专业模块集合,利用 Simulink 几乎可以做到不书写一行代码完成整个动态系统的建模工作。

10.2 DSP Builder 简介

DSP Builder 是 Altera 公司开发的一个图形化的设计工具,它将可以在 FPGA 上实现的各种模块以 Blockset 的形式嵌入 MATLAB 的 Simulink 开发环境。如图 10.1 所示,可以看出在安装了 DSP Builder 开发工具后,在 Simulink 开发环境下出现了两大类 DSP Builder 模块,分别是 Altera DSP Builder Advanced Blockset 和 Altera DSP Builder Blockset。

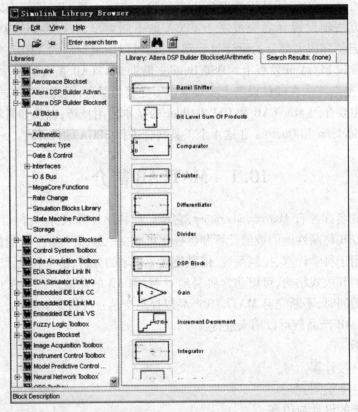

图 10.1 Simulink 环境下的 DSP Builder 模块

熟悉 Simulink 开发的读者知道,利用 Simulink 下的 Blockset 可以进行相关系统模型搭建和仿真,但是 Simulink 自带的 Blockset 无法转化为 HDL 文件以及转换成可以直接在 FPGA 平台上使用的工程文件。为了解决这一问题,Altera 公司开发出了 DSP Builder 工具。该工具的最大特点是,DSP Builder 中的所有模块都可以例化为 VHDL 文件。因此,如果设计者利用 DSP Builder 的相关 Blockset 来进行模型搭建,而不是使用 Simulink 自带的 Blockset,那么最终就可以将搭建的模型转化为 VHDL 工程文件,并在 FPGA 平台上运行。

除此之外,DSP Builder 还可以利用 Simulink 自带的 Blockset 来进行仿真,尽管自带的 Blockset 不能转化为 VHDL 文件,但是这些模块可以作为整个系统的输入激励信号的产生模块和输出信号的测试模块,从而使设计者更便捷地进行模型调试和仿真。

最后,DSP Builder 还集成了将模型转化为 VHDL 工程文件的工具,以及第三方仿真软件 ModelSim 的转换工具,从而使设计者可以快速地进行 VHDL 工程文件转化和仿真。

10.3 幅度调制

为了说明 DSP Builder 的设计过程,这里用一个幅度调制(AM)的例子来具体说明。单频幅度调制信号的数学公式为

$$u(t) = A_c(1 + m\cos(\omega_s t + \theta_s))\cos(\omega_c t + \theta_c) \tag{10.1}$$

其中,A_c 为高频载波的幅度;m 为调制系数;ω_s 为单频信号角频率;θ_s 为单频信号初始相位;ω_c 为高频载波的角频率;θ_c 为高频载波的初始相位。

为了简化后续的描述,这里假定所有的初始相位均为 $-\pi/2$,因此式(10.1)可以改写为

$$u(t) = A_c(1 + m\sin(\omega_s t))\sin(\omega_c t) \tag{10.2}$$

其中,$\sin(\omega_s t)$ 称为调制信号;$\sin(\omega_c t)$ 称为载波信号;$u(t)$ 称为已调信号。本节将介绍如何利用 FPGA 完成如式(10.2)所示的幅度调制算法。首先通过搭建一个完全由 MATLAB 的 Simulink 模块所组成的模型,来看一下实际的输出效果。具体如图 10.2 所示。

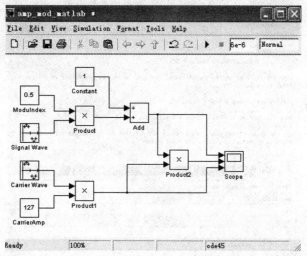

图 10.2 由 MATLAB 的标准 Simulink 模块所组建的仿真系统

图 10.2 中的信号源 Signal Wave 和 Carrier Wave 分别是要发送的调制信号和载波信号,它们都来自于 Simulink -> Sources 中的 Sine Wave 模块;ModuIndex 和 CarrierAmp 分别为调制系数和载波的幅度,它们都来自于 Simulink -> Sources 中的 Constant 模块;Product 和 Add 模块位于 Simulink -> Math Operations 中;示波器 Scope 位于 Simulink -> Sinks 中。需要指出这里所有用到的模块都是 MATLAB Simulink 中的标准模块。各个模块的参数设置如下:

将示波器 Scope 和 Simulink 的仿真时间均设为 6e - 6s,其余模块的参数如图 10.2 所

示。这里,需要重点介绍一下正弦波模块Sine Wave的各参数含义和设置方法,如图10.3和图10.4所示。

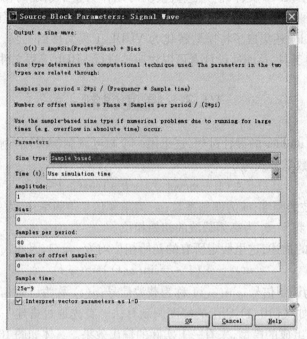

图10.3 Signal Wave 模块参数设置

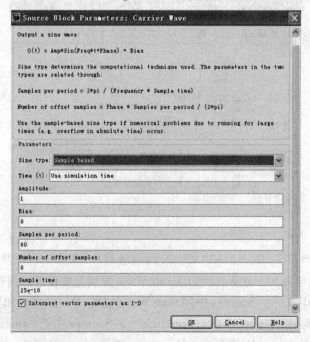

图10.4 Carrier Wave 模块参数设置

Sine Wave 模块共有以下几个参数:

(1)Sine Type。该参数有两个可选项,Time based 或者 Sample based,分别表示该正弦信号是以时间为基准还是以采样信号为基准。选中不同的选项,后续可选择的选项内容也会不同。

(2) Time (t)。该参数有两个选项,Use simulation time 或者 Use external signal。

(3) Amplitude。正弦波的幅度。

(4) Bias。直流偏移量。

(5) Samples per period。每个正弦波周期的采样点数。

(6) Number of offset samples。以采样点数计数的相位偏移量。

(7) Sample time。相邻采样点的时间间隔,单位为 s。该值与 Samples per period 的乘积代表一个正弦波周期。

(8) Frequency (rad/s)。正弦波频率,单位为 rad/s。

(9) Phase (rad)。正弦波相位,单位为 rad。

该模块输出的正弦波 $s(t)$ 满足以下公式:

$$s(t) = \text{Amplitude} \times \sin(\text{Frequency} \times t + \text{Phase}) + \text{Bias} \tag{10.3}$$

如果在选择 Sine Type 时没有选用 Time based 这个选项,而是选择了 Sample based 这个选项,那么输出正弦波的频率是隐含在参数 Samples per period 和 Sample time 中的,此时对应的频率计算公式如下:

$$\text{Frequency} = 2\pi/(\text{Sample per period} \times \text{Sampletime}) \tag{10.4}$$

这里频率 Frequency 单位采用的是弧度制,即 rad/s。因此该例中的参数设置,调制信号周期为 $T_s = 80 \times 25 \times 10^{-9}$ us = 2 us,频率为 $f_s = 1/T_s = 0.5$ MHz;载波信号周期为 $T_c = 80 \times 25 \times 10^{-10}$ us = 0.2 us,频率为 $f_c = 1/T_c = 5$ MHz。

需要指出,如果数据量很大,基于 Time based 这种方法容易产生数据溢出错误,所以在可能的情况下,尽量采用 Sample based 这种方法。尤其是,FPGA 是数字化器件,它本身无法处理模拟信号,所以输入给它的正弦波必然是量化后的信号,所以采用 Sample based 这种方法和 FPGA 的工作模式更加匹配,更有利于理解 FPGA 的后续处理过程。

在设置好以上参数后,可以单击菜单中的"Simulation start"或者直接单击快捷按钮"Start simulation"运行仿真。观测示波器 Scope 的波形,如图 10.5 所示。

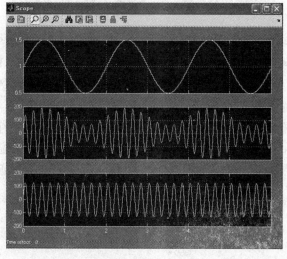

图 10.5　幅度调试的 Simulink 仿真波形

该图由上向下的3个信号,分别是调制信号、已调信号和载波信号。中间已调信号的包络就反映了实际要传递的信息。需要指出,这个例子中的调制信号只是一个单频正弦波,如果是更复杂的信号,只要对它们进行量化后,再按照相同的方式进行调制,一样可以得到幅度调制信号。

到目前为止,展示了MATLAB Simulink在信号处理方面的巨大优势,其仿真结果非常直观,可以使开发人员更好地理解信号处理过程。但是,MATLAB Simulink只能产生.mdl的模型文件,这些文件无法直接转化成FPGA所能识别的硬件描述语言,从而在FPGA上实现相应的算法。为了解决这一问题,Altera和Xilinx等公司分别推出了DSP Builder和System Generator等工具包。利用这些工具包在MATLAB的Simulink中增加了新的模块,而利用这些新模块所搭建的系统可以直接转化为硬件描述语言,甚至直接变成可烧写到FPGA内部的配置文件。

下面来详细讲解一下,如何利用DSP Builder和MATLAB Simulink开发环境来实现可以直接在FPGA中运行的振幅调制算法。

利用Simulink标准模块库和Altera公司的DSP模块库,可以搭建如图10.6所示的振幅调制算法模型。

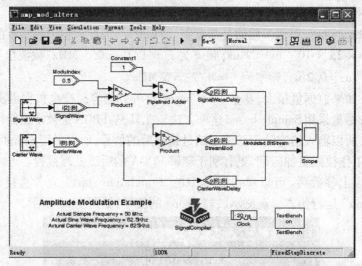

图10.6 基于DSP Builder库的Simulink振幅调制算法算法模型

该图中的Signal Wave,Carrier Wave,CarrierAmp和Scope均为MATLAB Simulink的标准模块,并且参数设置如图10.7所示。在该参数设置中,Signal Wave和Carrier Wave模块的Sample time均设置为$2e-8$,对应于一个50 MHz的时钟对这两个正弦信号分别进行采样。其中Signal Wave信号每个周期采样800个点,对应实际的正弦波周期为16 us(频率62.5 kHz);Carrier Wave信号每个周期采样80个点,对应实际的正弦波周期为1.6 us(频率625 kHz)。

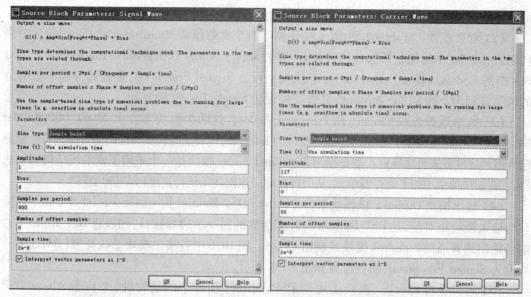

图 10.7　Signal Wave 和 Carrier Wave 的参数设置

上述这些模块由于不是 Altera DSP Builder 的模块,所以它们仅可以用于仿真,而无法产生对应的硬件描述语言,也无法在 FPGA 中直接实现。除了这 4 个模块外,图 10.6 中其余的模块均为 Altera DSP Builder Blockset 的模块,因此不但可以在 Simulink 环境下进行仿真,仿真结束后还可以直接生成对应的硬件描述语言甚至可直接在 FPGA 上运行的配置文件。由于 FPGA 是全数字化的器件,所以它内部的所有模块也必须是数字化的,这一点和 MATLAB 的 Simulink 并不完全相同,所以在模块的参数配置上也有很大的不同。尤其是所有这些模块都要在 FPGA 中实现,所以必须要声明各个总线的位宽。下面详细说明一下图 10.6 中各模块的参数配置方式。

(1) 输入模块 Input。图 10.6 中的 Signal Wave、Carrier Wave 和 Amplitude 为 3 个 Input 输入模块,它们来自于 Altera DSP Builder Blockset -> IO & Bus。这 3 个模块是 DSP Builder 的边界输入模块,它们负责将来自 MATLAB Simulink 的信号转化为 DSP Builder 所能识别的信号。或者可以理解为将来自 FPGA 外部的信号转化为 FPGA 内部能够识别和处理的边界模块。由于在这个例子中的正弦信号发生器产生的正弦信号的幅值为 1,所以其采样信号幅度在 -1 和 1 之间变化。由于这些采样信号仍旧是模拟信号,不能被 FPGA 所直接处理,所以必须对其进行量化。FPGA 通常对实数采用定点运算,所以需要分别对一个实数的整数部分和小数部分进行量化。在 Input 输入模块中,实数只能采用 Signed Fractional,即有符号的小数形式来表述,并且需要分别对输入数据的整数部分和小数部分的位宽进行限定。在本例中,由于输入正弦信号的幅度在 -1 和 1 之间变化,所以其采样模拟信号的整数部分只能是 0 或者 1,因此整数部分采用 1 bit 即可表示,但是还要增加 1 bit 的符号位以区分采样信号的符号为正或负。综上,Input 模块的整数部分采用 2 位即可满足要求。对于小数部分,位宽越宽,量化精度越高,占用的系统资源越多。通常量化位数为 8~14 bit 即能满足一般系统的需要,在这个例子中,设定位宽为 8 bit,因此能够区别 2^8 种不同的电平。同理,设定载波的幅度输入模块的整数部分位宽和小数部分位宽均为 8 bit,这样该调幅系统可以接收量化电平为 127 以下的高频载波信号。

（2）常数模块 Constant。图 10.6 中用到了两个常数模块 ModuIndex 和 Constant1，分别代表式（10.2）中的调制指数 m 和常数 1。它们来自于 Altera DSP Builder Blockset -> IO & Bus 中的 Constant 模块。ModuIndex 总线类型设为 Signed Fractional，整数部分和小数部分的位宽分别为 1 和 8；而 Constant1 总线类型设为 Single Bit，位宽为 1。

（3）数学运算模块 Product 和 Pipelined Adder。这两类模块来自于 Altera DSP Builder Blockset -> Arithmetic。输出的总线类型设为 Inferred，代表这些模块的输出信号位宽将会依据输入信号的位宽来自动确定。需要指出，Pipelined Adder 模块是一个采用了流水线结构的加法器，它在加法器中增加了寄存器单元，从而可以提高该模块的运行速度（即时钟主频）。

（4）输出模块 Output。该模块来自于 Altera DSP Builder Blockset -> IO & Bus。该接口与输入模块相对应，是 DSP Builder 与外部世界的另一个边界接口，用以将 DSP Builder 的信号输出到普通的 Simulink 模块或输出 FPGA。图 10.6 中各输出模块总线类型（Bus Type）均设为 Signed Fractional，而各位宽如图 10.6 所示。

（5）时钟模块 Clock。该模块用作 DSP Builder 项目中的基时钟，来自于 Altera DSP Builder Blockset -> AltLab。该时钟代表了 FPGA 实际运行的时钟，在一个 DSP Builder 项目中不能放置超过一个基时钟模块，否则会出现错误。如果在项目中不放置基时钟，那么会默认存在一个周期为 20 ns 的基时钟，并且 Simulink 仿真中相邻采样点间的时间间隔为 1 s。这里，为了使仿真与最终 FPGA 测试的时钟频率一致，需要设置基时钟周期为 20 ns，并且 Simulink 中相邻采样点间的时间间隔也为 20 ns，如图 10.8 所示。

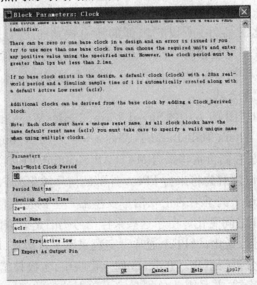

图 10.8　Clock 模块参数设置

（6）SignalCompiler 模块。该模块用于控制该 DSP Builder 项目在 Quartus Ⅱ 中的编译，位于 Altera DSP Builder Blockset -> AltLab 中。在所有的 DSP Builder 项目中都必须放置该模块，才能最终生成对应的 Quartus Ⅱ 工程文件。该模块主要用以控制 DSP Builder 转 Quartus Ⅱ 的编译过程，可以生成对应的 VHDL 代码，以及可以直接在 FPGA 上运行的配置文件。

第 10 章　DSP Builder 设计方法

在放置并配置好以上各个模块后,将仿真时间设为6e－5 s,运行仿真,就可以得到如图10.9 所示的波形图。

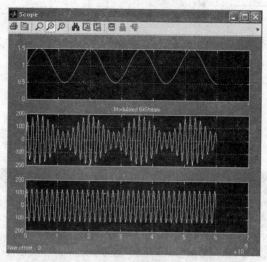

图 10.9　DSP Builder 振幅调制仿真波形图

从该图中可以看出,设计结果与图 10.5 一致,从而验证了设计的正确性。

10.4　基于 DSP Builder 的 DDS

图 10.6 所示的 DSP Builder 工程文件如果要直接在 FPGA 中实现,那么需要在 FPGA 外部存在两个 A/D,分别将调制信号和载波信号量化以后再送入 FPGA。而在很多实际的应用中,调制信号和载波信号通常都是在 FPGA 内部产生的,而它们的频率、相位和幅值可以通过 FPGA 外部的信号进行设定,或者由 FPGA 内部自行设定。这样,设计者只需要控制 FPGA 外部的频率字和相位字等信号,就可以使 FPGA 产生任意复杂的振幅调制信号。基于这一原因,为了实现一个更有实际意义的振幅调制工程,必须要在 FPGA 内部实现正弦波信号发生器,从而生成任意频率的调制和载波信号。

遗憾的是,尽管 Simulink 中有正弦波发生器,但是 DSP Builder 中没有对应的模块,所以开发者需要自行设计一个 DDS 模块,来输出任意频率、相位和幅值的正弦波信号。

图 10.10 即为基于 DSP Builder 的 DDS 信号发生器。其中,只有相位字 Phaseword、频率字 Freqword、幅值 Amp 和示波器 Scope 不是 DSP Builder 模块。而这 4 个模块正好代表了输入给 FPGA 的激励信号,以及 FPGA 最终输出的正弦波信号。

在该图中,Parallel Adder Subtractor 和 AltBus 共同构成了一个相位累加器。其中 Parallel Adder Subtractor 位于 Altera DSP Builder Blockset － > Arithmetic 中,而 AltBus 位于 Altera DSP Builder Blockset － > IO & Bus 中。Parallel Adder Subtractor 可以自由配置为加法器或者减法器;而 AltBus 主要用于总线保持以及位宽适配。本例中 AltBus 的参数配置如图 10.11 所示。

(1) AltBus 模块。作为相位累加器,AltBus 首先会保存每次输出的信号值,并将该信号值反馈回加法器;此外 AltBus 还具有数据位宽转换的能力。如果加法器输出的数据位宽不到 10 bit,那么 AltBus 会自动将这些数据转换为位宽为 10 的数据;否则,如果加法器输出的

VHDL 设计与应用

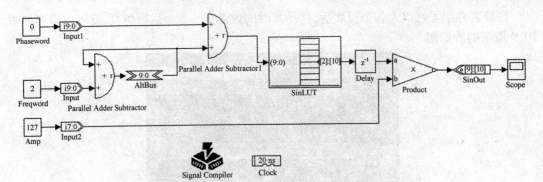

图 10.10　基于 DSP Builder 的 DDS

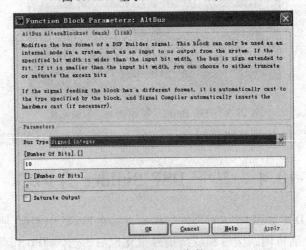

图 10.11　AltBus 的参数配置

数据位宽超过了 10 bit,那么 AltBus 可以按照设定的工作方式将超出的比特位删除或者采用饱和输出的方式。如图 10.11 所示,本例中,超出的比特位会被删除。

(2) LUT 模块。该模块位于 Altera DSP Builder Blockset -> Storage 中,本例中的参数设置如图 10.12 所示。

在本例中,将一个正弦波每个周期进行 2^{10} 个点的均匀采样,因此地址总线的宽度设为 10。由于本例中 LUT 储存的正弦波是归一化正弦波,所以其幅度在 1 和 -1 区间,对它进行采样量化后每个点的幅值为一个有符号小数,因此将数据类型设置为有符号小数。并且每个数据点的量化采用整数部分 2 bit(最高位比特为符号位),小数部分 10 bit 的定点量化。作为一个查找表,它内部应该储存正弦波的波形数据信号,该数据值可以通过 MATLAB array 的波形向量文件来生成。在图 10.12 中,LUT 的数据从 0 开始,每个点相位增加 $2\pi/2^{10}$,直到 $2\pi - 2\pi/2^{10}$ 为止,恰好共有 2^{10} 个数据点。

(3) Delay 模块。该模块位于 Altera DSP Builder Blockset -> Storage 中。延时模块所起的作用与 D 触发器一致,用以将输入的数据延时任意数量的时钟周期。周期的控制由该模块中的"Number of Pipeline Stages"参数来控制。本例中实际上没有该模块也可正常工作,之所以引入该模块主要是因为该模块在时序设计中具有非常重要的作用,利用该模块可以对信号进行任意整数倍时钟周期的延时,从而协助开发者设计出符合时序要求的工程模型。在本例中,该模块并不重要,所以假设将输出的波形数据延时一个周期,即将"Number

· 304 ·

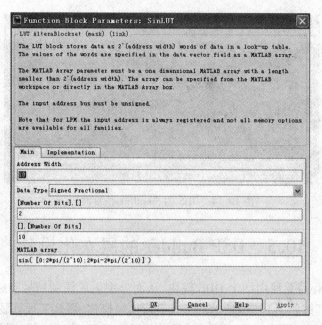

图 10.12　LUT 模块参数设置

of Pipeline Stages"值设置为 1。

（4）Product 模块。该模块位于 Altera DSP Builder Blockset -> Arithmetic 中。其参数设置如图 10.13 所示。

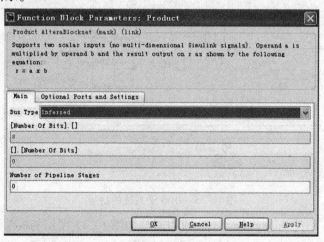

图 10.13　Product 模块参数设置

这里比较特殊的是 Bus Type,可以设置为 Inferred,即不指明总线宽度,而由综合器依据输入的两个相乘信号的数据宽度来自行决定。随着输入信号数据宽度的不同,乘法器的总线位宽也可以自行进行调整,降低了设计的复杂度。

将初始相位 Phaseword 设置为 0,频率字 Freqword 设置为 2,幅值 Amp 设置为 127,仿真时间设置为 20 us 时,得到的 Simulink 仿真波形如图 10.14 所示。

从仿真结果不难看出,生成的正弦波周期为:$2 \times 10^{-8} \times 1\,024/2 = 10.24$（μs）,频率为 97.656 25 kHz。

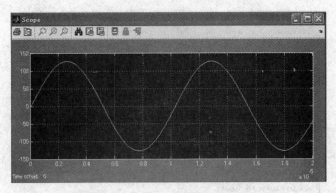

图 10.14　DDS 的 Simulink 仿真波形

10.5　DSP Builder 的层次化设计

对于振幅调制，需要使用两个 DDS 模块，从而分别生成调制信号和载波信号。如果这两个 DDS 模块全部按照图 10.10 所示的形式进行模块搭建，那么工程就显得十分臃肿，并且难于阅读。因此，可以利用 DSP Builder 的层次化设计工具，将 DDS 模块封装成一个子系统，然后在振幅调制中调用其两次即可。

如图 10.15 所示，将虚线矩形框范围内的所有器件均选中，然后单击鼠标右键，选择 Create Subsystem，即可将矩形区域中的模块封装成一个子系统，如图 10.16 所示。

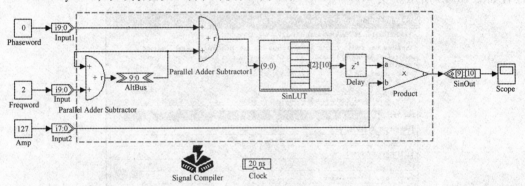

图 10.15　DDS 子系统的封装

双击图 10.16 中的 Subsystem 模块，可以看到如图 10.17 所示的内部结构。

从图 10.17 可以看出，Subsystem 有 3 个输入信号 In1～In3，以及一个输出信号 Out1，它们分别通过输入模块和输出模块连接到 FPGA 外部的相位字、幅值、频率字和示波器。需要指出，在封装子系统时，最好将输入模块和输出模块封装在子系统外部，这样设计者既可以将子系统作为 FPGA 内部的一个模块而与 FPGA 中的其他模块进行通信，也可以为该子系统添加外部的输入模块和输出模块从而与 FPGA 外部的模块进行通信。这种方式，可以使封装的子系统具有最大的灵活性。

利用子系统，可以构造如图 10.18 所示的调幅信号发生器。

在该信号发生器中，通过调用两个 DDS 子系统模块，并分别选定它们的频率字等参数，就可以实现调幅信号发生器。其仿真结果如图 10.19 所示。

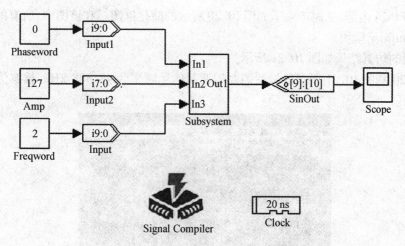

图 10.16 基于层次化设计的 DDS 模型

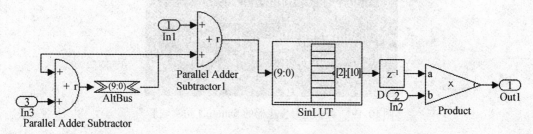

图 10.17 Subsystem 的内部结构

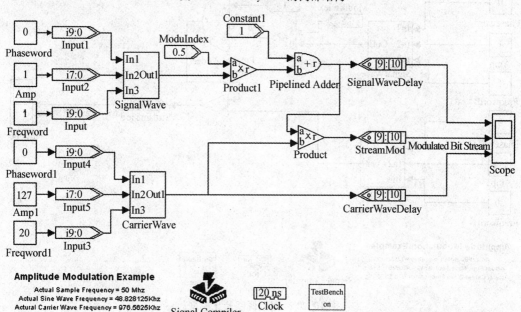

图 10.18 调幅信号发生器

需要指出,如果直接使用图 10.18 的模块进行后续的 Quartus Ⅱ 工程建立及器件适配,那么由于使用了大量的非 DSP Builder 的常数模块,因此需要使用相应数量的 FPGA 引脚资源来输入这些信号。为了简化后续的分析,这里将这些频率字等信息作为 FPGA 内部的常量,封装在 FPGA 内部,从而产生了如图 10.20 所示的简化框图。在该图中,所有的常数模块均为 DSP Builder 模块。

该模型的仿真结果如图 10.21 所示。

图 10.20 和图 10.21 所示的振幅调制的调制信号频率为 48.828 kHz,载波信号频率为 976.56 kHz。

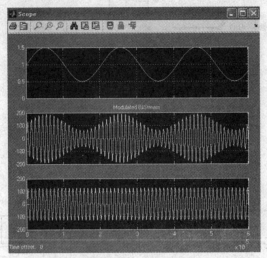

图 10.19 调幅信号发生器的 Simulink 仿真波形

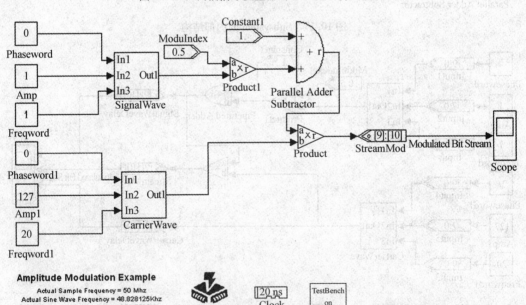

图 10.20 振幅调制简化模型

· 308 ·

第 10 章 DSP Builder 设计方法

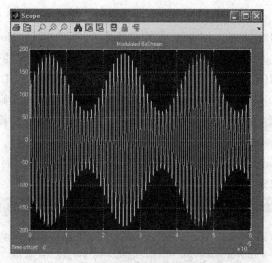

图 10.21 振幅调制简化模型的 Simulink 仿真

10.6 ModelSim 功能仿真

到目前为止仅仅进行了振幅调制在 MATLAB Simulink 中的行为级仿真,而这种仿真只是算法级仿真,还不是真正的电路仿真。所以下一步需要对该工程进行 ModelSim 的 RTL 级仿真。为了实现这一功能,需要在工程中放入一个新的模块 TestBench,它来自于 Altera DSP Builder Blockset -> AltLab。

双击图 10.22 的 TestBench 模块,可以进入图 10.23 界面。

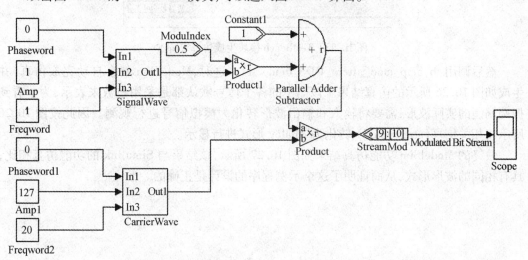

图 10.22 TestBench 模块

单击 Compare against HDL 就可以在该工程所在的路径下生成一个文件夹：tb_amp_mod_altera_DDS_demo，并在该文件夹下得到两个运行 ModelSim 的宏脚本文件 amp_mod_altera_DDS_demo.simdata.tcl,tb_amp_mod_altera_DDS_demo.tcl 以及该工程对应的各种库文件和 VHDL 文件(图 10.23)。其中 am_mod_altera_DDS_demo.simdata.tcl 指定了仿真时长以及时间精度，而 tb_amp_mod_altera_DDS_demo.tcl 则是调用仿真模型的脚本文件。在生成这些文件后，可以运行 ModelSim，并将工作路径切换到这两个脚本文件所在的路径，然后选择 Tools -> TCL -> Execute Macro.(图 10.24)。

首先运行 amp_mod_altera_DDS_demo.simdata.tcl 以确定仿真时间(60 us)和仿真时间精度(1 ps)，如图 10.25 所示。

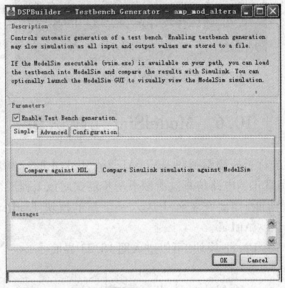

图 10.23 TestBench 模块生成仿真宏脚本

然后调用 tb_amp_mod_altera_DDS_demo.tcl。这时，ModelSim 就会自动完成仿真，并生成如图 10.26 所示的仿真结果。该图中的各个信号默认都是采用整数来表示，为了看到振幅调制的实际波形，需要将输入和输出波形转化为模拟信号进行观测。因此按图 10.26 所示将相关信号(streammod)转化为 Analog 形式进行显示。

最终的 ModelSim 功能仿真结果如图 10.27 所示，该结果与 Simulink 的功能仿真相比，具有相同的波形形式，从而证明了这个示例程序的设计是正确的。

第 10 章 DSP Builder 设计方法

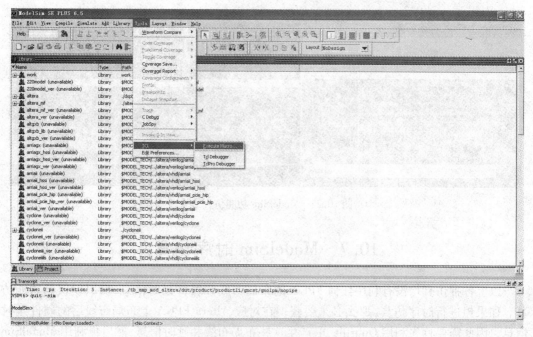

图 10.24 ModelSim 执行宏脚本

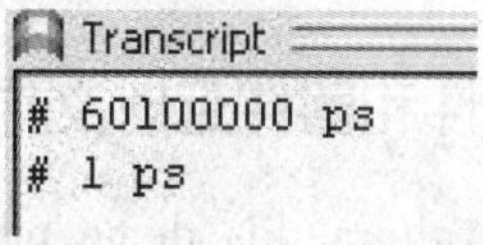

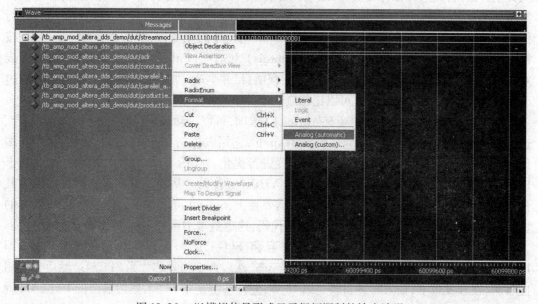

图 10.25 仿真时间及时间精度

图 10.26 以模拟信号形式显示振幅调制的输出波形

· 311 ·

VHDL 设计与应用

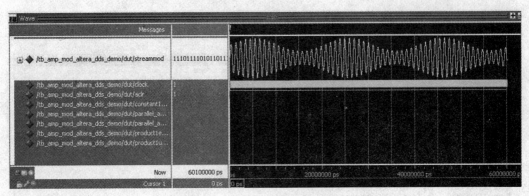

图 10.27 ModelSim 功能仿真结果

10.7 ModelSim 时序仿真

以上各种仿真均没有利用任何 FPGA 的布局布线和器件延时信息，所以仅仅是功能仿真。如果想进行时序仿真，那么必须要获得在对应 Altera FPGA 上布局布线后的硬件延时信息。因此需要首先利用 Quartus Ⅱ 产生这些布局布线和延时信息，然后再利用 ModelSim 调用这些延时信息完成时序仿真。

10.7.1 产生布局布线文件和器件延时文件

双击如图 10.22 所示 amp_mod_altera_dds_demo.mdl 工程中的 Signal Compiler 模块，进入其主界面，首先选择器件类型，如图 10.28 所示。如果只是生成 VHDL 源代码，那么器件类型并不重要。否则就需要选择器件类型，以便编译和适配器针对具体的 FPGA 型号进行优化。随后，可以看到有 4 个选项卡：其中 Simple 对应于自动流程，单击它上面的 Compile 按钮可以自动完成分析(Analyze)、综合(Synthesis) 和适配(Fitter)。通过这几步，可以生成对应于该 DSP Builder 模型的 Quartus Ⅱ 工程项目，并生成对应的.sof 和.pof 文件。再通过下面的编程(Program) 按钮，就可以把相应的文件下载到 FPGA 中运行。

除了自动流程外，选项卡中还有 Advanced 选项，可以手动地、分步骤地进行分析、综合、适配和编程工作。第三个选项卡是 SignalTap Ⅱ，它用以控制 SignalTap Ⅱ 选项，从而在编译时预留相应硬件资源并对 FPGA 资源配置进行优化。如图 10.29 所示，最后一个选项卡 Export，用以生成该振幅调制项目所对应的 VHDL 源代码，从而使这些源代码可以成为其他工程的子程序或便于以后的修改调试。需要指出，SignalCompiler 只能生成 VHDL 版本的源代码，而不能生成 Verilog HDL 版本的源代码，这也是本书重点讲解 VHDL 语言的原因。

然后打开该 Quartus Ⅱ 工程文件，并且将 FPGA 选择为开发板的 FPGA 型号，即 EP2C8Q208C8,将不用的 I/O 口设置为输入三态，然后选定编程芯片为 EPCS4。然后分配相应管脚，在开发板上，输入时钟引脚是第 23 脚，复位按键是第 37 脚，然后输出的 19 位 AM 调制信号选择 FPGA 任意的输出 I/O 口即可，如图 10.30 所示。

接着单击"Setting"快捷按钮，在 EDA Tool Settings 里面选择 Simulation，然后在 Tool name 中选择 ModelSim，在 Format for output netlist 中选择 VHDL。默认的 Output directory 是 simulation/modelsim，它表示在当前的 Quartus Ⅱ 工程下会新建一个 simulation/modelsim

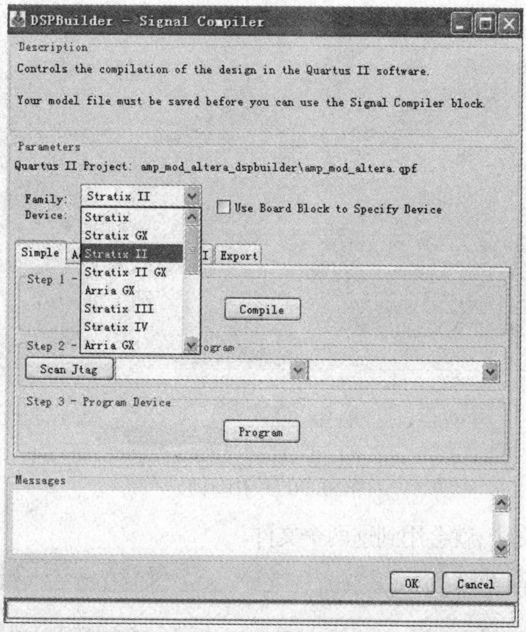

第 10 章 DSP Builder 设计方法

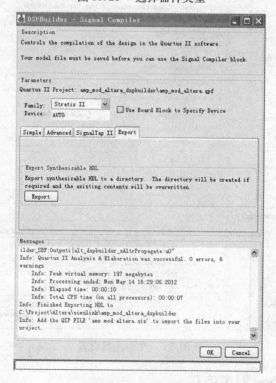

图 10.28 选择器件类型

图 10.29 选项卡

的文件夹,编译该 Quartus Ⅱ 工程会将布局布线及相应的器件延时信息保存到该路径下。如图 10.31 所示,设置好仿真参数后,对该工程进行编译。编译后,在 simulation/modelsim 文件夹下出现了 4 个文件,其中最重要的是 amp_mod_altera_DDS_demo.vho 和 amp_mod_altera_DDS_demo_vhd.sdo 文件,它们分别是布局布线后的仿真模型文件以及标准延时输

· 313 ·

		Node Name	Direction	Location	I/O Bank	VREF Group	I/O Standard
1		aclr	Input	PIN_39	1	B1_N1	3.3-V LVTTL (default)
2		Clock	Input	PIN_23	1	B1_N0	3.3-V LVTTL (default)
3		StreamMod[18]	Output	PIN_92	4	B4_N0	3.3-V LVTTL (default)
4		StreamMod[17]	Output	PIN_90	4	B4_N0	3.3-V LVTTL (default)
5		StreamMod[16]	Output	PIN_75	4	B4_N1	3.3-V LVTTL (default)
6		StreamMod[15]	Output	PIN_89	4	B4_N0	3.3-V LVTTL (default)
7		StreamMod[14]	Output	PIN_88	4	B4_N0	3.3-V LVTTL (default)
8		StreamMod[13]	Output	PIN_87	4	B4_N0	3.3-V LVTTL (default)
9		StreamMod[12]	Output	PIN_86	4	B4_N0	3.3-V LVTTL (default)
10		StreamMod[11]	Output	PIN_84	4	B4_N0	3.3-V LVTTL (default)
11		StreamMod[10]	Output	PIN_82	4	B4_N0	3.3-V LVTTL (default)
12		StreamMod[9]	Output	PIN_81	4	B4_N0	3.3-V LVTTL (default)
13		StreamMod[8]	Output	PIN_80	4	B4_N0	3.3-V LVTTL (default)
14		StreamMod[7]	Output	PIN_77	4	B4_N0	3.3-V LVTTL (default)
15		StreamMod[6]	Output	PIN_76	4	B4_N1	3.3-V LVTTL (default)
16		StreamMod[5]	Output	PIN_74	4	B4_N1	3.3-V LVTTL (default)
17		StreamMod[4]	Output	PIN_72	4	B4_N1	3.3-V LVTTL (default)
18		StreamMod[3]	Output	PIN_69	4	B4_N1	3.3-V LVTTL (default)
19		StreamMod[2]	Output	PIN_46	1	B1_N1	3.3-V LVTTL (default)
20		StreamMod[1]	Output	PIN_47	1	B1_N1	3.3-V LVTTL (default)
21		StreamMod[0]	Output	PIN_45	1	B1_N1	3.3-V LVTTL (default)
22		<<new node>>					

图 10.30　引脚锁定

出文件,在后续的时序仿真中,就会用到这两个文件。

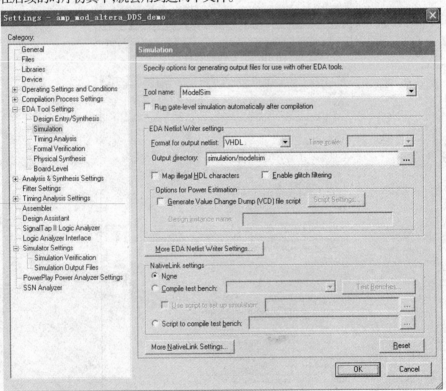

图 10.31　仿真工具设置

10.7.2　ModelSim 时序仿真

现在新建一个 ModelSim 时序仿真工程,其路径为 C:\Project\ModelSim\amp,工程名为 amp,将.vho 和.sdo 文件复制到上面提到的 ModelSim 仿真的工程路径下,并生成一个 amp_mod_tb.vhd 文件,该文件内容如图 10.32 所示。

添加 amp_mod_altera_DDS_demo.vho 和 amp_mod_tb.vhd 两个文件到该工程中,并进

```
1    library ieee;
2    use ieee.std_logic_1164.all;
3    use ieee.std_logic_unsigned.all;
4    use ieee.std_logic_arith.all;
5
6    entity amp_mod_tb is
7    end entity amp_mod_tb;
8
9    architecture Behavioral of amp_mod_tb is
10
11   --declare a clock period constant.
12   constant clockperiod : time := 20 ns;
13   --declare signal
14   signal clk     : std_logic := '0';
15   signal sig_out : std_logic_vector (18 downto 0);
16   signal aclr_in : std_logic := '1';
17
18   component amp_mod_altera_DDS_demo
19   port(
20     StreamMod : OUT std_logic_vector(18 DOWNTO 0);
21     Clock : IN std_logic;
22     aclr : IN std_logic
23     );
24   end component;
25
26   begin
27
28   div_gen : amp_mod_altera_DDS_demo
29   port map
30     (
31     StreamMod => sig_out,
32     Clock   => clk,
33     aclr    => aclr_in
34     );
35
36   --clock generation
37   process
38   begin
39   wait for (clockperiod/2);
40   clk <= '1';
41   wait for (clockperiod/2);
42   clk <= '0';
43   end process;
44
45   end Behavioral;
```

图 10.32　仿真激励文件

行全编译。接着运行 Start Simulation,并选中 amp_mod_tb,将仿真精度设为 10 ns。然后选择 SDF 选项卡,单击"Add..."，再单击"Browse..."，然后选中 Quartus Ⅱ 产生的 amp_mod_altera_DDS_demo_vhd.sdo 文件。然后将 Apply to Region 设置为/div_gen。这里的 div_gen 就是在激励文件中例化时所用的名字。然后将仿真时间设为 60 us,并运行仿真,可以得到如图 10.33 所示的时序仿真结果。

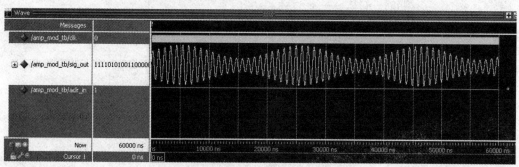

图 10.33　ModelSim 时序仿真结果

10.8　SignalTap Ⅱ 波形测试

将 Quartus Ⅱ 编译的.sof 文件利用 JTAG 方式下载到目标板中,然后利用 SignalTap Ⅱ 进行波形测试,并将 StreamMod 的显示方式设置为 Signed Line Chart,此时 FPGA 输出的波形信号如图 10.34 所示。

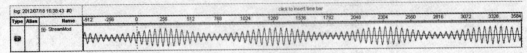

图 10.34　AM 调制器输出波形

综上可以看出,设计的 AM 调制器实现了预定的功能。

10.9　频移键控调制

为了更好地说明 DSP Builder 的使用方法,下面再介绍一下频移键控调制(FSK)的实现方法。FSK 调制器实际上是 DDS 的简化应用模型。二进制数字频率调制(2FSK)是利用二进制数字基带信号控制载波进行频谱变换的过程。在发送端,产生不同频率的载波振荡来传输数字信息"1"或"0"。

10.9.1　FSK 的 DSP Builder 模型

利用 MATLAB/DSP Builder 搭建的 FSK 模型如图 10.35 所示。需要指出,尽管 FSK 调制器会依据输入信号的不同从而输出两种不同频率的载波,但是在实现时使用一个 DDS 即可。通过改变该 DDS 的频率字即可在保证输出正弦波相位连续的前提下,实现两种不同频率正弦波的连续输出。如果在设计中使用了两个 DDS,那么不但会造成 FPGA 资源的浪费,而且很难保证在码元转换时刻,两个正弦波的相位保持连续,从而会造成严重的带外辐射。

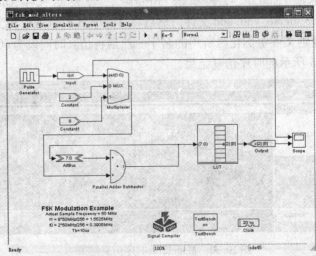

图 10.35　FSK 模型

图 10.35 中主要有两个部分,一个是由 Pulse Generator,Input,Constant,Constant1 和

Multiplexer 组成的频率字选择模块;另一个是由 AltBus,Parallel Adder Subtractor 和 LUT 组成的 DDS 模块。其中频率字选择模块利用输入的脉冲信号来选择对应的频率字(2 或者 8),然后利用该频率字来控制 DDS 模块的输出信号频率。这样,当脉冲为"1"时,输出的频率为 $8×50$ MHz$/(2^8) = 1.562\ 5$ MHz,脉冲为"0"时,输出的频率为 $2×50$ MHz$/(2^8) = 0.390\ 5$ MHz。各模块的参数设置如下:

(1)时钟(Clock)模块(图 10.36)。该时钟模块的"Real-World Clock Period"设为 20 ns,即为 FPGA 开发板的 50 MHz 时钟。"Simulink Sample Time"设为 2e − 008,也为 20 ns,即该 FSK 工程每 20 ns 更新一次状态,等效为该 FSK 模块的系统时钟也为 50 MHz。

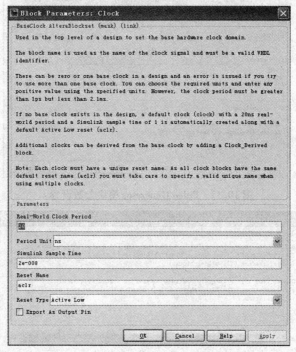

图 10.36　Clock 模块参数设置

(2)脉冲生成器(Pulse Generator)模块(图 10.37)。该 FSK 工程利用 Pulse Generator 模块来模拟生成的数字信号,并利用该数字信号来调制载波。将该模块的"Period"设为 2e − 005,即 20 us,对应的符号周期为 10 us。由于采样时钟为 20 ns,所以对应每个符号周期共有 500 个采样点。

(3)输入(Input)模块(图 10.38)。该模块将 MATLAB Pulse Generator 生成的浮点数转化为 FPGA 能够识别的定点数。由于 Pulse Generator 输出的信号非"0"即"1",所以该输入模块的总线类型为 1 bit 即可。

(4)常数(Constant)模块(图 10.39)。该模块为空号频率字,即传输信号"0"时所需频率对应的频率字。在本示例中,将它设为 2,总线类型为无符号整数,位宽为 8。

(5)常数(Constant1)模块(图 10.40)。该模块为传号频率字,即传输信号"1"时所需频率对应的频率字。在本示例中,将它设为 8,总线类型为无符号整数,位宽为 8。

(6)查找表(LUT)模块(图 10.41)。该模块为储存归一化正弦波波形的模块,每个正弦波周期采样 2^8 次,因此地址总线宽度为 8;由于该正弦波数据为有符号数据,所以数据类

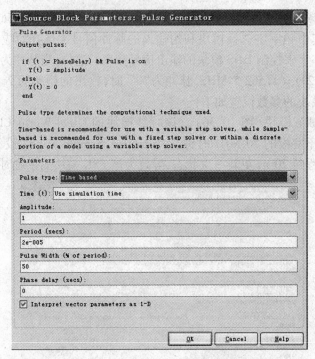

图 10.37　Pulse Generator 模块参数设置

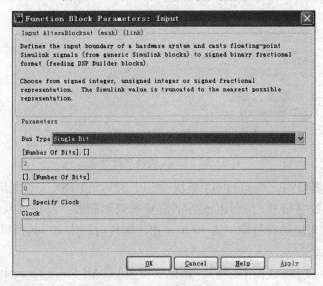

图 10.38　Input 模块参数设置

型选择为有符号小数,并且整数部分量化位宽为 2,小数部分量化位宽为 8。

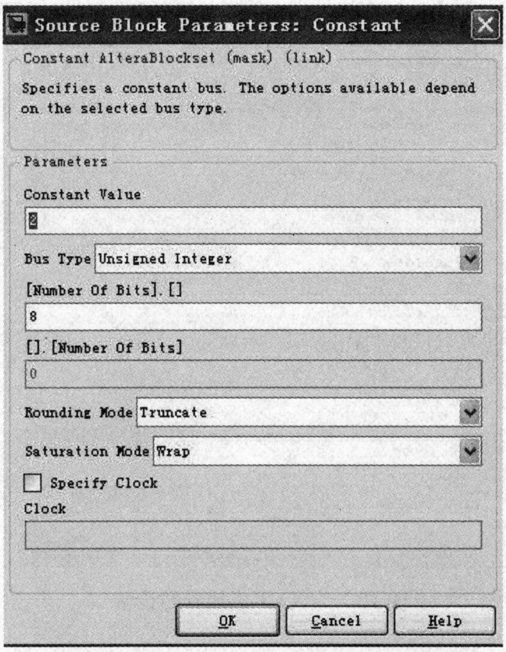

第 10 章　DSP Builder 设计方法

图 10.39　Constant 模块参数设置

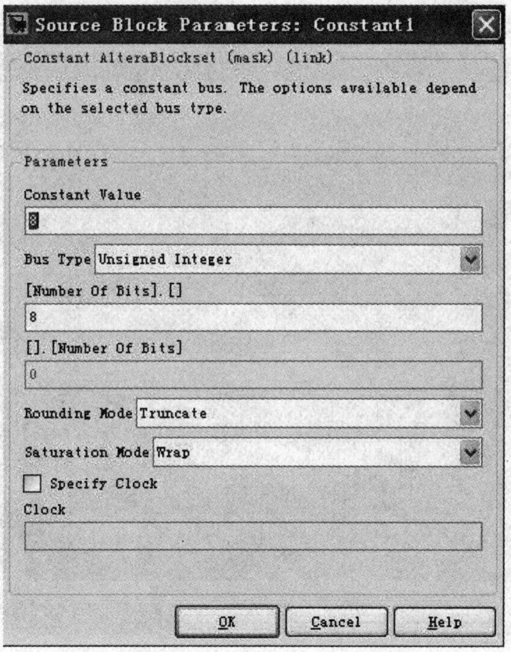

图 10.40　Constant1 模块参数设置

图 10.41 LUT 模块参数设置

10.9.2 Simulink 仿真波形

将仿真时间设定为 6e－5,即 60 us,可以得到图 10.42 所示的仿真波形。

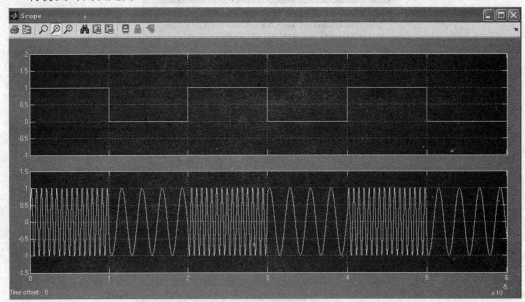

图 10.42 Simulink 的仿真波形

由该图可以看出,所设计的模块实现了预定的功能。

10.9.3 ModelSim 的 RTL 级仿真

MATLAB Simulink 中进行的仅仅是行为级仿真,即算法本身仿真,还不是真正的硬件仿真。为了生成 Quartus Ⅱ 下的工程文件,需要将 MATLAB 的.mdl 文件向 VHDL 文件进行转换。但是在转换的过程中,可能会出现一定的偏差,从而使设计不能实现预定的功能。所以在完成 MATLAB Simulink 的仿真后,需要利用 ModelSim 进行 RTL 级的仿真,从而验证语义转换的正确性。双击 TestBench 模块,然后单击 Compare against HDL,即可进行.mdl 至 VHDL 的文件转换,并生成相应的仿真宏测试文件。

转换完成后,可以看到对应的文件夹下生成了仿真用的宏脚本文件 fsk_mod_altera. simdata.tcl 和 tb_fsk_mod_altera.tcl 以及该工程对应的各种库文件和 VHDL 文件。其中 fsk_mod_altera.simdata.tcl 指定了仿真时长(60 100 000 ps)以及时间精度(1 ps),而 tb_fsk_mod_altera.tcl 则是调用仿真模型的脚本文件。在生成这些文件后,运行 ModelSim,然后选择 Tools -> TCL -> Execute Macro.。

首先运行 fsk_mod_altera.simdata.tcl 以确定仿真时间,然后调用 tb_fsk_mod_altera.tcl。这时,ModelSim 就会自动完成仿真,然后将仿真波形转化为 Analog 形式进行显示,得到如图 10.43 所示的仿真结果。

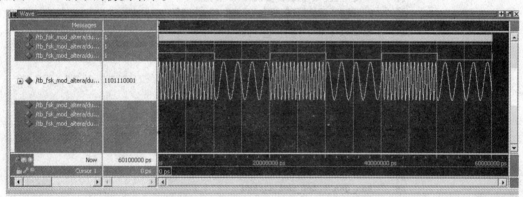

图 10.43 ModelSim 的 RTL 级仿真波形

10.9.4 ModelSim 时序仿真

以上各种仿真均没有利用任何 FPGA 的布局布线和器件延时信息,所以仅仅是功能仿真。如果想进行时序仿真,那么必须要获得在对应 Altera FPGA 上布局布线后的硬件延时信息。因此需要首先利用 Quartus Ⅱ 产生这些布局布线和延时信息,然后再利用 ModelSim 调用这些延时信息完成时序仿真。

双击 FSK 工程中的 Signal Compiler 模块,选择器件类型为 Cyclone Ⅱ,然后单击 Compile,就可以将当前.mdl 的工程文件转化为 Quartus Ⅱ 的工程文件。然后打开该 Quartus Ⅱ 工程文件,并且将 FPGA 选择为开发板的 FPGA 型号,即 EP2C8Q208C8N,将不用的 I/O 口设置为输入三态,然后选定编程芯片为 EPCS4。然后分配相应管脚,在开发板上,输入时钟引脚是第 23 脚,复位按键是第 37 脚,然后输出的 10 位 FSK 调制信号选择 FPGA 任意的输出 I/O 口即可。接着单击"Setting"快捷按钮。

在 EDA Tool Settings 里面选择 Simulation,然后在 Tool name 中选择 ModelSim,在 Format for output netlist 中选择 VHDL。默认的 Output directory 是 simulation/modelsim,它表示在当前的 Quartus Ⅱ 工程下会新建一个 simulation/modelsim 的文件夹,编译该 Quartus Ⅱ 工程会将布局布线及相应的器件延时信息保存到该路径下。设置好仿真参数后,对该工

程进行编译。编译后，在 simulation/modelsim 文件夹下出现了 4 个文件，其中最重要的是 fsk_mod_altera.vho 和 fsk_mod_altera_vhd.sdo 文件，它们分别是布局布线后的仿真模型文件以及标准延时输出文件，在后续的时序仿真中，就会用到这两个文件。现在新建一个 ModelSim 时序仿真工程，其路径为 C:\Project\ModelSim\fsk_mod，工程名为 fsk_mod，将 .vho 和 .sdo 文件复制到上面提到的 ModelSim 仿真的工程路径下，并将如图 10.44 所示的 fsk_mod_tb.vhd 文件也复制到该路径下。

```vhdl
1    library ieee;
2    use ieee.std_logic_1164.all;
3    use ieee.std_logic_unsigned.all;
4    use ieee.std_logic_arith.all;
5
6    entity fsk_mod_tb is
7    end entity fsk_mod_tb;
8
9    architecture Behavioral of fsk_mod_tb is
10
11   --declare a clock period constant.
12   constant clockperiod : time := 20 ns;
13   --declare signal
14   signal clk     : std_logic := '0';
15   signal sig_out : std_logic_vector (9 downto 0);
16   signal aclr_in : std_logic := '1';
17
18   component fsk_mod_altera
19   port(
20       Clock : in STD_LOGIC;
21       Output : out STD_LOGIC_VECTOR(9 downto 0);
22       aclr : in STD_LOGIC
23       );
24   end component;
25
26   begin
27
28   fsk_gen : fsk_mod_altera
29   port map
30     (
31     Clock => clk,
32     Output => sig_out,
33     aclr  => aclr_in
34     );
35
36   --clock generation
37   process
38   begin
39   wait for (clockperiod/2);
40   clk <= '1';
41   wait for (clockperiod/2);
42   clk <= '0';
43   end process;
44
45   end Behavioral;
```

图 10.44　波形测试文件 fsk_mod_tb.vhd 源代码

随后，添加 fsk_mod_tb.vhd 和 fsk_mod_altera.vho 两个文件到该工程中，并进行全编译。接着运行 Start Simulation，并选中 fsk_mod_tb，将仿真精度设为 10 ns。然后选择 SDF 选项卡，单击"Add..."，再单击"Browse..."，然后选中 Quartus Ⅱ 产生的 fsk_mod_altera_vhd.sdo 文件。然后将 Apply to Region 设置为 /fsk_gen。这里的 fsk_gen 就是在 fsk_mod_tb.vhd 激励文件中例化时所用的名字。然后将仿真时间设为 60 us，并运行仿真，可以得到如图 10.45 所示的时序仿真结果。

第 10 章 DSP Builder 设计方法

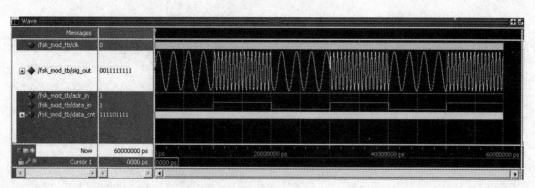

图 10.45 ModelSim 时序仿真结果

10.9.5 SignalTap II 波形测试

将工程下载到 FPGA 开发板后，FPGA 输出的波形信号如图 10.46 所示。

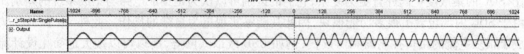

图 10.46 FSK 调制器输出波形

综上可以看出，设计的 FSK 调制器实现了预定的功能。

第 11 章 SOPC 设计

片上系统(System On a Chip,SOC)有很多不同的定义,但是通常来讲国内公认的 SOC 是指将处理器、内部存储器、接口控制器和相关协议栈等各种功能模块作为一个整体集成在单一芯片上的系统。通常 SOC 还包括自身的总线技术和指令集。与专用集成电路 ASIC 相比,SOC 的集成度更高并且更为复杂,它们的区别可以认为是集成电路与集成系统的差别。由于 SOC 内部包含了很多功能模块,因此其能够实现更为复杂的操作。此外,由于 SOC 集成了很多主流的接口控制器和协议栈,例如 USB 或以太网等,所以可以极大地简化设计流程,缩短产品的研制周期。

在 SOC 推出后,FPGA 主流厂商,例如 Altera 和 Xilinx 都推出了具有 SOC 硬核的 FPGA。其中 Altera 公司推出的 SOC 主要是 ARM 处理器,而 Xilinx 公司推出的主要是 PowerPC 处理器。这种硬核 SOC 是在 FPGA 出厂时就已经集成在 FPGA 内部了。无论开发者是否使用该 FPGA 内部的 SOC,它的资源都不能被裁减或挪作他用。此外,这种 SOC 由于是硬核不能被裁减,所以很多 SOC 提供的接口和协议其实是不会使用的,但是它们仍旧会占用相关资源。针对这一问题,Altera 和 Xilinx 公司还推出了另外一种 SOC 技术,即可编程片上系统(System on a Programmable Chip,SOPC)技术。SOPC 与 SOC 的最大区别就在于其可编程的特性上。利用 SOPC 技术,只要 FPGA 的资源足够用,那么几乎任意一款 FPGA 内部都可以实现 SOPC。此时,FPGA 在出厂时并不需要预留任何特殊的资源给 SOPC,设计者可以按照自己的需要自行搭建 SOPC 系统。例如设计者可以选择不同处理能力的 CPU,可以选择不同容量的存储器,可以按照项目需要添加 USB 接口或者以太网接口等。由于 SOPC 可以自由裁减,所以它为设计者留下了最大的设计自由度,因此可以通过使用比 SOC 更小的资源来实现相关设计。此外,由于 SOPC 的可编程特点,设计者可以依据设计任务需要,不断修改 SOPC 设计,因此系统具有最大的灵活性。正是因为这些特点,所以 Altera 公司提出的 Nios Ⅱ SOPC 开发套件以及 Xilinx 公司提出的 EDK/SDK SOPC 开发套件得到了比 SOC 更广泛的应用。当然,与 FPGA 内部硬核 SOC 技术相比,SOPC 也有一些缺陷,例如系统稳定性不如 SOC,处理能力不如 SOC 等。但是由于 SOPC 的良好开放特性,它仍旧成为这一领域应用的主流技术。本章就将介绍 Altera 公司的 Nios Ⅱ SOPC 开发方法。

11.1 Nios Ⅱ 概况

Nios Ⅱ 是 Altera 公司为其 FPGA 产品 SOPC 开发的配套软件。通常在提到 Nios Ⅱ 的时候,还需要提到 Altera 公司的另一个开发工具 SOPC Builder。SOPC Builder 是集成在

Quartus Ⅱ 里面的一个开发工具，在进行 SOPC 开发时需要先利用 SOPC Builder 搭建 SOPC 的硬件系统。该硬件系统通常包括 CPU、内部处理器、总线和一些外设的控制器，例如 JTAG 控制器、外部存储器控制器、USB 控制器或以太网控制器等。利用 SOPC Builder 进行 SOPC 搭建的时候，最大限度地利用了所有可用的 IP 核，因此可以极大地简化设计者的设计工作。在利用 SOPC Builder 完成 SOPC 硬件系统的搭建后，还需要利用 Nios Ⅱ 软件进行 SOPC 中运行软件的开发。关于 SOPC Builder 和 Nios Ⅱ 的关系，不同的开发者有不同的理解。通常可以认为 SOPC Builder 主要用于搭建 SOPC 的硬件，而 Nios Ⅱ 用于开发在 SOPC 上运行的软件。这就像市场上销售的 ARM 芯片，它包含了 CPU 以及相关外设的控制器，SOPC Builder 就是帮助设计者开发出了这么一款软件定义的 ARM。但是光有 ARM 还是不够的，还需要有在其上运行的软件才能实现相关的功能，那么 Nios Ⅱ 就是用来开发相关软件的。在本章后续的论述中，将不再强调 SOPC Builder 和 Nios Ⅱ 的区别，而将整个 SOPC 的开发工具统称为 Nios Ⅱ。

通过 SOPC Builder 的方式在 FPGA 上实现的 CPU 是可编程的 32 位精简指令集（RISC）CPU。目前所使用的 Nios Ⅱ 处理器是 Altera 公司在 2004 年推出的第二代软核 CPU，同前一代相比有着更高的性能和更小的体积。下面以本书所采用的 Cyclone Ⅱ 系列 FPGA 为例，介绍时钟主频为 50 MHz 时，Nios Ⅱ 所能实现的 CPU 类型及其性能。Nios Ⅱ 有 3 个型号，分别是 e(Economical) 型，s(Standard) 型和 f(Fast) 型。它们分别针对不同要求优化。e 型的体积最小（最少只需要 600 LEs），处理速度最慢（最快可达 5 DMIPS），是经济型；f 型的体积最大（最少需要 1 400 LEs），但性能最高（最快可达 51 DMIPS）；s 型是标准型，其体积与性能介于 e 型和 f 型之间。3 种型号的指令集完全相同，所以，同一设计可以不做任何修改从一种类型转到另一种类型下使用。这里 DMIPS 是 Dhrystone Million Instructions executed Per Second 的缩写，主要用于测试整数计算能力。这种测试方法和传统的 MIPS 方式不同，它是采用 Dhrystone 测试方法来进行的整数运算能力的测试，所以不能直接和采用 MIPS 计算能力的 MCU 等器件进行性能比较。之所以采用这种性能评估方式，是由于 FPGA 采用定点数来进行运算。对于采用浮点数进行运算的 MCU 等器件，通常采用 MFLOPS（Million Floating-point Operations Per Second）指标来评估计算能力。

由于 Nios Ⅱ 是在 FPGA 上实现的，所以有很多独特的新特性，使之成为可裁剪、可调整、可补充的系统，更使其成为软硬件紧密结合的系统。Nios Ⅱ 有着一个开放式的算术逻辑单元（Arithmetic Logic Unit，ALU），用户可以根据自己的需要对其进行补充，从而实现用户自定义的指令。用户指令在处理方式上同原有指令集中的指令是一样的，因此用户可以将经常使用并且计算复杂的逻辑定义为用户指令，从而加快逻辑的执行速度。传统的 CPU 或 DSP 都采用了冯诺依曼总线结构或哈佛总线结构，其中冯诺依曼结构是将数据和指令共用同一条总线，因此结构简单；而哈佛结构是数据和指令分别采用不同的总线，所以对于海量数据处理具有更快的执行速度。与冯诺依曼总线结构和哈佛总线结构不同，由于 SOPC 系统的总线控制器是在 FPGA 中实现的，所以可以进行灵活的配置，这就产生了所谓的 Avalon 交换结构（Switched Fabric）总线。Avalon 交换结构总线是由 Altera 开发的一种专用的内部连线技术。Avalon 交换结构总线由 SOPC Builder 自动生成，是一种最理想的用于系统处理器和外设之间的内联总线。图 11.1 所示是基于 Nios Ⅱ 的 SOPC 系统方框图，该总线可以在内部采用类似哈佛总线结构将数据空间和地址空间分离，从而提升数据处理能力。

同时在某些外设具有冯诺依曼特性时,又可将数据和指令两套总线合二为一,从而在局部实现冯诺依曼结构,这样就使得 Avalon 总线兼有哈佛结构的高效率与冯诺依曼结构的灵活性。此外,通过 SOPC 进行 CPU 系统构建时,当添加新的模块或某个模块的中断优先级变化时,Avalon 总线就会再次生成一个最优的总线结构,从而通过最少的逻辑资源来支持数据总线的复用、地址译码、等待周期的产生、外设的地址对齐(包括支持原始的和动态的总线尺寸对齐)、中断优先级的指定以及高级的交换式总线传输。除此之外,Avalon 总线能自动对不同时钟域进行协调,可以使挂在总线上的模块工作在不同的主频下,使系统更灵活。

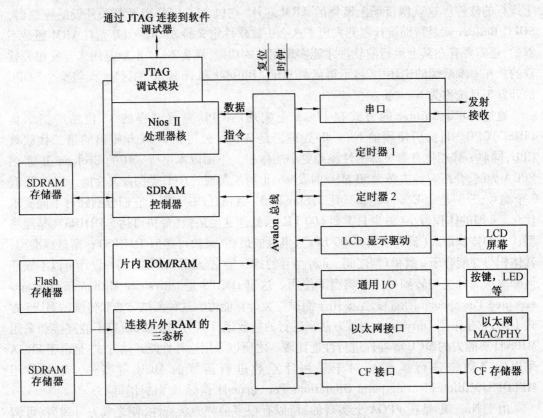

图 11.1　基于 Nios Ⅱ 的 SOPC 系统方框图

由图 11.1 可见,整个片上系统的基本常用外设都包含其中,其中 Avalon 总线所连接的模块都是集成在 FPGA 上的。目前 SOPC 可用的模块(或称为 IP),正在不断发展和丰富,诸如 USB 接口控制器和 PCI 接口控制器等新的模块已经商用,并且有更多的相关模块正在不断推出。由于 SOPC 提供了很多复杂外设的接口控制器,所以目前绝大多数涉及复杂协议栈的外设控制都采用了 SOPC 方式,例如与 SDRAM,USB,以太网和 PCI 进行接口设计时。

下面通过一个点灯程序来演示一下 SOPC 的基本设计方法。该例首先在 FPGA 内部搭建一个 SOPC,并设置一个每秒钟触发一次的中断定时器。当中断产生时,利用计数器进行 0～9 的循环计数,然后将计数结果通过 FPGA 的并行 I/O 口送出 SOPC 系统。在 SOPC 系统外部利用 VHDL 语言编写一个数码管显示模块,将 SOPC 送来的计数结果转化为数码管的相关信号,将 7 段数码管点亮,从而显示 0～9 的计数结果。由于本书所采用的 Cyclone Ⅱ 系列 FPGA 资源十分有限,因此无法将全部设计的所有数据和指令保存在 FPGA 内部的

RAM 中,所以在设计时需要在 SOPC 内部搭建一个 SDRAM 控制器来访问 FPGA 外部的 SDRAM 存储器。当 SOPC 系统工作时,会不断地访问 FPGA 外部的 SDRAM 存储器,进行指令和数据的存取。通过 SDRAM 控制器的使用,读者会更清晰地感受到 SOPC 进行复杂协议接口控制的便利性。

11.2　SOPC 系统搭建

(1) 运行 Quartus Ⅱ,并新建一个原理图输入方式的工程项目。设定好目标器件型号、编程所用的芯片及未使用 I/O 口的电平方式。然后单击 SOPC 快速启动按钮"SOPC Builder"。

这时就会打开 SOPC 的开发环境,并需要为创建的 CPU 系统命名,假设命名为 my_cpu。由于生成 CPU 的过程中会产生大量的 HDL 文件,有时为了定制 CPU 的一些特殊功能,可能需要对这些 HDL 文件进行修改。所以这里应该按照自己的编程习惯选择对应的 HDL 语言。对于本书来说,需要选择 VHDL 语言格式,如图 11.2 所示。

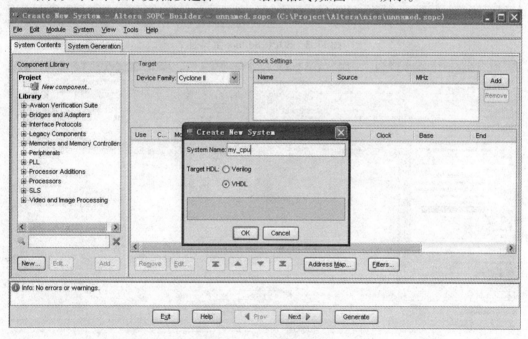

图 11.2　创建新系统

(2) 单击"OK"。此时可以看到在 Target 选项卡中有一个设备类型选项(Device Family),该选项默认和建立这个工程时所选定的器件类型一致,如图 11.3 所示。此外还有一个时钟设置选项卡"Clock Settings",该选项卡指明了 SOPC 工作的外部系统时钟。这里也可以添加其他的时钟资源,比如外部锁相环 PLL 产生的各种时钟信号,用于控制诸如 SDRAM 等各种 CPU 的总线设备。

(3) 在创建了 CPU 工程项目后,还需要为 CPU 配置一个存储器。这里在元器件库"Component Library"中选择片内的 RAM 存储器"Memories and Memory Controllers -> On - Chip -> On - Chip Memory (RAM or ROM)",如图 11.4 所示。

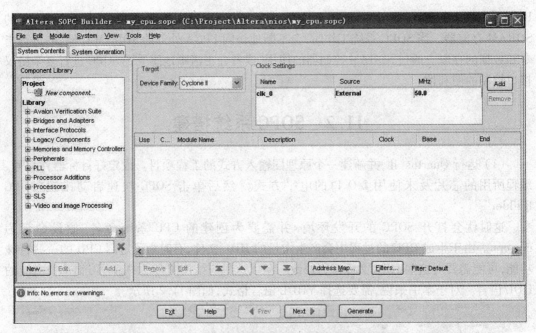

图 11.3　SOPC Builder 主界面

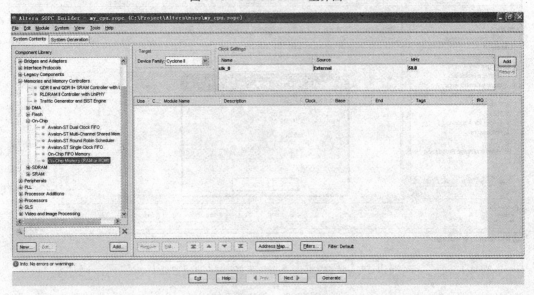

图 11.4　选择片内 RAM

在弹出的菜单中采用默认值,即该 RAM 的数据宽度为 32 bit,总存储容量为 4 096 B,如图 11.5 所示。单击"Finish",会注意到消息窗口中出现了一个错误提示信息,如图 11.6 所示。

这条错误信息提示开发者:当前系统还没有 Avalon – MM master 总线,即还没有主控的 CPU。因此,现在需要开始为系统添加一个 CPU 处理器。

(4) 为系统添加 Nios Ⅱ 处理器(图 11.7)。通过双击图 11.7 中的 Nios Ⅱ 处理器"Nios Ⅱ Processor",将会弹出一个如图 11.8 所示的 Nios Ⅱ 处理器配置窗口。从这里可以看到,有 3 种类型的 Nios Ⅱ 处理器可供选择。第一种是经济型 Nios Ⅱ/e,它的最快速率可以达到

第 11 章 SOPC 设计

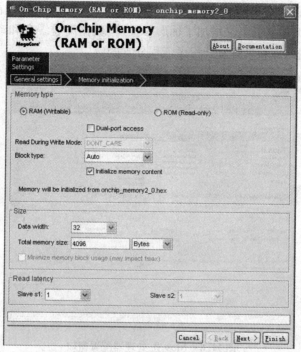

图 11.5　片内 RAM 参数设置

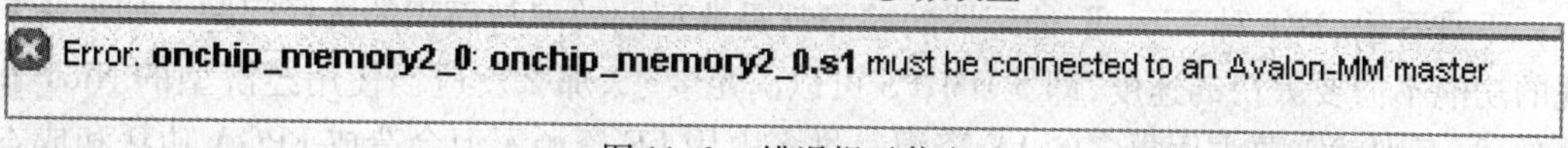

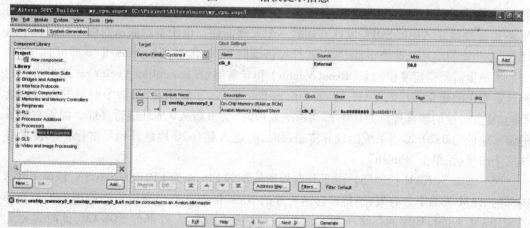

图 11.6　错误提示信息

图 11.7　添加 Nios Ⅱ 处理器

5 DMIPS,相比于后两种方式的 Nios Ⅱ 处理器,它的处理速率是最慢的,但是由于它只占用了 600 ~ 700 个 LE 资源,所以它非常适合于低速和低成本的应用。从图 11.8 可以看出,经济型 Nios Ⅱ/e 是一个 32 位的精简指令集 RISC 处理器。另外两种方式分别是标准型 Nios Ⅱ/s 和快速型 Nios Ⅱ/f,它们的处理速度可以分别达到 25 DMIPS 和 51 DMIPS,而占用的逻辑资源分别为 1 200 ~ 1 400 个 LE 和 1 400 ~ 1 800 个 LE。其中标准型在经济型的基础上,增加了指令高速缓存、分支预测、硬件乘法器和硬件除法器。由于增加了指令高速缓存和分支预测,所以标准型可以有效提高系统的执行速度。此外由于采用了硬件乘法器和硬件除法器,因此标准型比经济型更适合于进行复杂的数学运算。作为处理能力最强的快速型 Nios Ⅱ/f,它在标准型的基础上又增加了桶形移位器、数据高速缓存和动态分支预测,因而它更适合于海量数据处理和具有复杂程序流程分支的应用。

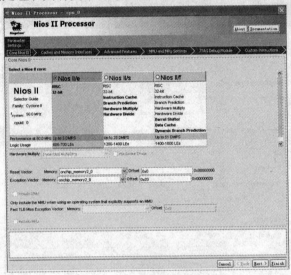

图 11.8　Nios Ⅱ 处理器配置窗口

不难看出,这 3 种 Nios Ⅱ 处理器的差异就是典型的效率与面积的选择问题。如果所实现的功能不需要太快的速度,即 5 DMIPS 可以满足要求,那么就应当使用经济型的 Nios Ⅱ 处理器,否则就需要占用更多的 LE 资源。过多占用 LE 资源不但会造成 FPGA 功耗和成本的增加,也会造成布局布线的困难,甚至会造成时序错误。因此,针对项目需要选择合理的 Nios Ⅱ 处理器是运用好 SOPC 设计方式的一个关键问题。由于本章演示的程序只是一个点灯程序,功能简单并且速率很低,所以选择经济型的 Nios Ⅱ 处理器 Nios Ⅱ/e 即可。

下一步需要指定复位向量(Reset Vector)和异常向量(Exception Vector)。这里将它们都选定为先前建立的片内 RAM,即 onchip_memory2_0。需要注意,这两个向量的偏移地址不同,复位向量的偏移地址为 0x0,即当系统复位时,会重新从 0 地址进行寻址。而异常向量的偏移地址为 0x20,即当系统出现异常错误时,会进入到 0x20 地址开始异常保护。设置好这两个向量后,单击"Finish"。

(5) 添加 SDRAM 控制器。由于开发板所使用的 FPGA 为 EP2C8Q208C8N,该款 FPGA 内部的 RAM 资源十分有限,不足以容纳后续的 Nios Ⅱ 源代码。所以需要使用 FPGA 外部的 SDRAM 来进行程序的存储。为了使 CPU 能够访问 FPGA 外部的 SDRAM,此时需要为 CPU 系统添加一个 SDRAM 控制器。添加好以后,CPU 就可以利用该控制器来对 SDRAM 进行读写操作。添加 SDRAM 控制器的方法如图 11.9 所示。

双击图 11.9 中的 SDRAM Controller 就进入了 SDRAM 控制器的定制界面,如图 11.10 所示。

由于开发板上所使用的 SDRAM 型号并不在 Presets 的下拉列表中,所以需要将 Presets 设置为用户自定义模式"Custom"。然后按照 SDRAM 的数据手册,将数据宽度(Data Width)设为 16,行地址宽度设为 13,列地址宽度设为 9。然后单击"Next"。

在图 11.11 这个界面中需要按照所使用 SDRAM 的芯片手册设定相应的参数。这里其

第 11 章 SOPC 设计

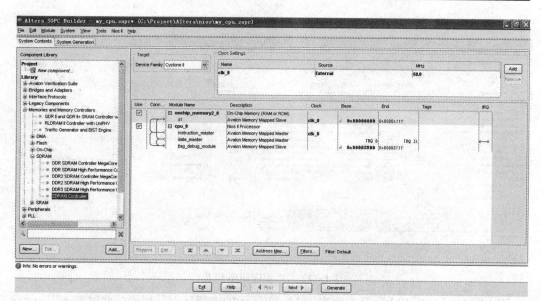

图 11.9 添加 SDRAM 控制器

他的参数都可以采用默认值,但是需要将"Issue one refresh command every"设置为 7.812 5 us,这主要是因为该款 SDRAM 要求每 64 ms 刷新 8 192 次,所以算出来的结果就为刷新时间间隔 7.812 5 us。然后单击"Finish"。SDRAM 本身的使用比较复杂,由于篇幅的限制,这里无法详细讲解 SDRAM 的使用细节,希望读者能够自行查阅相关的数据手册。

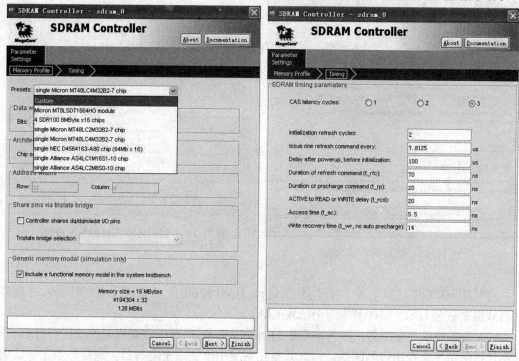

图 11.10 SDRAM 控制器的定制界面　　　图 11.11 SDRAM 的时序参数设置

(6) 放置 PLL。由于 SDRAM 在使用过程中对时钟的相位有比较特殊的要求,所以需要为该 CPU 系统添加锁相环以产生所要求的时钟信号。

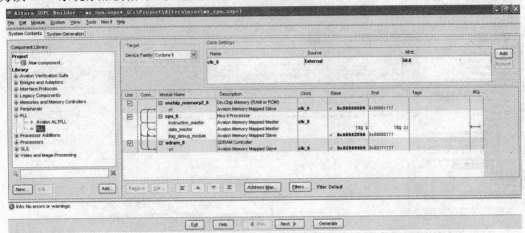

图 11.12　添加锁相环 PLL

双击图 11.12 的"PLL",就会弹出图 11.13 所示的锁相环引导界面。此时单击"Launch Altera's ALTPLL MegaWizard",就会进入与第 8 章中锁相环设置完全相同的流程和界面。这里设定 PLL 输出两个 100M 的时钟,其中第二个时钟是 SDRAM 的参考时钟,按照 SDRAM 的数据手册,它的相位需要比系统时钟在相位上提前 3 ns,所以其相位需要设置为 -3 ns,如图 11.14 所示。

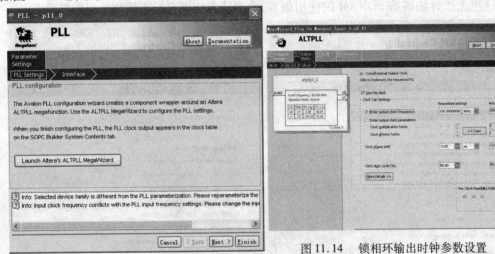

图 11.13　锁相环引导界面　　　　　图 11.14　锁相环输出时钟参数设置

这时在 SOPC 中就多了两个时钟,分别是 pll_0_c0 和 pll_0_c1 的两个 100M 时钟,这里将它们分别重命名为 SCLK100M 和 SDRAM_CLK。

(7) 为系统添加定时器。因为本章中的例子需要点灯,所以需要周期性地进行计数,并利用计数的结果来控制灯的闪烁。因此需要在系统中添加一个定时器。这样每当定时器期满时,就会触发一个中断。双击图 11.15 中的"Interval Timer"就会弹出图 11.16 所示的定时器参数设置界面。

第 11 章 SOPC 设计

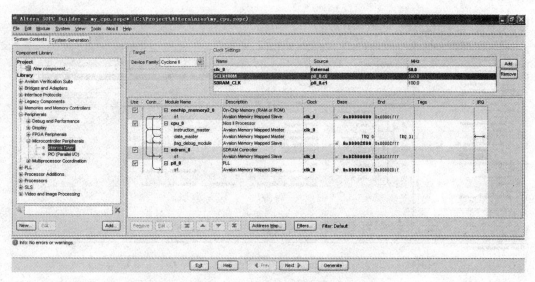

图 11.15 添加定时器

这里将图 11.16 中定时器的周期设为 1 s，那么每过 1 s 这个定时器就会向 CPU 发送一个中断信号。

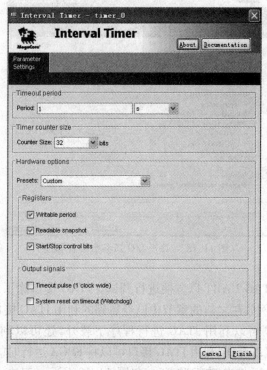

图 11.16 定时器参数设置界面

（8）为系统添加输出引脚。为了点亮 FPGA 外部的 LED 灯，还需要为系统添加一个输出引脚，以便点灯信号可以送出 FPGA 去驱动 LED 灯。双击如图 11.17 所示的并行 I/O 口元件"PIO（Parallel I/O）"，就会弹出图 11.18 所示的并行 I/O 口参数设置界面。

将图 11.18 中并行 I/O 口的数据宽度设为 4，并且保持它输出口的属性不变。然后单击

VHDL 设计与应用

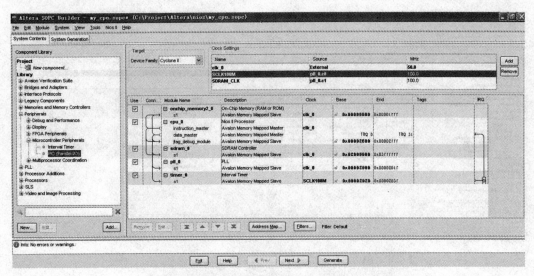

图 11.17 添加并行 I/O 口

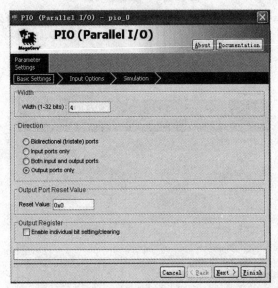

图 11.18 并行 I/O 口参数设置界面

"Finish"。

(9) 为系统添加 JTAG UART 以方便进行调试。JTAG 接口除了可以用于程序下载外，还可以用于程序调试，例如之前的章节中已经看到的利用 JTAG 接口实现 SignalTap Ⅱ 波形测试。在本例中除了可以利用 JTAG 进行程序下载外，还可以利用该接口实现人机交互。在后面的例子中可以看到，利用 JTAG 接口可以将 FPGA 运行时的相关信息反馈回计算机，从而对 FPGA 的运行状态进行监控。如图 11.19 所示，双击元件库中的"Interface Protocols -> Serial -> JTAG UART"，然后在弹出的窗口中保留 JTAG UART 所有的默认设置，单击"Finish"即可。

(10) 添加 EPCS 控制器。FPGA 掉电程序就会丢失，所以需要将配置程序存储在 FPGA 外部的 FLASH 中，对于本例所使用的开发板，所使用的 FLASH 是 EPCS 系列的芯片，所以需要在 CPU 系统中添加一个 EPCS 串行 FLASH 控制器。双击图 11.20 所示的元件库中的

第 11 章 SOPC 设计

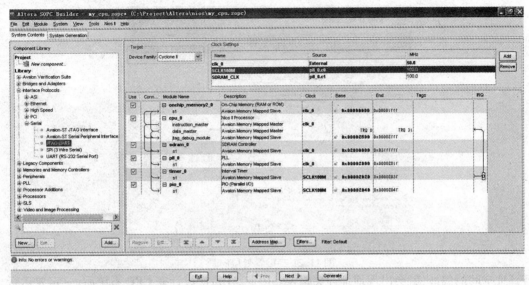

图 11.19 添加 JTAG 串口

"Memories and Memory Controllers -> Flash -> EPCS Serial Flash Controller",然后在弹出的窗口中将该控制器的所有参数都保留为默认值,然后单击"Finish"即可。这时,需要重新设置 CPU 的复位向量,使其复位时能够从外部的 EPCS 中重新开始进行配置,如图 11.21 所示。

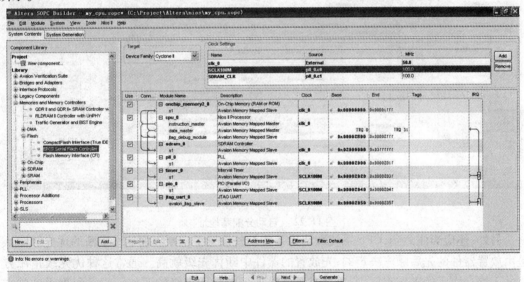

图 11.20 添加 EPCS 控制器

到目前为止就完成了点灯工程 CPU 最小系统的设置。然后将所有的器件工作时钟设置为 SCLK100M,但是需要注意 PLL 的时钟不能修改为 SCLK100M,而只能是 clk_0,这是因为 SCLK100M 是它产生的。到目前为止,这里还有几步工作需要继续完成。首先需要指定该 CPU 最小系统的寻址空间。在当前的系统中,放置了 SRAM,定时器等各种设备,在放置的过程中 SOPC 已经自动为每个器件分配了寻址空间。但是在某些情况下,可能会在放置了器件后,调整器件的容量(比如 SRAM),那么寻址空间就出现了变化。此时如果不重新进

VHDL 设计与应用

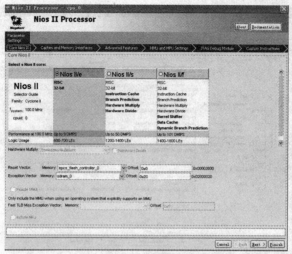

图 11.21　重置复位向量

行寻址空间的编址,就会出现地址冲突错误。因此,在每次设计完 CPU 系统后,一定要运行一次重新分配地址选项,如图 11.22 所示。

图 11.22　自动分配基地址

另外,还应当注意到,CPU 系统默认为某些设备设置了中断。而这些中断的优先级默认是由放置器件的先后顺序决定的,先放置的器件中断优先级就高。通常这种优先级指派方式并不符合实际的工作需要,所以这时还可以进行中断优先级的调整。通常利用手动的方式,修改图 11.22 中的 IRQ 值就可以实现该目的。

在进行完以上步骤后,可以单击图 11.22 中的"Address Map..."按钮,查看整个 CPU 系统的地址分配情况,如图 11.23 所示。

接下来就可以生成整个 CPU 系统,单击"Generate",然后选择"Save"。整个生成过程可能需要 2 ~ 3 min,生成成功后,会出现如图 11.24 所示的界面。

此时单击"Exit"退出 SOPC 的编辑界面回到 Quartus Ⅱ 的原理图输入界面。然后在原理图编辑窗口的空白处双击鼠标左键。

第 11 章　SOPC 设计

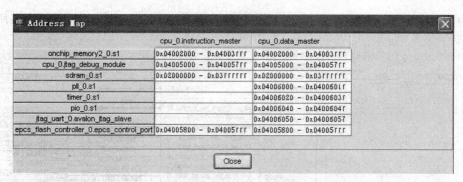

图 11.23　地址映射信息

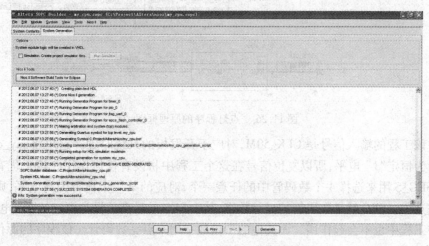

图 11.24　成功生成 CPU 的提示信息

可以看出在工程下多了一个刚才定义的 my_cpu 模块(图 11.25),该模块有两个输入,分别是时钟 clk_0 和复位信号 reset_n,有两个时钟输出信号 SCLK100M 和 SDRAM_CLK,一个 4 位的输出信号 out_port_from_the_pio_0[3..0] 用于在数码管上输出显示,以及大量的 SDRAM 控制信号。单击"OK"将该模块放入原理图中。此时如果观察该工程目录下的文件,就会发现多了很多.vhd 的源文件。这些文件就是该 CPU 系统对应的源代码。

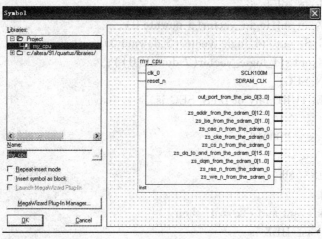

图 11.25　向工程中添加 CPU 模块

为了更好地演示该程序,需要用到7位数码管演示程序。其原理框图如图11.26所示。

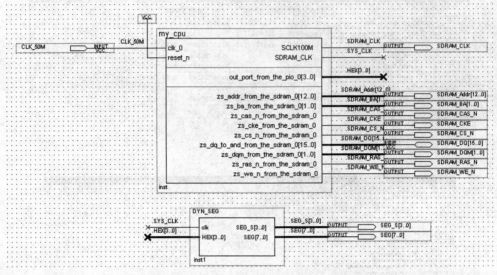

图11.26 点灯程序的原理框图

其中该工程的输入信号是CLK_50M,对应于开发板的系统时钟。这里将my_cpu的复位信号置为恒定"1"电平,所以复位信号在这个工程中将没有任何作用。该工程有两组输出信号,SEG_S用来选择4个数码管中的任意一个,对应的某一个比特为高电平,则对应的数码管被选中。SEG就是数码管的显示数字,其中SEG的最高位设为恒定的"0"电平,所以小数点在工程中也不会起作用。而其他的7位数字用来点亮数码管。该程序的源代码如例11.1所示。

【例11.1】 7位数码管演示程序

```
1    LIBRARY IEEE;
2    USE IEEE.STD_LOGIC_1164.all;
3    USE IEEE.STD_LOGIC_UNSIGNED.all;
4    ENTITY DYN_SEG IS
5    PORT(clk:in std_logic;
6         HEX:in std_logic_vector(3 downto 0);
7         SEG_S: out std_logic_vector(3 downto 0);
8         SEG:out std_logic_vector(7 downto 0));
9    END DYN_SEG;
10   ARCHITECTURE bhv of DYN_SEG is
11   BEGIN
12       SEG_S <= "0001";
13       SEG(7) <= '0';
14       PROCESS(clk)
15       BEGIN
16           if clk'event and clk = '1' then
17               case HEX is
18                   when"0000" => SEG(6 downto 0) <="0111111";
```

第11章 SOPC 设计

```
19          when"0001" => SEG(6 downto 0) <="0000110";
20          when"0010" => SEG(6 downto 0) <="1011011";
21          when"0011" => SEG(6 downto 0) <="1001111";
22          when"0100" => SEG(6 downto 0) <="1100110";
23          when"0101" => SEG(6 downto 0) <="1101101";
24          when"0110" => SEG(6 downto 0) <="1111101";
25          when"0111" => SEG(6 downto 0) <="0000111";
26          when"1000" => SEG(6 downto 0) <="1111111";
27          when"1001" => SEG(6 downto 0) <="1101111";
28          when others => null;
29          END case;
30      END if;
31    END PROCESS;
32  END bhv;
```

该程序的第12行表明只固定地选通一个数码管,然后在该数码管上显示0～9的数字;而程序第13行表明不显示小数点。从第14行至第31行的进程中,在时钟clk的上升沿下,将0～9的数字译码为7位数码管的对应信号,从而在数码管上显示对应的数字。

在综合该工程后,按照开发板的原理图所示来进行引脚分配,然后对该工程进行全编译。

11.3 Nios Ⅱ IDE 开发

通过以上步骤,构建了一个基于SOPC的FPGA系统,但是其CPU中还没有可运行的代码。所以需要用Altera公司的Nios Ⅱ IDE开发工具来为这个工程编写应用程序。启动Nios Ⅱ IDE后,首先需要切换它的工作路径到这个项目的工作目录下,如图11.27所示。

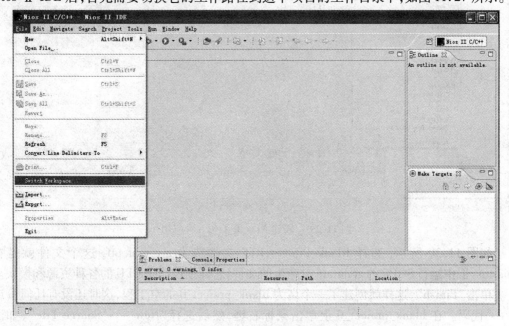

图11.27 切换工作路径

在原来的工程目录下新建一个名为 software 的子目录,然后单击"确定",如图 11.28 所示。

图 11.28 新建保存 Nios Ⅱ 工程文件的子目录

然后在 Nios Ⅱ C/C++ Projects 区域内单击鼠标右键,然后选择"New -> Nios Ⅱ C/C++ Application",如图 11.29 所示。

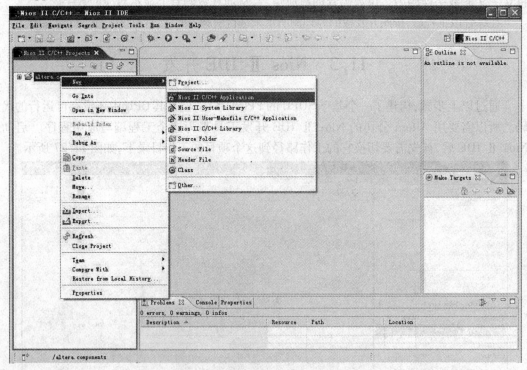

图 11.29 新建 Nios Ⅱ C/C++ 应用

如图 11.30 所示,选择 Blank Project;PTF 文件选为 my_cpu.ptf,这个文件就是在 Quartus Ⅱ 中运行 SOPC 的 generate 时产生的文件,它详细说明了 CPU 的各种资源和模块。

单击"Finish",这样就创建了一个名为 blank_project_0 的空工程,这时还没有任何 C 或 C++ 代码。在 blank_project_0 上单击鼠标右键,然后选择"New -> Source File",如图 11.31 所示。

· 340 ·

第 11 章 SOPC 设计

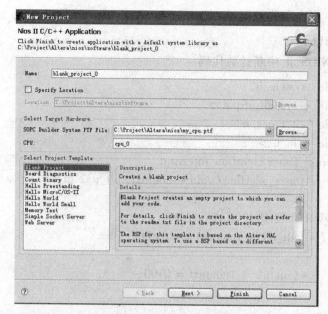

图 11.30 新工程设置界面

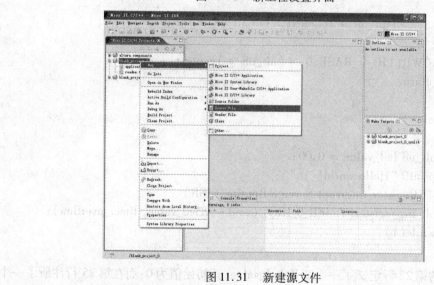

图 11.31 新建源文件

将新建的文件命名为 main.c,如图 11.32 所示。

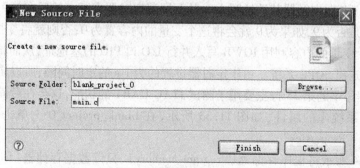

图 11.32 将源文件命名为 main.c

单击"Finish"。双击打开新建的 main.c 文件,此时它是一个空的文件,为该文件编写如例 11.2 所示的代码。

【例 11.2】 NIOS Ⅱ 中断计数代码

```
1    #include "system.h"
2    #include <sys/alt_irq.h>
3    #include "alt_types.h"
4    #include <io.h>
5    // Internal Timer Overflow interrupt
6    static void timer_overflow(void * context, alt_u32 id)
7    {
8        IOWR(TIMER_0_BASE,0,0);
9        if( *(alt_u8 *)context == 0x09)
10       {
11           *(alt_u8 *)context = 0x00;
12       }
13       else
14       {
15           *(alt_u8 *)context = *(alt_u8 *)context + 1;
16       }
17       IOWR(PIO_0_BASE,0, *(alt_u8 *)context);
18       return;
19   }
20   int main()
21   {
22       alt_u8 led_value = 0x00;
23       printf("Hello world! \n");
24       // Register Interrupt Service Routine (ISR)
25       alt_irq_register(TIMER_0_IRQ, (void *)&led_value, timer_overflow);
26       while(1);
27   }
```

这段程序的第 22 行定义了一个变量 led_value,其初始值为 0;而在第 25 行注册了一个定时器中断。在每次定时器期满时,会进入到第 6 行的 timer_overflow 中断处理函数。该函数首先利用 IOWR 向定时器基地址写入 0,从而屏蔽定时器中断。然后在第 9~16 行判断当前变量的内容是否为 9,如果为 9 就会将这个变量的内容置为 0;否则就将变量加 1。然后在第 17 行将这个变量的内容利用 IOWR 写入并行 I/O 口 PIO 的基地址,从而将 0~9 的计数结果通过 PIO 送出 SOPC 系统。由于定时器设置的为 1 s 的定时间隔,所以实际上的计数频率也为 1 s。程序中的第 23 行主要用于测试 JTAG UART 的功能,这会在后面再详细介绍。

然后设置系统库的属性,如图 11.33 所示,在 blank_project_0 上单击鼠标右键选择"System Library Properties"。

如图 11.34 所示将程序存储器(Program memory)、只读数据存储器(Read-only data memory)和读/写数据存储器(Read/write data memory)都改为 sdram_0,而将堆(Heap

第 11 章　SOPC 设计

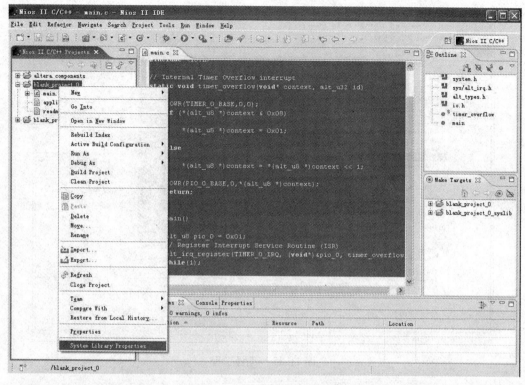

图 11.33　设置系统库的属性

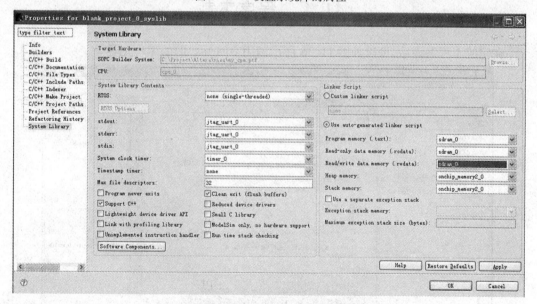

图 11.34　设置系统库参数

memory)和栈(Stack memory)都放置在 FPGA 内部的片上存储器中,其他参数都保持为默认值。之所以这样设置,是因为堆栈经常用于函数调用和中断处理,将其放置在 FPGA 内部可以起到高速缓存的作用加快程序运行速度。然后,Build 这个工程,如图 11.35 所示。

VHDL 设计与应用

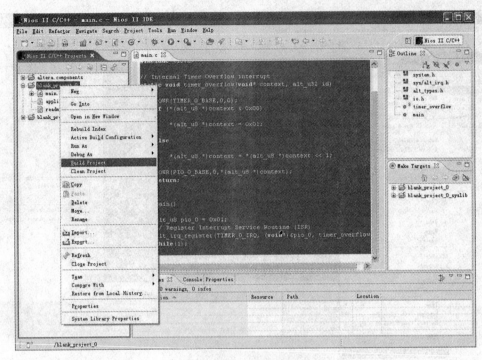

图 11.35　编译工程

11.4　程序下载

在完成工程编译后,可以如图 11.36 所示调用 Quartus Ⅱ 的编程工具。

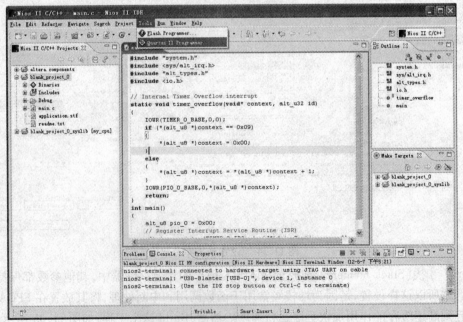

图 11.36　调用 Quartus Ⅱ 编程工具

· 344 ·

然后将 Nios_LED.sof 文件下载到开发板上。此时开发板上就已经有了 CPU 系统,但是只是有了 CPU 这个硬件,还没有可执行的程序。这时,选择"Run As -> Nios Ⅱ Hardware",就可以将 main.c 的程序下载到开发板中,如图 11.37 所示。并可以看到 7 段数码管从 0 到 9 循环计数。

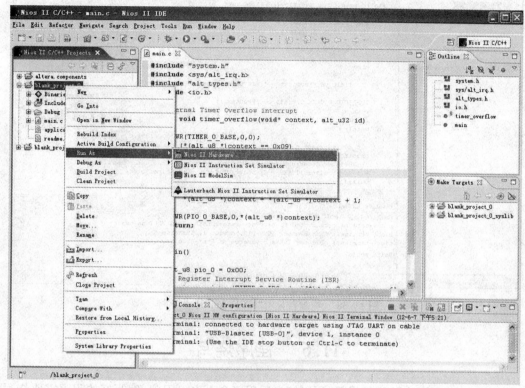

图 11.37 运行 Nios Ⅱ 硬件

11.5 测试 JTAG UART 的功能

在 main.c 文件的第 23 行有一行语句 printf("Hello world! \n"),它的目的是在 Nios Ⅱ 运行时,FPGA 通过 JTAG UART 接口向计算机发送"Hello world!"字样。此时观察控制台 Consule,就可以发现出现了"Hello world!"字样,如图 11.38 所示,这表明 Nios Ⅱ 运行正常。

该字样就是在 FPGA 中运行的 CPU 的 main 函数通过 JTAG UART 口反馈给计算机的信息。通过这种方式,可以利用 JTAG UART 方便地进行系统调试。这里需要注意一点:Nios Ⅱ 中可以为程序设置断点,从而跟踪程序和变量变化,非常有利于调试。这一特性意味着在 CPU 上运行的程序已经失去了 FPGA 并行运行的特点,程序是顺序执行的,这与传统中 CPU 的工作方式是一致的。这也说明了为什么 Nios Ⅱ 可以用顺序语言 C 语言来进行开发的原因。如果一个复杂的 FPGA 设计需要多个任务并行执行,那么只要资源允许,可以放置多个 CPU,各个 CPU 之间是并行执行的,这与传统中多核 CPU 的概念也是吻合的。

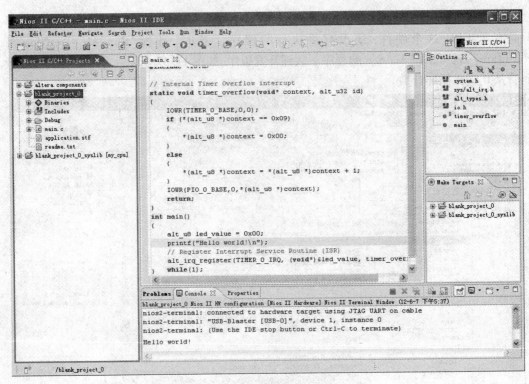

图 11.38　控制台显示"Hello world！"字样

11.6　程序烧写

由于 FPGA 是 RAM 型的设备，所以掉电后程序会丢失。因此，编写好的程序需要烧写到开发板上的 EPCS 器件里。此时需要用到 Nios Ⅱ IDE 中的 Tools -> Flash Programmer 功能，如图 11.39 所示。

第一次运行 Flash Programmer 时，需要双击图 11.40 左侧的 Flash Programmer 链接，然后选中"Program FPGA configuration data into hardware-image region of flash memory"，然后选中 Quartus Ⅱ 工程的 Nios_LED.sof 文件。单击"Apply"，然后单击"Program Flash"按钮，就可以将程序烧写到 Flash 中。断电重新运行 FPGA 后，点灯程序可以重新运行。在这里可以看出，由于在 CPU 的搭建时，利用 SOPC 放置了 EPCS 控制器，所以在 Nios Ⅱ 环境下可以直接利用 JTAG 口完成程序的编程，而不是之前介绍过的 AS 编程方式，因此只需要一个 JTAG 接口就可以完成 FPGA 的调试和代码的编程，非常方便。

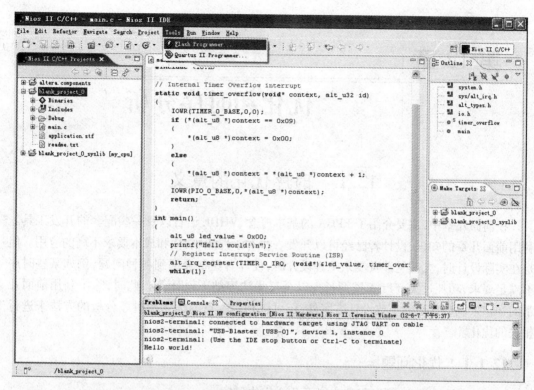

图 11.39　调用 Flash Programmer 工具

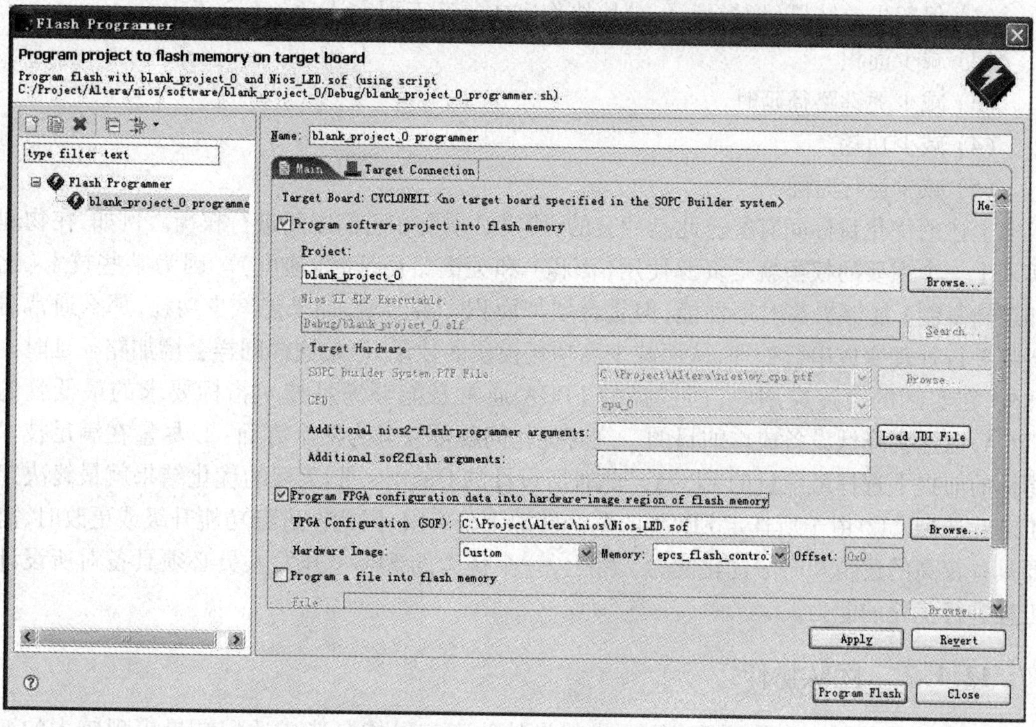

图 11.40　Flash 编程界面

第 12 章

优化和时序分析

12.1 时序优化的意义

在前面几章中,主要介绍了 FPGA 的基本概念、VHDL 语言以及一些配套的开发工具。利用前面几章的知识,设计者已经可以开发一些对于性能、功耗和成本要求不高的应用。但是在实际设计时,尤其是涉及复杂工程设计时,设计者经常会遇到各种问题,例如某些时序不满足要求、功耗过大、FPGA 资源过少以至于无法容纳下设计等。此时,除了利用前面几章的知识来调整代码和更改设计方案外,还可以利用本章的优化和时序分析的方法来进行相关的优化。

12.1.1 优化问题

FPGA 的设计优化,可以归纳为以下几个优化目标:
(1) 保留先前结果(增量编译,分块协作完成复杂工程)。
(2) 减少面积。
(3) 减少关键路径延时。
(4) 减少功耗。
(5) 减少运行时间。

上述的优化目标间有些彼此是冲突的,所以必须要在它们之间进行权衡。例如,在物理实现上一个主要的权衡就是资源使用(面积)和关键路径延时(速度)。因为某些技术(比如逻辑复制)能够提高时序性能,但是会增加面积。类似地,如果想减少功耗,那么通常需要将并行处理变成串行处理,从而减少高功耗模块的数量,但是这样同样会增加路径延时。此外,在实际的商业应用中,所选择的 FPGA 通常是能够满足技术指标要求的最低款的 FPGA,以达到降低设备成本的目的。这时优化问题可以分为两个方面:① 尽量在满足技术指标的前提下选择最廉价的 FPGA。此时所设计的 Quartus Ⅱ 工程的优化结果就最终决定了芯片选型。② 由于所选定 FPGA 的剩余资源十分有限,因此在进行功能升级或更改时,需要具备较高的逻辑和时序优化能力。综上,一个优秀的 FPGA 开发人员必须具备对所设计工程进行优化的能力。

12.1.2 团队协作

对于某些 Quartus Ⅱ 适配算法,小的设计改变有可能会造成适配结果出现较大的变化。例如,一个微不足道的设计变化,就有可能造成关键路径延时出现 10% 甚至更多的变化。为了适应这种变化,设计人员通常不得不修改适配算法的种子(Seed),从而改变适配器的伪随机结果。但是这种方法显然效率很低,并且适配结果也很难控制。相反,设计人员也可以将整个工程划分为若干个部分,对于和本次工程修改无关的部分,可以保留它上一次的适配结果。这样,适配器将只对出现变化的部分重新进行适配,从而可以将适配器运行时间减少30%。这种适配模式,被称为增量编译(Incremental Compilation)。增量编译除了减少适配时间外,还有两个好处:① 关键路径延时等指标不会出现大的波动。由于只是对工程做了很小的改变,并且只对出现变化的部分进行重新适配,而原来的各个部分保留先前的适配结果,所以重新适配后的结果不会出现大的波动。② 有利于进行团队合作。对于一个大型的工程项目,通常需要把整个工程划分为若干个模块,然后由多位设计人员分别进行开发。一旦开发完成,他们需要把各自的模块综合到一个大型的工程中。在综合的过程中,某些模块可能需要进行一些小的修改,这时那些不需要修改的模块就可以利用增量编译的方式保留其编译结果。

12.1.3 减少面积

在默认情况下,Quartus Ⅱ 的适配器会利用整块 FPGA 芯片进行布局布线,从而满足时序要求。如果在某些设计中需要使用最小的芯片面积,那么可以修改 Quartus Ⅱ 的适配参数。如果只是希望减少芯片的使用面积,那么可以开启一些物理综合选项去调整网表,从而实现面积有效的编译结果。但是在这种情况下,会增加运行时间并降低性能。

12.1.4 减少关键路径时延

为了适应复杂的时序需求,包括多时钟、路由资源和面积限制,Quartus Ⅱ 软件提供了在综合、时序分析、平面图(floorplan)编辑器等功能间的闭环操作。在默认情况下,Quartus Ⅱ 适配器会尝试完成特定的时序要求,一旦时序要求得到满足就停止进行尝试。因此,必须使用合理的约束条件以便使编译能够成功完成。如果约束条件过于宽松,那么只能得到次优解;而如果约束条件过于严格,适配器将会过度优化非关键路径延时,反而会增加关键路径延时。此外,这种过分增加约束条件还有可能会增加芯片的使用面积,编译时间也会大幅度增加。如果芯片的资源使用接近饱和,那么 Quartus Ⅱ 适配器可能会很难找到一个能满足约束条件的布局布线方案。在这种情况下,适配器将不得不自动调整它的一些参数设置,以便能够在性能和面积间取得平衡。

Quartus Ⅱ 适配器提供了很多先进的选项以便帮助开发人员提高设计的性能。开发人员可以使用时序优化顾问(Timing Optimization Advisor)来决定哪些选项对于所设计的工程是最适合的。

如果使用了增量编译,那么可以利用逻辑锁定 LogicLock 功能来帮助实现各个模块间的时序要求。这时,可以通过最优化放置模块的方式来减少关键路径长度,从而提高设计的时序性能。一旦某些模块的时序要求得到了满足,使用增量编译就可以保留这些结果,然后再对未满足要求的模块继续进行时序优化。

对于高密度的 FPGA,布线是影响关键路径延时的最主要的因素。因此,复制或者重新时序配置逻辑可以允许适配器减少关键路径的延时。Quartus Ⅱ 软件提供了按键网表优化(push-button netlist optimizations)和物理综合选项以提高设计的性能。但是,此时会显著增加编译时间以及器件的面积消耗。因此,在编译前需要仔细选择这些编译选项,从而在满足时序要求的前提下,合理控制编译时间和资源使用。除了这些方法外,高级的编程人员还可以直接调整 HDL 文件以实现手动复制和重新时序配置逻辑。

12.1.5 减少功率消耗

Quartus Ⅱ 软件提供了 PowerPlay 功率优化选项,从而帮助控制综合和适配时的编译设置,达到减少设计功率消耗的目的。

12.1.6 减少运行时间

许多适配器的参数设置都会影响编译时间。在默认情况下,Quartus Ⅱ 软件中的参数设置都是为了减少编译时间。为了同时达到满足时序要求和减少编译时间的目的,可以合理调整这些参数从而实现设计需求。

Quartus Ⅱ 软件支持在多处理器的计算机上实现并行编译,这种方式可以在获得同样编译结果的情况下将编译时间缩短 15%。此外,也可以利用增量编译的方式来减少后续编译过程中的运行时间。

12.2 面积和时序优化

面积和时序优化有很多种实现方式,这些方式如果使用不合理,那么有可能反而会降低设计的性能。在默认情况下,Quartus Ⅱ 软件的参数设置已经在编译时间、资源利用和时序性能方面进行了最佳的均衡。所以如果要对面积和时序进行额外的优化,必然会牺牲掉诸如编译时间等方面的性能。如何调整这些编译参数,使自己的功能能够达到比默认参数更好的结果就需要仔细进行分析。当使用高级的优化参数设置,必须要将每次参数调整后的编译结果记录下来,这样才能够进行比较,从而决定参数如何设置才能够达到最理想的效果。

12.2.1 最优化工程设计

在最优化设计的第一步,是首先使用 Quartus Ⅱ 的默认编译选项来运行一次全编译。此时,编译结果会告诉设计人员关键路径时延、面积等指标,并且给出优化这些指标的建议。针对实际的指标要求,设计人员可以打开这些建议的优化选项,并再次编译,从而达到所需的指标要求。为了减少编译时间,再次编译前,可以利用增量编译方式将已经达到技术指标的模块进行逻辑锁定。但是这种方式,会稍微增加一些编译后的资源消耗。在进行最优化设计时,应当遵循以下的步骤进行:

(1) 如果设计无法进行适配,那么在尝试进行 I/O 时序或寄存器到寄存器时序优化前,可以利用资源优化技术来进行编译。

(2) 如果设计不能满足需要的 I/O 时序性能要求,那么在尝试进行寄存器到寄存器的时序优化前,可以利用 I/O 时序优化技术来进行编译。

(3) 如果设计不能满足某一时钟域的延时要求,那么可以利用寄存器到寄存器的时序优化技术来进行编译。

上述3种优化步骤也是针对3种类型的优化问题来进行的,越靠前进行优化的指标越重要。

12.2.2 初始编译的参数设置

在开始第一次编译前,首先要检查一下以下的参数设置是否符合自己的设计目标:
(1) 设备设置(Device Setting)。
(2) I/O 指派(I/O Assignments)。
(3) 设备移植设置(Device Migration Setting)。
(4) 增量编译的分割和平面图指派(Partitions and Floorplan Assignments for Incremental Compilation)。

1. 设备设置

设备类型决定了编译时 Quartus Ⅱ 软件调用的时间模型。选择正确的速度等级就可以获得精确的、最优化的编译结果。此外,设备尺寸和封装类型还决定了设备的 I/O 和资源信息。因此,设备设置是初始编译的第一步,如图 12.1 所示。

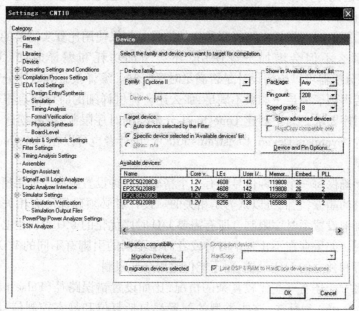

图 12.1 设备设置

2. I/O 指派

所使用的 I/O 标准和设备驱动能力影响了 I/O 的时序参数。在开始第一次编译时必须要详细说明 I/O 的指派情况,以便 Quartus Ⅱ 软件能够使用精确的 I/O 时延信息进行时序分析和适配优化。图 12.2 示例了 I/O 指派及 I/O 标准。

Quartus Ⅱ 软件提供了一个强大的功能,即引脚自动指派功能。如果还没有设计 FPGA 的 PCB 板,那么引脚的位置可以不固定,这时可以将引脚位置设为非限定。此时 Quartus Ⅱ 软件可以对引脚进行优化指派,因此编译后的结果即为最优化的 I/O 延时结果。否则,如果引脚已经固定,那么在这一步骤就需要为所有的引脚进行指派,从而使编译器能够按照所设定的引脚指派进行 I/O 时序分析。

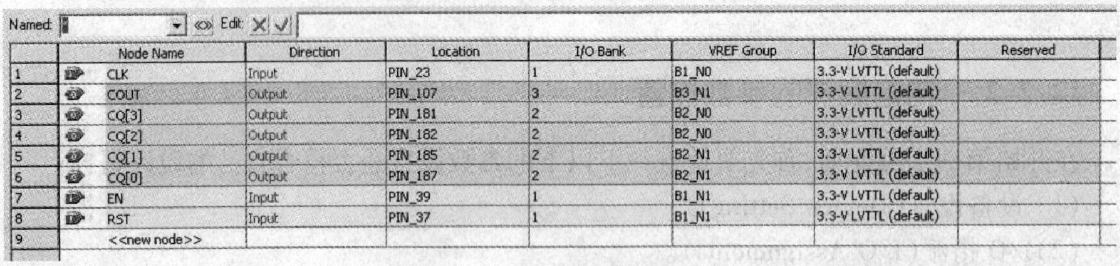

	Node Name	Direction	Location	I/O Bank	VREF Group	I/O Standard	Reserved
1	CLK	Input	PIN_23	1	B1_N0	3.3-V LVTTL (default)	
2	COUT	Output	PIN_107	3	B3_N1	3.3-V LVTTL (default)	
3	CQ[3]	Output	PIN_181	2	B2_N0	3.3-V LVTTL (default)	
4	CQ[2]	Output	PIN_182	2	B2_N0	3.3-V LVTTL (default)	
5	CQ[1]	Output	PIN_185	2	B2_N1	3.3-V LVTTL (default)	
6	CQ[0]	Output	PIN_187	2	B2_N1	3.3-V LVTTL (default)	
7	EN	Input	PIN_39	1	B1_N1	3.3-V LVTTL (default)	
8	RST	Input	PIN_37	1	B1_N1	3.3-V LVTTL (default)	
9	<<new node>>						

图 12.2　I/O 指派及 I/O 标准

3. 时序要求设置

出于以下原因,设计人员必须要采用综合的时序设置才能够获得最佳的结果:

(1) 正确的时序设置能够允许软件尽全力进行关键部分的时序优化,并且可以同时在各个指标间进行平衡。这种优化还能在非关键部分节约面积和功率消耗。

(2) Quartus Ⅱ 软件需要时序信息进行物理综合优化。

(3) 依赖于适配努力(Fitter effort)设置,Quartus Ⅱ 适配器能够在满足时序要求的前提下有效减少运行时间。

使用实际需要的时序指标以便得到最优的结果。如果使用比真实需要的指标更多的时序指标要求,那么不但会增加资源使用,还会增加功耗和编译时间。Quartus Ⅱ 的 TimeQuest 时序分析器可以检测设计是否满足时序限制。编译报告和时序分析器报告汇报了时序要求是否得到了满足。如果不满足,那么还会提供详细的时序信息报告哪条路径的时序没有满足时序要求。为了创建 TimeQuest 分析器的时序限制,需要创建一个.sdc 的概要设计限制文件(Synopsis Design Constrains File)。设计者也可以在 TimeQuest 的 GUI 环境中输入这些限制。

设计者必须确保每一个时钟信号都有一个精确的时钟设置限制。如果所有的时钟信号来自于一个公共的晶振,它们可以认为是相关的。设计者必须确保所有相关的或者衍生的时钟信号被正确地设置了时序限制。所有需要 I/O 时序优化的 I/O 引脚也必须限定它们的最小和最大延时。如果存在不止一个时钟或者对于不同的引脚有不同的 I/O 要求,必须要采用多时钟设置和独立的 I/O 设置,而不能仅使用全局限制。

在时序设置方面还有一些比较复杂的情况,比如设置错误路径(False path)和多周期路径(Multicycle path)。通常,这些类型的配置都包括复位和静态控制信号,对于这些信号,它们经过多长时间到达它们的目的地已经不再重要。因此这些信号所经过的路径长度可以超过一个时钟周期。这些设置允许 Quartus Ⅱ 软件在时序路径间进行均衡,而且能够帮助编译器来提高设计中其他部分的时序性能。

4. 器件移植设置

如果设计人员在设计过程中或者设计完成后,需要更改所使用的器件类型,设计者可以选择"Settings"对话框,然后单击"Migration Devices"按钮,如图 12.1 所示。这时,Quartus Ⅱ 软件会列出所有兼容的设备以便进行设计移植,如图 12.3 所示。

5. 增量编译的分割和平面图分配

Quartus Ⅱ 增量编译功能允许设计人员进行分层次的设计,以及基于团队的合作设计。利用增量编译可以仅编译自己这部分的模块,而保留别人已经设计好模块的布局布线

第 12 章 优化和时序分析

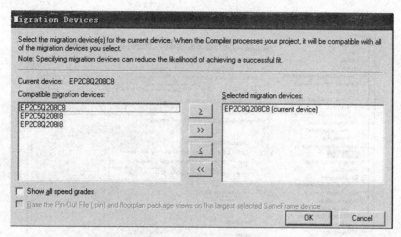

图 12.3 兼容设备间的移植

结果。利用这种逻辑锁定功能,可以对各个模块分别进行时序优化,因此更容易令一个较复杂的工程在较快的时间内实现时序优化的闭环。如果设计人员想利用增量编译实现团队设计以减少编译时间或提高时序性能,那么必须要合理地进行模块的分割,并对分割的各个设计块创建平面图。需要指出,如果采用增量编译,那么就必须要创建一个平面图,否则这一步可以忽略。

12.2.3 初始编译的可选适配设置

这一部分主要介绍编译时采用的适配参数。需要指出,这些参数设置是随着不同的工程而变化的,并没有一个标准的设置方案可以应用于所有的设计。共有 4 个适配参数是可选的。

(1)最优化保持时间(Optimize Hold Timing)。

(2)一次适配尝试(Limit to One Fitting Attempt)。

(3)最优化多角时序(Optimize Multi-Corner Timing)。

(4)适配努力设置(Fitter Effort Setting)。

为了开启这些设置,可以采用以下步骤:(1)单击"Settings";(2)在"Category"列表选择"Fitter Settings";(3)在"Fitter Settings"页面开启合适的选项。如图 12.4 所示。

1. 最优化保持时间

最优化保持时间选项指导 Quartus Ⅱ 软件去最优化最小延时时序限制。在默认情况下,Quartus Ⅱ 软件会为比 Cyclone Ⅲ 和 Stratix Ⅲ 更新的器件优化所有路径的保持时间。否则,Quartus Ⅱ 软件仅仅为 I/O 路径进行保持时间 t_H 优化,以及最小化 t_{PD} 路径。表 12.1 是常用的时序参数。

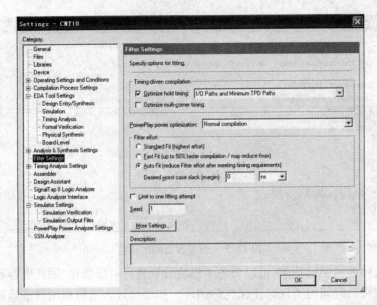

图 12.4　初始编译的适配选项

表 12.1　常用的时序参数

时序参数	含义
最大频率 f_{MAX}	在不违反内部建立时间 t_{SU} 和保持时间 t_H 要求下可以达到的最大时钟频率
建立时间 t_{SU}	触发寄存器的时钟信号在时钟引脚确立之前,经由数据输入或使能端输入而进入寄存器的数据必须在输入引脚处出现的时间长度
保持时间 t_H	触发寄存器的时钟信号已经在时钟引脚确立之后,经由数据输入或使能端输入而进入寄存器的数据必须在输入引脚处保持的时间长度
时钟至输出延时 t_{CO}	时钟信号在触发寄存器的输入引脚上发生转换之后,再由寄存器馈送信号的输出引脚上取得有效输出所需的时间
引脚至引脚延时 t_{PD}	输入引脚处信号通过组合逻辑进行传输并出现在外部输出引脚上所需的时间
最小 t_{CO}	时钟信号在触发寄存器的输入引脚上发生转换之后,再由寄存器馈送信号的输出引脚上取得有效输出所需的最短时间,这个时间总是代表外部引脚至引脚延时
最短 t_{PD}	指定可接受的最小的引脚至引脚延时,即输入引脚信号通过组合逻辑传输并出现在外部输出引脚上所需的最短时间

当设计人员开启最优化保持时间 t_H 选项,Quartus Ⅱ 软件会为路径添加延时以保证最小延时的指标要求。在适配器设置面板,如果选择了"I/O Paths and Minimum TPD Paths"(它们是在开启最优化保持时间选项后,Cyclone Ⅱ 和 Stratix Ⅱ 的默认设置),适配器将会试图满足以下时序指标要求:

(1) 从设备输入引脚至寄存器的保持时间 t_H。
(2) 从 I/O 引脚至 I/O 寄存器或从 I/O 寄存器至 I/O 引脚的最小延时。
(3) 从寄存器至输出引脚的最小时钟至输出延时 t_{CO}。

如果选择了所有路径,适配器也将会对从寄存器至寄存器的保持时间要求进行匹配。例如在图 12.5 中,一个由逻辑产生的衍生时钟导致另一个寄存器出现了保持时间问题。

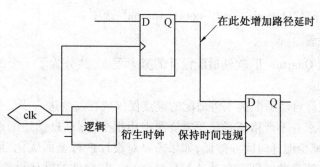

图12.5 给定内部保持时间违规时的最优化保持时间选项

如果在设计中出现了这种寄存器间的保持时间违规,Altera 推荐通过修改设计的方式纠正这一问题,例如使用一个时钟使能信号而不是一个衍生的时钟信号。

2. 一次适配尝试

如果逻辑资源过度使用或者非法配置,适配有可能会失败。对于大部分的适配失败,Quartus Ⅱ 软件将会向设计者报告。然而,如果设计使用了太多的布线,Quartus Ⅱ 软件将会进行两次附加的尝试去适配该设计。每一次附加的尝试都会花费比原来的适配长得多的时间。

对于较大的设计,设计人员可能不想等待所有的 3 次尝试都全部完成。如果在第一次适配时,Quartus Ⅱ 软件报告了适配错误信息,那么设计者可以开启一次适配限制选项,这样在后续的适配中将只会尝试进行一次适配。当所有的错误信息都解决后,设计人员可以关闭一次适配选项,从而得到最终的优化设计。这种方式可以显著减少编译时间。

3. 最优化多角时序

历史上,FPGA 的时序分析只考虑采用慢角时序模型(slow corner timing model,即最高温度、最低电压下的模型)在最差情况下的延时。然而,由于运行条件的变化,某些路径上的延时可能比慢角时序模型路径上的延时要小得多。这将会在那些非慢角时序模型路径上造成保持时间的违规,在极少数情况下甚至会增加保持时间的违规。

因为比较新的器件,例如 Cyclone Ⅲ, Stratix Ⅲ 等采用了几何上较小的处理模块,所以这些器件中最慢的电路性能不一定会在最高运行温度时出现。电路最慢的温度点依赖于选定的器件、设计和 Quartus Ⅱ 的编译结果。因此,Quartus Ⅱ 软件为这些比较新的器件提供了 3 种不同的时序角:慢 85° 角,慢 0° 角和快 0° 角。对于其他器件类型,提供了快 0° 角和慢 85° 角两种模型。这里慢角是指最高温度、最低电压下的模型,而快角是指最低温度、最高电压下的模型。

默认情况下,适配器仅使用慢角时序模型来进行时序优化。设计者可以开启"Optimize multi-corner timing"选项来指导适配器考虑各种可能的温度和电压模型情况下的优化问题。通过对所有时序角进行优化,设计者可以得到一个在各种温度、电压等条件下更可靠的设计实现。当进行多角时序优化,适配器将会在两个慢角模型中选择一个更关键的模型,连同快角模型一起进行优化。

在可靠性设计领域,使用多角时序模型可以使工程有效适应各种温度、电压的偏差,但是开启该选项会增加 10% 左右的编译时间。如果要使用外部存储器接口,例如 DDR 和

QDR,Altera 推荐开启"Optimize multi-corner timing"选项。

4. 适配努力设置

适配努力是指 Quartus Ⅱ 软件适配设计的努力程度,共分为了 3 个等级:自动适配,标准适配和快速适配。

(1)自动适配。自动适配选项将适配的重点仅仅放在需要进一步优化的部分。如果设计对于时序限制要求并不严格或者是逻辑资源占用很少,那么自动适配选项和标准适配选项相比,能够显著减少编译时间。然而,如果需要对设计进行全面优化,那么自动适配与标准适配相比并没有明显的区别。自动适配是 Quartus Ⅱ 软件的默认设置,对所有支持该选项的器件均适用。

如果设计者期望适配器不仅仅是产生一个满足设计时序要求的工程实现,而是希望适配结果能够超过时序限制某一个量级(即有一个时序的余量),那么可以使用期望的最差情况下的余量(Desired worse case slack)设定。该参数设定中的最小余量值并不表示适配器就一定能达到该值所设定的指标,而只是表示在达到该指标前,适配器将使用全局优化。

在一些多时钟的工程中,如果过分限制其中最重要的一个时钟,那么有可能在提高该时钟域性能的情况下,降低其他时钟域的性能。这时如果使用自动适配,那么可以通过修改种子(Seed)的方法,使适配结果扫过一个区间。设计人员即可从该区间中选择一个最佳的结果,从而实现预定的适配要求。如果过分限制一个时钟,那么就需要使用最大的余量,此时使用自动适配选项,会使适配器更容易找到适应该要求的适配结果。

自动适配选项会显著减少 Quartus Ⅱ 的编译时间,但是通常在不设定时序要求的情况下,不会达到设计的最佳性能。

如果设计需要很多时序要求,或者很难在器件中进行布局布线,那么即使使用了自动适配选项,适配也不会很快结束,此时编译时间基本与标准适配相当。

和标准适配选项相比,自动适配选项可能会增加布局布线的数量,这会导致动态功耗的增加。为了解决这个问题,就需要选择"PowerPlay power optimization"列表中的"Extra effort"选项,如图 12.6 所示。这时,即使自动适配已经找到了符合寄存器至寄存器要求的布局布线方法,还会继续对布局布线数量进行优化。如果选择了标准适配,那么就不会产生这种动态功耗增加的问题。如果动态功耗是设计的一个核心指标,那么除了在适配设置中选择"Extra effort"选项外,在分析和综合设置中,也要选择该选项。

(2)标准适配。标准适配选项可以最大限度地满足时序要求,获得最佳的资源利用率。和自动适配相比,标准适配通常会增加编译时间,因为它将会进行全局优化而不管设计的实际要求。如果设计没有说明时序要求,和自动适配相比,使用标准适配可以将设计的最大频率平均提高 10%。当然,如果工程本身比较简单,时序要求容易满足的情况下,选择标准适配只会显著增加编译时间。

(3)快速适配。选择快速适配选项后,适配器将会减少每一个适配算法的努力程度。因此和标准适配相比,可以减少大约 50% 的编译时间,而最大频率会降低 10% 左右。

第 12 章 优化和时序分析

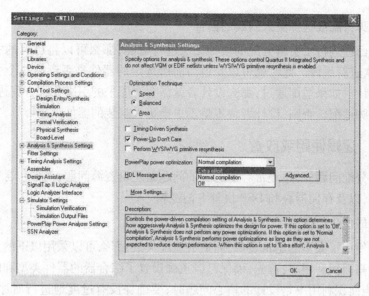

图 12.6　PowerPlay 功率优化选项

12.3　资源利用优化

在完成设计分析后,下一个步骤就是通过设计优化来提高资源利用率。只有完成这个步骤,才能进行后续的 I/O 时序优化或者寄存器至寄存器时序优化。设计者应该首先确定已经按照上一节所讲述的方法对一些基本的限制进行了设定,然后才能开始进行这一节所介绍的资源利用优化。采用资源利用优化主要是为了将一些先前无法适配到一个特定器件的工程进一步进行优化,从而得到成功的适配结果。资源利用优化问题可以分为 3 类:①I/O 引脚使用或放置。包括专门的 I/O 块,如 PLL 和 LVDS 收发引脚。② 逻辑使用或放置。包括逻辑单元、寄存器、查找表、专门的逻辑如内存块和 DSP 块。③ 布局布线。

12.3.1　I/O 引脚使用或放置

有以下两种方法来解决 I/O 引脚的分配问题。

1. I/O 指派分析器

I/O 指派分析器"Start I/O Assignment Analysis"位于"Processing"菜单的"Start"子菜单中。使用该工具可以在设计的前期检验 I/O 分配是否存在问题。设计者可以用这个命令在编译前、编译中和编译后来检查引脚分配的合法性。如果已经有了设计文件,那么设计者还能对 I/O 引脚和相关逻辑进行更全面的检测,包括:引脚参考电压的合理性,引脚位置分配的有效性,以及混合 I/O 标准的可行性。

在 I/O 指派时最常遇到的问题有两类:

(1) 差分的接口标准必须使用特定的成对 I/O 引脚。

(2) 某些 I/O 标准可能仅被某些 I/O 块所支持。

如果在编译或 I/O 指派分析阶段出现了与 I/O 引脚有关的错误,那么设计者只要按照错误信息中的 Quartus Ⅱ 建议进行一些参数的设置即可。

2. 调整引脚分配或选择更大封装的器件

如果一个已经进行了引脚分配的设计无法进行适配,那么可以将已有的引脚分配全部删除,然后再次进行编译。此时就可以知道当前所选定的器件是否存在一个引脚分配方案支持当前的设计。如果适配通过,那么设计者就需要对原来的引脚分配方案进行调整,直到成功地完成引脚适配。否则,设计者将不得不更换更大封装的器件。

12.3.2 逻辑使用或放置

除了引脚分配问题外,还经常容易遇到的问题是逻辑资源问题,例如包含寄存器和查找表的逻辑单元,以及存储器块和 DSP 块等专门逻辑。

1. 面积的最优化综合

如果设计使用了太多的逻辑资源,而造成适配失败,那么可以采用以下的方法来重新综合工程以便提高面积利用率:首先,确保已经正确设置了综合器的器件类型和时序限制。尤其重要的是,当面积利用率是设计的核心问题时,要确保没有过度地进行时序限制。因为,综合器普遍会尝试去匹配这些特殊的要求,如果限制过度,就会增加使用的资源。

当资源利用率是设计的核心问题时,一些综合器提供了快捷的方式对设计进行面积优化而不是速度优化。如果设计者使用 Quartus Ⅱ 集成的综合器,那么就可以选择平衡(Balanced)或面积(Area)选项来进行优化,如图 12.6 所示。

设计者也可以利用这个逻辑选项为设计中的特定模块在分配编辑器中进行优化,这时设计者将使用面积设置来减少面积,但是这种方式通常会降低寄存器至寄存器的时序性能。设计者也可以使用速度优化技术来为时钟域的逻辑选项进行优化,从而为这些时钟域的逻辑实现速度最优化,达到提升设计性能的目的。通常,如果没有为综合器设定最大频率要求 f_{MAX},那么综合后的结果就会使用较少的逻辑资源。Quartus Ⅱ 集成的综合器还提供了许多高级的参数设置,具体使用方法可以参考相关的数据手册。

2. 重组多路复用器

在许多 FPGA 设计中,多路复用器占用了大量的逻辑资源。通过重构多路复用器(Restructure Multiplexers)逻辑,设计者可以得到更有效的实现,如图 12.7 所示。

3. 执行平衡或面积设置的 WYSIWYG 原语预综合

平衡设置典型地会产生和面积设置相似的资源利用结果,只是性能上会有所提高。而面积设置在某些情况下会形成较好的综合结果。如果执行 WYSIWYG 面积预综合功能,通常会降低寄存器至寄存器的性能。

4. 使用寄存器封装

自动封装寄存器(Auto Packed Registers)选项可以将两个特定的单元合并,如图 12.8 和图 12.9 所示。这两个单元必须满足以下的特点:一个单元只使用了寄存器,而另一个单元只使用了查找表。通过这种方法就可以将两个单元合并成一个单元,从而减少资源占用。

下面列出可以利用寄存器封装的方式进行优化设计的各种可能情况:

(1)一个 LUT 可以作为只有一个数据输入口的不相关寄存器而在同一个单元中实现。

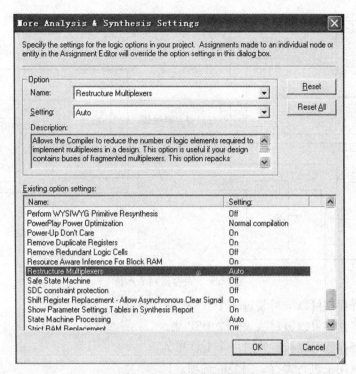

图 12.7　重构多路复用器逻辑

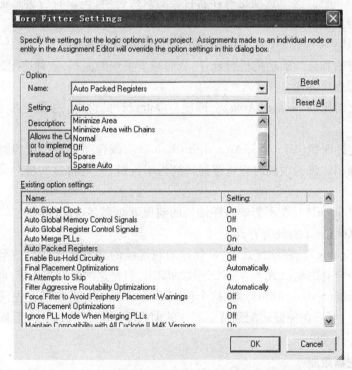

图 12.8　自动封装寄存器

(2) 一个 LUT 可以作为一个 LUT 的反馈寄存器而在同一个单元中实现。

(3) 一个 LUT 可以作为另一个 LUT 的激励而在同一个单元中实现。

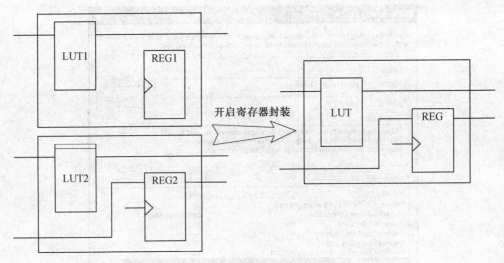

图 12.9　寄存器封装示例

(4) 一个寄存器可以被封装进一个 RAM 块。

(5) 一个寄存器可以被封装进一个 DSP 块。

(6) 一个寄存器可以被封装进一个 I/O 单元。

以下是可以用来进行寄存器封装的选项。

(1) 自动(Auto)。这个选项是寄存器封装的默认选项,该设置告诉适配器在保证将设计适配到一个特定器件的前提下,尝试获得最佳的性能。在该参数的控制下,适配器合并所有可组合的(LUT)和连续的(寄存器)函数,以使电路速度实现优化。此外,适配器还会对不相关的可合并的和连续的功能进行合并,从而减少实现的面积,直到适配的结果能满足该特定器件的资源要求为止。

(2) 最小化面积(Minimize Area)。即使会降低设计的性能,也要更进一步地封装寄存器以减少面积。

(3) 最小化链面积(Minimize Area with Chains)。该选项更进一步的封装执行链上的寄存器以减少面积。该选项同时将寄存器转换为串行链,然后将这些链封装为其他的逻辑以减少面积。

(4) 正常(Normal)。在不影响时序结果的前提下对寄存器进行封装。

(5) 关闭(Off)。不封装寄存器。

(6) 稀疏(Sparse)。在该模式下,可合并的和连续的功能被合并在一起以便合成后的逻辑可以有一个合并的输出或者有一个连续的输出,但是这两个结果不能同时满足。

(7) 自动稀疏(Sparse Auto)。在这个模式下,Quartus Ⅱ 适配器首先使用稀疏模式来进行寄存器封装,然后在保证适配到特定器件的前提下进行性能优化。后面的优化过程类似于自动模式。

5. 移除适配器限制

如果一个设计的限制条件相互冲突,或者在这些限制条件下很难找到可以适配到目标器件上的具体实现,那么就可以用移除适配器限制(Remove Fitter Constrains)的功能。这种情况经常出现在位置或逻辑锁定配置过于严格,且目标器件上没有足够的布局布线资源的情况下。在这种情况下,可以在芯片规划器(Chip Planner)中选择布局布线拥塞(Routing Congestion)任务,从而将布局布线问题在平面图中展示,如图12.10所示。

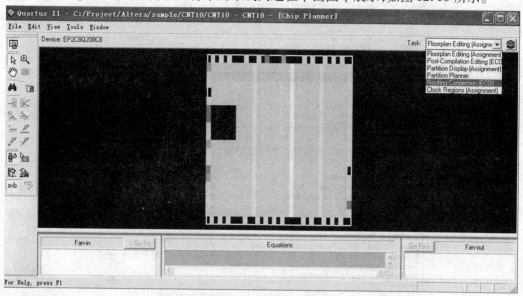

图12.10　芯片规划器

然后设计者可以移除拥塞区域内任意的位置分配或逻辑锁定分配,并再次适配。如果设计仍旧不能成功适配,那么设计就有可能是过度限制了,此时必须要考虑进行适配限制的移除。为了解决这个问题,首先移除所有的位置分配和逻辑锁定分配,然后进行编译,适配成功后,增加一些限制条件然后再次进行编译。为了移除位置分配,设计者可以进入分配编辑器(Assignment Editor)或芯片规划器(Chip Planner),然后删除特定的位置分配即可。为了移除逻辑锁定,设计者可以进入芯片规划器,然后在逻辑锁定区域窗口(LogicLock Regions Window)或分配菜单中,单击移除分配(Remove Assignments)。打开分配分类,然后从设计中删除可能的分配分类列表。

6. 改变状态机的编码

状态机可以使用各种各样的技术来进行编码。通常,使用二进制码或者格雷码能够比one-hot编码使用更少的状态寄存器。前面介绍过,one-hot编码每一个状态比特需要一个独立的寄存器,因此有多少个状态,就需要多少个状态寄存器。如果在工程中用到了状态机,那么通过改变状态机的编码方式(Change State Machine Encoding)就可以使用最少的状态寄存器,从而减少资源的使用。具体采用哪种状态机编码方案取决于工程的设计方法。如果设计没有使用手动的状态编码方法,那么就可以在综合器的设置中声明所采用的状态机编码方案。当使用Quartus Ⅱ集成的综合器,可以打开状态机处理(State Machine Processing)选项中的最小比特(Minimal Bits)设置功能,以达到最小化状态机数量的目的,如图12.11所示。

设计者也可以在分配编辑器(Assignment Editor)中为特定的模块或状态机设置特定的逻辑选项。

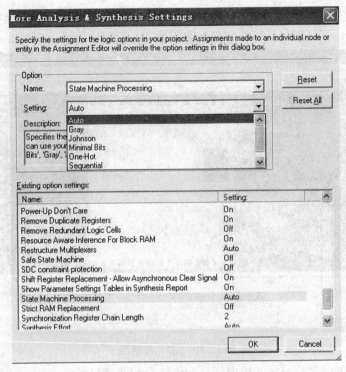

图 12.11　状态机处理选项

7. 在综合过程中进行扁平化

通常,综合器提供了保留层次边界的选项,该选项可以用于校验等功能。然而,跨边界的优化可以允许综合器进行更高层次的逻辑优化,从而减少芯片面积。因此,为了获得最佳的面积使用,只要在可能的情况下就要扁平化工程的层次结构,如图 12.12 所示。

如果设计人员正在使用 Quartus Ⅱ 的增量编译,那么就不能在设计的各个部分之间进行扁平化。此时可以按照 Altera 的建议来对设计进行分割,例如跨层次的寄存器合并来减少跨边界优化的影响。

8. 重新选择存储器块

如果适配失败是由于用光了设备的某种存储资源,那么设计者就不得不将某些存储器块更改为其他类型。例如,如果一个设计需要在 Stratix EP1S10 中使用两个 M – RAM 块,那么就会出现适配失败,因为该器件只有一个 M – RAM 块。

这时,设计者可以试图将其中一个存储器块更改为 M4K 类型,从而得到成功的适配。如果存储器块是通过 MegaWizard Plug-In Manager 创建的,那么可以打开该存储器的 MegaWizard Plug-In Manager,然后将它的 RAM 块类型进行更改,如图 12.13 所示。同样,ROM 和 RAM 存储器块也可以通过修改 HDL 代码的方式来更改存储器类型。综合器中也有相应的参数来允许适配器自动在逻辑资源和 RAM 资源间进行转换。

第 12 章 优化和时序分析

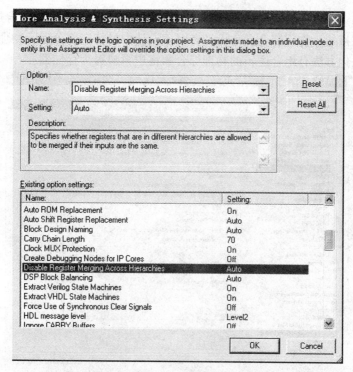

图 12.12 跨层次的寄存器合并选项

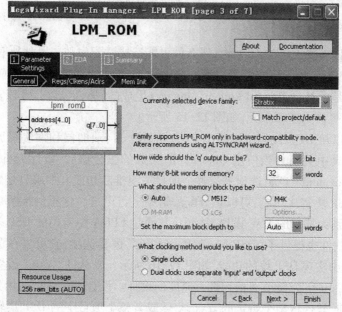

图 12.13 修改存储器块的类型

9. 使用物理综合选项减少面积

适配中的物理综合选项(Physical Synthesis Options)能够帮助设计者减少资源的使用，如图 12.14 所示。当设计者使用了物理综合来进行适配，那么 Quartus Ⅱ 软件将对网表进行特殊的处理以减少资源的占用。需要指出，如果使用了物理综合那么编译时间会有显著的增加。在 Quartus Ⅱ 软件中,设计者可以为特定的工程采用特定的物理综合选项,从而达到减少编译时间的目的。物理综合允许设计者对于设计中的特定部分运行物理综合算法。可用的物理综合优化方法有组合逻辑的物理综合和将逻辑映射为存储器。

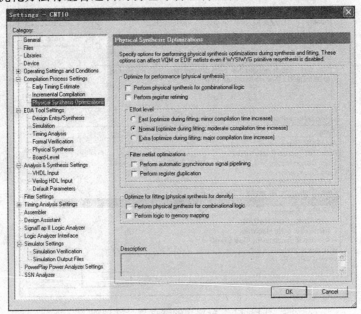

图 12.14　物理综合选项

10. 改变或平衡 DSP 块

如果一个设计需要太多的 DSP 块,那么就可能造成适配失败。既然所有的 DSP 块都可以用逻辑单元来实现,那么设计者可以将部分 DSP 块转化为逻辑单元,从而获得成功的适配。如果 DSP 块是由 MegaWizard Plug-In Manager 生成的,那么可以打开该管理器然后将实现方式由 DSP 块更改为逻辑单元,如图 12.15 所示。

DSP 块也可以从 HDL 代码中推断出来,包括乘法器、乘加器和乘法累加器。这种推断也可以在综合工具中关闭。当使用 Quartus Ⅱ 集成的综合器后,设计人员可以通过"Auto DSP Block Replacement"逻辑选项来为整个项目关闭推断功能。如果只是想对一个特定的模块关闭自动 DSP 块替代功能,可以在分配编辑中进行设定。这里的推断是指是否能够将一个功能模块识别为特定的 DSP 模块,从而将其通过 FPGA 中专门的 DSP 模块来实现。

Quartus Ⅱ 软件也提供了"DSP Block Balancing"逻辑选项,它可以在逻辑单元或者不同的 DSP 块模式中实现 DSP 块的功能,如图 12.16 所示。默认的"Auto"设置允许 DSP 块自动转换 DSP 块的 slices 为最小面积和最大速度的设计。设计人员可以使用其他的设置方式来控制 Quartus Ⅱ 软件将某个特定的节点、实体或者整个项目中的 DSP 块转换为逻辑单元或者 DSP 块。

11. 优化源编码

如果因为逻辑使用等原因而造成了适配失败,但是通过上述的各种方法都无法成功地提高资源的利用率,那么就不得不调整源代码以便获得期望的结果。如果设计的工程无法适配到可用的 LE 或 ALM 中,但是器件中还存在没有使用的存储器或者 DSP 块,这时设计者

图 12.15　修改乘法器 DSP 块的实现方式

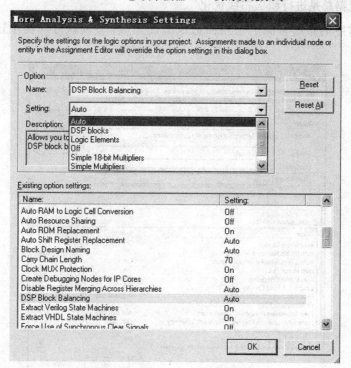

图 12.16　DSP 块平衡选项

需要检查是否有描述存储器或者 DSP 功能的码块没有被推断或者放置在专门的逻辑中。如果存在这种情况，设计者可以调整自己的源代码，使这些功能可以被放置进目标器件中专门的存储器或 DSP 资源中。

设计者还要确保状态机能够被正确地识别为状态机逻辑，并且能够在综合器中被合理地进行优化。如果综合器能够识别出状态机，那么优化效果要比把状态机作为普通逻辑的方式好得多。在 Quartus Ⅱ 软件中，设计者可以在编译报告（Compilation Report）中查看分析和综合(Analysis & Synthesis)报告中的状态机信息。这份报告提供了包括状态编码方式等与状态机有关的详细信息。但是,如果所设计的状态机不能被正确地识别为状态机,那么设计者将不得不调整源代码。

12. 使用大封装的器件

如果由于缺少 LEs、ALMs、存储器或 DSP 块而导致适配失败,那么设计者不得不更换更大封装的器件。

12.3.3 布线

设计者可以利用这一节所介绍的方法来解决布线(Routing)时的资源问题。

1. 设置自动寄存器封装为稀疏或自动稀疏

这个选项有利于减少设计中的 LE 或 ALM 的数量,如图 12.8 所示。默认的 Auto 选项会令适配器尝试实现最佳的性能以及好的面积利用率。如果设置为 Sparse Auto 选项,适配器将尝试获得最佳的性能,即使这种性能提升会稍微增加面积的使用也是可接受的。

2. 设置适配器总是进行积极布线优化

如果由于过度的布线资源的使用而造成适配失败,那么就可以使用这个选项,如图 12.17 所示。

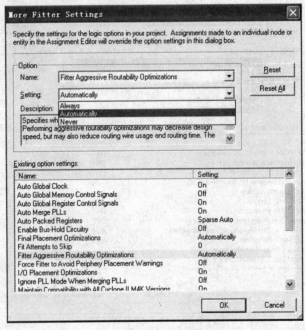

图 12.17 适配器积极优化布线选项

该选项的开启有可能会降低 FPGA 的运行速度,但是也会减少布线的数量,并减少布局布线的时间。如果在第一次适配时,设计者发现在器件布局和布线的运行时间上有较大的差异,那么就可能是由于较多的布线造成的。通过开启这个选项,就可以节省大约 6% 的布线资源,但是也会降低 4% 的系统性能,同时编译时间也会相应减少。只要不是进行一次适配尝试,这个选项就会被自动使用。该选项被使用后,就会增加第一次适配时适配器的努力程度。即使适配器的努力程度设置为了自动适配(Auto Fit),该选项的开启也能保证 Quartus Ⅱ 软件使用最大优化来减少布线的数量。

3. 增加布局努力倍数

增加布局努力倍数(Placement Effort Multiplier)能够增加设计的布局能力,允许软件为一个需要大量布线资源的设计进行更有效的布局,如图 12.18 所示。当适配器进行超过一次的适配尝试时,增长努力选项就会被自动使用。设置一个比 1 更大的倍数,能够增长第一次适配时的努力程度。第二次以及第三次适配尝试时会将布局努力倍数分别提高到 4 和 16。这种方式会增加编译的时间,但是却有可能会提高布局的质量。该选项在布线时会减少拥塞的程度,也能够帮助较难适配的项目完成适配。

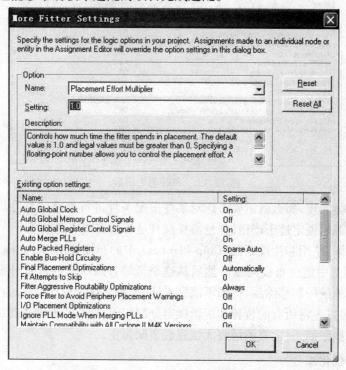

图 12.18　布局努力倍数

4. 增长布线努力倍数

布线努力倍数(Router Effort Multiplier)控制了布线器采用多快的方式来找到一个有效的布线方案,如图 12.19 所示。该参数的默认值为 1.0,并且只能设为[0.25,4]区间内的数。通常这个数被设为大于 1 小于 3,这个区间内的参数设置能够增加布线的努力程度,从而使难以完成布线的工程能够更大可能地实现布线。这个数值越接近于 0,越能减少布线运行时间,但是通常也会减少布线的质量。通过试验验证表明,该值设为 3 可以减少 3% 的工程用线数量。试验同时表明,这个值如果大于 3,那么通常也不会为工程带来性能的提高。

5. 移除适配器限制

如果一个设计使用了相互冲突的限制条件,或者这些限制条件很难生成一个可以适配

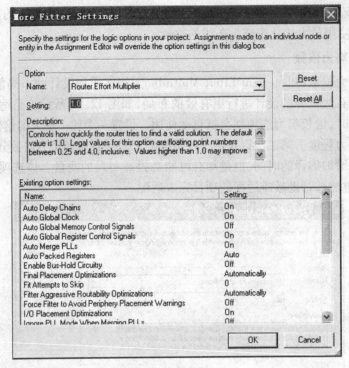

图 12.19　布线努力倍数

到目标器件的具体实现,那么就需要考虑对某些适配条件进行修改或移除。这种现象经常发生在位置或者逻辑锁定过于严格,并且器件没有足够的布线资源的场合。

在这种情况下,使用芯片规划器(Chip Planner)中的布线拥塞(Routing Congestion)任务就可以在平面图中定位布线问题。然后从这个区域移除所有的位置分配或逻辑锁定区域。如果这些本地的限制移除后,仍旧不能完成适配,那么这个设计就是过度限制了。为了解决这个问题,可以先将所有的位置和逻辑锁定分配移除,然后不断地进行编译尝试。在每次编译时增加一些限制条件,直到最终无法完成适配为止。

6. 面积的最优化综合

在某些情况下,对设计重新进行综合不但可以提高面积利用率,还可以提高设计的布线能力。首先,设计者要确保已经正确地设置了综合器的器件类型和时序限制。尤其重要的是,当面积利用率是设计的核心问题时,要确保没有过度地进行时序限制。因为,综合器普遍会尝试去匹配这些特殊的要求,如果限制过度,那么就会增加使用的资源。

当资源利用率是设计的核心问题时,一些综合器提供了快捷的方式对设计进行面积优化而不是速度优化。如果设计者使用 Quartus Ⅱ 集成的综合器,那么就可以选择平衡(Balanced)或面积(Area)选项来进行优化,如图 12.6 所示。

设计者也可以利用这个逻辑选项为设计中的特定模块在指派编辑器中进行优化,这时设计者将使用面积设置来减少面积,但是这种方式通常会降低寄存器至寄存器的时序性能。设计者也可以保留默认的平衡最优化技术设置值,而为某个特定的模块选择不同的优化值。设计者也可以使用速度优化(Speed)技术来为时钟域的逻辑选项进行优化,即对该时钟域内的所有组合逻辑进行速度优化,达到提升设计性能的目的。通常,如果没有为综合器设定最大频率要求f_{MAX},那么综合后的结果就会使用较少的逻辑资源。Quartus Ⅱ 集成的综合器还提供了许多高级的参数设置,具体使用方法可以参考相关的数据手册。

7. 优化源代码

如果因为布线问题导致设计无法完成适配,并且上面介绍的各种方法也不能成功地提高设计的布线情况,那么就要考虑调整源代码以便获得期望的结果。通过针对特定的设计调整相应的源代码,例如采用复制逻辑或者改变需要大量布线连接的模块间的连接关系,那么适配结果通常能够获得较理想的改善。

8. 使用大封装的器件

如果由于缺少布线资源而导致适配失败,那么设计者可能需要采用更大封装的器件。

12.4 时序优化技术

这一节主要介绍当设计无法满足时序要求时的解决方法。目前对于最新的器件和10.1以上版本的 Quartus Ⅱ 软件,推荐使用 TimeQuest 分析器来进行时序分析。考虑到目前国内使用 Cyclone Ⅱ,Stratix Ⅱ 等低端器件仍旧是主流趋势,所以本书将主要介绍传统的时序优化方法。

12.4.1 时序优化顾问

时序优化顾问(Timing Optimization Advisor)可以给设计者具体的参数设置建议,从而使设计者完成时序优化任务。通过 Tools –> Advisors –> Timing Optimization Advisor 打开时序优化顾问后,就可以看到它提供了很多提高时序性能的建议。由于顾问提供的一些推荐值可能是相互矛盾的,所以设计者需要按照优化的重要性,手动选择是否对推荐内容进行优化。例如图 12.20 中的工程满足频率要求,此时顾问建议可以通过修改参数来进一步提高系统的工作速度。此时只需要简单地单击"Correct the Settings"按钮即可。或者设计者也可以单击该按钮下面的链接,自己对这些参数进行手动设定。

当设计人员在图 12.20 左侧的分类菜单中单击不同的分类,例如最大频率(Maximum Frequency)和 I/O 时序(I/O Timing),那么可以注意到顾问将推荐值分为了好几个阶段,而这些阶段就显示了设置这些推荐值的顺序。第一个阶段所包含的选项通常是最容易改变的,并且对其他优化内容不会产生大的改变,也不会显著增加编译时间。在分类菜单中的图标显示是否执行了优化,例如对速度进行优化后,就可以发现图 12.21 中 Optimize for speed 前面的图标变成了对号,表明完成了推荐优化。如果该图标是一个警告标记,那么表明该选项可以进行优化。

12.4.2 I/O 时序优化

这一节主要介绍 I/O 时序优化的方法。设计者首先要确保按照以前介绍的方法正确地设置了初始编译条件,并且资源能够满足设计要求。由于改变 I/O 路径会影响内部的寄存器至寄存器时序,所以设计者应该首先完成 I/O 时序优化,然后再进行寄存器至寄存器的时序优化。这一节主要解决 I/O 时序中的建立延时(t_{SU}),保持时间(t_H)和时钟至输出时间

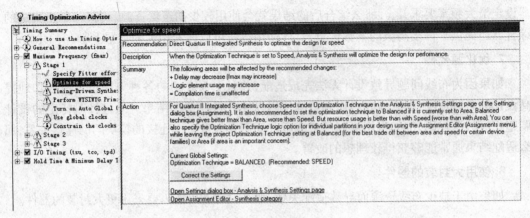

图 12.20　时序优化顾问

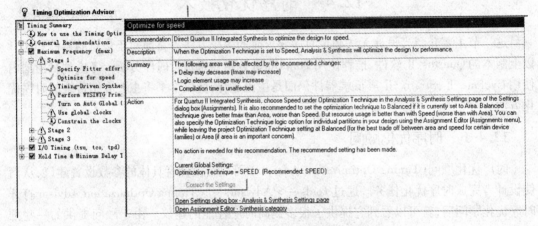

图 12.21　优化后的状态

(t_{CO})参数。

1. 提高建立时间和时钟至输出的时间概要

表 12.2 介绍了减少 t_{SU} 和 t_{CO} 的优化顺序。表中的对号表明了使用该技术会影响哪个时间参数。需要注意,减少 t_{SU} 就意味着增加了 t_H。

表 12.2　优化顺序

技术	影响 t_{SU}	影响 t_{CO}
确保为失败的 I/O 设置了正确的限制条件	√	√
为 I/O 使用时序驱动(timing-driven) 的编译	√	√
使用快速输入寄存器	√	—
使用快速输出寄存器、快速输出使能寄存器和快速 OCT 寄存器	—	√
减少从引脚至输入寄存器的输入延时,或设置 Decrease Input Delay to Input Register = ON	√	—
减少从引脚至内部单元的输入延时,或设置 Decrease Input Delay to Internal Cells = ON	√	—
减少从输出寄存器至输出引脚的延时,或设置 Increase Delay to Output Pin = OFF	—	√

续表 12.2

技术	影响 t_{SU}	影响 t_{CO}
增加从双功能时钟引脚至扇出终端的输入延时	√	—
使用 PLL 改变时钟沿	√	√
使用快速局部时钟	—	√
对 MAX Ⅱ 系列设备,设置保证 I/O 路径(Guarantee I/O paths)为 0,快速时序角的保持时间(Hold Time at Fast Timing Corner)为 OFF	√	—
增加至输出使能引脚的延时或设置 Increase delay to output enable pin	—	√

2. 时序驱动的编译

在需要满足 t_{SU} 或 t_{CO} 的时序要求或需要复制寄存器时,该选项可以将寄存器移至 I/O 单元中。该选项是一个全局选项,并且默认是开启。需要指出,该选项不能应用于 MAX Ⅱ 系列设备,因为它们不包含 I/O 寄存器。

优化 IOC 寄存器布局以提高时序(Optimize IOC Register Placement for Timing)选项仅仅影响有 t_{SU} 或 t_{CO} 需求的引脚。只有当寄存器直接驱动一个引脚或者直接被一个引脚驱动时,才能使用 I/O 寄存器。这个设置不会影响符合以下任何一个特点的寄存器:

(1) 寄存器和引脚间有组合逻辑。
(2) 是一个执行链或串行链的一部分。
(3) 有一个覆盖的位置指派。
(4) 使用了异步加载端口并且值不为 1。

满足以上任何条件的寄存器优化将使用 Quartus Ⅱ 适配器优化的普通设置。

3. 快速的输入、输出和输出使能寄存器

设计者可以在指派编辑器(Assignment Editor)中使用快速 I/O 指派来手动地在 I/O 单元中放置独立的寄存器。对于输入寄存器,使用快速输入寄存器(Fast Input Register)选项;对于输出寄存器,使用快速输出寄存器(Fast Output Register)选项;对于输出使能寄存器,使用快速输出使能寄存器(Fast Output Enable Register)选项。Stratix Ⅱ 设备还支持快速 OCT(on-chip termination)寄存器选项。而 MAX Ⅱ 系列设备由于没有 I/O 寄存器,所以这些指派会将寄存器锁定到与 I/O 临近的 LAB 单元中。如果快速 I/O 设置被开启,那么寄存器将总是被放置在 I/O 单元中。如果快速 I/O 设置被关闭,那么寄存器绝不会被放置在 I/O 单元中。即使最优化 IOC 寄存器布局以优化时序选项被开启,以上情况也总是成立。如果没有快速 I/O 指派,并且最优化 IOC 寄存器布局以优化时序选项被开启,那么 Quartus Ⅱ 软件将会自行决定是否将寄存器放置在 I/O 单元中。

这 4 个快速 I/O 选项(快速输入寄存器 Fast Input Register,快速输出寄存器 Fast Output Register,快速输出使能寄存器 Fast Output Enable Register 和快速 OCT 寄存器)也能够无视在逻辑锁定区域内的寄存器位置,并强迫将寄存器移入 I/O 单元。如果该指派用于一个驱动多个引脚的寄存器,那么这个寄存器将会被复制然后分别放入对应的 I/O 单元中。对于 MAX Ⅱ 系列设备,寄存器将会被复制然后放置在临近 I/O 单元的每个 LAB 中。

4. 可编程延时

各种可编程延时(Programmable Delays)选项可以被用来最小化 t_{SU} 和 t_{CO} 时序。对于

Arria, Cyclone, MAX Ⅱ, MAX Ⅴ 和 Stratix 系列设备, Quartus Ⅱ 软件自动调整各种可编程延时以帮助实现时序要求。作为高级选项, 可编程延时只有在编译过工程并发现时序不满足要求时, 才能够使用。

在设计者进行了可编程延时指派并且编译了设计后, 他就能够在编译报告的延时链概要(Delay Chain Summary) 中看到每一个 I/O 引脚的每一个延时链的实际延时值。

设计者可以在指派编辑器(Assignment Editor) 中设定可编程延时选项。设计者也可以在芯片规划器(Chip Planner) 和资源性质编辑器(Resource Property Editor) 中查看和调整目标器件的延时链设置。当设计者在运行完全编译后使用资源性质编辑器调整设置时, 不必重新编译整个设计。他只需要将改变直接保存到网表文件中即可。由于这些改变是直接对网表进行操作, 所以当重新编译设计时, 这些改变就会消失。因此, 设计者需要改变管理特性从而使这些改变能够在后续的编译中被反复用到。

尽管可编程延时在新的器件系列中是可以由用户来进行控制的, Altera 只建议高级用户进行这种操作, 而最好由 Quartus Ⅱ 软件自己在适配阶段来使用这些可编程延时。

5. 利用锁相环改变时钟沿

使用锁相环 PLL 通常都能够自动提高 I/O 的时序性能。如果时序要求仍旧无法满足, 大部分器件都允许 PLL 进行移相输出从而改变 I/O 时序性能。向后移动时钟, 将会在牺牲 t_{SU} 性能的情况下, 提高 t_H 的性能。而向前移动时钟, 将会在牺牲 t_H 性能的情况下, 提高 t_{SU} 的性能(图 12.22)。

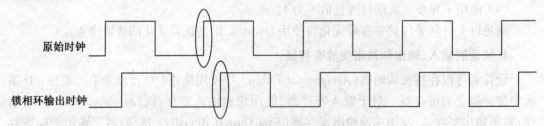

图 12.22 利用锁相环延迟时钟输出

对于某些器件, 设计者也可以使用从双功能时钟引脚至扇出终端的输入延时选项(Input Delay from Dual Purpose Clock Pin to Fan-Out Destinations), 通过该可编程延时选项来实现类似功能。

6. 使用快速局部时钟网络和局部时钟网络

Altera 器件有各种各样分等级的时钟结构, 包括专门的全局时钟网络(GCLK), 局部时钟网络(RCLK), 快速局部时钟网络(FCLK) 和外围时钟网络(PCLK)。对于不同的器件, 这些时钟资源也会有所不同。

通常, 快速局部时钟与局部时钟和全局时钟相比, 其到 I/O 单元的延时更小, 所以这个时钟经常被用作高速的扇出控制信号。局部时钟可以为单一的一个象限中的逻辑提供最低的时钟延时和时钟扭曲。将时钟放置在这些低扭曲低延时的时钟网络中可以提供较好的 t_{CO} 性能。

12.4.3 寄存器至寄存器的时序优化技术

在完成上面那个阶段的优化后,就进入到了提高寄存器至寄存器间时序性能的阶段,即提高系统工作频率(f_{MAX})阶段。编码风格是影响设计的最主要因素,因此设计人员要不断地对代码进行评估,并确保使用同步设计方式。

当使用 TimeQuest 分析器时,优化寄存器至寄存器的时序与最大化时钟域的余量具有相同的效果。设计者可以使用这一节介绍的方法来提高设计中不同时序路径的余量。

在进行设计的优化之前,设计者需要明白自己工程的结构,以及每次优化会影响的逻辑类型。如果优化选项与逻辑结构不匹配,那么反而会降低设计的性能。

1. 提高寄存器至寄存器时序概要

选择何种选项或者设置来提高时序余量(slack)或者提高寄存器至寄存器的时序,取决于设计中不能满足时序要求的失败路径。为了获得接近性能要求的最佳结果,设计者可以利用以下技术来进行优化。

(1) 确保时序指派是完整和正确的。

(2) 确保已经浏览了初次编译时的所有警告信息,并且检查了忽略掉的时序指派。然后在优化之前解决这些问题。

(3) 使用网表综合优化选项。利用下面的综合选项来进行优化:

① 以提升速度为目的优化综合功能。
② 在综合阶段扁平化层次结构。
③ 将综合努力设为高。
④ 改变状态机编码。
⑤ 防止移位寄存器推断。
⑥ 使用综合工具可提供的其他综合选项。

(4) 使用以下选项进行物理综合优化:

① 为组合逻辑执行物理综合。
② 执行异步信号的自动流水线。
③ 执行寄存器复制。
④ 执行寄存器重新时序配置。
⑤ 执行逻辑至存储器的映射。

(5) 尝试不同的适配种子。如果设计中许多关键路径都失败了,或者某些路径失败得很厉害,那么设计者可以忽略该步骤。

(6) 使用逻辑锁定功能来控制布局。

(7) 调整出现大量时序失败区域的源代码。

(8) 使用位置指派;或者作为最后的手段,通过后向注释设计的方式进行手动布局。

设计者可以使用设计空间探索器(Design Space Explorer)来自动地为多个不同的设置值执行多次不同的编译。如果以上的方法仍旧不能解决时序问题,那么就需要设计者对整个源代码重新进行调整。

2. 物理综合优化

Quartus Ⅱ 软件提供的物理综合优化能够帮助设计者提高设计的性能。物理综合优化既可以在综合阶段使用也可以在适配阶段使用。在 Quartus Ⅱ 编译器综合阶段出现的物理综合优化既可以是对另一个 EDA 综合工具输出的结果进行操作,也可以是作为 Quartus Ⅱ 集成综合器的内部步骤。这些优化将对综合网表进行修改,从而提高面积或者速度性能。至于具体提高哪一方面的性能,取决于设计人员所选定的优化技术及努力程度。

如果设计者使用一个第三方的 EDA 综合工具,并希望 Quartus Ⅱ 软件能够将综合的电路进行重新映射以提高性能,那么设计者就可以使用"Perform WYSIWYG Primitive Resynthesis"选项。该选项指导 Quartus Ⅱ 软件将原语网表至逻辑门间的 LE 进行解映射,然后重新将门电路映射为 Altera 的特定原语。使用 Altera 的特定原语能够使适配器使用器件的特定结构来重新映射电路。

物理综合优化出现在 Quartus Ⅱ 编译的适配阶段时,该优化会对网表中的布局进行特定的修改,从而提高设计的速度性能。以下的物理综合优化是在适配阶段可用的选项:

(1) 组合逻辑的物理综合。
(2) 异步信号的自动流水线。
(3) 寄存器的物理综合(寄存器复制和重新时序配置)。

如果设计者仅仅希望通过物理综合来提高设计的某一部分的性能,那么也可以只对该部分所涉及的实例(instance)进行物理综合。为了实现该功能,设计者可以使用指派编辑器(Assignment Editor)。以下是可作为实例指派的选项:

(1) 执行组合逻辑的物理综合。
(2) 执行寄存器复制。
(3) 执行寄存器重新时序配置。
(4) 执行异步信号的自动流水线。

为了实现这些指派,需要遵循以下的步骤:

(1) 在指派编辑器的"To"选项卡中,指定想进行物理综合的模块实体。
(2) 在指派名字(Assignment Name)选项卡中,选择需要的物理综合指派。
(3) 在"Value"选项卡中,选择"On"。
(4) 在"Enabled"选项卡中,选择"Yes"。

3. 关闭极度努力功率优化设置

如果 PowerPlay 功率优化设置为极度努力(Extra Effort),工程的实际性能可能会受到影响。如果提高时序性能比减少功耗更重要,那么可以将 PowerPlay 的功率优化设置为 Normal。

4. 以速度为目标的综合优化

设计被综合的方式会在很大程度上影响设计的性能,这些方式包括编码、综合工具的使用以及综合选项。如果设计中许多路径都失败了,或者如果一些路径严重失败并且它们本身使用了许多逻辑,那么就必须要改变综合选项。

在使用综合工具时,设计者需要设置综合器的器件和时序限制。综合工具是时间驱动的,并且会为了实现特定的时序要求而进行优化。如果设计者没有声明设计的频率,那么一些综合工具会以面积优化为目标来进行综合。某些综合工具提供了比较简单的方法来指导综合器进行速度优化而不是面积优化。

设计者也可以在指派编辑器中对设计中的某些模块设定速度优化选项,而让设计的其他部分仍旧保持为平衡或面积优化选项。设计者也可以在指派编辑器中使用时钟域的速度优化技术(Speed Optimization Technique for Clock Domains)选项来声明在某时钟域内的所有组合逻辑采用速度来进行优化。

5. 综合阶段的扁平化

综合工具通常会为设计者保留分层的边界,该功能主要帮助进行程序校验等功能。然而,最佳优化一般都出现在跨层次边界进行优化的场合。这是因为在进行跨层次边界的优化时,综合器可以最大限度地减少逻辑资源,从而提高设计的性能。只要允许,设计人员就应该扁平化设计的层次结构以便获得最佳的结果。如果使用了 Quartus Ⅱ 的增量编译,那么就不能使用扁平化设计的方法。此时设计者需要按照 Altera 的建议对设计进行分割,例如对分割的边界进行锁存以减少跨边界优化的影响。

6. 将综合努力参数设置为高

有些综合工具提供了可设置的综合努力级别,从而使设计者能够在编译时间和综合结果间进行权衡。将综合努力设置为高就可以得到最好的结果。

7. 改变状态机编码

状态机可以使用各种技术来进行编码。One-hot 编码为每一个状态比特使用一个寄存器,因此状态机有多少个状态,就需要多少个状态寄存器,即多少位的编码。如果设计中使用了状态机,那么可以将编码方式设置为 One-hot,这样就会在使用更大面积的情况下提高性能。

8. 为扇出控制复制逻辑

如果为了减少路由延时而移除一个失败时序路径上的寄存器会造成其他路径的失败,或者由于寄存器的扇出会造成时序问题,那么复制逻辑或寄存器就能够帮助提高时序性能。通常,时序失败不是因为较多的扇出寄存器,而是由于这些寄存器的位置。如果源寄存器和目的寄存器在物理布局上非常接近,那么复制寄存器就可以提高关键路径上的时序余量。

许多综合工具支持对最大扇出寄存器数量的参数设置。当使用 Quartus Ⅱ 集成综合器时,设计者可以在指派编辑器中设置"Maximum Fan-Out"逻辑选项,从而控制一个节点的终端数量以保证扇出数量不超过设定值。

逻辑复制使用了最大扇出指派,通常这会增加资源的使用并会增加编译时间,而且采用该方式所提高的时序性能与具体的设计有关。如果设计者使用了最大扇出指派,Altera 建议设计者比较采用该指派和未采用该指派时的时序性能差异。只有当使用该指派确实能提高时序性能时,才使用该指派。设计者也可以在 Quartus Ⅱ 软件中手动复制寄存器而不必考虑所使用的综合工具。为了复制寄存器,可以在指派编辑器中使用"Manual Logic Duplication"选项。

9. 防止移位寄存器推断

在某些时候,关闭移位寄存器的推断可以提高性能。如果这么做,那么就意味着强迫软件使用逻辑单元去实现移位寄存器而不是使用存储块中的寄存器。

10. 使用综合器支持的其他综合选项

在综合时,还可以通过改变以下的选项来尝试提高设计的性能:
（1）打开寄存器平衡或重新时序配置。
（2）打开寄存器流水线。
（3）关闭资源共享。

这些选项通常可以增加设计的性能,但是同时会增加资源的使用,因此设计人员需要谨慎进行选择。

11. 适配器种子

适配器种子会影响设计的初始布局,因此改变种子值就会改变适配结果。每一个种子值都会产生不同的适配结果,所以设计者可以通过改变种子值的方式尝试获得较好的适配结果和时序性能。当设计出现了变化时,两次编译的结果间会由于布局和布线算法而出现随机的变化。这种设计的变化可以是源文件、分析和综合设置、适配设置以及时序分析器设置的改变,而这种设计变化所产生的编译结果的随机变化与采用适配器种子的方式相当。此外,这些变化也有可能不是由设计变化产生的,而是由于更换了编译计算机的处理器或操作系统,因为这时适配器中浮点数的计算方式会出现变化。

如果在优化设置中的某个改变轻微地影响了寄存器至寄存器的时序或者失败路径的数量,那么设计者不能总是想当然地认为这种改变一定会造成性能的提高或者降低,因为这种改变可能只是由于适配器的随机影响。如果更换了一个种子值,那么性能就可能会由提高变为了降低。为了定位这种优化设置对设计的实际影响,设计者可以利用种子扫描的方式（即通过设定不同的种子值,进行多次的编译）,然后看看从平均角度来看性能到底是提高了还是降低了,从而决定该优化参数的设置是否会对性能提升有帮助。种子扫描方式还能够告诉设计者性能可能的变化区间,从而使设计者对性能的最终结果有个预判。

这种种子扫描的方式最好在整个设计和参数设定全部完成的情况下进行,否则后续的任何一次设计更改和参数设置变化,都会导致设计者不得不重新进行种子扫描。

12. 设置最大布线时序优化级别

为了提高设计的布线能力,可以将布线时序优化级别（Router Timing Optimization Level）设置为"Maximum"。该设置将会使布线器尽最大努力以满足时序需要。"Maximum"设置能够在轻微增加编译时间的情况下,提高设计的速度。将该选项设置为"Minimum"可以在轻微降低设计速度的情况下,减少编译时间。该选项的默认值为"Normal"。

13. 优化源代码

如果上述描述的方法都不能成功地提高设计的时序性能,那么设计者只能通过修改源代码的方式来尝试获得理想的结果。设计者可以使用流水线或者其他更有效的编码技术来重新规划设计。在许多情况下,对源代码进行优化会对系统性能有十分明显的提升。事实上,优化源代码也是提高设计性能的最有效方法,这种方法通常也比使用逻辑锁定或者位置指派更有效。

如果设计的关键路径涉及存储器或者 DSP 块,那么设计者应该检查项目中描述存储器或者 DSP 功能块的代码是否没有被推断或放置到专门的逻辑中。设计者应该尽可能地调整代码使这些功能块被放置在目标器件中高性能的专门存储器或资源中。

设计者还要确保状态机被作为状态机逻辑在综合工具中进行优化。通常,状态机被识别为状态机逻辑要比作为普通逻辑具有更好的综合结果。在 Quartus Ⅱ 软件中,设计者可以在编译报告的分析综合子类中的状态机报告中检查状态机是否被认作了状态机逻辑并且采用了何种编码方式。

12.4.4 逻辑锁定指派

使用逻辑锁定指派功能以提高时序性能的方法仅仅是为较老的 Altera 器件所推荐的功能,例如 MAX Ⅱ 系列。对于其他设备类,特别是对于 Arria 和 Stratix 这些较大的器件,使用逻辑锁定功能去提高时序性能是不被推荐的。对于这些设备,使用逻辑锁定主要是为了保留先前的结果以便于对设计进行分块设计。

此外,逻辑锁定功能也不是总能提高设计的性能。在许多情况下,设计者不能通过在适配器中进行位置指派的方法来提高编译结果。如果设计中存在逻辑锁定,那么可以将这些指派删除并重新进行编译,从而可以知道这些指派是否会使性能变坏。

当使用逻辑锁定指派时,必须要注意到这种方式给适配器留了多大的灵活性。逻辑锁定指派要比硬拷贝位置指派具备更大的灵活性。更灵活的指派需要更高的适配努力,同时也减少了设计过度限制的机会。下面以灵活性递减顺序列出可用的逻辑指派类型:

(1) 自动尺寸,浮动位置区域。
(2) 固定尺寸,浮动位置区域。
(3) 固定尺寸,锁定位置区域。

为了决定将哪些部分放入逻辑锁定区域,可以参考时序分析结果并分析芯片规划器中的关键路径。在编译报告中时序分析器部分的寄存器至寄存器时序路径可以帮助设计者识别锁定方式。这一节剩下的部分将会介绍在哪种情况下逻辑锁定可以帮助优化设计。

1. 层次指派

对于具有如图 12.23 所示层次结构的设计,如果它的失败路径如表 12.3 所示,那么 mod_A 就是一个问题模块。在这种情况下,一个比较好的解决策略就是将 mod_A 这个层次模块放入一个逻辑锁定区域,以便在平面图中所有节点都可以离它较近。

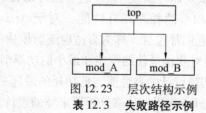

图 12.23　层次结构示例

表 12.3　失败路径示例

From	To
| mod_A | reg1	| mod_A | reg9
| mod_A | reg3	| mod_A | reg5
| mod_A | reg4	| mod_A | reg6
| mod_A | reg7	| mod_A | reg10
| mod_A | reg0	| mod_A | reg2

如果设计者正在使用增量编译,那么层次逻辑锁定区域也非常重要。将每一个设计块放入不同的逻辑锁定区域,可以减少增量编译时的冲突并确保产生较好的编译结果。设计者可以使用自动尺寸和浮动位置区域方式去找到一个好的设计平面图,但是固定尺寸和布局可以在未来的编译中得到最好的结果。

2. 位置指派及后向注释

如果只有一小部分路径不满足时序要求,那么设计者可以使用硬拷贝位置指派来优化布局。对于 Quartus II 适配器,位置指派没有逻辑锁定指派灵活。在某些情况下,如果对设计非常熟悉,那么设计者可以键入位置限制从而得到较好的结果。

提高诸如 Arria 和 Stratix 这种大器件的适配结果通常是比较困难的。这时位置指派不是总能提高设计的性能。在许多情况下,设计者都不能通过位置指派来提高适配结果。

3. 亚稳态分析及优化技术

当一个信号穿过两个不相关或者异步的时钟域时,就容易出现亚稳态问题。因为这些时钟会相互漂移,所以设计者很难保证信号可以满足建立时间和保持时间的要求。两次失败的时间间隔(Mean Time Between Failure,MTBF)是导致设计失败的两次亚稳态间的平均时间间隔。

设计者可以使用 Quartus II 软件分析当一个设计对异步信号进行同步时,由于亚稳态所产生的平均 MTBF。然后可以对设计进行优化以便提高 MTBF。这些亚稳态特性仅仅支持某些器件,并且仅仅能够被在 TimeQuest 分析器中得到支持。如果设计的 MTBF 很低,那么可以参考时序优化顾问(Timing Optimization Advisor)中的亚稳态优化部分。该部分可以提供各种各样的设置建议以帮助优化设计的亚稳态问题。

12.5 功率优化

Quartus II 软件提供了基于功率的优化方案来全方位地优化设备的功率消耗。基于功率的编译主要使用功率综合和功率布局布线技术来全面减少设计的功率消耗。这一部分主要介绍可以减少设计功率消耗的各种技术及使用方法。这些方法主要是为 Arria GX、Stratix、Cyclone 和 HardCopy II 系列器件所使用的,这些器件都普遍采用了低 k 电解质材料,因而可以大幅度地减少动态功率消耗并提升性能。对于 Arria、Stratix II、Stratix III、Stratix IV 和 Stratix V 系列器件,它们都包含了称为自适应逻辑模块(adaptive logic module,ALM)的有效逻辑结构,因此能同时获得最佳的性能和最小的功率消耗。对于 Cyclone 系列器件,提供了在低成本 FPGA 上实现设计的高性能与低功耗的最优平衡技术。

Altera 公司提供了 Quartus II PowerPlay 功率分析器来辅助设计人员在设计过程中快速并准确地估计功率消耗。设计者可以使用这一节介绍的技术和工具在实现工业领先的 FPGA 性能的前提下,最小化功率消耗。

FPGA 的总功耗由 I/O 功率、内核静态功率和内核动态功率组成。这一节主要聚焦如何使用优化选项和优化技术来减少内核动态功率和 I/O 功率。此外,还有一些为 Stratix III 和 Stratix IV 器件特别提供的功率优化技术:

(1) 可选择内核电压(仅支持 Stratix III 系列器件)。

(2) 可编程功率技术。

(3) 设备速度等级选择。

12.5.1 功率损耗

这一节将描述 Stratix Ⅲ 和 Cyclone Ⅲ 设备中可能造成功率损耗的原因。设计者在理解了功率损耗源的前提下,就可以对减少功耗的各种技术进行仔细推敲。

图 12.24 是 Stratix Ⅲ 和 Cyclone Ⅲ 设备在不同设计中的内核动态功率损耗。所有的设计都使用了一个固定的 100 MHz 时钟,其中 Stratix Ⅲ 采用了 103 个不同的设计进行平均,而 Cyclone Ⅲ 使用了 96 个不同的设计进行平均。

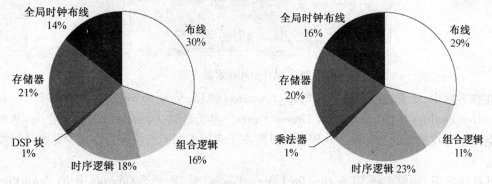

图 12.24　Stratix Ⅲ 和 Cyclone Ⅲ 系列 FPGA 的动态功率损耗

由图可见,无论是 Stratix Ⅲ 还是 Cyclone Ⅲ,很多功率都被消耗在了 FPGA 内部的布线资源上,而剩下的功率被消耗在了逻辑、时钟和 RAM 块中。对于 Stratix Ⅲ 和 Cyclone Ⅲ 系列器件,一系列不同长度的行列交叉连线将逻辑阵列块(LAB)、存储器块、数字信号处理块或多路复用器块连接到了一起。设备上绝大部分的功率都被这些互连线消耗掉了。

FPGA 的组合逻辑是另一个主要的功率消耗部分,在最新的 Stratix 系列器件中基本的逻辑块是 ALM,而在 Cyclone Ⅱ,Cyclone Ⅲ 和 Cyclone Ⅳ GX 设备中基本的逻辑块是 LE。

存储器和时钟资源是 FPGA 中另一个主要的功耗源。Stratix Ⅱ 采用了 TriMatrix 的存储器结构,该结构包括 512 bit 的 M512 块,4 kbit 的 M4K 块和 512 kbit 的 M－RAM 块,这些块可以通过配置的方式来支持很多特性。Stratix Ⅳ 和 Stratix Ⅲ 的 TriMatrix 存储器结构是 Stratix Ⅱ 的 TriMatrix 存储器结构的增强版本,它包括了 3 种存储器块:MLAB 块、M9K 块和 M144K 块。Stratix Ⅲ,Stratix Ⅳ 和 Stratix Ⅴ 设备被划分为了片(tile),每一个片可以设定为高速或低功率模式。采用可编程功率技术的目的主要是用来减少静态功率,此外它也能减少一部分的动态功率。Cyclone Ⅱ 设备有 4 kbit 的 M4K 存储器块,而 Cyclone Ⅲ 和 Cyclone Ⅳ GX 设备有 9 kbit 的 M9K 存储器块。

12.5.2 设计空间探索器

设计空间探索器(Design Space Explorer,DSE)是 Quartus Ⅱ 软件中一个简单并容易使用的设计优化工具。DSE 为设计进行 Quartus Ⅱ 软件选项优化的探索和报告。设计者可以选择不同的优化功能,比如功率优化、性能优化或面积优化。DSE 工具位于 Tools －>

Launch Design Space Explorer 中,其界面如图 12.25 所示。

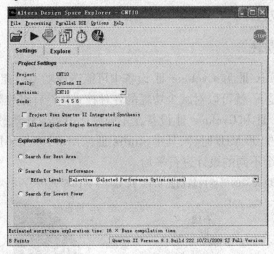

图 12.25　设计空间探索器界面

在该界面中,设置选项卡被分为 Project Settings 和 Exploration Settings 两个选项卡。在 Exploration Settings 中的"Search for Lowest Power"选项使用一个预定义的探索空间,从而在该空间中寻找最低的功耗设计。该设置目的在于应用不同的选项设置以减少总设计的发热量。

默认情况下,如果选择了"Search for Lowest Power"选项,那么 Quartus Ⅱ 的 PowerPlay 功率分析器将会运行 DSE 中所有可能的探索,从而帮助设计者调试程序并获得功率和性能间的优化平衡。

12.5.3　基于功率的编译

标准的 Quartus Ⅱ 编译器会按照分析、综合、布局布线、装配和时序分析的顺序来进行编译。基于功率的编译发生在分析、综合以及布局布线阶段。通过更改 PowerPlay 功率优化列表中分析和综合设置页内以及适配设置页内的各种设置,就可以产生控制基于功率的编译。这一节就主要描述在分析综合和适配器级别的功率优化选项。

1. 功率驱动的综合

在编译的综合阶段会出现综合网表优化过程,该优化技术会对综合网表进行优化,从而使设计符合选定的面积、速度和功率优化条件。在分析和综合的设置页面可以设定各种逻辑综合选项,特别是 PowerPlay 功率优化选项,如图 12.6 所示。

表 12.4 列出了 PowerPlay 功率优化列表中各种可能的设置,设计者可以将该设置应用于整个工程或者工程中的某个实体。

表 12.4　PowerPlay 功率优化可选参数设置

设置	描述
Off	不采用任何网表或布局布线优化技术来减少功耗
Normal compilation(默认值)	只要没有降低设计的性能,就对网表进行最小化功耗的优化
Extra effort	对网表进行最小化功耗的优化,实际的性能可能会受到影响

"Normal compilation"是该设置的默认值,该设置在综合阶段会进行存储器优化以及功

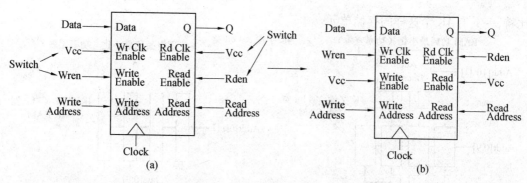

图 12.26　存储器功率优化示例

率感知的逻辑映射,从而使综合结果满足优化条件。就像前面介绍的存储器块在整个器件的动态功耗中占了较大的比重,因此减少每一个时钟周期的存储块数量就可以显著减少存储器的功耗。存储器的优化涉及将用户定义的读写使能信号转化为存储器相关的读写时钟使能信号类型。

在图 12.26 的例子中,(a) 是设计者设计的一个双口存储器模块。在该模块中,设计者将读写时钟使能信号都连接到了 Vcc 上,从而使读写时钟信号总是使能,即在每个时钟周期内存储器的读写端口都处于工作状态。为了有效降低存储器的能耗,可以将该设计修改为(b)图所示的等价模块。该模块将原来的读写使能信号与读写时钟使能信号进行互换,这样当不对该存储器模块进行读写时,存储器模块的读写端口将会关闭,这样就可以显著减少该存储器模块的功耗。对于 Stratix Ⅲ,Stratix Ⅳ 和 Stratix Ⅴ 设备,设计者只要选定"Normal compilation"设置就可以在适配阶段自动完成这种存储器的转换。

在 Stratix Ⅲ,Cyclone Ⅲ,Cyclone Ⅳ GX 和 Stratix Ⅲ 设备中,写有效时的读操作(read – during – write)行为会显著影响单口和双向双口 RAM 的功耗。需要说明:read – during – write 是指在同一个时钟周期下,对同一个地址进行写操作的时候,如果还进行读操作,那么从存储器中读出的是以前的数据还是新写入的数据。最理想的情况是将 HDL 文件中的 read – during – write 参数设置为"Don't Care",这样就会允许对读使能(read – enable)信号进行优化,使它可以被设置为写使能(write – enable)信号的反相信号。这就允许 RAM 内核被关闭而不是简单的切换,从而显著节约功耗。

另一种在"Normal compilation"设置中发生的功率优化是功率感知的逻辑映射。功率感知的逻辑映射通过在综合阶段对逻辑进行重新布置,以便消除高切换率的网络。

"Extra effort"设置在"Normal compilation"设置的基础上通过关闭不使用的存储器块的方式,更进一步地减少存储器的功率消耗。当然,这种存储器优化可能需要额外的逻辑资源,并有可能降低设计的性能。"Extra effort"设置也进行功率感知的存储器平衡。所谓的功率感知存储器平衡是指为设计者的存储器实现自动选择最佳的存储器配置,并通过决定所需的内存块、解码器和多路复用器电路的数量来提供最佳的节能设计。如果在先前的设计中,设计者没有指定实现存储器采用何种存储器模块,那么功率感知的平衡器将会在存储器实现阶段自动选择存储块类型。

图 12.27 展示了一个 4K×4 的存储器在不同参数配置条件下使用 M4K 存储器块在 Stratix Ⅱ 器件中的具体实现。这里 4K×4 是指存储器中每一个存储单元的数据宽度为 4 个

比特，一共有 4K 个这样的存储单元。

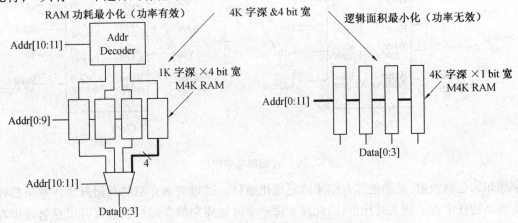

图 12.27　4K×4 的存储器的各种实现方式

图 12.27 右边的配置是使用 4 个 4K×1 的 M4K 块，因为它使用了最小的逻辑面积（0 个逻辑单元）和最高的速度，所以它是 Quartus Ⅱ 软件的默认配置。然而，这种实现方式在每次对存储器进行操作时，所有的 4 个 M4K 模块都会被激活，从而增加了 RAM 消耗的功率。为了最小化 RAM 的功耗，可以选择"PowerPlay power optimization"列表中的"Extra effort"选项。那么综合后的实现就会采用 4 个 1K×4 的 M4K 模块。此外，通过 RAM 的 megafunction 功能，还要利用一些逻辑资源实现一个地址译码器从而利用地址线的最高两位来决定在每次进行存储器操作时，到底将哪个 M4K 块激活。最后，RAM 的 megafunction 功能还会自动实现一个多路复用器来选择合适的 M4K 输出，以激励后续的逻辑。因为在每个 RAM 读写的时钟周期，仅仅只有一个 M4K 块被激活，所以这种实现方式减少了 RAM 的功耗，但是它需要额外的逻辑、较多的面积，并可能降低设计的性能。

通过接入较少的存储器以节约功率和通过额外的解码器及复用器逻辑增加的功耗间有一个平衡关系。Quartus Ⅱ 软件可以自动平衡这两者的关系，从而为每一个 RAM 生成最低的功耗实现。通过测试表明，基于功率的综合技术可以减少 Stratix 系列器件 60% 的存储器功耗。

2．基于功率的适配

在适配器设置页面，设计者可以说明适配选项，如图 12.28 所示。其中，PowerPlay 功率优化选项可以用来对 Arria GX，Arria Ⅱ GX，Cyclone Ⅱ，Cyclone Ⅲ，Cyclone Ⅳ，HardCopy，Stratix Ⅱ，Stratix Ⅱ GX，Stratix Ⅲ，Stratix Ⅳ 和 Stratix Ⅴ 系列的 FPGA 进行功率优化设置。

可能的设置值有"Off""Normal compilation"（默认值）和"Extra effort"。比较图 12.28 和图 12.6，这些设置值的具体含义和上一节在分析和综合中对应的参数值定义相同。但是它们的作用和前面的介绍有些差别。

默认的"Normal compilation"设置主要通过创建功率有效的 DSP 模块配置来为设计者的 DSP 功能模块进行优化。对于 Stratix Ⅲ，Stratix Ⅳ 和 Stratix Ⅴ 的器件，基于为设计所设定的时序限制，该设置会使用可编程功率技术（Programmable Power Technology）去配置 DSP 中的每个基本单元（tile）为高速模式还是低速模式。即使适配器 PowerPlay 功率优化

第 12 章 优化和时序分析

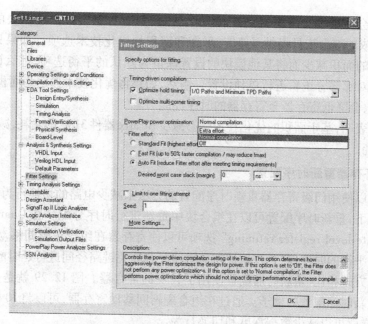

图 12.28　适配器界面的 PowerPlay 功率优化选项

选项设置为"Off",可编程功率技术也总是会被开启的。DSP 中的每个基本单元(tile)是 LAB 和 MLAB 对的组合,它们也包括了 LAB 和 MLAB 间的布线。功率优化的级别并不会影响适配、时序结果以及编译时间。此外,对于 Stratix Ⅲ 系列器件,该设置也会开启如上节所介绍的存储器转换功能。

"Extra effort"设置在"Normal compilation"设置的基础上,继续在适配阶段对布局布线进行全面的功率优化。使用该设置时,即使设计已经满足了时序要求,适配器仍将进行额外的努力以便最小化功率消耗。这主要是通过布局将触发频繁的逻辑尽量靠近,从而使这种频繁的逻辑触发本地化。此外该方法还会使用低电容的布线。然后,这种方式通常会增加编译时间。

"Extra effort"设置使用一个.vcd(Value Change Dump)文件来指导适配器依据信号的行为来对设计的功耗进行全面优化。在适配阶段,最好的功率优化来自于最精确的信号行为信息。因为所有节点的行为反映了设计的实际行为,所以通过为设计的典型运行过程提供输入向量,就可以在后适配(post-fit)网表仿真时获得最精确的信号行为信息。如果设计者没有生成一个.vcd 文件,那么 Quartus Ⅱ 软件就会使用指派、时钟指派和无矢量(vectorless)估计值(PowerPlay 功率分析器的设置)来估计信号行为。这个信息可以在适配阶段来为设计进行功率优化。通过测试表明,基于功率的适配技术可以为 Stratix 器件减少 19% 的功率消耗。平均来看,与综合和适配设置中的 PowerPlay 功率优化选项都设为"Off"相比,将这个值都设为"Extra effort"可以将内核的动态功率减少 16%。需要指出,只有适配选项中的 PowerPlay 功率优化设置为"Extra effort",才会在适配阶段使用来自于.vcd文件的信号行为。而在设置对话框中的 PowerPlay 功率分析设置页面的各种设置可以被用来计算设计的信号行为。

3. 基于面积的综合

在综合过程中使用面积优化而不是时序或延时优化,那么就可以节省功率。这主要是因为面积优化会使用较少的逻辑块,而逻辑块的减少通常也会减少逻辑块的切换行为。Quartus Ⅱ 集成的综合工具提供了速度、平衡和面积的优化技术选项。如果只是想将设计中的某些模块的面积减少而将其他模块的设置保留为默认的平衡选项,那么设计者可以在指派编辑器中对那部分逻辑进行单独设置。当然,如果将优化技术选定为面积,那么在降低功耗的情况下,会降低寄存器至寄存器的时序性能。

实验数据表明,基于面积的优化技术能够减少 Stratix 器件 31% 的功耗,减少 Cyclone 器件 15% 的功耗。

4. 门级寄存器重新时序配置

设计者可以使用门级寄存器重新时序配置的方法来减少电路的切换行为。在不改变设计能耗的前提下,重新时序配置可以在组合块中重新进行时序分配。在 Quartus Ⅱ 软件中的"Perform gate-level register retiming"选项可以使寄存器在组合逻辑间移动,从而使各个逻辑块有更加平衡的时序,并允许软件在关键路径和非关键路径间进行延时的平衡。

与流水线方式相比,重新时序配置使用了较少的寄存器。图 12.29 就是一个使用门级寄存器进行重新时序配置的例子。通过在组合逻辑间移动寄存器,可以将 10 ns 的关键延时相应减少,这样就可以减少数据深度和切换行为。

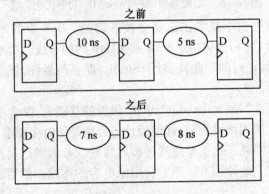

图 12.29 寄存器间重新时序配置

如果设计者使用一个第三方的综合工具,那么必须要选择"Perform WYSIWYG primitive resynthesis"选项将原语恢复为门映射,然后再次进行门映射将原来第三方的原语转换为 Altera 的原语。当使用 Quartus Ⅱ 集成的综合器,在将设计映射为 Altera 原语前的综合阶段,就可以进行门级的重新时序配置。实验数据表明,将"WYSIWYG"重映射与门级寄存器重新时序配置技术相结合可以减少 Stratix 器件 6% 的功耗,Cyclone 器件 21% 的功耗。

12.5.4 设计指南

除了编译选项外,在 FPGA 设计的实现阶段,采用低功耗的设计技术也可以减少功耗。这一节提供详细的设计技术来为 Cyclone Ⅱ,Cyclone Ⅲ,Cyclone Ⅳ GX,Stratix Ⅱ 和 Stratix Ⅲ 设备进行全面的功率优化。

1. 时钟功率管理

由于时钟高的切换速度和长的路径,所以它们占据了动态功率消耗的主要部分。在上一节的测量图中表明,全局时钟的布线资源所消耗的功率占 Stratix Ⅲ 设备总功耗的 14%,

占 Cyclone Ⅲ 设备总功耗的 16%。实际上与时钟相关的功率消耗要比这个测量值高，这是因为除了全局时钟外，分布在逻辑、存储器、DSP 和复用器模块中的本地时钟同样也会消耗大量的功率。

Quartus Ⅱ 软件可以自动对时钟布线功耗进行优化，这样就会只激活那些需要对下游的寄存器进行触发的时钟网络。因此可以将时钟通过一个门电路，从而对它的有无进行控制，就可以进一步地减少功耗。尽管产生时钟门逻辑是可行的，但是这种方法通常都不被推荐，因为在 FPGA 中使用 ALM 或 LE 很难保证产生一个没有脉冲干扰的时钟。

Arria GX，Arria Ⅱ GX，Cyclone Ⅲ，Cyclone Ⅳ，Stratix Ⅱ，Stratix Ⅲ，Stratix Ⅳ 和 Stratix Ⅴ 器件使用了具有使能信号的时钟控制模块。一个时钟控制模块是一个时钟缓存，该缓存可以令设计者动态地使能或者非使能该时钟网络，也可以动态地在驱动该时钟的多个信号源间进行切换。设计者可以利用在 Quartus Ⅱ MegaWizard Plug-In Manager 中选择 ALTCLKCTRL megafunciton 来创建一个时钟控制模块。上述的这些器件都具备全局时钟的时钟控制模块，其中的 Stratix Ⅱ，Stratix Ⅲ，Stratix Ⅳ 和 Stratix Ⅴ 器件还有局部时钟网络的时钟控制模块。这种动态时钟使能特性可以让内部逻辑来控制时钟网络。当一个时钟网络被关闭时，所有被该时钟网络所激励的逻辑将不再被触发，因此减少了器件的功耗。图 12.30 是一个 4 输入的时钟控制模块的框图。

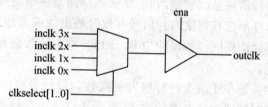

图 12.30 4 输入的时钟控制模块的框图

在将时钟信号分布到全局布线资源前，使用了一个使能信号。因此，该使能信号或者要有一个显著的时序余量（至少要和全局布线延时一样大），或者它可以减少时钟信号的最高频率 f_{MAX}。

另一个可以对时钟功耗进行优化的部分是将一个时钟分布在 LAB 寄存器中的 LAB 时钟。在所有的时钟功耗中，LAB 时钟功耗通常占据统治地位。例如，对于 Cyclone Ⅲ 设备，每一个 LAB 可以使用如图 12.31 所示的两个时钟和两个时钟使能信号。

每一个 LAB 的时钟信号和时钟使能信号是相互关联的。例如，在某个特定 LAB 中使用 labclk1 信号的 LE 也会使用 labclkena1 信号。为了在不将整个时钟树都关闭的情况下减少 LAB 的时钟功耗，可以使用 LAB 的时钟使能信号去控制 LAB 的时钟。Quartus Ⅱ 软件会自动将寄存器级的时钟使能信号提升到 LAB 级别。在一个 LAB 中共享一个公共时钟和时钟使能信号的所有寄存器会被同一个共享的控制时钟所控制。利用这些时钟使能，就可以在寄存逻辑的相关 HDL 代码中使用这些时钟使能结构。

2. 减少存储器功率消耗

FPGA 内部的存储器块所消耗的功率在整个内核的动态功耗中占据了很高的比例。例如，Cyclone Ⅲ 和 Stratix Ⅲ 器件中的存储器块会消耗大约 20% 的内核动态功率。不像其他的模块，存储器块所消耗的功率绝大部分是和时钟速率有关的，而与数据和地址线的触发速

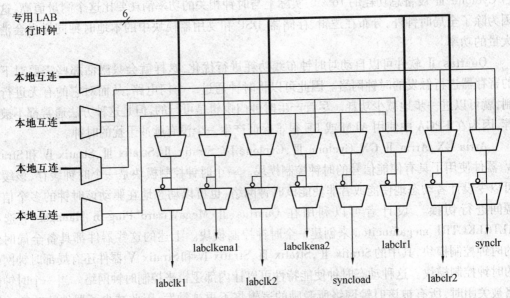

图 12.31　使用两个时钟和两个时钟使能信号的 LAB

率关联不大。当一个存储器块被时钟激活时,那么在存储器块中会发生一系列与该时钟有关的读或者写操作。这样不论在每次时钟信号有效时数据线或者地址线是否发生变化,被时钟控制的这些电路都会消耗同样数量的功率。因此,输入的数据和地址总线的触发速率不会影响存储器的功耗。

减少存储器功耗的关键在于减少时钟触发的次数。设计者可以采用"时钟功率管理"那一小节介绍的方法将时钟通过门电路的方式,或者通过使用存储器上的时钟使能信号来实现该目的。图 12.32 显示了存储器块内部时钟的逻辑结构。使用合适的使能信号就可以避免使用门电路时钟的方式。

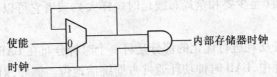

图 12.32　存储器块内部时钟的逻辑结构

设计者要确保只有在必要时刻才通过时钟使能信号激活存储器,而在其他时间要关闭时钟使能信号以便节约功率。设计者可以在创建存储器模块的时候使用 MegaWizard Plug-In Manager 方式,然后选择"Clock enable signal"选项来为合适的端口创建使能信号,如图 12.33 所示。

例如,如果一个设计使用了一个工作在 200 MHz 时钟频率下的 ROM,而该 ROM 使用了一个 32 bit 位宽的 M4K 存储器块。假设这个 ROM 模块只需要每 4 个时钟周期输出一个数据,并且假定消耗的动态功率为 8.45 mW。如果通过增加一小部分逻辑来生成读时钟使能信号,从而在没有数据输出时关闭 ROM,那么功耗就可以降低 75%,变为 2.15 mW。

设计者也可以使用存储器 megafunction 中的 MAXIMUM_DEPTH 参数来节约 Cyclone Ⅱ,Cyclone Ⅲ,Cyclone Ⅳ GX,Stratix Ⅱ,Stratix Ⅲ,Stratix Ⅳ 和 Stratix Ⅴ 器件的功率。然

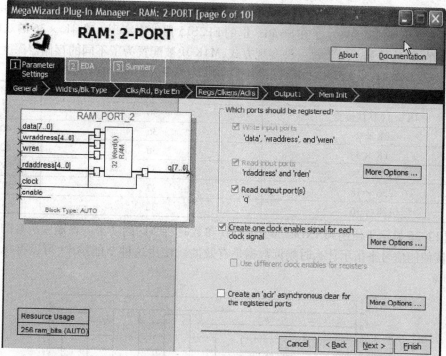

图 12.33　创建时钟使能信号

而这种方法可能会增加实现存储器的 LE 数量，从而会影响到设计的性能。

设计者可以在 megafunction 的实例或者在 MegaWizard Plug-In Manager 中手动设置存储器模块的 MAXIMUM_DEPTH 参数，如图 12.34 所示。

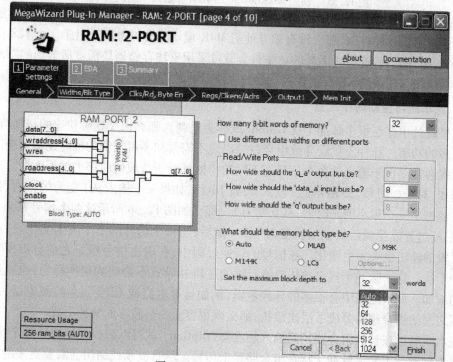

图 12.34　设置最大块深度

Quartus Ⅱ 软件会按照 12.5.3 那一节所介绍的方法自动为存储器选择最合适的配置方式以减少功耗。表 12.5 展示了在 Stratix Ⅱ 的 EP2S15 器件中实现一个 4K×36 的双口存储器所使用的 M4K 数量。对于每一种实现方式, M4K 块被配置为了不同的存储器深度。

表 12.5　EP2S15 中实现 4K×36 的双口存储器所使用的 M4K 块数量

M4K 配置	M4K 块数量	ALUTs
4K×1（默认设置）	36	0
2K×2	36	40
1K×4	36	62
512×9	32	143
256×18	32	302
128×36	32	633

图 12.35 显示了使用 MAXIMUM_DEPTH 参数时所节约的功率。该图中所有的实现都使用了读使能信号来指示什么时候读数据是有效的。使用这种节能技术,可以将功耗最多减少 60%。

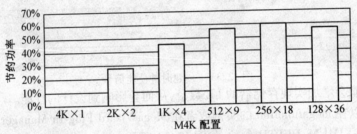

图 12.35　使用 MAXIMUM_DEPTH 参数时节约的功率

当存储器的深度变浅时,存储器的动态功率就会减少。这是因为通过地址线的逻辑组合以及读使能信号的控制,那么没有被寻址的 M4K 模块将会被关闭。对于一个 128 深度的存储器块,额外的 LE 资源所消耗的功率将会胜过采用更浅存储器块深度所节约的功率。因此存储器模块和相关的 LE 所消耗的功率与存储器的配置有关。

3. 流水线与重新时序配置

如果设计中存在很多脉冲干扰 Glitch（或称为毛刺）,那么由于这种快速的切换行为,会消耗更多的功率。脉冲干扰会导致组合逻辑出现不需要和不可预测的临时逻辑切换。这种脉冲干扰通常是由于输入的各个信号间不同的传播延时所造成的时序上的不匹配。

例如,对于如图 12.36 所示的 2 输入异或门电路,如果一个输入从 1 变为 0；同时,另一个输入在经过了一个很小的延时后,从 0 变为 1。那么如图 12.36 所示这两个信号都为 1 的短暂时刻,经过异或逻辑后的输出就变为了 0。随后,当一个信号的电平发生变化后,对应的异或逻辑的输出也会发生变化。在信号的转换过程中,在输出信号稳定之前会出现一个小的脉冲干扰。这个脉冲干扰会被传递给后续的逻辑并导致不希望的切换行为,也就造成了功耗的增加。如果电路中有很多的异或逻辑,例如运算电路或 CRC 冗余检测电路,并且在寄存器之间的组合逻辑分成了层次结构,那么就很容易产生较多的脉冲干扰。

流水线通过在长的组合路径间插入触发器（flipflop）就可以减少设计的脉冲干扰,这主要是因为触发器不允许脉冲干扰在组合路径上传输。尽管流水线结构会需要更多的时钟周期来输出第一个结果,所以会增加电路的等待时间,但是它又可以允许使用更高的时钟速率

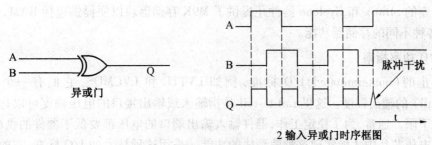

图12.36　2输入异或门电路及其时序

来进行操作。图12.37显示了一个将长组合路径转化为流水线结构的例子。

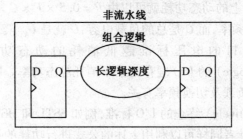

图12.37　长组合路径转化为流水线结构

流水线结构对于易于产生脉冲干扰的运算系统非常有效,因为它可以减少切换行为从而减少组合逻辑的功耗。此外,通过减少寄存器间的逻辑层次数量,流水线结构允许更高的运行速度。使用流水线的缺陷在于,如果设计中没有很多的脉冲干扰,那么流水线结构就会因为增加了不必要的寄存器从而造成功耗的增加。另外,流水线结构也会增加资源的使用。实验数据表明,流水线结构可以为Cyclone和Stratix器件减少30%的动态功耗。

4．结构优化

设计者可以利用特定设备的结构特点,使用设计级别的结构优化。这些特性包括专门的存储器、DSP或复用器模块以实现存储器或算法相关的功能。设计者可以使用这些模块来代替LUT以便减少功率消耗。例如,设计者可以从基于RAM的FIFO缓存中生成一个大的移位寄存器,而不是直接使用LE寄存器来构造移位寄存器。

Stratix器件允许设计者使用TriMatrix存储器结构来实现各种容量的存储器。每一个TriMatrix存储器块可以为特定的功能进行优化。在Stratix Ⅱ中,M512存储器块可以用来实现小的FIFO缓存、DSP和时钟域变换。M512存储器块与其他FPGA中的分布式存储器结构相比具有更有效的功率利用率。M4K存储器块可以用来实现很多种应用,比如处理器的指令存储器、大的查找表和大的存储器。M-RAM块主要用来实现必须要放置在FPGA内部的大容量数据的存储。有效利用这些存储器块的不同特点,就可以有效减少最终设计的功耗。最新的 Stratix 和 Cyclone 器件还提供了 M9K 存储器块以便提供包括 RAM,FIFO 和 ROM 等各种不同的存储器功能。

5. I/O 功率指南

未终止的(nonterminated) I/O 标准,例如 LVTTL 和 LVCMOS,它们有一个轨到轨(rail-to-rail)的输出幅度。这里 rail-to-rail 是指输入或输出接口的电压幅度可以达到电源电压的上下限。通常,为了稳定工作,器件输入输出端口的电压都要低于器件的供电电压,只有在低电压芯片中才能实现这种轨到轨的功能。采用这种技术的 I/O 标准,它的高电平和低电平间的压差就等于供电电压 U_{CCIO}。如果输出引脚的负载电容(load capacitance)已知,消耗在这个 I/O 接口上的动态功耗就可以由 $P = 0.5 \times F \times C \times V^2$ 计算得出。其中 F 是输出的转换(transition)频率,而 C 是总的负载电容,U 就是 U_{CCIO}。因为功耗与 U 的二次方成正比,因此 I/O 接口的电压标准越低消耗的动态功率就越少。TTL 逻辑(transistor-to-transistor logic)的 I/O 缓存几乎不消耗静态功率。因此,LVTTL 或 LVCMOS 所消耗的总功率主要和负载及切换频率有关。

如果使用电阻(resistively)终止的 I/O 标准,例如 SSTL 和 HSTL,输出的负载电压会在一个基点附近摆动。设计者同样可以利用上述的公式进行功耗的计算,只是此时 U 是实际的负载电压。因为这个电压比 U_{CCIO} 要小得多,所以这种类型的 I/O 标准的动态功耗要比未终止的 I/O 标准低。但是这种标准还需要消耗大量的静态功耗,因为这种类型的 I/O 会不断地输出电流给外围的阻抗网络。综合来看,如果是用于高频电路设计,电阻终止的 I/O 标准由于具有非常低的动态功耗,所以总功耗要比未终止的 I/O 标准低。此外,对于电阻终止的 I/O 标准,在满足速度和波形需要的前提下,使用具有最低驱动能力的 I/O 设置也可以减少 I/O 的功耗。

设计者可以将不使用的 I/O 块(Bank)连接到最低的 1.2 V 可用电压 U_{CCIO},以降低一小部分的静态功耗。表 12.6 展示了 Stratix Ⅱ 器件使用不同 I/O 输出标准时的总供电电流和热功耗。这些数据是对一个负载电容为 10 pF 的 I/O 引脚在发送一个 200 MHz 的随机数据时的测量结果。

表 12.6　总供电电流和热功耗

标准	由 U_{CCIO} 供电的总供电电流 /mA	总片上热功耗 /mW
3.3 V LVTTL	2.42	9.87
2.5 V LVCMOS	1.9	6.69
1.8 V LVCMOS	1.34	4.18
1.5 V LVCMOS	1.18	3.58
3.3 - V PCI	2.47	10.23
SSTL - 2 class Ⅰ	6.07	4.42
SSTL - 2 class Ⅱ	10.72	5.1
SSTL - 18 class Ⅰ	5.33	3.28
SSTL - 18 class Ⅱ	8.56	4.06
HSTL - 15 class Ⅰ	6.06	3.49
HSTL - 15 class Ⅱ	11.08	4.87
HSTL - 18 class Ⅰ	6.87	4.09
HSTL - 18 class Ⅱ	12.33	5.82

对于这种测量方式,未终止的标准普遍使用了较小的功率,但是这一规律也不总是成立。如果频率或者负载电容增加,未终止标准输出所消耗的功率就会比终止标准输出所消耗的功率增长得更快。

6. 片上终端动态控制

Stratix Ⅴ,Stratix Ⅳ 和 Stratix Ⅲ 器件提供了动态的片上终端(OCT,on-chip termination)功能。动态 OCT 使串行终端 RS 和并行终端 RT 能够在数据传递过程中动态地打开或者关闭。当 Stratix Ⅴ,Stratix Ⅳ 和 Stratix Ⅲ 器件被用作外部存储器接口时,例如作为 DDR 存储器的接口,这一特性就非常有用。

与传统的终端相比,动态 OCT 可以消除并行终端发送数据时所消耗的静态 DC 功率。当外部的存储器使用诸如 HSTL 和 SSTL 这样的 I/O 标准时,并行终端就会因为它支持动态 OCT 和双向数据通信而变得非常有用。图 12.38 是一个 Stratix Ⅱ 的片内并行终端框图。

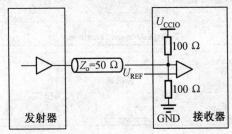

图 12.38　Stratix Ⅱ 的片内并行终端框图

下面用一个 DDR3 接口的例子来说明使用片内并行终端的功耗情况。并行 OCT 所消耗的静态电流等于 U_{CCIO} 除以 100 Ω。对于使用 SSTL – 15 的 DDR3 接口来说,每个引脚的静态电流是 1.5 V/100 Ω = 15 mA。因此,静态功率是 1.5 V × 15 mA = 22.5 mW。对于一个使用了 72 个 DQ 引脚和 18 个 DQS 引脚的接口来说,静态功率就是 90 × 22.5 mW = 2.025 W。在写操作时,动态并行 OCT 可以关闭并行终端,所以如果写操作占用 50% 的时间,那么通过动态并行 OCT 所节约的功率就为 50% × 2.025 W = 1.012 5 W。

7. 功率优化顾问

Quartus Ⅱ 软件包含了功率优化顾问,它依据当前设计的设置和指派,可以提供特定的功率优化建议。下面的例子会介绍如何利用功率优化顾问来减少设计的功耗。

在编译完设计后,可以运行 PowerPlay Power Analyzer 去决定设计的功耗,并看出设计中功率是如何消耗的,如图 12.39 和图 12.40 所示。

基于这个信息,设计者可以运行功率优化顾问来按照推荐配置减少设计的功耗。图 12.41 展示了功率优化顾问的界面。

功率优化顾问显示了能够减少设计功率的各种推荐。这些推荐被分为了不同的阶段,以便指导设计者按照一定的顺序来应用这些推荐设置。第一个阶段显示了绝大部分容易被实现并且能够大量减少设计功耗的推荐设置。每个推荐前面的图标显示了该推荐是否已经被项目所采纳。如果是对号,那么表明该推荐已被采纳,如果是警告标志那么说明该推荐还没有被采纳。每一个推荐都包括了描述、使用推荐后的影响以及实现这种推荐所需要的设置。

该页面中同时还有一个快速链接来帮助设计者快速地打开相关的设置工具,并修改设

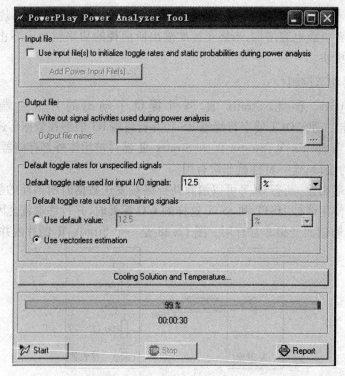

图 12.39 PowerPlay 功率分析仪

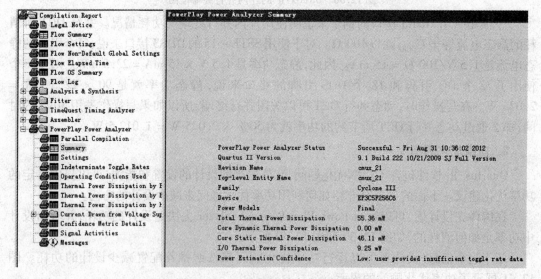

图 12.40 PowerPlay 功率分析仪概要

置。例如,图 12.41 中可以单击"Open Settings dialog box – Analysis & Synthesis Settings page"来改变"Power – Driven Synthesis"的设置。

设计者也可以直接单击"Correct the settings"来让顾问直接修改推荐的参数。在修改完成后,再次编译该工程。这时该顾问会用绿色的图标指示该推荐已被完成。此时可以利用 PowerPlay Power Analyzer 去校验修改后工程的功率使用情况。

在第二阶段涉及的各种推荐通常会需要对设计进行修改,而不像第一阶段那样简单地

第12章 优化和时序分析

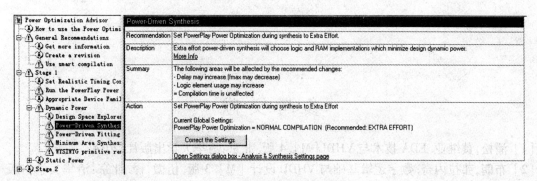

图12.41 功率优化顾问的界面

修改参数设置。设计者可以继续使用这些推荐来更进一步地减少设计的功耗。Altera 推荐首先实现第一阶段的各种设置,如果仍旧不满足要求,再进行第二阶段的优化。

参 考 文 献

[1] 潘松,黄继业. EDA 技术与 VHDL[M]. 4 版. 北京:清华大学出版社,2014.
[2] 布朗,弗拉内奇. 数字逻辑基础与 VHDL 设计[M]. 3 版. 伍微,译. 北京:清华大学出版社,2011.
[3] 侯伯亨,刘凯,顾新. VHDL 硬件描述语言与数字逻辑电路设计[M]. 3 版. 西安:西安电子科技大学出版社,2009.
[4] BHASKER J. VHDL 教程[M]. 北京:机械工业出版社,2006.
[5] 赵鑫. VHDL 与数字电路设计[M]. 北京:机械工业出版社,2005.
[6] 潘松,王国栋. VHDL 实用教程[M]. 西安:西安电子科技大学出版社,2007.